化学之书 The Chemistry Book
U0188123

化学之书

Chemistry

[美] 德里克·B. 罗威 著
杜 凯 译

重庆大学出版社

化学之书

The Chemistry Book

From Gunpowder to Graphene
250 Milestones
in the History of Chemistry

从火药到石墨烯
化学史上的
250个里程碑

目录

IV

V

推荐序

“什么是化学？”“化学与我们的生活有什么关系？”“历史上的化学大咖是什么样的？”“什么样的火焰温度最高？”“是谁因为一盘红辣椒获得了诺贝尔奖？”——本书的作者精选了漫长化学发展史中的 250 个具有里程碑意义的事件，给读者提供了一幅化学学科史的全景概览。本书在对上述问题一一做出诠释的同时，也在启发读者自由地思考和理解——化学究竟是什么，化学在人类历史文化中的意义是什么。这些问题并没有现成的答案，追溯历史的目的恰恰在于回应人类对自身理解的需求。

关注化学学科概念、理论、技术等发展的读者，通过阅读本书，可以厘清化学成果的时序，勾勒出化学学科本身发展的线索，理解化学作为“中心科学”的重要作用。同时作为一本科普读物，本书通过丰富有趣的故事来展现科学的魅力，从而激发学生的求知欲，对学生探究科学大有裨益。科教融合——化学史的教育既有助于孩子们理解科学事业、梳理人类探索自然之谜，也有助于提升公众对化学发展的关注，这是本书的亮点之一。

更难能可贵的是，书中不仅涉及科学知识本身，更描绘出了众多科学家和发明家的形象，关注他们的成长背景以及性格特质——科学活动从来都是社会、文化环境的一部分，科学家不是茕茕孑立、形影相吊的圣人，他们是有血有肉、有感情、或无私、或偏执、或精于利己的人。历史上化学家们做出的诸多贡献更是证明了生命的多元，了解历史上的科学家从事科学事业时，在顺境和逆境中的表现，学习他们的拼搏精神，会使科学同样闪耀着人文属性的光辉，这是这本书的亮点之二。

本书把化学发展放在相应的社会文化环境中考察，从社会文化的复杂层面解释化学发展的原始动力，也讨论了化学发展对社会产生的影响。本书还尝试探讨影响科学发展的社会文化因素，这有助于理解每一门科学向前发展的时代背景，这是本书的亮点之三。

国内的化学史教育发轫于 20 世纪 30 年代，丁绪贤先生在北京大学开设了化学史课程，并主讲世界化学史。他还编纂了中国第一本化学史著作——《化学史通考》（商务印书馆，

1936)，书中详细说明了化学史的教育意义。学习历史就是为了“知其然知其所以然”，不是单纯地以“结果”论英雄，而是要关注事情的前因后果，站在当时的时代背景和历史语境中，去关注所谓的“成功”，去了解所谓的“失败”，观历史，知未来，从书中化学和化工学科的发展历程可见一斑。

本书以化学发展中的重要事件为切入点，为我们生动地连接了历史与未来。感谢重庆大学出版社和译者的努力，为国内关注化学教育的有识之士提供了一本可借鉴的好书。

孙世刚

中国科学院院士

厦门大学化学化工学院教授

2018 年 9 月 29 日

序言

电子、质子和中子构成了原子——这是物理学研究的范畴。一旦原子们键合在一起形成了分子，那就跨入化学的“地界”了。化学入门教材中常常出现这样的话：“化学是自然科学中的基础性科学”“在所有学科中，化学处于‘中心科学’（Central Science）的地位”——这样描述化学的重要性是为了强调化学在科学进步中发挥的巨大作用，而最终的目的无非是提高学生们对化学的重视程度并激发他们的学习热情。每每读到这样的字眼，也许你会心生疑惑——这样定位化学是不是有点夸大其词？事实上，请你相信，这种表述恰如其分、毋庸置疑！化学占据了物理学与生物学的中间地带，不仅自家“领地”宽广，还在物理学、生物学的领域占有一席之地。只需简单浏览本书，广阔的化学边界就能一目了然：书中有些章节的内容已经跨越了物理化学和化学物理学的界限，有些章节则落在了生物化学和化学生物学的交叉领域。（是的，这些读起来拗口的学科都是真实存在的，尽管各学科研究者们对各自学科的内涵莫衷一是。）

在历史长河中，人类研究化学的历史源远流长，要远远早于人类的文字记载史，那些最早的化学实验是什么时候、在哪儿发生的，恐怕只有等待考古学家告诉我们答案了。目前能够肯定的是，我们遥远的祖先们第一次有意识地进行“搅拌”的诸多细节已经无从考证了。当祖先们对火焰及其效应产生兴趣，或开始思索岩石和颜料的色彩，或尝试将植物当作药材使用时，有意无意间，他们已经踏上了化学的探索之旅，如今这一旅程仍在继续。穿越历史长河，当代的化学家似乎与青铜时代的金属匠人、古埃及的祭司、中国古代的学者及古波斯的炼金术士存在着某种联系。如今我们回顾这一段段历史，总结前人的经验，重温前人的历程，一部由化学进步构成的科学史就展现在我们眼前。

当然，我们应该牢记科学技术取得实质性的飞跃是最近几个世纪的事情。本书是按历史年代顺序编排的，如果细读它们，你就会知道：人类经过了漫长的学习与积累，在金属、建筑材料和武器制造等领域先后取得了突破；当然也有一些模棱两可的研究虽然持续了几个世纪——比如炼金术，终日以琢磨嬗变金属或是探寻生命的精华为己任，但最后仍然是竹篮打水一场空。当然，也不能说一无所获，凭借炼金术士的不懈努力，人们从其中学会了如何蒸馏、纯化等，还学会了如何利用各种物质以及如何对它们进行分类，有意无意间，这一切都成了现代化学发展的基石。到了 17 世纪，炼金术日渐式微，但代表着现代科学雏形的朝阳却喷薄而出了。研究天然产物的新一代化学家茁壮成长，开始系统地尝试各种可重复的实验，这一切都为化学的飞速发展插上了双翼。在这之后，虽然经历了 18 世纪的踌躇与徘徊，19 世纪——化学实现逆袭的时代终于到来了。

本书中的章节不一定非得按顺序阅读，当然如果你选择这样做，那就简要介绍一下你将会读到的内容。首先，18 世纪及 19 世纪初开展的各类气体实验代表着当时人类科学发展的最高水平，通过这些研究，人们逐渐认识到了各种元素是如何组合成化合物的。其后，电化学的出现又为各种新的化学反应提供了前所未有的新途径，在很短的时间内，各种新元素和新反应如雨后春笋般层出不穷，整个化学界都在潜心探寻这些现象所蕴含的奥秘。这个时期的有机化学家则醉心于从植物和其他天然来源中分离新物质，试图解析它们具体的化学结构——正是这样坚持不懈的努力，逐渐奠定了人们对立体化学的认识。

到了 19 世纪，一些看似简单的问题终于陆续有了答案：为什么一些化学物品的色彩如此鲜亮，而另一些看上去又如此通透？为什么某些化学物品常态下为银色金属、熔化需要的温度却极高，而另一些化学物品却是比空气还轻的气体？是什么让某些化学物品发光？又是什么让某些暴露在空气中的化学物品爆炸起火？在 19 世纪之前，这些问题林林总总、纷繁复杂，似乎不可能归纳出什么普适的理论来解释，可是当时的科学家仍然投入了大量精力进行探索，并取得了一些关键性进展——所有这一切努力都为相关理论的创立夯实了基础，也正是基于这些积淀，19 世纪的种种理论突破才成为可能。

到了 20 世纪初，聚合物作为一种新生事物崭露头角，人们对它的认识也日渐清晰——它是由简单的小分子首尾相连构成的长链大分子，活细胞中就含有不少种聚合物。在探寻聚合物结构与性能关系的历程中，高分子化学家发现自己研究的物质种类繁多、包罗万象，涵盖从橡胶、玉米淀粉到聚乙烯等众多物质。与此同时，有机化学家和无机化学家发现自己无意中联手开创了一个新的研究领域——制备出一系列全新的有机金属化合物。此时分析化学的研究也取得了重大突破——质谱分析技术突飞猛进，为化学家们表征各类物质分子质量提供了功能强大的工具，这些都远远超出了前人的想象。

对几乎所有的技术领域而言，第二次世界大战的爆发客观上为各项技术的进步起到了非同寻常的推动作用。战争伊始，投入战场的还是双翼飞机，战争结束时就已经发展出了喷气式发动机和导弹。在化学领域也发生了相似的演变，尤其是以石油化工技术、放射性同位素技术和抗生素研发为代表的三大领域发展的速度之快，远远超出了人们想象，所有科学门类的进步几乎都在步调一致的高歌猛进当中。20 世纪 50 年代末，DNA 和蛋白质序列被确认为认识生命系统的“钥匙”，到了 20 世纪 60 年代这一生物“密码”就首度被揭开了。分析化学家纷纷配备了新型色谱技术和核磁共振谱仪等研究“利器”，而药物化学家则解析出了如抗生素、类固醇等自然产物的结构，并尝试用人工方法对它进行合成和改性。

20 世纪 70 年代和 80 年代见证了分子生物学的发轫，这一领域促使生物学家以更加接近化学家的视角去观察事物。色谱技术和质谱技术开始联用，最终发展出当时最强大的分析表征技术。同时，计算机处理能力的飞速发展，将庞杂的 X-射线晶体学计算压缩到只需半天的时间。

最近 20 年来，纳米技术方兴未艾，化学家开始热衷于设计、制备和利用各种“分子工具”，这些进步在以前根本无法想象。如今的化学生物学已经朝这一方向大步迈进，开始使用化学技术来改变、探索和理解蛋白质及其他构成生命的分子。新型有机化学反应、新一代分析测试设备和不断升级的计算能力联手发力，共同造就了我们今天的化学世界。为了缓解日益严重的环境问题，又不对环境产生新的危害，人们着手从空气中分离出二氧化碳并尝试将它们转变成有用的化合物和燃料，同时，人们还在致力于尝试研发新药或者性能更好的新型材料，这些都要依赖于化学取得的最新进展。

如今，人们容易想当然地认为人类已获得的化学知识“得来全不费工夫”，但请记住，现在那些对我们来说稀松平常的化学知识，放在我们的祖先那里，都将会被视为奇迹和珍宝，甚至还有可能被认定为某种巫术或魔法。化学的发展为人类补上了物理学缺失的一课。为了这一课，人类竭尽了毅力、勇气和所有的智慧，甚至进行了千万次几近疯狂的尝试，才换来了我们今天化学上的成就。撰写本书，用这种独特的方式向所有为化学进展作出贡献的人们致敬，我本人感到无比荣幸。

化学的故事还在继续。我本人也是一名职业的化学家，最近这段时间的晚上与周末时光都花在这本书的撰写上。白天，和世界上成千上万的化学家一样，我在实验室里做着研究工作，为化学发展取得新突破贡献着自己的力量。

关于这本书

请注意，书中标注的日期一般是指发现之日，但也有些例外，比如在某些情况下，标注的时间是某一发现或概念在科学界获得普遍接受的那一年。举例而言，苯这种物质在1865年之前人们就已知晓，但直到1865年，人们才首次确定了它真实的化学结构，这一发现随后又衍生出了一系列新的发现。再比如，许多化学研究并没有可以追溯的清晰的发端，相关研究可能在很长的历史时期内或者在不同的人群中一直延续着，比如，早在1907年人们就对蜘蛛丝的组成进行了化学分析，但后来即便经过了无数位化学家长达一个世纪的努力，人们对蜘蛛丝的生成机制及影响因素仍未弄清楚。对于另外一些发现，我选择了具有代表性的时间作为标记，比如荣获诺贝尔奖的时间或者具有里程碑意义的日期。例如，自20世纪90年代以来，人们就已经可以利用化学反应小规模地从空气中分离二氧化碳，对于这项技术，书中给出了一个标志性的、充满戏剧性的应用案例——1970年，正是这一反应挽救了阿波罗13号上所有宇航员的生命。在过去的25年中，大气中的二氧化碳含量一直是人们讨论的热点话题，事实上，“温室效应”早在1896年就被首次提出了。诸如此类的发现不胜枚举，通过阅读这本书，你可能会多次惊讶于这些发现的时间是如此之早，抑或如此之晚。

化学之书 The Chemistry Book
化学之书 The Chemistry Book
化学之书 The Chemistry Book
化学之书 The Chemistry Book
化学之书 The Chemistry Book
化学之书 The Chemistry Book
化学之书 The Chemistry Book
化学之书 The Chemistry Book
化学之书 The Chemistry Book
化学之书 The Chemistry Book

001

晶体

图为一位洞穴探险家站在水晶洞的巨大晶体中间，这看起来就像是某部科幻电影中的一幕。

X-射线晶体学（1912 年），准晶体（1984 年），配合物骨架材料（1997 年），重结晶和同质多晶（1998 年）

只要条件适宜，许多化合物都可能形成晶体。在诸多外部条件中，温度是结晶的至关重要的因素。当冷却速度足够快时，那些我们通常认为是液体（甚至是气体）的物质都有可能形成晶体。一般而言，形成晶体的难易程度不只取决于该化合物是否具有足够的纯净度与浓度，还取决于该化合物的分子结构——只有分子结构足够规整才能最终形成重复有序的空间排列（即晶体）。而那些由不规整长链构成的化合物（例如石蜡或脂肪酸），最终只能形成蜡状固体，无法产生晶体。

晶体的形成也依赖于该化合物溶液的降温速度及受到的外界扰动情况。比如，在墨西哥洞穴的采矿作业中，人们就发现了令人叹为观止的两个天然形成晶体的例证：第一个发现于 1910 年，低于海平面约 400 英尺[1]的“剑之洞”（Cueva de las Espadas）里，人们惊奇地发现了长达 1 米的石膏 [硫酸钙（calcium sulfate）] 的结晶体；而在 2000 年，人们又在低于海平面约 1 000 英尺的地方发现了令人叹为观止的“水晶洞”（Cueva de Los Cristales），洞中最大的石膏晶体大约有 40 英尺高、55 吨重。根据地质演变史，人们给出了这些巨大石膏晶体成因的最佳解释：由于这个洞穴位于墨西哥中北部奇瓦瓦沙漠（Chihuahuan Desert）的耐卡断层线（Naica fault line），且洞穴里充满了水，经过岩浆穴成百上千年的炙烤，地层中硫酸钙逐渐溶解到水中——硫酸钙的饱和溶液就这样形成了，又经过至少 50 万年的缓慢降温，大自然的鬼斧神工缔造了这些宏伟的石膏晶体，在世界其他地方这是不多见的。

生石膏（Gypsum）本身是一种常见矿物。依赖于具体结晶条件的不同，生石膏可以形成多种形态的晶体。同时生石膏也是制备熟石膏（Plaster）的主要原料，人们熟知的“巴黎石膏”（Plaster of Paris）就来源于古代巴黎蒙马特区（Montmartre district of Paris）的古石膏矿，但如上文中提到的“水晶洞”般宏伟的石膏晶体在世界其他地方迄今都没有被发现过。■

约公元前 500000 年

1　1 英尺 = 0.3048 米，全书下同。——译者注

青铜

这件古老的中国青铜钟可能是一组巨大编钟中的一枚，形状及调谐不同的钟能发出不同的单音，对于尺寸精度要求如此严苛的青铜乐器而言，铸造技术在当时真是个巨大的难题。

铁的冶炼（约公元前 1300 年），论矿冶（1556 年）

约公元前 3300 年

作为最早有明确历史记载的金属——青铜（Bronze），它的使用大概始于公元前 3300 年的美索不达米亚（Mesopotamia）。在使用青铜之前，人们使用的是纯铜（Copper）等其他金属。但在人类掌握了青铜熔炼技术以后 [即往纯铜中加入少量锡（Tin）]，人们开始对青铜青睐有加，这是因为，与纯铜相比，青铜具有更高的硬度、更好的耐久性和耐腐蚀性。然而，锡矿与铜矿往往不会在同一地点共生，这就意味着富产一种矿石地区的人们不得不从远地方采购另外一种矿石。正是基于此种需求，约公元前 2000 年，英国西南部锡康沃尔郡（Cornwall）出产的锡就开始出现在东部地中海的许多考古遗址中，且两地相距数千英里。

事实上，我们对于先民们如何冶炼、制备铜合金（Copper alloys）知之甚少。但有一点我们很清楚，先民们在尝试制备铜合金时几乎试遍了所有他们能找到的物质：在其熔炼的青铜合金中，我们发现了诸如“铅”（Lead）、“砷”（Arsenic）、“镍”（Nickel）、“锑”（Antimony）、贵金属 [如“银”（Silver）] 等各式各样的物质。而在当时，用这些物质来熔炼青铜合金尤其需要勇气——因为这些物质一旦被混熔后，就无法再被分开，而人类发明金属再提纯技术也是许多世纪以后的事了。

自此，人类开始了“冶金”这一永无止境的漫长历程。随着时间推演，铜合金的熔炼工艺也得到了不断精进，比如：希腊人通过添加更多的铅使制备出的青铜更易于加工，而“锌”（Zinc）的加入则制备出了各式各样的“黄铜”（Brass）。现代制造的青铜器中还常含有“铝”（Aluminum）或“硅”（Silicon），这些工艺都是古人们完全无法想象的。如果你想看看数千年前的古青铜器，那就去近距离观察那些古人们制造的打击乐器：数百年前青铜就已成为制作钟（Bell）和钹（Cymbal）的首选材料，且加入的锡越多，音色就越低沉。那么，添加砷或银会产生什么样的音色呢？尚未可知。■

003

肥皂

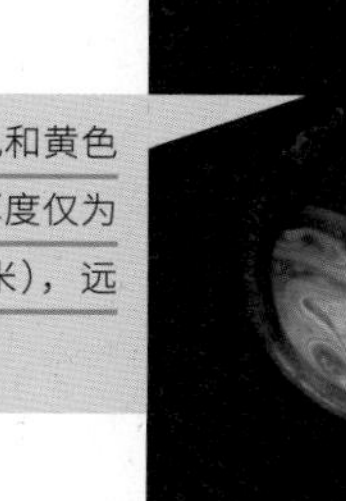

图中的肥皂泡泛着亮丽的蓝色和黄色光晕，这是因为肥皂泡壁的厚度仅为200~300 纳米（十亿分之一米），远小于可见光的波长。

胆固醇（1815 年），pH 值和指示剂（1909 年），乙酸异戊酯及酯类化合物（1962 年）

制作肥皂——听上去似乎太“小儿科”，但这确实是人类有史以来的第一种基于化学方法的制备技术：早在公元前 2800 年的苏美尔石板（Sumerian tablet）上就有类似于肥皂的记载，300 年后的苏美尔人还描述了肥皂在羊毛洗涤上的应用；另外在公元前 2200 年的苏美尔泥板甚至还给出了制造肥皂的配方：水、木灰中提取的碱和油脂——这个配方直到今天仍然有效。

在埃及、罗马和中国的历史记录中都可以找到各式各样的肥皂制作配方，这些配方的背后都隐含着相同的化学机理：不管是来源于植物还是动物，制作肥皂所使用的油脂都是甘油三酯（Triglyceride）——一种由丙三醇 [Glycerol，也称甘油（Glycerin）] 和三个长链脂肪酸（Long-chain fatty acid）生成的酯（Ester），酯类物质在碱性条件下可以在水中发生水解反应（Hydrolyze）。在工业革命之前，碱性化合物（Alkaline compound）最可靠的来源就是木灰的提取物 [现在我们知道其中包含有碳酸钾（Potassium carbonate）]，用熟石灰 [氢氧化钙（Calcium hydroxide）] 进一步处理这些木灰提取物可以得到碱性更强的氢氧化钾（Potassium hydroxide），氢氧化钾是非常好的制作肥皂的原材料。

甘油三酯完成水解反应后的产物是游离的甘油分子和脂肪酸钾盐。这些脂肪酸钾盐在水中能体现出两亲性（即亲水性和亲油性）：其分子一端是（钾）盐基团，可以完全溶于水（亲水），另一端则是由数个碳原子组成的完全不溶于水（疏水）的长碳链，由于长碳链端可以吸引油脂分子，在钾盐端的“拖曳”下，那些被长碳链端吸引的油脂分子变得可溶于水——苏美尔人就是这样在溪水中实现了羊毛脱脂。

如今，人们总喜欢将物质分成“水溶性的”或“脂溶性的”，但如果一种物质能够同时具备水溶性和脂溶性，那在某些场合下它就变得非常有用。比如 20 世纪，人们发现每个活细胞的细胞膜都是由类似两亲性分子组成的双分子层（除此之外，细胞膜里当然还含有胆固醇），每个分子的亲水端分别朝向整个细胞膜的外侧和内侧，而疏水端则朝向双分子层中间，这样的双分子层就构成一个保护壁，既能保护细胞的内容物不渗漏，又能保证不需要的外界物质无法浸入细胞内部。■

铁的冶炼

图为正在生产铁水的现代高炉，现代生产规模肯定已经超出了古代工匠的想象。但是，无论对于何种工艺来说，炼铁一直都是一个高耗能的过程。

青铜（约公元前 3300 年），维京钢（约 800 年），论矿冶（1556 年），铝（1886 年），不锈钢（1912 年）

约公元前 1300 年

在人类发展史上，铁器时代（Iron Age）取代了青铜时代（Bronze Age），这可能会让你产生某种误解——以为铁一定具有比青铜更为明显的优越性。事实上，上好青铜的硬度比铁更高，也更加耐腐蚀。铁器时代的到来主要归因于公元前 1300 年地中海和中东地区发生的战乱，这些战乱造成了大规模人口迁徙，使不同地区间的金属贸易被完全打乱，青铜冶炼也就失去了赖以生存的根基。相比之下，铁矿石虽更易得，但冶炼铁矿石难度也更大——冶炼铁矿石用的炉子需要耐受更高的温度，同时还须辅以鼓风。因此先民们炼铁就像是一场季节性活动，建造炉子时也得考虑如何利用季风或其他可靠的风源。真正从公元前 1300 年流传至今的铁器确实有，但已非常罕见，它们当中的很多物件都不是用地球自产的铁矿石冶炼，而是用陨石中的固态镍铁冶炼而成的，由此可以判断这些铁器在当时一定也是十分昂贵的器物。

在自然界中，铁会因与氧气反应而生“锈”，生成铁的氧化物（Iron oxide），而熔炼铁矿石则基本上是生锈的逆向过程。最早期的炼铁装置往往就是一台装有进气管的黏土炉或石炉，称为锻铁炉（Bloomery）。当木炭和铁矿石在炉中被同时加热时，在炉子底部就会生成“块炼铁”（Bloom），由于块炼铁在成材之前还需历经多次加热和锻打以除去杂质，所以炼铁的确是个力气活儿！后来，炼铁工艺的广泛流传，原始炼铁遗址在印度与撒哈拉以南非洲的历次考古中都有发现。如今，古老的鼓风炉已演化成现代高炉——铁矿石从炉顶连续进料，炉内使用温度极高的一氧化碳气体来取代氧气——其实，类似的工艺改进早在公元前 2 世纪—公元前 1 世纪就在中国出现了。

此外，铁的性质还可以通过掺入其他元素进行改进。比如：在铁中混入碳元素会使铁变成钢（Steel）。而钢各方面的性能都比铁要优越，但是炼钢工艺对操作工人的要求更高：掺碳太少只能得到软质的熟铁，而掺碳过高又只能得到硬度高但脆性很大的生铁。在当代冶金工业中，人们可以生产适用于不同场合的各式各样的铁合金或钢材，细分品种不计其数。■

005

纯化

早于塔普提的时代——在埃及第四王朝（约公元前 2500 年）的墓葬装饰中展示了制作百合香味香水的方法。如图所示，古巴比伦人早已掌握了这种方法。

天然产物（约 60 年），分馏（约 1280 年），分液漏斗（1854 年），皇家馥奇香水（1881 年），色谱分析（1901 年），旋转蒸发仪（1950 年），区熔提纯（1952 年），乙酸异戊酯及酯类化合物（1962 年）

谁能被称为人类历史上的第一位化学家？根据大约公元前 1 200 年的古巴比伦石板上的记载，人们目前认为是塔普提（Tapputi）——一名宫廷监工，同时也是一名制香师。石板上的楔形文字描述了她使用各种有香味的原材料 [没药（Myrrh），香脂（Balsam）等]、过滤杂质、加热含香料溶液收集蒸汽的情景。这块石板也成为记录蒸馏、过滤的最古老的参考文献，即使现在，熟练掌握蒸馏、过滤等操作也是对每个化学工作者最基本的要求。

事实上，制香学一直都是推动许多化学发现的引擎。一直以来，人类对充满诱惑力的气味都保持着浓厚的兴趣，在具体的探索过程中，人们学到了许许多多关于天然产物的化学知识。远在人们发现如何用化学方法来生产药物之前，古代化学家就已经制造出了价值连城的香水（过去，香水也被认为具有某种药性）。许多工匠都研发了从花、树皮、种子等物质中提取和浓缩精华的方法。有些能够耐受高温的提取物，可以直接通过加热（如蒸馏）的方法实现浓缩；而那些易挥发的提取物则只有在较低温度下通过纯化得到，纯化时还要用到各种各样的溶剂和分离方法，比如将芳香植物浸泡在油或醇溶液中。

从现有文献看，塔普提的制香方法与现代旋转蒸发仪的工作原理已经不远了。但除了石板上记录的内容以外，我们对她个人生平几乎一无所知，当然仅从石板内容就足以证明她的伟大。

人们在塞浦路斯考古时，挖掘出了一整座青铜器时代的香水工厂遗址，这也佐证了制香业在当时的重要地位。现代的香水厂大多将人工合成分子（始于皇家馥奇香水的开创性工作）与价格不菲的天然提取物混合起来，制造其产品目录中最昂贵的产品。■

黄金精炼

克罗伊斯（Croesus，公元前 595—约公元前 547）

006

图为印有君王、英雄、神话故事和动物图案的卢比亚及希腊其他地区的金银合金块。金银合金块中银含量的多少决定了颜色的差异。

青铜（约公元前 3300 年），铁的冶炼（约公元前 1300 年），炼金术（约 900 年），王水（约 1280 年），论矿冶（1556 年），电镀（1805 年），氰化提金法（1887 年）

约公元前 550 年

几千年来，人们对金属的渴望一直是推动应用化学发展的强大动力。虽然制造武器和工具真正需要的是青铜和钢铁，但是黄金却能买来大量的锡、铜和铁，可以用买来的金属制造武器和工具。自史前时代起，黄金就因其亮丽的色彩、优异的抗腐蚀性和可延展性，被金匠制成了几乎具有任何厚度和任何形状的铸件。人类最早开采金矿的历史始于公元前 3000 年的高加索地区（今格鲁吉亚），当时开采出来的黄金可能就存储在一些不起眼的小仓库里。许多古代文明中都有用水淘洗淤泥里的岩石碎屑以富集金沙的记载。事实上是埃及人最早开启了淘金的历史，他们壮丽的坟茔足以证明这一点，后来罗马人真正开启了大规模采金（和其他金属）的历程。

纵观历史，关于黄金精炼的每项创举都会给当地带来巨大变化。公元前 550 年左右，卢比亚地区（Lydia，今土耳其）的克罗伊斯王主持发现了如何从天然银金矿石（Electrum）中提炼出纯金。而后，黄金精炼很快就发展成了一个大产业，考古学家在古撒狄地区（Sardis）发现了一处广阔的古黄金精炼地，在那儿，人们可以从帕克托拉斯（Pactolus）小河中淘到从穆璐思山（Tmolus）上顺流而下的金沙，卢比亚的化学家还将一项利用熔融铅和食盐生产金、银等金属的工艺技术成功地实现了工业化。正是这些冶金学家（Metallurgist）创造的巨大财富才使得“像克罗伊斯一样富有（Rich as Croesus）”这个短语仍然沿用至今。

由于炼金技术在当时绝对是国家机密，至今都找不到古人关于炼金技术的书面记载，现代人通过对卢比亚人炼金炉子的残片、坩埚裂缝中的金属碎片乃至污垢的地板进行剖析才最终揭开了的古人炼金秘密。通过对卢比亚人硬币的进一步分析，人们发现古卢比亚人在金币中偷偷掺入纯银来降低金币本身的价值，由于货币面值仍然保持不变，产生的利润真是源源不断！■

四种元素

恩培多克勒（Empedocles，约公元前 490—公元前 430）
柏拉图（Plato，约公元前 428—约公元前 347）
亚里士多德（Aristotle，公元前 384—公元前 322）
阿布 · 穆萨 · 贾比尔 · 伊本 · 哈扬（Abū Mūsā Jābir ibn Hayyān，约 721—约 815）

图为两千多年来一直被认为构成世间万物的基本物质：土、气、火和水。

贤者之石（约 800 年），怀疑派化学家（1661 年），元素周期表（1869 年）

约公元前 450 年

归因于古希腊哲学家恩培多克勒和他公元前 5 世纪中期创作的著名诗篇《论自然》（*On Nature*），约两千年来，人们一直认为自然界中的世间万物都由四种基本元素组成——土、气、火和水，而万物的区别仅来自于四种元素的不同比例构成。为什么说这一认识在化学发展史上具有里程碑般的重要意义？因为与同时代其他哲学思想相比，恩培多克勒关于基本物质 [他称之为“根（Root）”] 的观点相对正确，甚至能够将其称为人类认识的一次飞跃。的确，这世间万物千变万化，不可能仅由一种基本元素构成。当然构成它们的基本元素也没有多到不计其数的程度。准确地说，世间万物是由数量可数的基本元素“组装”而成。从这个角度来看，古时的“四大元素说”与当代的“元素周期表”（Periodic table）之间的差异也仅是认识的深度不同而已。

柏拉图最早引入并定义了元素（Element）一词，他的学生、著名的亚里士多德发展出了一套理论：他认为万物的特性来自于上述四种元素的混合，并赋予了每个元素可感知的两个属性（总共四个属性），例如气的属性是湿和热，而土的属性是干和冷，他还引入了一种“超级”第五元素——“以太”（Aether）。在这以后的哲学家还试图引入其他更多的元素，借以解释更多的自然现象。一千多年以后，波斯博物学家阿布 · 穆萨 · 贾比尔 · 伊本 · 哈扬 [也称“吉伯”（Geber）] 在他书中介绍的炼金术（Alchemy）也正是派生于上述理论体系。

顺带举一个关于“还原论”（Reductionism）的例子：就像科学家们总爱一遍遍发问：“好吧，那这又是由什么组成的呢？”利用“还原论”将研究对象不断进行细分就是旨在发现事物中蕴含的本质道理。但利用“还原论”分析问题并不总是有效——有些重要现象只有具备了规模效应以后才会显现，比如一个活细胞的意义远远超过其内部所有化学元素的集合。但无论怎样，“还原论”绝对是助推化学和其他科学取得不断进步的有力工具。■

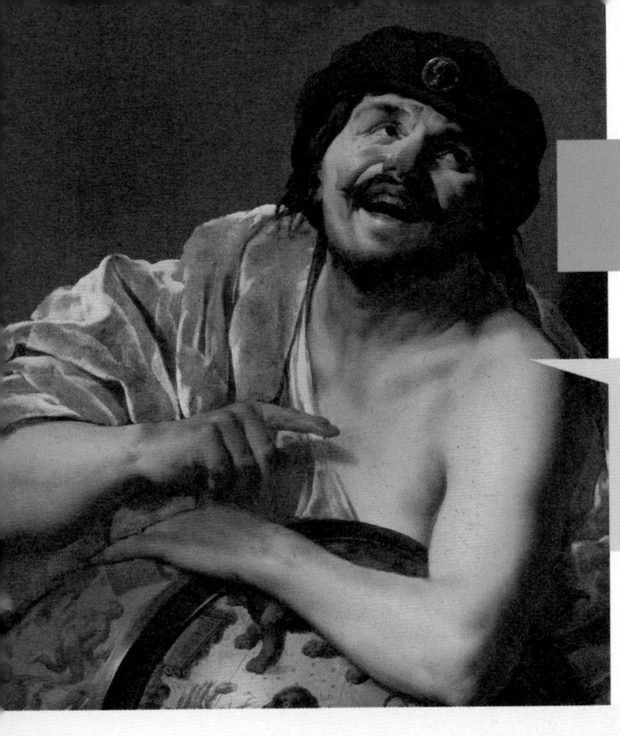

原子论

德谟克利特（Democritus，约公元前 460—公元前 370）

图为荷兰画家亨德里克·特布鲁根（Hendrick ter Brugghen，1588—1629）创作的画作——德谟克利特，画中的德谟克利特看上去却颇像是个荷兰人。

怀疑派化学家（1661 年），道尔顿原子学说（1808 年），麦克斯韦—玻尔兹曼分布（1877 年）

约公元前 400 年

当你回顾古希腊历史，有时你会觉得与古人的距离非常之近，仿佛可以直接穿越过去一样。有时你会发现古希腊有些理论是如此完美，以至于你特别想向该理论的创始人拱手致谢。英国数学家 G.H. 哈代（G.H.Hardy）说他时常会有这种感受，对他而言，古希腊的数学家们仿佛就是“旁边另一所大学的研究员”一样。

公元前 5 世纪希腊哲学家留基伯（Leucippus）是原子论（Atomism）概念的最早提出者之一，他将“还原论”（Reductionism）继续发展，提出世间万物都是由极小的、不可分割的粒子构成。他的学生，更为著名的德谟克利特又将他的理论向前推进了一步：他认为原子（Atom）的种类数以万计，而物质的物理性质就取决于构成它的原子的微观性质。例如：有些原子本身很滑，原子与原子之间发生相对滑动就容易；而有些原子本身发黏，就特别容易粘在一起构成坚硬、密实的材料。虽然古希腊的理论中没有深入解释为什么原子会具有这样那样的特性，但这些理论的主旨都是正确的，由此这些理论被认定为是希腊思想史上具有代表性的伟大成就之一。

同时，原子论所带有的唯物主义色彩也值得人们关注。尽管原子论的视角相对机械：认为事物之所以发生变化，一定是因为其他物质率先发生变化。但原子论绝不从精神或是意识的角度来看待事物的发展变化，举例而言：他们认为石头之所以坚硬，一定是因为它具备特定的物理性质，而绝非出自某位自然界造物主的特殊安排——现代科学思想的雏形在这里清晰可见。■

009

水银

秦始皇（公元前 260—公元前 210）

图为名扬四海的秦始皇兵马俑。在附近尚未发掘的区域，可能依然存在着大量水银，考古学家对此应提高警惕。

贤者之石（约 800 年），毒理学（1538 年），银镜反应（1856 年），撒尔佛散（1909 年），硼烷和真空线技术（1912 年），铊中毒（1952 年）

公元前 210 年

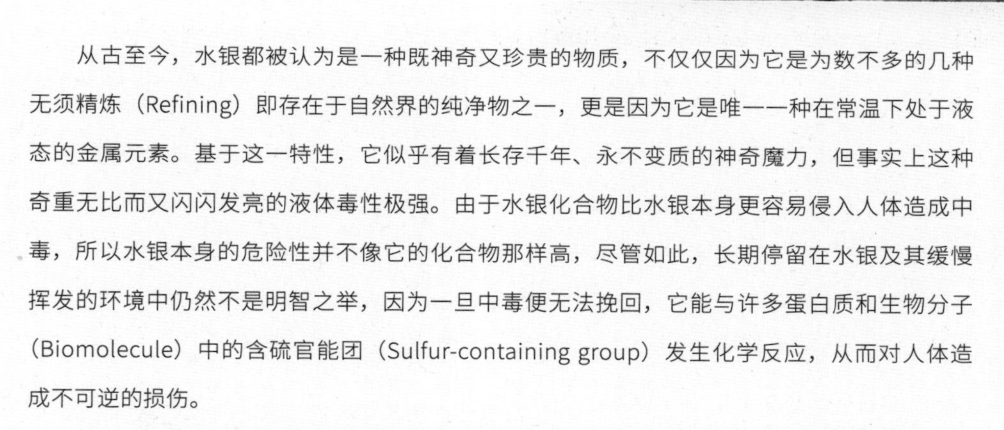

从古至今，水银都被认为是一种既神奇又珍贵的物质，不仅仅因为它是为数不多的几种无须精炼（Refining）即存在于自然界的纯净物之一，更是因为它是唯一一种在常温下处于液态的金属元素。基于这一特性，它似乎有着长存千年、永不变质的神奇魔力，但事实上这种奇重无比而又闪闪发亮的液体毒性极强。由于水银化合物比水银本身更容易侵入人体造成中毒，所以水银本身的危险性并不像它的化合物那样高，尽管如此，长期停留在水银及其缓慢挥发的环境中仍然不是明智之举，因为一旦中毒便无法挽回，它能与许多蛋白质和生物分子（Biomolecule）中的含硫官能团（Sulfur-containing group）发生化学反应，从而对人体造成不可逆的损伤。

秦始皇是我们知晓的对使用水银情有独钟的第一大主顾。1974 年考古学家们发现了他那名扬四海的秦始皇兵马俑。而据汉朝史官司马迁在其公元前 109 年史学巨著《史记》中的记载，秦始皇陵的地宫其他部分同样也是奢华宏伟令人叹为观止，在缩小版的园林和宫殿之间，数十条流动着的水银“江河湖海”纵横交错。通过对秦始皇陵封土土壤样品进行检测后发现，土壤样品确实存在着汞异常的情况，这证明《史记》的记载绝非无稽之谈。

事实上，秦始皇本人很可能就死于服用含水银的所谓“长生不老”仙丹。药物中使用水银化合物的历史已经有几个世纪了，除了有时能治疗梅毒以外，多数情况下有害无益。如今，水银被用来制造温度计、电路开关和荧光灯等产品，但带来了一些危害极大的工业污染。更可怕的是，水银化合物已经悄然聚集到食物链中，使得一些本可放心食用的鱼类引发食物中毒的危险性陡然增高。■

天然产物

佩丹尼乌斯·迪奥科里斯（Pedanius Dioscorides，约 40—90）

图为英国画家欧内斯特·博尔德（Ernest Board，1877—1934）的作品：《迪奥科里斯在绘制曼陀罗草》（*Dioscorides Describing the Mandrake*，1909）。从曼陀罗属的植物中能够分离出来很多活性很强（也包括毒性很强的）天然产物。

毒理学（1538 年），奎宁（1631 年），吗啡（1804 年），咖啡因（1819 年），靛蓝染料的合成（1878 年），皇家馥奇香水（1881 年），不对称诱导（1894 年），阿司匹林（1897 年），甾体化学（1942 年），LSD（1943 年），链霉素（1943 年），青霉素（1945 年），可的松（1950 年），荧光素（1957 年），核磁共振（1961 年），雷帕霉素（1972 年），非天然产物（1982 年），电喷雾液相色谱 / 质谱联用仪（1984 年），紫杉醇（1989 年），岩沙海葵毒素（1994 年），短缺的莽草酸（2005 年）

约 60 年

迪奥科里斯是公元 1 世纪的希腊医生和药用植物学家。当时作为罗马军团的随军外科医生，他被允许在那古老的大地上随意走动，每到一个地方，他都会收集当地各种标本与见闻，并将这些所得汇编成一部卷帙浩瀚的著作——《药物论》（*De materia medica*，约公元 60 年）。这部著作堪称当时最齐全的制药手册，它也因此在接下来的 1500 年间流传，见证了罗马帝国的兴衰、伊斯兰世界的崛起，以及文艺复兴的发轫。

许多药物都源自于天然药用植物。大自然中充满了各种生物活性很高的化合物，有些有益，有些却有毒，它们都被统称为天然产物。植物、动物、细菌和真菌在新陈代谢中合成这些化合物，它们对于有机体（Organism）有着不同的功效，有些为有机体自身内部使用，有的则作为标识物或“武器”被用于外部环境中，但无论怎样，它们都有一个共同的特征：都经过长时间的进化且功效显著，这使我们人类从这些天然产物中获益颇丰。

如何探寻、分离这些化合物？它们对于有机体是何种作用机理？古往今来，人们的这些诉求极大地推动了化学和医学的发展。即便是在今天，天然产物化学（Natural-products chemistry）也是一个不断发展的领域，人们从各种海洋生物、稀有植物和其他一些来源中分离出许许多多新鲜奇特且功效显著的“新”物质。接下来怎样提纯和鉴定这些物质就是分析化学家们面临的挑战了，他们现在可以利用核磁共振（Nuclear magnetic resonance，NMR）和电喷雾液相色谱 / 质谱联用仪（Electrospray LC/MS）等分析工具来协助他们开展工作。未来人们将在实验室里尝试合成这些天然产物的提取物，所有这些努力都将极大地推动有机化学的快速发展。■

011

罗马混凝土

老普林尼（Pliny the Elder，23—79）

图为历经两千年的罗马万神庙，它仍然是世界上最大的无筋混凝土穹顶，这是对古罗马工程技术水平的完美诠释。

瓷器（约 200 年）

约 126 年

如今随处可见混凝土，甚至可以说没有混凝土就没有现代建筑。然而，混凝土的化学结构却出奇的复杂，从结构上说，它是由两种元素（铝和硅）与氧原子共同形成的强有力的空间网络结构。这两种元素在地壳中含量颇丰，它们是众多矿物和人造陶器的基础材料。但要最终形成混凝土还需要加上钙离子与水，只有这些元素与水发生化学反应后才能将物质黏合在一起。混凝土的学名是水合硅铝酸钙（Hydrated calciumaluminosilicate），尽管它能准确地描述混凝土的化学成分，但念起来实在是拗口。

即使从世界范围来看，古罗马人掌握的混凝土制备技术在当时也是首屈一指的。时至今日，我们还有幸见到他们当年建造的气势恢宏的众多混凝土建筑，比如举世瞩目的万神庙（Pantheon）始建于约 126 年，那里有着迄今为止仍然是世界上最大的无筋混凝土穹顶。尽管如此，令人深感遗憾的是古罗马人在基础研究领域几乎毫无作为，这与古罗马帝国长期强盛的历史很不相称。对于数学、各种科学畅想或者抽象理论研究，他们并没有兴趣，但他们对开发有民用、军用前景的工程技术却热情高涨。也许正因为如此，古罗马人才能研发出许许多多应用广泛的混凝土材料。如他们研发的防水混凝土的质量非常高，根据自然哲学家老普林尼的记载，配制这种混凝土的砂浆有一个技术诀窍——使用采自维苏威火山（Mount Vesuvius）的灰色火山沉积物（现在称为火山灰）。谈到维苏威火山，老普林尼太熟悉了，最终他本人也葬身于公元 79 年的那场惊世浩劫——维苏威火山大爆发，也正是这场天灾摧毁了著名的庞贝（Pompeii）古城。

事实上，直到最近几年，当代分析化学家们才逐渐清楚古罗马人制备船用混凝土的种种秘诀。即便与现代广泛使用的波特兰水泥（Portland cement，始于 19 世纪英国）相比，无论在石灰岩（Limestone）焙烧所需燃料消耗，还是半成品的研磨时间，抑或是混凝土的耐盐性上，古罗马人的生产工艺都略胜一筹。也许有一天，古罗马混凝土生产工艺会在两千年之后的今天复兴。■

瓷器

埃伦弗里德·瓦尔特·冯·切恩豪斯（Ehrenfried Walther von Tschirnhaus，1651—1708）
约翰·弗里德里希·贝特格（Johann Friedrich Böttger，1682—1719）

012

图为 18 世纪的中国瓷质佛造像——千手观音，现在陈列在瑞典的哈瓦立博物馆（Hallwyl Museum）。

罗马混凝土（约 126 年）

约 200 年

青瓷的雏形出现在两千多年前的中国，而考古资料证明真正意义上的瓷器在汉朝晚期（约 220 年）才被真正制造出来。直至隋唐年间（581—907），瓷器开始量产，这些精美耐用的瓷器首先出口到伊斯兰世界，之后又于 1300 年传入欧洲。令人百思不得其解的是，在这段漫长的历史时期中，只有中国人会制造瓷器。

陶器在中国是一门十分古老的艺术，其制造工艺甚至可以追溯到两万年以前；制陶工匠们在对产品进行更新换代、技术革新时，在对制陶（Pottery）工艺不断改进过程中，逐渐发现了瓷器制造工艺。瓷器的具体成分各有千秋，但其中有一种是必需的——高岭土（Kaolin clay），高岭土的名称取自于中国西南部的一个村庄名，那里是高岭土的产地之一。其他原料还包括毛玻璃（Ground glass）和一些矿物，如长石（Feldspar）或雪花石膏（Alabaster）、石英（Quartz）和骨灰（Bone ash）。除此以外，制造瓷器还有两个关键因素：一是原料中水含量的精确控制；二是很高的烧制温度（甚至超过 1 200 摄氏度，即 2 100 华氏度），只有在高温下才能将混有细针状硅铝酸盐 [如莫来石（Mullite）] 的预制品烧制成光洁透亮的瓷器成品。

为了能够仿造中国瓷器，其他国家的从业者也曾有过无数次的尝试，试图摸索制瓷技术。首次试制成功是在萨克森（Saxony，今属德国）。参与者之一是一位名叫约翰·弗里德里希·贝特格的炼金士（Alchemist），1704 年之前他曾因自诩能将金属转化成黄金而名声大噪，后被奥古斯特二世（Augustus the Strong，神圣罗马帝国萨克森选帝侯及波兰国王）圈禁在德累斯顿（Dresden）为国王提炼黄金；另一位参与者是德国的物理学家、医生与哲学家埃伦弗里德·瓦尔特·冯·切恩豪斯，他一直致力于试制瓷器，期望取得突破后能为国王创收，那时他被任命为贝特格的上司。1708 年，他们在收到高岭土和雪花石膏样品并进行剖析以后，制瓷工作终于取得突破。冯·切恩豪斯于 1708 年突然去世，被释放后的贝特格于 1710 年被任命为迈森（Meissen）瓷器厂的主管。仅仅两年之后，一位基督教神父目睹了中国人的制瓷工艺并且随即对外泄漏，使得制瓷技术在整个欧洲迅速成熟起来。■

013

希腊火

忏悔者圣狄奥法内斯

（Theophanes the Confessor，约 752—约 818）

图为现今唯一存世的拜占庭编年史，这本书于 12 世纪编纂于西西里岛，书中的这幅插画绘制了海战中的希腊火。

火药（约 850 年），硝化甘油（1847 年），化学战争（1915 年），神经毒气（1936 年），空袭巴里港（1943 年）

约 672 年

令人扼腕叹息的是，化学也被卷入战争，并开始为战争服务。比如东罗马帝国（也称拜占庭）政权延续了好几个世纪，其间它还经历了西罗马帝国的覆灭，它之所以能够长时间存在并不是因为它与周边国家睦邻友好，事实上，自从伊斯兰教开始扩张，拜占庭人就一直承受着来自阿拉伯军队的巨大压力，作为应对策略之一，他们研发出了秘密武器——希腊火。

关于希腊火的描述最早可见于忏悔者圣狄奥法内斯的《年代记》（*Chronographia*，约 814 年）：在 672 年前后，由太阳城（Heliopolis，今黎巴嫩巴勒贝克）的一名建筑师发明。我们还可以找到几段关于战争中希腊火使用情况的文字记述。其中最可信的一段这样记载：开火时它就像喷火器（Flamethrower）和加农炮（Cannon）的结合体。然而，关于希腊火药的准确配方，人们一直众说纷纭。这是由于火药配方历来都属于帝国机密，极有可能禁止使用文字记录，导致它在历史的长河中最终完全佚失。但几乎可以确定，希腊火是以石油作为基础的，这些石油很可能来自黑海附近的一些天然油苗（Natural crude oil seepage site），在制作的过程中还很可能混入了树脂（Pine resin）和硫黄（Sulfur）。至于配方中的其他成分，学者们还在争论不休。

我们知道希腊火能够产生很强的爆炸力，并伴有大量的浓烟，能在水面上燃烧，且极难被扑灭。总之它就是入侵者木质舰队的“噩梦”。而且拜占庭人的战船也是经过特殊设计的，在接下来的五百年里，船上那些训练有素的士兵们靠喷射希腊火成功地抵御外敌，同时希腊火也被用于内战。自那以后，随着时间的悄然流逝，关于希腊火的种种记载也逐渐烟消云散了。■

贤者之石

阿布·穆萨·贾比尔·伊本·哈扬（Abū Mūsā Jābir ibn Hayyān，约 721—约 815）

图为一份 16 世纪的炼金术手稿，以一系列引喻、谜语、密码来图解贤者之石的制备。尽管它令人印象深刻，但似乎对指导实验的用处不大。

水银（公元前 210 年），炼金术（约 900 年）

约 800 年

在 800 年前后，伊斯兰文明和中华文明几乎囊括了世界上所有科学的重大进展。当时阿布·穆萨·贾比尔·伊本·哈扬 [即西方所称的“吉伯”] 就生活在今天的伊拉克地区，他涉足了医学、炼金术、占星术（Astrology）和数秘术（Numerology）等诸多领域，这些领域在当时几乎密不可分且同等重要。他的著作吸引了众多的追随者，这当中的很多人甚至在自己著作的手稿上署上伊本·哈扬的名字，这使得当时的炼金术文献在现在看起来极其混乱。这些著作中使用了详尽的符号语言，但这对读者来说真是一头雾水，因为这些符号根本无法解读——甚至可以称之为“胡言乱语”。举个例子：有个炼金配方甚至描述了如何利用各种原料炼出活蝎子，显然单从字面上已经无法理解作者的本意，也无处追溯该配方真正的含义了。

然而，单看伊本·哈扬名下那些能够理解的著作，他确是一位全情投入的实验家。他曾经一再告诫读者：想在专业上获得进步的唯一途径就是在实验室里踏踏实实地做工作，这一观点即使放在当代，相信大部分化学家也都会认同。他还认为金属在本质上是与非金属不同的，金属是由水银和各种形态的硫构成，如果能够揭开各种金属的构成秘密就能实现它们之间的相互转化。他相信一定有一种试剂（Reagent）或者万能药（Elixir）（后来被称为贤者之石）能够“解锁”这一转化过程，他这一令人心动不已的观点影响了接下来几个世纪的炼金术研究思路。13 世纪，人们又发现了一份贾比尔署名的拉丁文手稿，书中又将上述思想进一步系统化、理论化。先不管这本书的真实作者究竟为谁，著书人一定认为即便在四百年后借用伊本·哈扬的盛名一样能够达到他预期的传播效果。■

015

维京钢

图中是一把出自赫德比（Hedeby）的维京之剑。赫德比位于现在的德国与丹麦边境，曾是一个重要的贸易集散地。

铁的冶炼（约公元前 1300 年）

约 800 年

对于 9 世纪识货的主顾来说，“维京之剑”无疑是当时的翘楚。事实上，一直到工业革命之前，欧洲都没有出产过比制造维京之剑的材料——“维京钢”更好的钢材。维京人在与亚洲进行贸易时，很可能吸收借鉴了来自印度和斯里兰卡乌兹钢（Wootz steels）的先进制造工艺——当地的炼钢炉在设计上很好地利用了当地季风资源，这些都成为维京钢可能的技术来源。维京之剑的锋刃中有着很高的碳含量，而杂质含量又远低于其他普通制品，这样的合金坚硬、锋利，而又极具韧性。想象一下当你想从敌人的盾牌抑或是对方的身体里拔出剑时，这些优点马上就能显现出来。

这些非凡之剑在锋刃根部都刻有“沃夫博赫特（Ulfberht）”的铭文——这可能是当时某工场、商标或者维京铁匠的名字。利用放射性碳定年法（Carbon-dated），我们得知其中最早的剑大概是锻造于 800 年，维京之剑的锻造工艺在此后的两百年间开始盛行，在约 1000 年前后逐渐消亡。与许多缺乏文字记载的技术一样，尽管后人们一再试图仿制，真正的维京之剑锻造工艺已经失传了。即使借助于现代制造工艺，由于金属在锻造过程中能够形成多种晶体结构，所以在很多细节和质量的把控上同样需要格外小心，而这其中的控制因素一直都难以摸清。

沃夫博赫特剑无疑是稀世珍宝，因此也是当时不良商贩争相仿冒的对象。那些仿品绝大多数由劣质钢铁制成，且剑身上镌刻“沃夫博赫特”的拼写版本简直五花八门。毫无疑问，这些都是假借沃夫博赫特剑美名的冒牌货，由此可见，“以假充真”“以次充好”古已有之，早已不是新话题了。■

火药

图为蒙古入侵日本（1274 年）约 20 年后绘制的一幅画卷，它描绘的是战争时火药爆炸、残片分溅的场景。

希腊火（约 672 年），炼金术（约 900 年），硝化甘油（1847 年），PEPCON 爆炸事件（1988 年）

约 850 年

火药最早可不是武器制造商们潜心研究出来的，极有可能是炼金术士们在研究如何转化金属或者延长寿命的过程中偶然发现的。在一本 1044 年的中国军事手册中，作者详细列举了许多制造火药的配方，这都表明火药的制造工艺在宋朝中期已经得到了详尽的研究，并取得了长足的发展。而关于火药的记载最早可见于 9 世纪中期一名中国道士的手记中，里面着重强调了火药易燃的危险特性。谈到发现火药的经历，炼金士们有可能经历了下面的过程：硫黄对于炼金术而言自然必不可少；而木炭又是当时所有实验室最常见的燃料；最为关键的氧化剂（Oxidizer）——硝酸钾（Potassium nitrate）可由天然硝石（Niter，也称火硝）制成，也可以在蝙蝠洞中蝙蝠粪便周围沉积的晶体中找到。无论是谁首先将这三种物质混在一处，并让其接触到了火星，他肯定马上就会意识到自己有了“重大发现”，几乎可以肯定的是，这项发现绝对不符合炼金术士们延年益寿的初衷。

这种新武器的制备技术很快在中国散播开来，13 世纪蒙古铁骑的东征西讨事实上起到了加速传播的作用——使火药从印度一直传到了欧洲。在这之后，中国的工匠们一直试图提升火药中的硝酸钾含量，以获得更猛烈的爆炸效果。几本中国军事类古籍都记载了早期炮弹、火箭以及各种警报弹的设计方案。叙利亚化学家哈桑·阿尔拉玛（Hasan al-Rammah）在其《论战争中的骑术和谋略》（*Treatise on Horsemanship and Stratagems of War*，约 1280 年）一书中详细记载了多达 107 种不同的炸药，在书中他将硝酸钾称为“中国的白雪”。欧洲的军队也迅速学会了如何利用火药：英国学者沃尔特·德·米莱梅特（Walter de Milemete）在其 1326 年的著作中描绘了第一张有关火器的插图——展示了一个名为 pot-de-fer（法文“铁锅”的意思）的老式加农炮，有一只巨箭从炮管中射出。不论发明火药带来的后果是喜是悲，它最终都将伴随着人类的发展。■

炼金术

阿布巴卡尔·穆罕默德伊本·扎卡里亚·拉齐
(Abu Bakr Muhammad ibn Zakariya' al-Razi，865—925)

图中背景里的屋子与矿山的火势在迅速蔓延，一位女神前来警告一名炼金术士对有些元素要千万当心。

黄金精炼（约公元前 550 年），四种元素（约公元前 450 年），贤者之石（约 800 年），火药（约 850 年），怀疑派化学家（1661 年）

约900年

波斯博学者阿布巴卡尔·穆罕默德伊本·扎卡里亚·拉齐是最著名的炼金术士之一，他的著作近乎完美地诠释了如现代般高超的化学操作技巧与他所处时代信仰的完美融合。借助于这些书，我们也能想象出拉齐本人每天不知疲倦地在实验室里工作的场景，他的目的就是探寻金属与金属之间、金属与非金属之间存在差异的原因。事实上，他从未宣称自己能从其他金属中提炼到黄金，书中他着墨甚多的也只是如何使其他金属从外观上与真金接近。基于他研究不同物质的经验，他接下来的研究重点放在了物质分类上，比如将物质分为酸、盐、石头、酒精制剂等，他还详细记述了这些物质的基本性质（如易熔或易燃）。沿着这条思路想下去，他拒绝接受传统的四种元素说，转而推广自己更为复杂的物质分类法。事实上，拉齐认真研究的不同物质之间的异同也正是当时化学研究的核心。

此外，拉齐成名还因为其学术观点在当时独树一帜：他认为使用诡异的炼金术符号及种种玄幻假说根本无助于改变世界，改变物质世界的唯一途径只能靠改变物质本身。此外，他的著作——《秘典》(*Kitab al-asrar*，英文名为 *The Book Secrets*）一书也极大地推动了化学的发展，这本书也是他一贯专注、勤恳工作状态的佐证。在书中，他详细介绍了他使用的实验仪器、工具和操作方法，包括坩埚、坩埚钳、波纹管、烧瓶、漏斗、研钵、水浴锅等。拉齐同时代的从业者们对这些最先进的实验经验极为关注，这本书还给一千多年后的我们提供了观察前辈工作的独特视角。之后的一些炼金术士传承了拉齐的分类法，当然也有人不赞成转而发展自己的分类法。但无论怎样，《秘典》一书已成为几个世纪以来炼金术士们极为推崇的炼金试验室标准仪器（工具）手册。■

王水

史密森·坦南特（Smithson Tennant，1761—1815）
乔治·德·海维西（George de Hevesy，1885—1966）
马克斯·冯·劳厄（Max von Laue，1879—1960）
詹姆斯·弗兰克（James Franck，1882—1964）

图为一块正在王水中溶解的黄金——即便是对化学家而言，能目睹这一幕也非常难得。

黄金精炼（约公元前 550 年），酸和碱（1923 年），放射性示踪剂（1923 年），通风橱（1934 年）

约 1280 年

中世纪，没有多少化合物或混合物能够拥有一个大众都普遍认可的“称谓”或是“术语”，但是王水（Aqua regia，英文为“Royal water”）——作为一种特别出名、为数不多能够熔金的试剂却是个例外。王水具有高度腐蚀性，首先由一名欧洲炼金术士发现，发现者并不愿透露自己的真实姓名，甚至在他 13 世纪末讨论金属嬗变及相关主题的著作中，他将王水的发明归功到炼金术史上著名的吉伯身上。后经后世学者考证，王水的发明人就是这位意大利塔兰托的方济会炼金术士——保罗。

王水是无法从化学试剂商店直接买到的，因为它易于分解，所以必须现用现配。王水的传统配方是 1 份浓硝酸加上 3 份浓盐酸，这两种酸反应时非常剧烈，会起泡并释放出少量的毒气——主要就是溶解其中的氯气，假使你大大咧咧地在通风橱外面配制王水，你马上就能闻到它的味道。在王水中，黄金溶解起来相当容易，而白金（铂，Platinum）就会慢一些，而有一些金属根本不被王水溶解，比如金属铱（Iridium）和锇（Osmium）。实际上，这两种金属往往共存于铂矿当中——铱和锇的首次发现于 1803 年，发现人为英国化学家史密森·坦南特，他用王水溶解铂后，观察到烧瓶底部还有不溶的黑色残渣——就是这两种金属。

如今，在一些高规格金品的制备过程中还时常能见到王水的身影。其实早在第二次世界大战时期，借助于一个流传甚广的故事，它早已家喻户晓了——故事发生在 1940 年，当时德国侵占了丹麦，为了防止德国纳粹搜走诺贝尔奖得主——德国犹太裔物理学家马克斯·冯·劳厄和詹姆斯·弗兰克的诺贝尔金质奖章，哥本哈根尼尔斯·玻尔实验室（Niels Bohr Institute）里的匈牙利放射化学家乔治·德·海维西用王水溶解了这些奖章，并把溶液存储在储藏间，待战争结束后，他又利用还原反应将黄金重新沉淀出来，交给斯德哥尔摩诺贝尔奖评委会，后者用这些金子重新铸造了奖章并发还给了劳厄和弗兰克。■

分馏

塔代奥·阿德罗底（Taddeo Alderotti，约 1210—1295）

图为 1512 年的一幅装饰画，画中的德国外科医生与炼金术士罗宁·布伦瑞克（Hieronymous Brunschwig）正在利用分馏工艺生产“酒精”。画面中间正是使蒸汽凝结的冷凝管——夹套里还通着冷水。

纯化（约公元前 1200 年），热裂化（1891 年），液态空气（1895 年），氘（1931 年），旋转蒸发仪（1950 年）

人们最早借助“蒸馏”（Distillation）过程从固体中分离其中的液体组分，继而发展到从混合液体中分离出不同沸点的组分。要保证最佳的分离效果，确保那些更易于挥发的物质首先被分离出，就必须缓慢加热混合物且配备较长的蒸馏装置或塔。如果加热速度过快，不同沸点的馏分极易混在一起，无法产生很好的分离效果，那所有的力气就都白费了。总而言之，需要分离的馏分沸点越接近，越需要谨慎操作，而完成这一过程往往需要极大的耐心。

作为蒸馏原理的一种具体实施方式，13 世纪的佛罗伦萨炼金术士阿德罗底在他的著作《药学医案》（*Consilia medicinalia*，约 1280 年）最后章节详细介绍了“分馏工艺”（Fractional distillation）——由此他成为历史上介绍分馏工艺的第一人。阿德罗底因其医术高超而受到人们赞誉，他曾为了满足医疗需求，用一套长达 3 英尺的蒸馏装置来制备纯度高达 90%的酒精。受他的启发，人们纷纷利用各式蒸馏装置来分馏各种物质，想看看还能分离出什么新物质。

斗转星移，蒸馏理论逐步完善和普及，酿酒技术的发展也对蒸馏技术的不断进步起到了推波助澜的作用。后来，人们改进了“分馏头”（Still head）的设计，并且还使用了结构特殊的冷凝管（Fractionating column）以保证蒸汽与冷凝介质获得更大的接触面积，使得分离效果又获得了大幅提升。如今，无论在工业界还是在学术界，蒸馏技术的应用仍然十分广泛，它是基本的纯化技术，是炼油厂炼制石油的重要手段，还是生产高档酒精饮品的诀窍。由此可见，蒸馏对人类的生产生活具有重要作用。■

约 1280 年

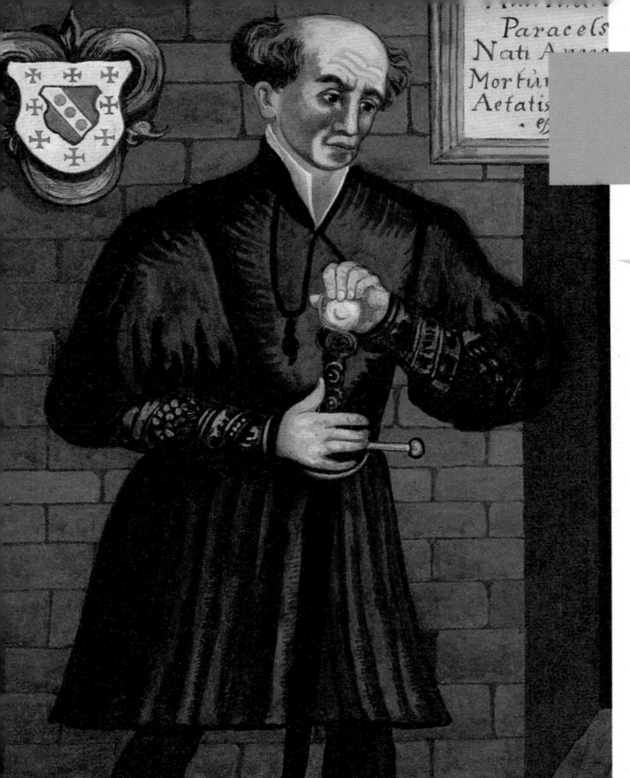

毒理学

帕拉塞尔苏斯（Paracelsus，1493—1541）

图为帕拉塞尔苏斯 47 岁时的水彩肖像，有人曾为这位尖酸刻薄的毒理学家塑了一尊雕像，这幅水彩就是通过临摹这一雕像画出来的。

水银（公元前 210 年），天然产物（约 60 年），乙醚（1540 年），硫化氢（1700 年），氢氰酸（1752 年），巴黎绿（1814 年），铍（1828 年），阿司匹林（1897 年），撒尔佛散（1909 年），硼烷和真空线技术（1912 年），镭补（1918 年），四乙基铅（1921 年），神经毒气（1936 年），“滴滴涕”的发现（1939 年），空袭巴里港（1943 年），叶酸拮抗剂（1947 年），铊中毒（1952 年），沙利度胺（1960 年），顺铂（1965 年），铅污染（1965 年），草甘膦（1970 年），MPTP（1982 年），博帕尔事件（1984 年），紫杉醇（1989 年），岩沙海葵毒素（1994 年）

1538 年

瑞士炼金术士及自然哲学家帕拉塞尔苏斯用尽一生修习医学、冶金术、占星术和其他有应用价值的知识。他所生活的年代炼金术正在逐渐消亡，当时还没人知道什么将取代炼金术。经过长达几个世纪的探索，人们已经意识到将其他金属转变为金、银是一条完全行不通的死胡同。这时，帕拉塞尔苏斯站出来指明了炼金术的前进方向，他说：“许多人一提到炼金术，就是为了要金要银，我并不认同，我认为炼金术的价值终将体现在对医学进步的贡献上。”

人人都说帕拉塞尔苏斯难以相处，他的坏脾气也没有随着年龄的增长而有所改变，也许正是这个原因，在他短短 48 年的寿命里，他住过的地方多不胜数。而凡事皆有利弊，尽管人们都认为他“离经叛道”，对那些所谓的“正统思想”不屑一顾，可也许正是他这种尖酸刻薄的个性在某种程度上成就了他的专注和他的事业。但令人遗憾的是，为了向世人彰显他对传统的轻蔑，他也做过类似公然焚烧医学古籍的事情。

今天，人们之所以铭记帕拉塞尔苏斯，主要是因为他主张疾病的发生常由外因引起。他对矿工的职业病进行了系统研究并给出了很多具有预见性的结论：比如当时人们认为矿工常见的慢性肺病来自邪恶山神的报复，而他则清醒地认识到这些病痛是由有毒蒸气引起。基于上述认识，帕拉塞尔苏斯在他 1538 年发表的著作《防御与阻断》（*Septem defensiones*）中提出了那不朽的箴言——“剂量决定毒性”：只要剂量足够高，万物皆有毒；有些物质即使剂量甚微，但毒性依旧大得吓人。■

021

乙醚

帕拉塞尔苏斯（Paracelsus，1493—1541）
瓦勒里乌斯 · 科达斯（Valerius Cordus，1515—1544）
克劳福德 · W. 龙（Crawford W. Long，1815—1878）

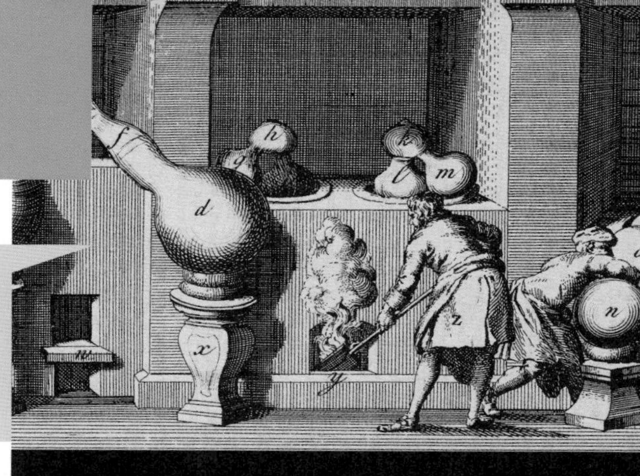

图为出现在英国期刊《环球杂志》（*Universal Magazine*）上的一幅 18 世纪版画——“生产乙醚”。如果放在今天，人们绝对会严禁在生产或使用乙醚时出现明火！

毒理学（1538 年），硫酸（1746 年），官能团（1832 年）

1540 年

有机化学家们常常根据化合物中原子的组成和排列来对它们进行分类。其中氧、硫、氮及其他非碳元素的组合决定了该化合物拥有官能团的种类，它可以进一步帮助我们推断该化合物的性质。其中，醚是有机物化合中结构较为简单的一类，它的分子就像在普通的碳碳单键中间插入了一个氧原子。但迄今为止，人们也无法直接通过这种方式制备醚类物质，好在 1540 年，德国药剂师和植物学家瓦勒里乌斯 · 科达斯就找到了乙醚的合成方法——用乙醇和硫酸共同加热（在这之前早期的炼金术士们很有可能已经合成过乙醚，但相关证据已经佚失）。当然，当时的化学家无法知晓确切的反应机理，甚至有些细节历经约三个世纪才逐渐明了，但他们已经非常清楚地知道这种“甜蜜的硫酸之油”是一种新的化合物！

乙醚是一种质量轻的低沸点液体，有特殊的刺激性气味。由于沸点低，即使在室温下也容易挥发，这使它在遇有明火、火星甚至高温环境下会变得非常危险。由于乙醚蒸气比空气重，所以乙醚着起火来与其他化合物差别很大——火焰几乎是贴着地板肆意“流淌”。

帕拉塞尔苏斯在其著作《事物的自然秩序》（*De Naturalibus Rebus*，约 1540 年）一书中指出：暴露在足量乙醚蒸气中的鸡会丧失意识、反应迟钝。不久之后人们发现乙醚对人类也有同样的麻醉效果。到 19 世纪 40 年代，医学院学生在“乙醚派对”（Ether frolics）上抛洒乙醚已经蔚然成风，1842 年，美国外科医生克劳福德使用乙醚实现了首例颈部肿瘤的无痛切除，尽管后来乙醚被其他毒性较小（且不易燃）的物质所替代，但克劳福德的创举仍然成为人类历史上的第一例外科麻醉手术而被载入史册。■

论矿冶

乔治乌斯·阿格里科拉（Georgius Agricola，1494—1555）

图为《论矿冶》中关于玻璃吹制工艺的插图，这本书十分准确和详尽地描述了当时的实验室和相关技术。

青铜（约公元前3300年），铁的冶炼（约公元前1300年），黄金精炼（约公元前550年），水银（公元前210年），贤者之石（约800年），维京钢（约800年），炼金术（约900年），钛（1791年），伊特必（1792年），铍（1828年）

1556年

德国科学家乔治乌斯·阿格里科拉真名为格奥尔格·鲍尔（Georg Bauer），与同时代的其他自然哲学家一样，他为自己取了个拉丁笔名并使用拉丁语撰写著作。他20岁时就进入希腊茨维考（Zwickau）高等学校学习希腊语，而后继续深造，专攻物理、化学和医学。从1527年起，他将自己的诊所专门设在德国一些重要的矿业城市——这绝非偶然，这是从另一侧面证实了矿物和地质学才是他的最爱。

《论矿冶》（*De re metallica*）是阿格里科拉在1550年完成，1556年出版的。此书总结了他毕生所学，是现代地理学、化学的基石之一。书中，阿格里科拉花费大量篇幅详尽介绍了矿石分析、金属熔化与提纯，甚至包括当时采矿作业所需化学试剂的生产工艺。然而，使用拉丁语写书也确实给他制造了点小麻烦，因为有些术语在拉丁语中根本不存在。

当我们浏览书中描绘的矿山机械详细图解，或试图理解书中描述的矿石冶炼种种艰难时，就可以觉察到作者所处时代的炼金术确实正在消亡。《论矿冶》一书绝口不提任何有关“贤者之石”类的观点（书中也曾提到占卜为贵金属勘探服务，但只是为了表明作者摒弃的态度）。取而代之的是，书中传授了各种矿冶工艺技术，比如在熔炼之前最佳的洗矿方法、高性能熔炉结构图纸，书中还定义了一系列新的专业术语（如萤石、玄武岩和铋），这些词一直沿用至今。

阿格里科拉在其书中开篇立论，对自己的著作进行了总结：“书中所记皆我亲眼所见，书中所述真实可靠，绝无虚妄之言。”由此可见，虽然当时“科学方法”一词还未出现，但是可见16世纪中期这种看待世界的态度已经蔚然成风。■

学术的进展

弗朗西斯·培根（Francis Bacon，1561—1626）

图为弗朗西斯·培根，是不是可以把他称作世界上第一位科学导师呢？

怀疑派化学家（1661 年）

弗朗西斯·培根是一位博学的英国哲学家、政治家、科学家、法学家，同时他还被认为是经验论（Empiricism）之父，一个人能担当这么多社会角色，用现在人的眼光来看，简直是不可思议。但是，如果没有他搭建的这个囊括科学、文化、历史以及宗教的庞大知识体系，这个世界也许将不会是我们现在看到的这个样子。1605 年，在他写给英格兰国王詹姆士的一封长信《论学术的进展与进步，神性与人性》（*Of the Proficience and Advancement of Learning，Divine and Human*）里，提到了自己每天活动的方方面面，并将其划分为与神明、与自然、与人类活动相关的三个部分，接着他阐述了自己对科学的认识，并在科学技术与其他领域研究的关系上为人类指点迷津。在他 1620 年的著作《科学的新工具》（*Novum organum scientiarum*）一书中，他详细阐述了科学目标的达成路径以及可能存在的不足。

在他的论著中，他提出科学发现能够帮助人类提高认知水平，值得人类投入时间与精力。早先的哲学思想往往只强调人类认知的精神责任——用来了解神的安排或者被动满足自身需求，但培根振聋发聩地提出：发展科学就是为了主动满足人类需求、改善生活条件。在他的乌托邦小说《新亚特兰斯》（*The New Atlantis*，1627 年）中，他宣称："科学将使一切成为可能！"——这句话也成为了 17 世纪西方文明中科学快速发展的佐证。英国皇家学会于 1660 年成立并于 1662 年获得国王查尔斯二世的正式批准，当时学会的会长就经常提到：成立皇家学会的想法来源于培根。

我们如今生活的世界实际上是培根思想的产物，虽然"科学在不断进步"对于今天的我们来说似乎是件再平常不过的事，但我们应永远铭记的是：在相当长的历史时期里，科学一直都停滞不前，而正是弗朗西斯·培根发出了主动向科学进军的号令。■

约克郡的明矾

托马斯·查洛纳（Thomas Chaloner，1559—1615）
路易斯·勒·夏特列（Louis Le Chatelier，1815—1873）

图为北约克郡靠近雷文斯坎（Ravenscar）的明矾制造遗迹（建于1650年），作为早期“工业遗迹”的典范，这样的遗址在当地仍不时被发现。

巴黎绿（1814年），苯胺紫（1856年），靛蓝染料的合成（1878年）

1607年

从罗马时代开始，明矾（Alum）作为各种硫酸铝盐的统称，广泛应用于工业与医疗领域，如用作净水剂、凝血剂、酸洗剂、止汗剂和阻燃剂等。在纺织工业中，明矾同样十分重要，它可以防止染料溶落并实现固色的效果。英国所需的明矾几乎都要从意大利罗马教廷的领地进口，直到1533年，当时的英国国王亨利八世（King Henry Ⅷ）为了与阿拉贡·凯瑟琳皇后离婚，执意与罗马教廷[当时教皇为克莱门特七世（Pope Clement Ⅶ）]决裂并建立起新教体制，明矾贸易也因此被完全截断了。

为了能够实现明矾自给，英国开始研制生产明矾，但都屡屡失败，直到约1600年，英国博物学家托马斯·查洛纳爵士终于在约克郡试制成功。1607年，英国人建立了自己的工厂并开启了明矾的工业化生产。利用无机化学知识并经过艰苦摸索建立起来的这套工艺，所使用的主要原料就是一种高硅酸铝盐含量的灰色页岩矿石。成堆的矿石被架在柴堆之中进行煅烧，为了获得更高的产出率，煅烧的过程甚至长达数月，这一过程将页岩中的硫化铁氧化成硫酸铁，再与含铝矿物进行反应得到一种易碎的粉色物质，继而将这些物质浸入大水池中溶出硫酸盐，溶液经富集浓缩后再与含钾物质发生反应。所选用的钾类物质最初是燃烧后的海藻灰，而后又用人的尿液来替代，使这步反应又脏又累。最后通过结晶将最终产品硫酸铝钾从其他盐中分离出来。

约克郡海岸明矾矿开采与周围居民的尿液收集工作一直持续到19世纪中期。直到1855年，法国化学家路易斯·勒·夏特列发现了另外一种更好的合成明矾的途径。在那之后不久，苯胺类染料（从苯胺紫开始）的出现也正式终结了明矾作为固色剂的历史。■

奎宁

保罗 · 瑞巴（Paul Rabe，1869—1952）
罗伯特 · 伯恩斯 · 伍德沃德（Robert Burns Woodward，1917—1979）
威廉 · 冯 · 艾格斯林根（William von Eggers Doering，1917—2011）
吉尔伯特 · 斯托克（Gilbert Stork，1921—2017）

图为 19 世纪早期，伦敦一药店制备的液体奎宁。作为那个时代的少数几种疗效可靠的药物，它被摆放在当时药店货架最显眼的位置上。

天然产物（约 60 年），咖啡因（1819 年），荧光（1852 年），苯胺紫（1856 年）

1631 年

1631 年，一种源自新大陆的稀有又昂贵的特效药被引入了罗马——人们称之为“耶稣会树皮”（Jesuit’ s bark）。当时的罗马周围有很多沼泽，每年很多人都被携带疟疾（Malaria）的蚊子所感染，但罗马人还没有意识到蚊子与疟疾之间存在联系，从疟疾的命名上就能看出人们当时认为是瘴气引发了疟疾。

现在我们将这种来自南美洲金鸡纳树（Cinchona tree）树皮中的活性化合物命名为“奎宁”（Quinine）。秘鲁和玻利维亚的盖丘亚族人（Quechua）应是最早发现奎宁具有药用价值功效的，他们曾在严寒天气里饮用金鸡纳树的树皮熬制的汤剂来使自己不打寒颤，这表明奎宁可以作为肌肉松弛剂使用。由于疟疾也会引起人发冷、寒颤，并伴随着周期性的发热，所以盖丘亚族人很自然地联想到了同样的疗法。幸运的是，尽管作用机制大不相同，但金鸡纳树皮同样起效。时至今日，我们也只是知道这种树皮对疟原虫有直接作用，但对确切的作用原理机制了解得并不多。

在 1620—1630 年，西班牙的耶稣会传教士从盖丘亚人那里学会了如何使用金鸡纳树树皮治疗疟疾，而且在接下来的 300 年里，奎宁都是唯一已知可以治疗或预防疟疾的神药。这一发现在人类历史上的意义深远：在这种神药的帮助下，欧洲殖民者能够进入那些原本不敢轻入的瘴气弥漫的荒蛮之地。同时，分离、提纯与人工合成奎宁的工作一直持续了好几个世纪，这一过程有力地促进了有机化学的发展。1918 年，德国化学家保罗 · 瑞巴通过半合成法得到奎宁。以此为基础，1944 年美国化学家罗伯特 · 伯恩斯 · 伍德沃德和威廉 · 冯 · 艾格斯林根首次完成了奎宁的化学全合成。2001 年，吉尔伯特 · 斯托克更是找到了一条全新的奎宁合成路线，但这也引发了一场争论：他认为 1944 年的合成方法并不能得到真正的奎宁分子，因为他们的研究基础（瑞巴的半合成法）根本靠不住。然而，事实胜于雄辩，七年以后，1918 年和 1944 年的合成方法都被证明是确实可靠的。■

怀疑派化学家

罗伯特 · 波义耳（Robert Boyle，1627—1691）
罗伯特 · 虎克（Robert Hooke，1635—1703）

026

图为罗伯特 · 波义耳拿着书的一张肖像画，这本书可能是他所著的某部影响深远的著作。

四种元素（约公元前 450 年），原子论（约公元前 400 年），炼金术（约 900 年），学术的进展（1605 年），质量守恒定律（1789 年），道尔顿原子学说（1808 年），理想气体定律（1834 年）

1661 年

罗伯特 · 波义耳是第一代爱尔兰科克伯爵（1st Earl of Cock）理查德 · 波义耳（Richard Boyle）的第十四个孩子。在他十四岁那年，他参观了位于意大利佛罗伦萨的伽利略晚年故居，从那之后，从事科学研究便成了他此生最大的心愿。1644 年，他的父亲资助了他足够的土地和资源，鼓励他全身心地投入科学探索当中。当时的英国有着很多自然哲学家和新生代科学家，他们在伦敦成立了自称为“无形学会”（Invisible College）的小团体，很快，波义耳就加入其中。1654 年，他迁往牛津，和罗伯特 · 虎克（“英国的莱昂纳多”）一起对自己新近发明的空气泵开展实验，发现了我们现在耳熟能详的波义耳定律，即在密闭容器中的定量气体，恒温下，气体的压强和体积成反比关系。

以后，波义耳继续开展了各式各样的化学或物理实验。因为有太多涉及声、光、电、气体、流体、晶体和燃烧的知识需要去探索，“无形学会”忙得不可开交。1660 年，这个学术圈子正式组建了今天的英国皇家学会。一年以后，波义耳出版了《怀疑派化学家》（*The Sceptical Chymist*）一书，书中提到构成万物的基本物质十分广泛，绝非传统的四种元素说。他认为所有物质都是由某种元素的原子或不同元素的原子组合构成，物理变化和化学反应都是这些原子的运动或反应的结果。毋庸置疑，他的上述观点与我们今天的认识完全相符，由此，他常被称为现代化学之父。

有趣的是，尽管他自己一再声称炼金术士的观点 [包括著名的帕拉塞尔苏斯（Paracelsus）] 完全错误，但他还是相信炼金术师描述的金属嬗变也许是有可能实现的。不过，他最具预见性的成就之一就是他当年提出的“愿望清单”——里面包括航天器、潜水器、止痛药、照明工程、生物工程和器官移植等二十四个“未来”发明。要是他能亲眼看到他的梦想今天都成真，那该有多好！■

燃素

罗伯特·波义耳（Robert Boyle，1627—1691）
约翰·约钦姆·贝希尔（Johann Joachim Becher，1635—1682）

如果世界上真的存在燃素，那么图中熊熊燃烧的正是燃素。燃素理论的象征意义远大于它的实际意义，尽管它的真正价值也并不在于有没有人相信它。但是在太多自相矛盾的证据面前，燃素理论最终还是“崩塌”了。

二氧化碳（1754 年），氧气（1774 年）

1667 年

“燃素”——这个概念现今已经被淘汰了，对于今天的我们而言，它似乎有些陌生，不过在以前，它曾因被认为是构成燃烧的基本元素而得名。事实上，自然界中并不存在这种物质。旧时人们认为，在易燃的物质中会包含大量的燃素，而火焰只是燃素的一种释放形式。1667 年，德国炼金术士和冒险家约翰·约钦姆·贝希尔在他的著作《土质物理》（*Physica Subterranea*）中首次提出了这个理论，一直到 18 世纪早期，这个理论仍广为流传。

早在 17 世纪，人们就已经发现物质在燃烧后，质量会减轻，贝希尔认为这归因于燃素丢失：他认为物质燃烧得越充分，失去的燃素就越多；当火焰表面被燃素完全覆盖时，由于空气只能吸收一定量的燃素，造成过量燃素富集在火焰周围，阻碍了剩余燃素的释放，所以火很快就熄灭了。含有燃素的空气无法支持生命体的存活，所以对于动物而言，要想存活就必须将体内的燃素呼出体外，当然，如果生命体已经身处燃素饱和的空气当中，肯定也是无法存活的。

燃烧的机理当时无人知晓，较其他理论而言，贝希尔对燃素的描述似乎更加合理和贴近现实。而且他将燃烧与呼吸相联系，带有一定的正确性。当然这个理论肯定有它的问题，随着时间的推移，有些现象仍无法得到很好的解释。其中最大的挑战莫过于为什么一些金属在燃烧后质量会增加？化学家罗伯特·波义耳就多次发出这样的质疑。针对这一现象的解释也爆发了多次争论，但是随着时间的推移，金属燃烧后质量增加这一现象已经成为不争的事实，一些贝希尔的拥趸又提出：燃素的质量为负，虽然这个说法暂时解释了上述现象，但也引发了更多的问题。直到 1774 年，氧气被人类发现，这才完全颠覆了人们对燃烧的认识，关于燃素的争论才最终尘埃落定——燃烧过程并不是燃素的丢失，而是获得氧元素的过程。■

磷

亨尼格 · 布兰德（Hennig Brand，约 1630—约 1692）

图为 19 世纪的一幅蚀刻版画：描绘了亨尼格 · 布兰德发现磷的那一刻。尽管这点点磷光无法照亮整间实验室，但却足以激动人心！

贤者之石（约 800 年前），氨基酸（1806 年），磷肥（1842 年），细胞呼吸（1937 年），石墨烯（2004 年）

1669 年

磷作为从古至今第一个被人类发现的元素，在元素列表中享有特殊的地位。虽然时间已到了 1669 年，德国的炼金术师亨尼格 · 布兰德仍然还未放弃炼制所谓“贤者之石”的梦想，他的尝试包罗万象，甚至还包括对自己的尿液进行蒸馏和浓缩！他将尿液浓缩后得到的固体高温加热升华得到气体，然后通过水中鼓泡的方法冷凝其气体，意外得到了一种在黑暗中能够闪闪发光的白色固体。在布兰德看来，自己真的发现了贤者之石，但事实上他所发现的物质是我们今天所说的“白磷”（White phosphorus），白磷这个词出自希腊语，原意就是“光之化身”（Light bearer）。

与其他的一些元素类似，单质的磷有几种固体存在形式——这也就是我们熟知的同素异形体（Allotropes）。其中白磷毒性最强，反应活性也最强。布兰德发现白磷时很幸运，因为他是在冷水中得到了白磷——这正是为数不多的防止白磷自燃的有效方法之一。从物质的结构来看，四个磷原子构成一个白磷分子，这种紧凑的结构使白磷易气化。而红磷是一种常见的粉状物质，是巨型共价分子，无定形结构。高温可以使红磷转变为排列更为有序的紫色形式，然而在高压下加热白磷会转变成黑磷，黑磷是一种片状固体，是由磷原子相互链接构成的六元环组成的片层结构（单层的黑磷于 2013 年被分离出，其结构与石墨烯类似）。

由于磷元素有众多的同素异形体，所以磷的化学反应非常复杂，存在着各式各样的复合物。在生物化学领域，完全氧化的磷酸盐至关重要，它是构成 DNA 和三磷酸腺苷（ATP，为每个活细胞提供化学能）的基础物质。此外，通过磷酰基与氨基酸侧链发生相互作用或者将其从侧链中移除，磷元素还能起到蛋白质调控剂的作用。■

029

硫化氢

纳迪诺·拉马奇尼（Bernardino Ramazzini，1633—1714）
卡尔·威廉·舍勒（Carl Wilhelm Scheele，1742—1786）

这幅伪彩色的红外图片所展示的是2014年冰岛的胡勒汉火山（Holuhraun lava）爆发时的场景。图上羽状气体中混杂着二氧化碳、二氧化硫和硫化氢等难闻的有毒气体。

毒理学（1538年），硫酸（1746年），氢氰酸（1752年），元素周期表（1869年），克劳斯工艺（1883年），氢键（1920年），催化重整（1949年）

1700年

许多人都闻过硫化氢（H_2S）的臭鸡蛋气味，可如果硫化氢的浓度足够高，闻到的人恐怕没几个能活下来。即便空气中有一丝丝这种恶心的气味，我们的鼻子都能闻出来。这对我们来说，这是十分幸运的，因为硫化氢的毒性甚至比氰化氢还要大（很不幸的是，氰化氢的气味相对微弱）。与很多其他有毒气体一样，硫化氢也是通过损害肺部胸膜来对人体造成伤害的。

意大利医师纳迪诺·拉马奇尼首先发现硫化氢是一种单独存在的气体。1700年，他的著作——《工人的疾病》（*De Morbis Artificum Diatriba*）首次出版，这本书不仅在医学史上具有里程碑意义，对化学的发展贡献同样很大。拉马奇尼注意到人们在清理粪坑时，眼睛和肺会受到刺激，且放在口袋里的铜币、银币会变黑。他推测这一定是来源于某种刺激性气体的影响，这种气体形成于腐烂的有机物之中，通过工人的铲动得以释放到空气中。在某些温泉和火山附近区域也发现了这样的气体，它能使银和其他金属变黑。1777年，瑞典化学家卡尔·威廉·舍勒通过硫铁矿（Iron pyrite 或称黄铁矿、愚人金）与硫酸反应生成了纯的硫化氢。他将其命名为“硫空气”（Schwefelluft），并用“恶臭”一词来形容它。

硫化氢的分子结构与水分子结构类似。在元素周期表中，硫元素和氧元素位于同一竖列，为同一族，硫在氧的下一周期，但是硫化氢沸点为-76华氏度（-60摄氏度），比水的沸点低了将近300华氏度（150摄氏度），这是由于氧原子与氢原子之间形成的氢键强度要远大于硫化氢中硫原子与氢原子之间的作用力。这也使得水在宏观上表现得更加黏稠，更为特殊，沸点也更高。■

普鲁士蓝

格奥尔格·恩斯特·斯塔尔（Georg Ernst Stahl，1660—1734）
卡斯帕·诺依曼（Caspar Neumann，1683—1737）

图为日本画家葛饰北斋（Hokusai）的著名版画——神奈川巨浪（*The Great Wave off Kanagawa*，约 1830 年）。欧洲收藏家曾一度认为画中使用了产自日本当地的蓝色颜料，后经证实这种蓝色颜料是从欧洲进口的普鲁士蓝。

氢氰酸（1752 年），钛（1791 年），配位化合物（1893 年），铊中毒（1952 年）

约 1706 年

不知道您是否留意过：1700 年之前的欧洲油画中鲜有蓝色，即使出现，也往往用在画作中身份最为尊贵的人物身上。这是因为在当时，绘画过程中，想使用质量上乘、经久不褪色的蓝色颜料就必须依赖进口，其蓝色颜料的原料主要来自阿富汗昂贵的青金石。当时人们在烧制蓝色陶瓷时会掺入含钴的毛玻璃，可它一遇到油就会出现褪色，人们还用过埃及蓝（Egyptian blue），但其配方在罗马帝国解体时便失传了。于是，青金石蓝便成了当时唯一能用的不会发生褪色的蓝色颜料。

但是，一个偶然的发现改变了这一切，虽然对于这个故事的某些细节人们多少还有些分歧，但大致情况是这样的：1706 年，一位名为约翰·雅各布·狄斯巴赫（Johann Jacob Diesbach）的德国染料工人在试制红色颜料时，从胭脂虫粉（Cochineal）中意外地得到了蓝色物质。尽管后来人们发现他当时使用的试剂被污染过，但不管怎样，在短短不到两年时间内，标着“普鲁士蓝（Prussian blue）”“柏林蓝（Berliner blue）”等类似品名的人工合成蓝色颜料就先后问世了。到了 1724 年，一位德籍波兰裔化学家卡斯帕·诺依曼将配方泄露给了英国皇家学会，后者将其正式发表、公之于众，从中可以得知：这种明亮的蓝色颜料是由胭脂虫红、明矾、硫酸铁和混有动物油的碳酸钾（Potassium carbonate）制备得到的。

尽管当时还没人试图通过反向工程来破解普鲁士蓝的制备工艺，但其分子结构可以这样描述：先由三个分别带有六氰化物的二价铁离子（Fe^{2+}）形成组合体，在这个组合体的周围环绕着四个三价铁离子（Fe^{3+}）。早期出产的普鲁士蓝中混有各种杂质，这使得它的组成更加复杂、更难以分析，所以直到 20 世纪 70 年代，它的准确化学结构才被揭示开来。人们对于普鲁士蓝的探索也在无形中推动了无机化学的进步，这个时间段长达 250 多年——比普鲁士蓝趋于褪色的时间还要长！而后，氰化氢的另一个名字“普鲁士酸（Prussic acid）”正是来源于“普鲁士蓝（Prussian blue）”，同时，由于普鲁士蓝具有的可络合性质（具体指氰根离子在空间的排列和指向），使得普鲁士蓝中的铁离子可以置换掉铊（Thallium）等有毒金属离子，生成物可以安全排出体外，使它成为急性金属中毒后进行解毒治疗的良药。■

硫酸

约翰·罗巴克（John Roebuck，1718—1794）
百富勒·菲利普斯（Peregrine Phillips，1800—1888）

硫酸盐（Sulfates）是很多化学复合肥的重要组成成分，但硫酸本身却不能直接洒在花园里。

氢氰酸（1752 年），克劳斯工艺（1883 年），酸与碱（1923 年）

1746 年

硫酸是一种非常重要的化学品，几百年来它的应用价值经久不衰。但是硫酸并非自然之物，也不是从地里直接喷涌出来的（可真是幸运），它必须通过工业生产的方式制得。中世纪炼金术士将硫酸称为硫酸之油，古往今来的硫酸制备工艺中最后一步基本相同，都是将三氧化硫溶解到水中。但从整个制备过程来看，如何得到三氧化硫已经非常棘手……虽然这步反应只不过是硫的燃烧过程罢了。

别的先不说，早期单单是找到能够装盛硫酸又能耐受其侵蚀的器具就是一项挑战，五百年前，人们选择在玻璃瓶中盛满水，然后燃烧硫黄，但是玻璃瓶的容积限制了生产硫黄的批次产量，大容积的玻璃瓶并不易得，而且非常易碎——这对于装盛硫酸而言特别不适合，好在 1746 年，英国工业家约翰·罗巴克对硫酸制备容器进行了改进：他发现铅能耐受硫酸的腐蚀，所以他使用了体积庞大的铅制容器，这使得每批硫酸的产量相比之前要高出十倍！但无论规模多大，其制备工艺都是相同的，都涉及多批次燃烧硫黄、硫酸加热浓缩等危险工序。虽然这些工序实际操作起来难度较大，但架不住业界对硫酸需求的过于强烈，所以罗巴克式的硫酸工厂几乎开遍了每个急于迈进工业化的国家。

上述这种铅室法制酸工艺一直沿用到了 1831 年，直到一位英国的醋商百富勒·菲利普斯发明了一种使用金属催化剂在高温下将二氧化硫转化成三氧化硫的新方法——这就是著名的“接触法”，现今仍被广泛运用。当今社会对硫酸的需求显然比当时大得多。硫酸大量被用于生产肥料，它同时还渗入了化学工业的方方面面。■

氢氰酸

皮埃尔·马克（Pierre Macquer，1718—1784）
卡尔·威廉·舍勒（Carl Wilhelm Scheele，1742—1786）
克劳德-路易斯·贝托莱（Claude-Louis Berthollet，1748—1822）
约瑟夫-路易斯·盖-吕萨克（Joseph-Louis Gay-Lussac，1778—1850）

1892 年，舍勒的雕塑在瑞典首都斯德哥尔摩建成。或许，今天的人们应该考虑是否恢复传统——重新使用化学家的雕像来装点公园。

毒理学（1538 年），普鲁士蓝（约 1706 年），硫酸（1746 年），pH 值和指示剂（1909 年），氰化提金法（1887 年），配位化合物（1893 年），酸与碱（1923 年），分子病（1949 年），米勒-尤列实验（1952 年）

1752 年

18 世纪的人们对于普鲁士蓝的化学组成几乎一无所知，所以在当时对普鲁士蓝成分的研究可算是化学界的前沿领域。就在 1752 年，法国化学家皮埃尔·马克发现普鲁士蓝可以分解为铁盐和某种挥发性气体（Volatile gas），且这一化学变化还是可逆的。这种挥发性气体究竟是什么呢？瑞典化学家卡尔·威廉·舍勒最终给出了答案。对他而言，能够发现这种气体确实幸运，但这幸运中也夹杂着一丝侥幸：当时，他将普鲁士蓝和硫酸进行反应时，闻到了一股强烈的、独特的、但不太难闻的气味。如果换在现代，化学家们肯定会警告你赶紧撤离，而当时的舍勒竟然用舌头尝了一下这个产物，他记录道："产物微甜且舌头有烧灼感。"舍勒品尝的就是著名的剧毒物——氢氰酸，在他品尝过后，居然还能活着并与人们分享品尝体验，这是件多么幸运的事！

在普鲁士蓝的分子结构中，氰根离子与铁离子紧密络合在一起。在空间排布上：六个氰根离子（CN^-）的一端会指向同一个铁离子，并将其包围。事实上，氢氰酸还能与红细胞里血红蛋白（Hemoglobin）中的铁离子发生络合反应，阻止血红蛋白与氧的结合！尽管氢氰酸如此危险，可它的发现也极大地推动了化学的发展，氢氰酸是一种弱酸，因为它在水中可以部分电离成 H^+ 和 CN^-，H^+ 的存在使它呈酸性。那时的人们普遍认为：与硫酸和硝酸一样，所有酸的分子式中必须含有氧元素。而在 1787 年，法国化学家克劳德-路易斯·贝托莱证实了氢氰酸中并不含氧。其后的 1815 年，贝托莱的同事约瑟夫-路易斯·盖-吕萨克进一步确定了氢氰酸的准确化学式：HCN。自从氰根离子被证实确实存在，人们很自然地取了希腊语中"青色"（Cyan）作为词根，将其命名为 Cyanide。■

033

二氧化碳

扬·巴普蒂斯塔·范·海尔蒙特（Jan Baptist van Helmont，1580—1644）
约瑟夫·布莱克（Joseph Black，1728—1799）
亨利·卡文迪许（Henry Cavendish，1731—1810）
约瑟夫·普利斯特里（Joseph Priestley，1733—1804）
汉弗莱·戴维（Humphry Davy，1778—1829）
迈克尔·法拉第（Michael Faraday，1791—1867）

固态的二氧化碳（干冰）在水下吸热时会产生气泡，并在水面上形成一层浓厚的白色烟雾。

燃素（1667 年），氧气（1774 年），超临界流体（1822 年），温室效应（1896 年），酿酶发酵（1897 年），碳酸酐酶（1932 年），细胞呼吸（1937 年），光合作用（1947 年），二氧化碳吸收（1970 年），人工光合作用（2030 年）

1754 年

现代人一谈到二氧化碳，都知道它是一种温室气体，其实在化学领域，对二氧化碳的研究与应用由来已久。1625 年，北欧佛兰德地区的化学家扬·巴普蒂斯塔·范·海尔蒙特就发现：即使将木炭燃烧产生的烟雾收集起来，与燃烧后的灰烬一起称量，总质量还是要比燃烧前的木炭轻。因此他怀疑木炭燃烧一定生成了某些不可见的物质，他称之为“西尔万之气（Gas sylvestre）”，又称“木气（Wood gas）”。

一个多世纪后的 1754 年，苏格兰医生、化学家约瑟夫·布莱克发现加热石灰石可以产生一种新的奇怪气体，它比一般的气体要重，可以如稀薄的液体般流淌，也可以迅速地熄灭火焰，甚至能使任何一种动物窒息而亡。除了上述发现之外，布莱克最大的发现就是：将这种气体通入石灰溶液（氢氧化钙）时，有白色粉末在溶液中沉淀下来——又重新生成了碳酸钙。这一发现为他检测这一气体开启了方便之门，而后，布莱克利用这一现象证实了动物呼出的气体实际上也是这种气体。不久之后，英国神学家、化学家、政治理论家约瑟夫·普利斯特里将一碗水放在利兹市一家酒吧的啤酒桶上，并将二氧化碳通入水中，使二氧化碳在水中鼓泡——将白水变成了好喝的“苏打水”。

后来人们发现二氧化碳在低温下表现出了一些有趣的特性。常压下，当温度降至−109 华氏度（−78.5 摄氏度）时，二氧化碳会由气态跳过液态直接变为像雪花一样的白色固体。当温度上升时，这种“干冰（Dry ice）”又会反过来直接变成气态，这一过程称为升华（Sublimation）。19 世纪 20 年代，英国科学家汉弗莱·戴维和迈克尔·法拉第尝试利用大幅加压来得到液态二氧化碳，很快，后续的升温和加压过程使二氧化碳变为了一种既非液态也非气态的超临界流体（Supercritical fluid）状态。■

卡氏发烟液体

路易斯·克劳德·卡戴特·德·伽西科特（Louis Claude Cadet de Gassicourt，1731—1799）
罗伯特·本生（Robert Bunsen，1811—1899）

图为一个 1800 年的装有砷的药瓶。长长的瓶颈和带有棱角的花纹提醒人们里面的物质含有剧毒！

格氏反应（1900 年），撒尔佛散（1909 年），化学战争（1915 年），二茂铁（1951 年），金属催化偶联反应（2010 年）

1758 年

古往今来，有趣的科学发现常常发生在两个学科领域的交叉处。比如说，有机化学（以研究含碳化合物为主的学科）和无机化学（研究除有机物以外的化合物的学科）两门学科相互融合，就出现了有机金属化合物——这是一类用途非常广泛的新物质。在炼制石油、合成塑料、防污装置和药物合成的过程中都离不开有机金属化合物和催化剂。可以说有机金属化合物是当今化学研究中最活跃的领域之一。

但是，最早的有机金属化合物的研究可谓“开局不利”。最初合成的一批有机金属化合物几乎毫无用处。1758 年，法国化学家路易斯·克劳德·卡戴特·德·伽西科特使用三氧化二砷合成出的一种被后世称为“卡氏发烟液体”的带有恶臭气味的新物质。我们现在知道“卡氏发烟液体”是四甲基二砷及其氧化物的混合物，但是在明确它的化学成分之前，人家一直把它们称为“卡可基”（Cacodyl）或者卡可基氧化物（Cacodyl oxide），这一命名来源于希腊语“Kakodes”，意思是令人厌恶的气味。事实上，有机砷化合物都带有这种令人不快的味道——闻起来就像是大蒜味，而且一般都有毒。

对于四甲基二砷而言，它的毒性和恶臭气味限制了它的应用。事实上，有机砷化物都很难在现代化学中找到用武之地。相比之下，钯、锂、镁的有机金属化合物在现代化学中却充当着主力。然而，当德国化学家罗伯特·本生（本生灯的发明者）后来提出——“可交换的化学基团”这一观点时，四甲基二砷摇身一变——成为关键性证据之一，因为它的甲基可以被其他化学物的其他基团进行交换反应。但是，本生自己也给四甲基二砷加上了诸如：“恶臭”“蒸气能使人的舌头表面变黑”等注解，这都使得四甲基二砷“声名狼藉”。克里米亚战争（Crimean War）期间，甚至有人提议将四甲基二砷作为化学武器使用，但被英国指挥官以“反人道”为理由阻止。现如今，没几个化学家见识过这所谓的“卡氏发烟液体”——因为根本没人想要见到它。■

035

氢气

亨利·卡文迪许（Henry Cavendish，1731—1810）
安托万·拉瓦锡（Antoine Lavoisier，1743—1794）

图中描绘的是1783年法国工程师雅克·查尔斯（Jacques Charles）和玛丽-诺尔·罗伯特（Marie-Noël Robert）在巴黎上空乘坐氢气球实现了首次氢气球载人飞行时的场景，约150年后，由于“兴登堡”号飞艇（Hindenburg）失事，飞艇悲剧性地退出了历史舞台。

氧气（1774年），阿伏伽德罗假说（1811年），氘（1931年），温度最高的火焰（1956年），储氢技术（2025年）

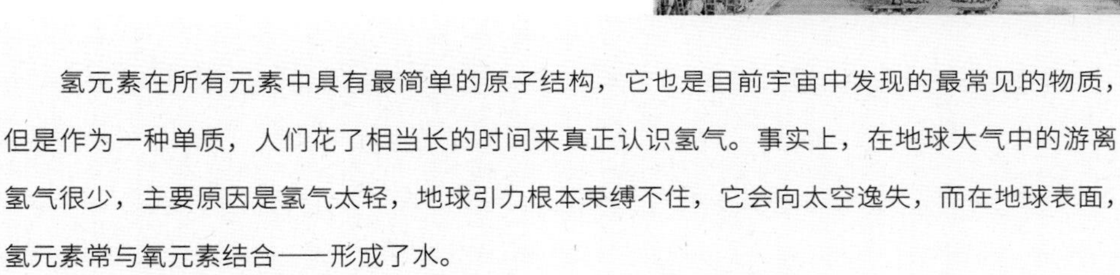

1766年

氢元素在所有元素中具有最简单的原子结构，它也是目前宇宙中发现的最常见的物质，但是作为一种单质，人们花了相当长的时间来真正认识氢气。事实上，在地球大气中的游离氢气很少，主要原因是氢气太轻，地球引力根本束缚不住，它会向太空逸失，而在地球表面，氢元素常与氧元素结合——形成了水。

我们应该把氢气的发现归功于英国哲学家、化学家和物理学家亨利·卡文迪许，他像许多同时代的化学家和物理学家一样，通过研究气体的行为去揭示气体变化规律。那时的化学家如罗伯特·波义耳其实已经发现许多金属在遇到强酸时会生成某种气体，但卡文迪许是第一个认定这种气体是一种新元素的科学家，他在1766年的论文《人造气体》（*On Factitious Airs*）中第一次详尽描述了氢气的特性——质量轻且易燃。1783年他用这种“易燃气体”（氢气）和约瑟夫·普利斯特里所谓的“脱燃素气”（即氧气）又做了一个实验，实验结果令卡文迪许非常惊讶：混合气体爆炸后竟然产生了水，这证明水并非一种单一元素，而是由氢气和氧气反应生成的简单化合物。同年，法国化学家安托万·拉瓦锡重复了卡文迪许的实验，并将这种“易燃气体”命名为“氢气”（Hydrogen一词来源于希腊语“水的创造者”）。

卡文迪许在开展各种涉及加热和燃烧的实验上十分执着，也发表了一系列重量级的学术论文，这些研究结果对后来拉瓦锡提出化学反应本质及揭示氧气重要性等方面都具有重要的推动作用。不过由于卡文迪许本人生性异常胆小，他怎么会如此热衷于这类“大胆”的实验呢？——现代的一些学者推测他可能患有阿斯伯格综合征（Asperger's syndrome）。不管怎样，人们对最简单的物质（比如空气和水）进行分解和重组的研究的确是推进化学进步的又一个里程碑。■

氧气

亨利·卡文迪许（Henry Cavendish，1731—1810）
约瑟夫·普利斯特里（Joseph Priestley，1733—1804）
安托万·拉瓦锡（Antoine Lavoisier，1743—1794）

图中绿色植物悄无声息地吸收着空气中的二氧化碳并释放出氧气。

燃素（1667年），硫化氢（1700年），氢氰酸（1752年），二氧化碳（1754年），氢气（1766年），阿伏伽德罗假说（1811年），臭氧（1840年），康尼查罗与卡尔斯鲁厄会议（1860年），液态空气（1895年），不锈钢（1912年），超氧化物（1934年），细胞呼吸（1937年），光合作用（1947年），分子病（1949年），温度最高的火焰（1956年）

1774年

人们发现氧气（Oxygen）及对其化学性质的探索历程，目前众说纷纭。不过氧气的发现说明了一个简单但很重要的结论：空气不是单一物质，而是由多种成分组成。化学家们已经分离出了很多种气体——包括二氧化碳（Carbon dioxide），氢气（Hydrogen），硫化氢（Hydrogen sulfide），氰化氢（Hydrogen cyanide），但它们当中哪种是我们呼吸所必不可少的？这在当时，仍未可知。但可以肯定的是，人们不能在硫化氢太多的地方存活，因为它的气味让人无法忍受。

英国博学家约瑟夫·普利斯特里首先发现了氧气。他利用所知的各种“空气”进行实验，观察到一个关键现象：“固定的空气”（二氧化碳）对于动物来讲是“毒药”，但却不能杀死绿色植物。实际上，在一个装有二氧化碳的密闭容器中，植物能够以某种方式将容器内的空气“解毒”。当时的人们已经知道动物的呼吸能够产生二氧化碳，普利斯特里猜测植物能够通过某种方式将二氧化碳吸收并相应地释放出其他气体，从而维持外部气体的平衡。1774年，他又做了另外一个实验，在放大镜下利用阳光将氧化汞加热，氧化汞开始分解并释放出气体，他发现这种气体并没有将老鼠杀死——老鼠依然活得很好，也没有使火焰熄灭——正相反，火焰烧得越来越旺。据此，他认为该气体与密闭容器实验中植物所释放的气体应该是相同的。普利斯特里同时发现：吸入这种气体还使他心旷神怡。

普利斯特里在当时就提出：在这种新的气体中，燃素已经被完全去除了，但他同时认为亨利·卡文迪许制得的氢气也可能就是燃素本身。不过在1777年，法国人安托万·拉瓦锡在其题为《反思燃素》（*Reflections on Phlogiston*）论文中提出了关于燃烧的更加精准的理论，1778年，拉瓦锡将普利斯特里发现的这个新气体命名为氧气（Oxygen）——它能够助燃，能够在金属或其他元素燃烧过程中与之结合，又是动物赖以生存的基础条件之一。由此可知，世间根本不存在“燃素”这种东西。■

质量守恒定律

约瑟夫-路易斯·拉格朗日（Joseph-Louis Lagrange，1736—1813）
安托万·拉瓦锡（Antoine Lavoisier，1743—1794）

图为由英国艺术家欧内斯特·博尔德（Ernest Board）创作的油画，画中的拉瓦锡正向他的妻子——也是他的科研助理解释关于空气实验的结果。

怀疑派化学家（1661 年），燃素（1667 年），氧气（1774 年），道尔顿原子学说（1808 年），化学式（1813 年）

1789 年

法国化学家安托万·拉瓦锡在推动化学向一门严谨科学发展的过程中发挥了不可替代的核心作用，他有关气体的许多发现都极大地推进了化学的发展。但是当时那些现象涉及的理论研究完全跟不上实验发现的节奏，就比如说“燃素”理论。拉瓦锡有关氧气的研究推翻了燃素理论，各种全新理论发展时代即将到来——当时的人们对此充满了期待。

诚如拉瓦锡所言：他致力于“消除一切延宕化学发展的障碍”，障碍之一就是化合物的命名法。就像英国化学家罗伯特·波义耳在一百年前推断的那样——如果化合物真的是通过“化学元素结合”而形成，那么化合物的命名就应该系统地反映这一特点。基于这样的初衷，拉瓦锡发展了一套系统命名法，并且一直沿用至今。例如，如果铁元素与氧元素结合，产生的化合物为氧化铁。在被人们认为是第一本现代化学教科书的《化学基本论述》（*Elements of Chemistry*，1789 年）中，拉瓦锡阐述了他的系统命名法体系，他将迄今发现的所有化学元素列成表格，在表中，他还详细列出了已知化合物的组成、温度对化学反应的影响以及酸和碱生成盐的反应。此外，他还首次简明扼要地提出了质量守恒定律（Conservation of mass），即在化学反应中，参加反应的各种物质的质量总和等于反应后生成各物质的质量总和。

令人深感惋惜的是，鉴于拉瓦锡参与了包税组织，成了一名代表法国君主制的包税官，在法国大革命恐怖统治时期，他自然而然地成了革命的对象，他同其他 27 名共同被告一起被判犯了叛国罪，并于 1794 年 5 月 8 日被斩首。就在他被斩首后的第二天，意大利数学家和天文学家约瑟夫-路易斯·拉格朗日痛心地说：“他们可以一眨眼就把他的头砍下来，但像他那样的头脑一百年也再长不出一个来了。”■

钛

马丁·海因里希·克拉普洛德（Martin Heinrich Klaproth，1743—1817）
威廉·格雷戈尔（William Gregor，1761—1817）

建筑师弗兰克·盖里（Frank Gehry）在他设计的众多建筑物表面都使用了薄钛板，他也由此闻名世界，比如图中西班牙毕尔巴鄂的古根海姆博物馆。

论矿冶（1556 年），普鲁士蓝（约 1706 年），光化学（1834 年），人工光合作用（2030 年）

1791 年

钛的发现背后是一场势均力敌的竞争。早在 1791 年，众多英国牧师对科学发展作出了卓越贡献，作为其中的典型代表——威廉·格雷戈尔在分析一个从康沃尔（Cornwall）教区获得的矿物样本时，发现了一种未知的金属氧化物，他以发现矿物村庄的名字“马纳坎”（Manaccan）将矿物命名为“Manaccanite”（磁铁钴矿）。在同一年的晚些时候，德国化学家马丁·海因里希·克拉普洛德（铀和锆的发现者），在金红石（Rutile）矿物中发现了一种新金属，并命名为钛（Titanium）。其实这两种金属是同一种物质，格雷戈尔首先发现了它，而克拉普洛德对其的命名被延续了下来。

钛具备韧性高、质量轻、耐热性好等特点——是使用于航空航天领域的绝佳材料。钛性能虽好，但价格昂贵，所以只能在“钱不成问题”的项目中大量使用，比如用来制造先进战斗机或是冷战时期昂贵的俄罗斯潜艇内壳。在我们日常生活中，只有在高端制造设备的核心零部件中或是高端高尔夫俱乐部中，才能偶尔见到少量金属钛的身影。

除非你参与制造潜艇，否则你见得更多的是钛的氧化物而非金属钛本身。粉末状二氧化钛（TiO_2）呈现着耀眼的白色，它永远不会褪色或被分解。这些被油漆配方师评价为拥有“完美白色”的物质广泛应用在白色油漆、塑料、纸版、乳液或者牙膏当中。2002 年，业余天文学爱好者比尔·杨（Bill Yeung）发现了一个新的绕地飞行物，后经红外光谱分析证明这不是小行星，而是一块剥落的二氧化钛涂层——也就是阿波罗 12 号当年丢失的那部分。

像其他材料一样，对钛及其化合物的深入研究给人类带来了更多惊喜——二氧化钛至少有八种晶型。1967 年，其中的几种晶型被证明不仅可用作光化学的催化剂（一些二氧化钛涂料能分解部分空气污染物），而且还被用于污水处理、太阳能电池等领域。每年有超过 400 万吨的钛被开采，但是钛元素仍然有许多神秘之处，需要我们好好研究。■

039

伊特必

约翰·盖多林（Johan Gadolin，1760—1852）

图中一个烛台悬浮在用稀土金属制造的超导磁盘上，这些稀土材料与那些在瑞典伊特必镇上首次被发现的材料类似，那时的人们怎么也想象不到这些金属对现代世界将是这么重要。

论矿冶（1556 年）

1792 年

化学元素的命名来源多种多样。有些是古代称谓的延续，有些是为了凸显某种特殊性质，还有些是为了纪念著名的科学家，或是为了纪念它们的发现地点——元素钇（Yttrium）、铒（Erbium）、铽（Terbium）和镱（Ytterbium）的命名就属于最后一种情况：这几种元素名字均来自瑞典的一个名为伊特必（Ytterby）的名不见经传的小镇。1792 年，斯德哥尔摩附近的一家采石场管理人员交给芬兰的化学家和物理学家约翰·盖多林一块很重的黑色矿物，从此开启了一系列化学元素的发现之旅。盖多林分析该矿物后发现，大多数矿物都含有一种未知成分，命名为“Ytterbia”（后来简写成 Yttria，化学成分是氧化钇）。

后来人们知道在伊特必采石场发现的所有化学元素均属于“稀土元素（Rare earths）”。稀土元素具体包括 17 种化学性质相似的元素，略带讽刺意味的是，其中一些元素其实并不“稀少”，几乎跟铜等元素一样普遍。那么它们名字中的“稀”字从何而来呢？主要是因为它们分布分散且极不均匀，尤其当它们达到经济上可采储量时，它们也总是混在一起。要实现这些元素的分离并非轻而易举，在整个 19 世纪，化学家们都在尝试从现有的混合物中分离出新的元素。比如，1841 年，一种新元素被命名为“Didymium”（现译为钕镨混合物），一直到几十年以后，人们才发现它是由两种未知元素（镨和钕）组成的混合物。

在 20 世纪下半叶，随着电子工业的发展，稀土元素的价值开始回升。在制造超强磁铁、彩色平板显示器、不同波长的发光二极管等方面，它们的作用越来越大。近年来，中国成为稀土元素最大的供应地，但是随着稀土元素需求量的日益增长，其他许多国家和矿业公司也争相开展了稀土元素的沉淀、分离等新技术的研发。■

吗啡

弗里德里希·威廉·亚当·赛特纳
（Friedrich Wilhelm Adam Sertürner，1783—1841）

在这幅1811年由皮埃尔-纳西斯·盖兰（Pierre-Narcisse Guérin）创作的油画中，希腊神话中睡梦之神摩尔普斯正被一位更强大的神的使者——彩虹女神（Iris）所唤醒。

天然产物（约60年），咖啡因（1819年），放射性示踪剂（1923年），LSD（1943年）

1804年

鸦片由东方罂粟（Oriental poppy）的汁液制成，自史前时代以来就一直以药用效果著称。亚洲和欧洲文明中都记载过鸦片，然而令人百思不得其解的是在古代医书中却鲜有关于鸦片的记载，事实上人们应该牢记的是：至今为止，吗啡仍是人们用于减缓疼痛的“极品”，而它在鸦片中所占的质量百分比高达14%。

约在1804年，一个药房学徒——弗里德里希·威廉·亚当·赛特纳，在历经冗长且乏味的提纯过程后，终于成功地从天然鸦片中提取到了纯吗啡。他用希腊神话中睡梦之神摩尔普斯（Morpheus）的名字为这一新化合物命名，并先后在动物、当地的几个志愿者以及他自己身上做实验。从他的实验记录来看，他们在相当短的时间内多次进行尝试，试图找出吗啡的起效剂量，这使得被试者一度丧失了行动能力。

这项工作不仅是鸦片化学悠久历史的开端，也揭开了人类认识、利用生物碱类（Alkaloids）的序幕，所谓生物碱是一种由植物提取的含氮天然产物，涵盖了一大批的复杂化学物质。人们对生物碱感兴趣是由于它们能够产生某种生理效应，通过研究生物碱并追踪与之结合的蛋白质，人们发现并阐明了许多生物化学机制。具体到吗啡而言，研究表明：它能与我们大脑和脊髓中的μ-阿片受体蛋白紧密结合，这也暗示我们身体内部也一定存在某种物质能够与这种蛋白结合。经过长时间的探索，人们发现所寻找的物质正是肽类神经递质（如内啡肽和脑啡肽）。更蹊跷的是，最近的研究结果表明：许多动物自身竟然也能产生吗啡——这又使得研究回到了原点。研究人员在人体细胞培养物中发现了微量的吗啡，氧放射性示踪剂（Radioactive tracer）研究也证明了示踪剂最终出现在吗啡分子里，这一切证明了人类细胞自身也在产生吗啡。■

电镀

亚历山德罗·伏特（Alessandro Volta，1745—1827）
路易吉·布鲁纳特利（Luigi Brugnatelli，1761—1818）

图为早期用锌盘和铜盘交替叠放构成的一个伏打电堆。这种电池为第一次电镀实验和其他各种实验提供了电流。

铁的冶炼（约公元前 1300 年），黄金精炼（约公元前 550 年），电化学还原（1807 年），铝（1886 年），氰化提金法（1887 年），氯碱工艺（1892 年）

1805 年

17 世纪末 18 世纪初，当时电学研究还属于前沿科学领域。意大利教授路易吉·布鲁纳特利是电学先驱亚历山德罗·伏特的朋友，当时布鲁纳特利正热衷于尝试将新的伏打电堆浸入各类化学溶液中。1805 年，当某种金属物体被接到电池负极上，并浸入金盐溶液时，他发现该金属上沉积上了一层黄金薄膜。他还发现如果预先在昆虫和花瓣上涂一层可导电的金属基油漆，甚至可以在这些非金属的物体上实现电镀。

如今，我们将布鲁纳特利的发现称为“电化学还原”，其实质是氧化还原反应的另一种形式。比如在冶炼铁的过程中，通过燃烧可以同时实现“碳被氧化成一氧化碳”（从而带走了矿石中的氧）和“铁氧化物被还原成金属铁”的两个反应，而对于电镀而言，当溶液中金离子靠近金属表面时，被负极电子还原为金，从而在其表面镀上一层很薄的金膜。

故事讲到这儿，你可能会认为这类发现一定能给发明人带来财富和名誉，然而实际上却没有。当布鲁纳特利教授将自己的研究成果上交到当时的法国政府（其实就是大家所熟知的拿破仑·波拿巴）时，对于他的发明，各方分歧严重，有人担心会引发社会的不稳定，所以布鲁纳特利的发明在当时在拿破仑控制的欧洲被全面压制，虽然还有许多反应变量亟待深入研究，包括电压、电流、所使用的金属盐种类和电镀基材等，但在那之后的近二十五年里都没有任何进展。直到了 1840 年前后，金、银电镀才真正获得了成功的商业应用，这要部分归功于氰化物溶液的发现——能够溶解大量金属。随着金属电镀在世界范围内的大规模推广，电化学逐渐发展成为今天一门独立的化学分支。■

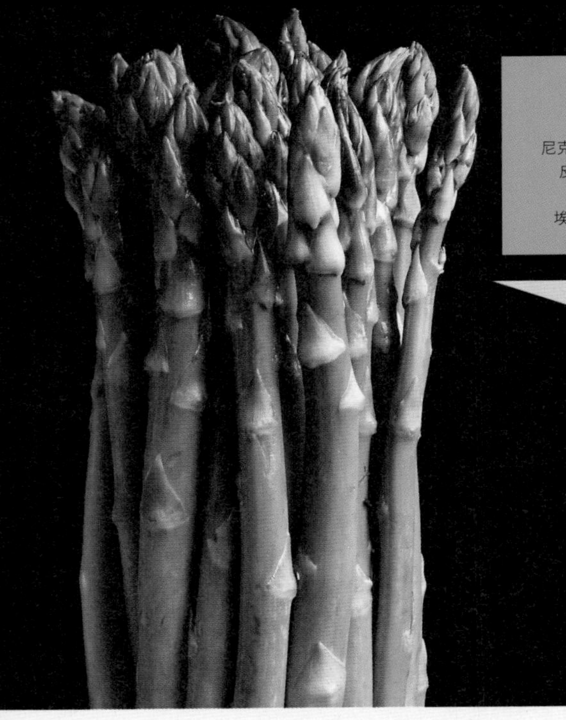

氨基酸

尼克拉-路易斯·沃克兰（Nicolas-Louis Vauquelin，1763—1829）
皮埃尔-让·罗宾凯特（Pierre-Jean Robiquet，1780—1840）
弗朗茨·霍夫迈斯特（Franz Hofmeister，1850—1922）
埃米尔·赫尔曼·费雪（Emil Hermann Fischer，1852—1919）

图中的芦笋富含天冬酰胺，这两个英语单词的词根相同，但并不代表这是天冬酰胺的唯一来源，沃克兰和罗宾凯特也可以从土豆和甘草中提取到这种氨基酸，可当初要真的从土豆或甘草提取的话，那么这种氨基酸得换个名了。

聚合物与聚合（1839 年），蜘蛛丝（1907 年），美拉德反应（1912 年），碳酸酐酶（1932 年），分子病（1949 年），桑格法测序（1951 年），α-螺旋和 β-折叠（1951 年），米勒—尤列实验（1952 年），电泳（1955 年），绿色荧光蛋白（1962 年），梅里菲尔德合成法（1963 年），蛋白质晶体学（1965 年），默奇森陨石（1969 年），草甘膦（1970 年），酶的立体化学（1975 年），工程酶（2010 年）

氨基酸（Amino acid）对大家来讲很熟悉。如果你向人们询问它更多的细节，大多数人可能会告诉你一堆有关营养和健身的事情，这其中如果有人提到了蛋白质（Proteins）的话，那这个人就算是比较接近正确答案了。从分子结构上讲，氨基酸的中心碳原子上同时连着一个氨基（NH_2）基团和一个羧基（CO_2H）基团。最简单的氨基酸化合物当属甘氨酸（Glycine）。如果甘氨酸中心碳原子相连的氢原子换成甲基，就变为丙氨酸（Alanine）；如果丙氨酸的甲基上再连一个苯环，则为苯丙氨酸（Phenylalanine）。正是与中心碳原子相连的侧链结构的不同导致了不同氨基酸之间的差异。而这些氨基酸正是组成蛋白质的基本单位。

1806 年，法国药剂师尼克拉-路易斯·沃克兰和他的学生皮埃尔-让·罗宾凯特分离得到了第一种氨基酸，并以来源物芦笋（Asparagus）为名，将其命名为天冬酰胺（Asparagine）。将近一个世纪之后，德国化学家埃米尔·赫尔曼·费雪和弗朗茨·霍夫迈斯特分别发现蛋白质是由氨基酸构成的线性长链大分子，在空间可形成 α-螺旋（Alpha-helix）和 β-折叠（Beta-sheet）的构象。蛋白质是通过一种非同寻常的细胞器——核糖体按照细胞中 DNA 序列给出的信息合成出来的。人们对这一过程的深入研究，仍然在不断产生着诺贝尔奖。

两个氨基酸脱去一个水分子发生缩合反应而形成二肽（Dipeptide）。所形成的肽键可通过强力或者酶的作用而断裂。假若你刚刚吃了点什么东西，此时此刻你的消化系统正在分解着蛋白质。消化酶需要在特定位置及环境下才能将这些蛋白质分解，活细胞中还有数以千计的其他酶通过各种不同的化学反应来进行同样的蛋白质分解过程。人体内通过 DNA 编码只产生了 20 种不同的氨基酸，不过这已足够：因为仅仅一条很短的十肽链就有超过 10 万亿种可能的氨基酸组合方式。■

电化学还原

汉弗莱·戴维（Humphry Davy，1778—1829）

金属钠是一种软的银色金属，在戴维之前没人见过。因为钠遇到水会发生剧烈反应，甚至燃烧、爆炸，如像图中展示的一样，钠在水面上燃烧，并发出如“火焰光谱学”一节中提到的那种明亮的黄色火焰。

电镀（1805 年），电化学还原（1807 年），铍（1828 年），氧化态（1860 年），铝（1886 年），氯碱工艺（1892 年），储氢技术（2025 年），人工光合作用（2030 年）

1807 年

英国康沃尔郡（Cornish）的化学家、诗人、发明家汉弗莱·戴维（Humphry Davy）所处的时代在化学史上英雄辈出，他冒着随时丢掉性命的风险开展了大量与电或各种化学气体相关的实验。为了实验，他曾吸入过高浓度的一氧化碳的混合气体，我们现在知道这种混合气体中一氧化碳的含量已经达到危险级别，那样做的风险是非常高的。他还为了观察人类吸入过量一氧化二氮（笑气）后的反应，刻意让自己暴露在超过常规剂量的一氧化二氮气体中。正如他所描述的：“我当时失去了与外界的所有联系，很多栩栩如生的画面伴以寥寥数语飞速从我脑海中划过，这是一种完全新奇的感受——我在一个全新的世界和全新的思维之中，去推测、去想象、去发现。”他之所以这么说是因为他当时还很清楚真正的发现带给人的真实感觉是什么样的。

戴维怀着极大的兴趣追踪着 19 世纪初以来电学的新发现，他意识到电池和电堆能够产生电流一定是因为发生了某种化学反应。1807 年，戴维尝试反过来——通过对钾盐和钠盐施加电流来观察反应现象，由此他成了第一位观察到纯金属钾和钠的人。他将这项技术继而运用到各种盐中（现在称为电化学还原）分离出了金属镁、钙、锶和钡。

戴维是电化学的奠基者，他对酸及其他物质理论作出了巨大贡献。此外，戴维还因发明了一种使用广泛的安全矿灯而为人们难以忘怀——人们将这种矿灯称为“戴维灯”——基于戴维的巧妙设计，他用一种金属丝网罩住矿灯火焰，在实现热量扩散的同时，还避免了矿井中的瓦斯气被点燃发生爆炸的风险。正如他从一氧化碳实验中苏醒过来时对助手所说的那样：“我不认为我将逝去。”时至今日，戴维其实并没有真正离开，他对科学的卓著贡献令后人永远铭记——月球表面有以他名字命名的“戴维环形山链”，他的家乡有以他名字命名的戴维酒馆，甚至英国皇家学会还会每年为在化学领域做出突出贡献的科学家们颁发“戴维奖章”。■

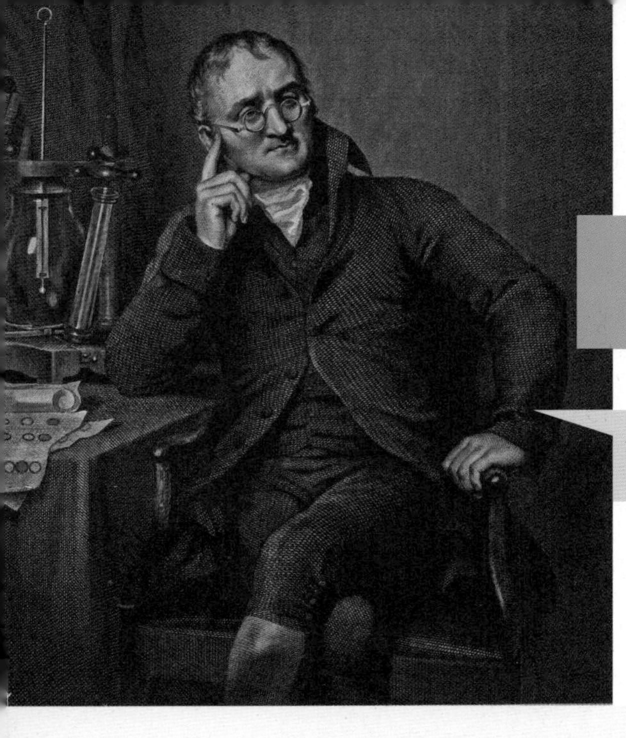

道尔顿原子学说

约翰·道尔顿（John Dalton，1766—1844）

在 1823 年的这幅版画中，约翰·道尔顿看起来正在沉思。

原子论（约公元前 400 年），怀疑派化学家（1661 年），质量守恒定律（1789 年），阿伏伽德罗假说（1811 年），康尼查罗与卡尔斯鲁厄会议（1860 年）

1808 年

约翰·道尔顿是 19 世纪最著名的博物学家之一，他继承并将原子论（Atomism）发扬光大。他幼年家贫，又是一名贵格会教徒（Quaker），所以无法进入牛津或剑桥等非贵格会学校学习，然而他自强不息，抓住一切可能的学习机会，为自己打下了扎实且渊博的学术基础。除了化学以外，他还是史上第一位认识并描述了色盲症的人——因为他自己也患有色盲症。在化学研究领域，他对所有能分离出来的气体开展了无数次实验，基于对这些气体物理性质的研究，他认为这些气体本质相似，差别只在于它们的“终极粒子（Ultimate particle）”质量不同而已。

在他 1808 年出版的《化学哲学的新体系》（*A New System of Chemical Philosophy*）一书中，道尔顿详细阐述了自己的观点。他关于气体和液体行为规律的认识支持了德谟克利特“原子论”的说法，也为罗伯特·波义耳和安托万·拉瓦锡关于“气体是由独立粒子组成的”假说提供了佐证——运用这一假说解释气体在不同压力和温度下的行为无疑是正确的。他还指出：所有的物质都是由原子构成的；同种元素的原子性质和质量都相同，不同元素原子的性质和质量各不相同；形成新化合物的不同原子必须以简单整数比例结合；原子是化学反应中的最小单元——无法被创造、破坏或者分解。另外，他发表了第一张原子量表——列出了六种已知元素的原子质量，并将氢原子质量定义为 1，其他元素的原子以此为基准。

现在看来，他的理论中很多关键点都是正确的，其对于化学的发展影响深远。当然，他的理论也有不足之处——他的有些假说过于理想化——当然他也不是最后一位犯这种错误的化学家。道尔顿认为最简单原子组合的反应最有可能发生，所以他用 HO 表示水，用 NH 表示氨气，实际上水有两个氢原子，而氨气也有三个氢原子。但是他提出的倍比定律（Law of multiple proportions）——原子以整数比例的形式结合——相当成功，从那时起原子理论就成了化学的根基。■

045 阿伏伽德罗假说

约翰·道尔顿（John Dalton，1766—1844）
约瑟夫-路易斯·盖-吕萨克（Joseph-Louis Gay-Lussac，1778—1850）
阿莫迪欧·阿伏伽德罗（Amedeo Avogadro，1776—1856）

这张照片展示了一根火柴点燃氢气泡时的场景——氢气与空气中的氧气发生了放热反应。

氢气（1766 年），氧气（1774 年），道尔顿原子学说（1808 年），化学式（1813 年），理想气体定律（1834 年），康尼查罗与卡尔斯鲁厄会议（1860 年），摩尔（1894 年）

1811 年

1811 年，意大利科学家阿莫迪欧·阿伏伽德罗发表了一篇关于分子量假说的论文，但当时并没有引起太多的关注，如果当时有人真正留心那篇文章的话，也许后续研究就会少走很多弯路。阿伏伽德罗提出：如果取相同体积而种类不同的气体，对它们进行称重，那么它们的质量比等于其分子量之比。这也意味着相同体积的不同气体具有相同的分子数，所以分子量的轻重直接导致了宏观上气体质量的差异。阿伏伽德罗是在研究了约翰·道尔顿和约瑟夫-路易斯·盖-吕萨克的工作后总结出上述结论的。1805 年，盖-吕萨克在研究不同气体发生化学反应时发现：反应物和产物的体积之比总是呈现整数比，比如两体积的氢气和一体积的氧气发生反应生成一体积的水。但是道尔顿似乎并不认可盖-吕萨克的结论，尽管这一结论在一定程度上也能证实他自己的观点。针对人们关于原子和分子认识上的诸多困惑，最终是阿伏伽德罗给出了清晰的答案。

道尔顿总是倾向于支持最简单的解释，但是阿伏伽德罗认为事情绝非想象的那么简单：很多常见的气体分子实际上是由两个相同的原子结合在一起的。现如今我们都知道氢气是 H_2、氧气是 O_2、氮气是 N_2，但是在 19 世纪早期，还没有人能做出这样的科学设想。当时人们（从盖-吕萨克和其他人的实验中）只知道在恒定的温度和压力下，燃烧氢气和氧气获得水蒸气的体积是氧气体积的两倍。当时的很多理论都无法解释这一现象，但是阿伏伽德罗通过大胆假设氧气一开始是 O_2，然后分解，并各自成为两个水分子中的一部分，从而成功地解释了这一现象。尽管阿伏伽德罗理论解释很合理，但是当时的化学家禁锢于相信化学键是由正负电荷相互吸引而产生的，那么两个完全相同的原子怎么可能连接到一起呢？数十年后，意大利化学家斯坦尼斯劳·康尼查罗（Stanislao Cannizzaro）在一篇文章中最终解决了这一难题，还了阿伏伽德罗应有的荣誉。■

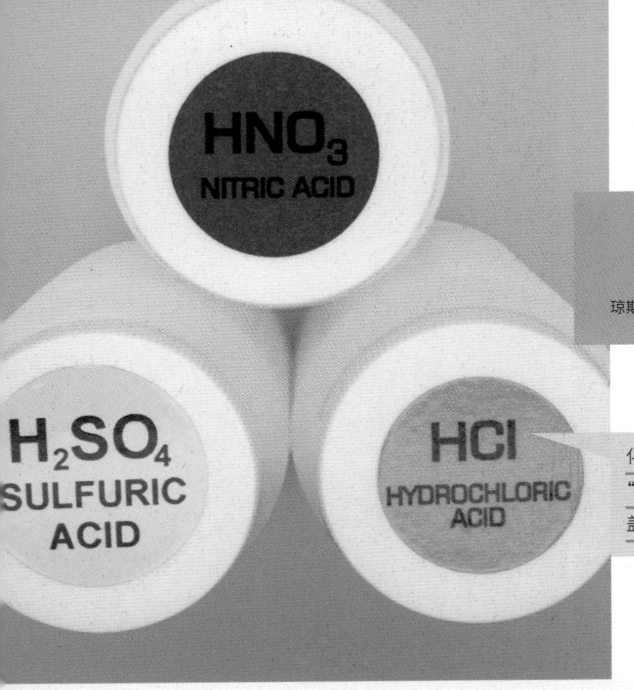

化学式

约翰·道尔顿（John Dalton，1766—1844）
琼斯·雅各布·贝采里乌斯（Jöns Jacob Berzelius，1779—1848）

化学式的发明为那些花时间学习这些“编码”的人提供了清晰的结构信息。瓶盖上是三种腐蚀性酸的化学式。

质量守恒定律（1789 年），道尔顿原子学说（1808 年），阿伏伽德罗假说（1811 年）

1813 年

1802 年，瑞典化学家琼斯·雅各布·贝采里乌斯开始了他职业生涯中第一份工作——当一名医生，但后来，他却在化学领域取得了非凡的成就，有着巨大的影响力。到了 1818 年，他已是久负盛名的瑞典卡洛琳医学院（Karolinska Institutet，该学院负责颁发诺贝尔医学或生理学奖）的一名教授，并担任瑞典皇家科学院常任秘书长，他还编写了一本有高度影响力的化学教科书。贝采里乌斯还发现了硅（Silicon）、硒（Selenium）、钍（Thorium）和铈（Cerium）四种化学元素，也是他首次将化学划分为含碳化合物化学（也即今天的有机化学）和其他物质化学（无机化学）两部分。在他的书中，可以找到由他创造的蛋白质（Protein）、聚合物（Polymer）、同分异构体（Isomer）和同素异形体（Allotrope）等化学专业词汇。

此外，贝采里乌斯还测定了大量原子和分子的质量。随着研究的不断深入，他发现原子质量并不是氢原子质量的简单倍数，分子质量是所含各种原子质量整数倍的加和。他的研究极大地支持了道尔顿原子理论，这在当时的化学界也是处于领先地位的。1813 年，贝采里乌斯开始使用元素符号加数字的方式来表达分子的化学式。他用 1~2 个字母缩写来代表某一元素，还在元素符号旁用上标数字（而不是我们现在所用的下标）来表明这一分子中该元素原子的数目。如：食盐书写为 NaCl，小苏打书写为 $NaHCO^3$。这种写法表示：1 个食盐分子由 1 个钠和 1 个氯组成，1 个小苏打分子由 1 个钠、1 个氢、1 个碳和 3 个氧组成。我们熟知的碳酸钠（Sodium carbonate）的化学式为 Na_2CO_3，其化学式清楚明晰地表达了它的化学结构：CO_3 是以一个基团形式整体存在的，钠、钾、氢及其他元素可以在它周围相互置换。化学家们也就此达成了一致——将原子按一定规则进行组合来明晰该分子的确切结构。如此，贝采里乌斯发明的化学式被证明相当有用，并且一直沿用至今。■

047

巴黎绿

图为 19 世纪一房间内景：墙壁用当时最受欢迎的威廉 · 莫里斯壁纸装饰。但谁能想到这内墙装饰会如此致命呢？

毒理学（1538 年），约克郡的明矾（1607 年），苯胺紫（1856 年），靛蓝染料的合成（1878 年），撒尔佛散（1909 年），“滴滴涕”的发现（1939 年），铊中毒（1952 年）

1814 年

在化学发展史上，人们的关注点有：如何制备强度高、性能好的新材料；如何制取拯救生命的新药；如何制造毁灭生命的武器和爆炸物；还包括研发那些能让衣物和图画绚丽多彩的颜料和染料。在染料制备技术的研发过程中，人们既收获了许多成功的发明，也经历过不少失败与挫折。其中“巴黎绿”就是一个瑕瑜互见的故事。1814 年，为了取代不耐用的舍勒绿（Scheele's green），人们研发了巴黎绿，这种色彩艳丽的晶体粉末在 19 世纪被广泛应用于衣物、壁纸、蜡烛甚至食品的染色中。虽然在同类染料中，它价格低廉、色泽艳丽，但它是一种含砷的化合物。例如，装饰性极好的威廉 · 莫里斯壁纸（William Morris wallpapers）中就含砷，因此极其危险，而莫里斯本人甚至还是当时最大的砷矿业公司董事会成员。知道了这些内情，你就会明白用这些含砷化合物来给蛋糕上色或者进行内墙装饰是多么不靠谱，这种色彩艳丽的绿色墙壁到底对哪些方面影响最大？毒理学家们一时也难以确认。随着时间的推移，越来越多的染料粉尘会逐渐散布在室内空气中，就已经够糟了，更别提那些潮湿环境中由于霉菌发酵而挥发到空气中的砷化物。众所周知，砷化物的毒性是慢性的，所以尽管当时的人们知道有些砷化物可能有毒，但等人们认清了含砷的所有物质都对人体有危害时，已经过去了相当长的一段时间。幸运的是，一些毒性较小的染料相继被研发出来替代了巴黎绿，而这种有毒的砷化物被人们留用在杀虫剂和灭鼠药上。

值得注意的是，在拿破仑 · 波拿巴头发的法医样本中，人们也发现了高剂量的砷化物残留，这使一些研究者们推测赫勒拿岛（Island of Helena）监所中使用的绿色墙纸可能也是使拿破仑死亡的“元凶”之一。巴黎绿在世界某些地区的人们心头留下了有毒的烙印，例如，即便进入 20 世纪，绿色的蜡烛在苏格兰地区的销路依然很差，尽管没有证据表明这种蜡烛有毒，但年纪较大的顾客们仍然对它心怀疑虑。■

胆固醇

弗朗索瓦·普勒提尔·德·拉·萨莱（François Poulletier de la Salle，1719—1788）
米歇尔-欧仁·谢弗勒尔（Michel-Eugène Chevreul，1786—1889）
奥托·保罗·赫尔曼·狄尔斯（Otto Paul Hermann Diels，1876—1954）
阿道夫·奥托·赖因霍尔德·温道斯（Adolf Otto Reinhold Windaus，1876—1959）
海因里希·奥托·威兰（Heinrich Otto Wieland，1877—1957）

图为偏振光透过纯胆固醇晶体薄层形成的图案。

肥皂（约公元前 2800 年），液晶（1888 年），质谱分析法（1913 年），表面化学（1917 年），甾体化学（1942 年），可的松（1950 年），口服避孕药（1951 年），核磁共振（1961 年），酶的立体化学（1975 年），同位素分布（2006 年）

1815 年

胆固醇（Cholesterol）易于纯化，因此它很早就被人们所发现。1769 年，法国化学家弗朗索瓦·普勒提尔·德·拉·萨莱研究了病人的胆结石，发现它是一种单一组分的蜡状物质。随后，在 1815 年，另外一位法国科学家米歇尔-欧仁·谢弗勒尔在不同的动物脂肪中也发现了同一种物质，他将它命名为胆固醇，是由希腊语中“胆汁（Chole）”加上“固体（Stereo）”两词组成的。渐渐地，人们知道了胆固醇分布在人体的各个部位，但胆结石仍旧是最纯的胆固醇的天然来源（当然也不易获取）。胆固醇是合成类固醇激素的原材料，也是胆汁（帮助脂类和脂溶性维生素的吸收）中的主要成分，更是每个动物细胞中的重要组成部分之一。胆固醇由于具有像液晶（Liquid crystal）结构一样的特性，能在滑动中保持有序排列，因而能大大提高细胞膜脂质层的弹性。这为细胞表面蛋白同时适应细胞膜内外两面的环境提供了基础，这样细胞蛋白才能对身体其他部位所产生的信号分子做出响应。虽然胆固醇使人容易患上心脏类疾病，但它在人类生活中的必要性却是毋庸置疑的。

由于当时的结构表征手段有限，化学家们花费了很长的时间才真正弄清胆固醇的化学结构。1932 年，德国化学家阿道夫·奥托·赖因霍尔德·温道斯证明所有的类固醇类分子都是 3 个六元环加 1 个五元环的排列方式。他与海因里希·奥托·威兰及其他科学家们一起建立了类固醇化学（Steroid chemistry），由于当时光谱鉴定技术还处于萌芽期，可想而知他们的研究工作是十分艰苦的。他们观察了未知化合物可以发生的反应，推测了产物的成分，甚至尝试通过其他合成路线得到的产物来证实自己对产物结构的推断，要知道这种方法还有可能使判断变得更加纷繁复杂。他们用严密的逻辑构筑知识的体系，用敏锐的直觉指明前进的方向。对于现代化学家来说，通过这种方法确定化合物的化学结构看起来更像是在黑暗中玩拼图，还好如今我们有了现代分析仪器，如核磁共振（NMR）和质谱（Mass spectrometry），它们为我们剖析结构指明了方向。■

049

咖啡因

皮埃尔-让·罗宾凯特（Pierre-Jean Robiquet，1780—1840）
皮埃尔-约瑟夫·佩尔蒂埃（Pierre-Joseph Pelletier，1788—1842）
弗里德里希·费迪南德·龙格（Friedlieb Ferdinand Runge，1795—1867）
约瑟夫·比安那梅·卡芳杜（Joseph Bienaimé Caventou，1795—1877）

图中这种世界上最常见的“兴奋剂”对许多人来说是必需品。

天然产物（约 60 年），奎宁（1631 年），吗啡（1804 年），LSD（1943 年）

1819 年

咖啡因是世界上应用最广泛的影响意识的药物。几个世纪之前，人们就已经知道咖啡、茶及其他植物提取物中存在着某种能使人兴奋的物质，但是直到 1819 年德国化学家弗里德里希·费迪南德·龙格才提取得到了纯净物，并把它命名为咖啡碱（Kaffeebase）。随后不久，法国研究者在从咖啡豆中寻找奎宁（Quinine）的过程中也发现了这种物质，称它为咖啡因（Caffeine）。几年以后，人们又从茶叶中分离出了和咖啡因类似的化合物——茶碱（Theine）。后来的实验证明这些其实是同一种物质，许多植物都能合成咖啡因。

但是植物们为什么要耗费自己宝贵的能量去合成咖啡因呢？原来，一方面，咖啡因是一种温和的杀虫剂，另一方面，它能起到抑制周边土壤中其他种子生长的作用。研究还表明，咖啡因能增强植物对于蜜蜂和其他传粉者的吸引力，这与咖啡店总是想尽办法吸引顾客是一个道理。

如果上升到专业术语，咖啡店的顾客们摄入的是一种腺苷受体拮抗剂（Adenosine receptor antagonist）。所谓拮抗剂是一种能与受体（细胞表面信号传导蛋白）进行特异性结合，从而阻断信号传导的化合物。与之相反，结合后能触发信号传导的化合物称为激动剂（Agonist）。腺苷（腺嘌呤的一种，DNA 遗传密码 A、C、G、T 中的字母 A）通常会抑制大脑中神经系统的活性，而咖啡因能通过阻断其受体的方式来避免腺苷的抑制效应。但过多的腺苷受体阻断剂会带来情绪紧张、心律不齐以及睡眠困难等副作用。幸运的是，人们一般很难喝到致命剂量——除非你一次喝下至少 75 杯咖啡。■

050

超临界流体

查尔斯·卡格尼亚·德·拉·图尔（Charles Cagniard de la Tour，1777—1859）

苏利喷口位于太平洋东北超过 2100 米深的水下，喷口附近被管状蠕虫覆盖，周围温度很高，且此处水压强大，图中形如“黑烟囱”的超临界水直接喷涌到开阔的海洋之中。

二氧化碳（1754 年），咖啡因（1819 年），外消旋体拆分和手性色谱（1960 年）

1822 年

法国工程师和物理学家查尔斯·卡格尼亚·德·拉·图尔对于将液体加热至（甚至超过）沸点却又抑制它沸腾时所出现的现象非常着迷。考虑到液体沸腾时内部压力陡然增大可能带来的危险，他明智地选择了在密闭的炮筒内完成这个实验。由于使用炮筒无法直接观察到内部物质发生的变化，他在炮筒中装入了打火石，试图通过打火石在炮筒中的声音变化来反馈其中液体状态的变化（请不要在家中尝试这个实验，除非你自己也有个炮筒并打算毁它）。

实验结果令人震惊！在某个特定温度以上，炮筒里面似乎不再有液体存在——至少听不到液体晃动的声音了，打火石滚动的声音也发生了变化，同时炮筒里并没有允许液体膨胀变成气体的空间。这个温度点是每种液体所特有的性质，当时的人们也还无法预知这个温度点到底是多少。事实上，德·拉·图尔所发现的正是我们现今称之为超临界流体（Supercritical fluid）的现象，液体晃动消失时测量得到的温度和压强就是我们现今所称的每种液体特有的临界点（Critical point）。基本上所有液体在加热过程中，液相会变得越来越稀薄，而形成的气相由于蒸气压增加将变得更加致密。当到达临界点的时候，这两相具有了相同的密度并混成一种新相——这是一种既非液相又非气相的新相态，且该相态具有自己独特的性质。如与普通水相比，超临界状态下的水具有一定的酸性，且几乎失去了极性。

二氧化碳很容易就能达到超临界态，并且超临界二氧化碳有着广泛的应用：它能溶解许多物质，当它与多种溶剂互溶时能够溶解的物质更多，因而它被广泛用于色谱分析中。和其他超临界流体一样，它可以迅速扩散并渗透到多种物质中，这种性质已被运用在材料科学、干洗业及从咖啡豆中提取咖啡因等多个领域当中。■

051

铍

尼古拉斯－路易斯·沃克兰（Nicolas-Louis Vauquelin，1763—1829）
安托万·蒲赛（Antoine Bussy，1794—1882）
弗里德里希·维勒（Friedrich Wöhler，1800—1882）

一些宝石中含有铍，如图中这种来自尼泊尔的海蓝宝石标本。

毒理学（1538 年），论矿冶（1556 年），电化学还原（1807 年），区熔提纯（1952 年）

1828 年

铍（Beryllium）这种元素有点奇怪，它的原子序数是 4，对于大多数的非化学专业的人来说，相比于元素周期表中它周围那些鼎鼎大名的元素，它真是鲜为人知。铍既不廉价又不易得，还有惊人的毒性，为何人们非要花费气力去了解它？原来铍也有其不可替代的特质：即使在加热状态下，它的物理性质仍然很稳定；对于 X-射线来说，铍几乎是“透明的”，可以完全透过，鉴于 X-射线源必须密封，要想利用 X-射线，铍的这一特性就至关重要；铍还能高效地散射高能中子并使其减速，所以铍很早就被用在核物理中，作为核聚变电厂中关键的屏蔽材料（核聚变电厂反应堆会释放出大量有害的中子）；同时铜铍合金不仅强度高，还具有受撞击时不产生火花的奇妙性质，可用于制作石油化工行业专用的扳手和螺丝刀等——在满是氢气罐或其他易燃易爆物的房间内作业，能够有效防止爆炸的发生。

然而想成功分离出纯净的铍可没那么容易。在加热条件下，铍特别容易与氧结合，这可是人们进行金属精炼或加工时最不愿意看到的。铍也不是一个特别常见的元素，1798 年法国化学家尼古拉斯—路易斯·沃克兰在对绿柱石（祖母绿和海蓝宝石都是这类矿石中的一种）进行研究时发现了这一新元素的氧化物，由于这种新元素的盐多带甜味，当时称它为“甜素”（Glucine）。直到 1828 年，弗里德里希·维勒和安托万·蒲赛各自独立地使用另外一种新分离出的元素——“钾”去还原才得到一些铍的小颗粒。在此之前人们连这种纯度不高的铍也没得到过。纯铍的制备则花费了更长的时间，直到 20 世纪 50 年代后期，人们借助于区熔提纯技术（Zone refining），才真正制备出了高规格的纯铍材料。

在 20 世纪 30—40 年代，作为早期荧光灯的组件之一，铍在当时已经成为一种重要的工业原材料。然而，人们逐渐发现：工作中接触过铍的工人（特别是吸入铍粉尘的）相继出现了一系列健康问题。此后，除了上文提到的制造 X-射线设备及高性能合金等特殊制造领域外，铍的使用受到了严格的限制。如果有朝一日核聚变发电正式步入工业应用，或许我们就能见到更多的铍了。■

维勒的尿素合成

琼斯 · 雅各布 · 贝采里乌斯（Jöns Jacob Berzelius，1779—1848）
弗里德里希 · 维勒（Friedrich Wöhler，1800—1882）

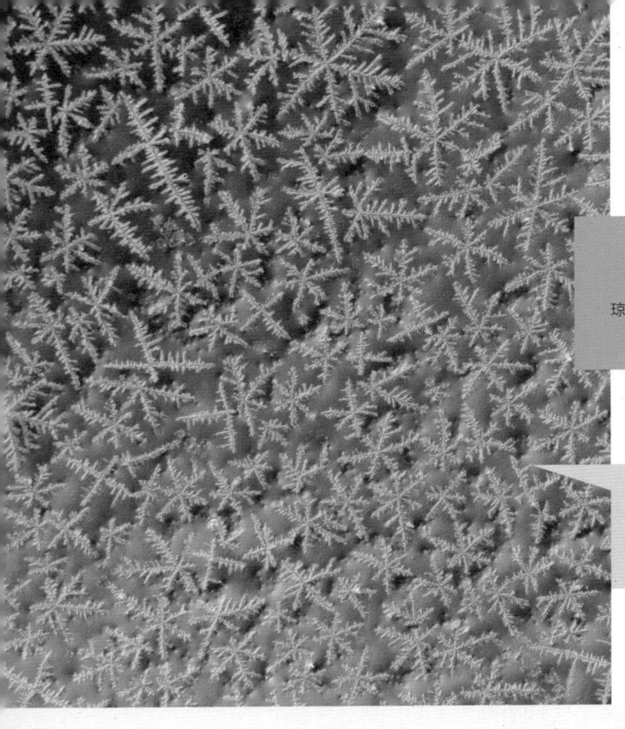

图中这些看上去像窗上霜花一样的物质就是尿素晶体，是由尿素溶液蒸发得到的。

不对称诱导（1894 年），维生素 C（1932 年）

1828 年

在日常与他人交流过程中，你可能很少听到“活力论”（Vitalism）这个词，但它作为一种学说，时至今日仍然存在。“活力论”主张生命体中有着某种特殊的非物质因素（如灵魂、意念等）支配生物体的活动——这也是非生命体所不具备的。沿着这一思路下去，活力论把生物的组成部分（如器官、细胞、血液和构成它们的生物分子及有机化合物）和世界上的其他物质（如惰性物质、矿物、死去的生物和无机化合物）加以区分。但随着人们对化学的了解越来越多，活力论生存的空间就越来越狭小——活力论的第一次大溃败是在 1828 年，当时德国化学家弗里德里希 · 维勒制备了一种简单的生物分子——尿素（Urea）。众所周知尿素是从尿中获得，而尿的唯一来源是生物体的合成。而维勒用来制备尿素的反应原料却是无机物和无生命物质（比如氰酸汞），这些化合物都根本与生命体扯不上任何关系。事后，维勒还写信告知他的导师——瑞典化学家琼斯 · 雅各布 · 贝采里乌斯：他找到了一种不用肾也能制备尿素的方法！

然而这真不是什么无聊的笑话，随着研究的不断深入，对于信奉“活力论”的人来说，摆在他们面前的实验结果一点都不好笑。他们坚信：生命体的特殊性如果不是来源于它的化学成分，那它又能来自何方呢？即使在今天，仍然会有人认为从橘子中提取的维生素 C 和实验室中合成的维生素 C 是有天壤之别的。一些人把这种差异归因于水果中可能带有的微量的有益物质。假若你坚持说这两种维生素 C 都是百分百纯净的，还是会有人跟你争辩说源自植物的维生素 C 一定含有某些额外的特殊物质。但事实并非如此，把天然维生素 C 与合成维生素 C 混在一起或揭掉标签，没人能将这两种维生素 C 分开。也许检测样品的同位素分布（Isotopic distribution）能够区分是天然还是合成样品，但对执着于花高价在商场里买天然维生素的顾客来说，几乎没人会真想去检测里面的同位素分布是多少。总而言之，化合物就是化合物，化合物中并没有“生命精髓”。■

053

官能团

弗里德里希·维勒（Friedrich Wöhler，1800—1882）
尤斯图斯·冯·李比希（Justus von Liebig，1803—1873）

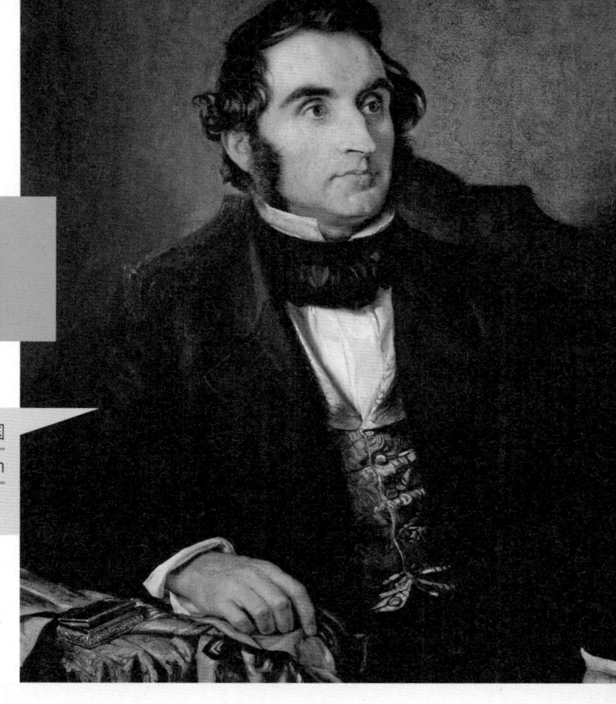

图为尤斯图斯·冯·李比希，德国画家威廉·特劳希勒得（Wilhelm Trautschold）1846 年的画作。

乙醚（1540 年），银镜反应（1856 年），红外光谱（1905 年），乙酸异戊酯及酯类化合物（1962 年）

1832 年

1832 年，德国化学家弗里德里希·维勒和尤斯图斯·冯·李比希发表了一篇详细介绍“苦杏仁油”（即我们今天所称的苯甲醛）反应的论文，正是他们的研究结果使得人们对于有机化学的认识又向前迈出了坚实的一大步。当时的化学家们其实已经知道苯甲醛能够发生很多化学反应，也能测定出反应产物的精确分子式（每个分子中碳、氢、氧等原子的数量），但没有人能说清这些分子式与化合物结构之间的关系，或是不同产物之间的联系。事实上，那时人们对有机化学的认识还处于懵懂期，对有机物的化学结构更是知之甚少。

当然这种情况也在逐渐发生着变化。维勒和冯·李比希发现，在苯甲醛系列反应中，有一种分子结构中的一部分从反应物到最终产物都一直存在。经测定，这部分结构分子式为 C_6H_7O，并被称为“苯甲酰基团”，所谓“基团”（Radical）就是反应中结构保持不变的基础结构。其他原子或官能团以这个基团为核心进行排布，比如说：氧原子的加入使它成为苯甲酸；氯原子的加入又使之成为衍生物众多且反应性很强的另一化合物，但无论怎样，它们都含有“苯甲酰”这一基团。

上述有机化合物以基团形式发生反应的观点帮助人们重新认识了原本那些令人费解的实验结果，在那之后的几十年里人们对有机化合物分子结构也有了更深入的认识，人们清楚地认识到有机反应是不同分子“官能团”（也即可反应基团）之间的反应，官能团是这些有机物分子“骨架”中的一部分，这些“骨架”在反应过程中虽很少变化但却能对官能团的活性产生重要影响。

一代代学习有机化学的学生都是通过官能团反应认识和掌握了有机化学，他们可能会对维勒的体会深有同感，维勒曾说：“此时此刻，有机化学让我彻底疯狂，对我来说，它既像一处有待开发的热带丛林，里面充满着诱人之物，又似一丛丛神奇而错综复杂的灌木，无处闪躲，也看不到终点，使人不敢轻易涉足。”■

理想气体定律

罗伯特 · 波义耳（Robert Boyle，1627—1691）
雅克 · 查尔斯（Jacques Charles，1746—1823）
约瑟夫 - 路易斯 · 盖 - 吕萨克（Joseph-Louis Gay-Lussac，1778—1850）
伯努瓦 · 保罗 · 埃米尔 · 克拉珀龙（Benoît Paul Émile Clapeyron，1799—1864）

图中给出了压力 / 体积变换的具体实验：用真空泵将装置中的空气抽出，以降低装置内的压力，棉花糖内的气泡从而急剧膨胀。

怀疑派化学家（1661 年），阿伏伽德罗假说（1811 年），麦克斯韦—玻尔兹曼分布（1877 年），气相扩散法（1940 年），甲烷水合物（1965 年）

1834 年

气体的行为与压力、体积和温度都有关系。压缩气体的体积，其压力就会上升（波义耳定律，以英国化学家罗伯特 · 波义耳的名字命名）。升高气体的温度，其体积就会增加（查尔斯定律，以法国物理学家雅克 · 查尔斯的名字命名）——如果不让气体体积增加，那么气体的压力就会上升（盖 - 吕萨克定律，以法国化学家约瑟夫 - 路易斯 · 盖 - 吕萨克的名字命名）。1834 年，法国工程师和物理学家伯努瓦 · 保罗 · 埃米尔 · 克拉珀龙将上述关系归纳成了一个“状态方程”，并称之为“理想气体定律”，这就是每一个化学家都应烂熟如心的：$PV=nRT$。

其中，P 代表压力，V 代表体积，T 代表温度，n 是所讨论物质的数量（以摩尔计量），R 是理想气体常数。R 的具体数值取决于方程中其他待测量的单位，但是不管单位是什么，R 的含义都是将定量气体分子的温度转变成其所含的能量值。可别小瞧这个简单的数学公式，冰箱、空气压缩机、气球、天气预报等凡是涉及气体温度和压力变换的场合都要用到它。

对于这种类型的任一方程，人们可能都会提出这样的质疑：“这方程到底在多大程度上能够符合真实气体的变化规律？”应该说，理想气体定律用来描述相对高温、低压、单原子气体的行为是相对准确的，因为这种状况下气体原子的运动行为与完美的小球相类似。理想气体定律没有考虑真实气体分子之间存在的相互吸引力，也没有考虑分子间距可被压缩的程度。如果真要描述这些具体状态，那就要考虑采用更加复杂的状态方程，这些方程正是对理想气体定律所做的修正，而修正的基础就是对人们对真实气体行为的深入理解。化学和其他科学都因此不断取得进步：新的理论比旧的理论更加贴近事实，但新理论也总会有失效或者给出错误答案的时候，那么下一个新理论就会继续修正错误，待出现问题时又会被另外的新理论所代替。■

光化学

西奥多·格罗特斯（Theodor Grotthuss，1785—1822）
约翰·德雷珀（John Draper，1811—1882）
赫尔曼·特罗姆斯多夫（Hermann Trommsdorff，1811—1884）
贾科莫·恰米奇安（Giacomo Ciamician，1857—1922）

图为牙医诊所里的光化学应用：紫外光引发聚合反应使填充在牙洞里的封闭剂固化。

银版照相法（1839 年），自由基（1900 年），红外光谱（1905 年），DNA 的结构（1953 年），伍德沃德-霍夫曼规则（1965 年），氟氯烃和臭氧层（1974 年），索林（1979 年），非天然产物（1982 年），流动化学（2006 年）

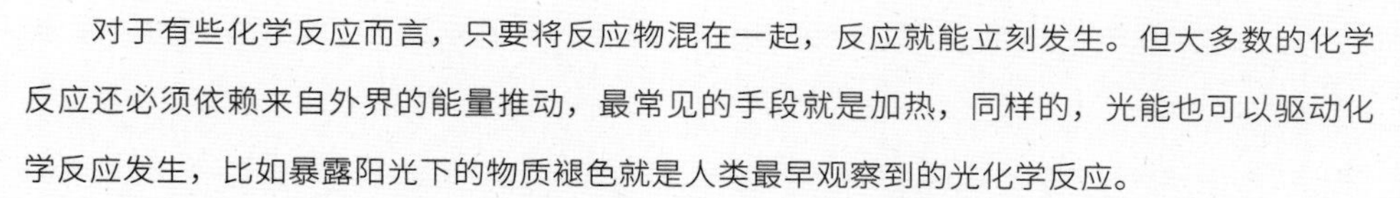

1834 年

对于有些化学反应而言，只要将反应物混在一起，反应就能立刻发生。但大多数的化学反应还必须依赖来自外界的能量推动，最常见的手段就是加热，同样的，光能也可以驱动化学反应发生，比如暴露阳光下的物质褪色就是人类最早观察到的光化学反应。

两位光化学先驱者——德国化学家西奥多·格罗特斯和英国化学家约翰·德雷珀分别在 1817 年和 1842 年各自独立发现了反应物吸收光能是光化学反应发生的先决条件。自 1900 年起，意大利化学家贾科莫·恰米奇安首次系统研究了暴露在光照下的有机化合物，为人们进一步认识光化学反应打下了基础。1834 年，23 岁的德国药剂师赫尔曼·特罗姆斯多夫报道了太阳光照射可以使源自植物的蛔蒿素（Santonin）纯晶体发生变黄和崩解。

我们现在知道，不同的分子可以吸收不同波长的光，具体吸收哪段波长的光由分子的具体结构决定，这是由于分子结构决定它们电子云的排布，而这些电子云则能与光发生相互作用。如果所吸收的光处于可见光的波长范畴，那么这个物质就能呈现出不同的色彩；如果所吸收光的能量更高即可使一些类型的化学键发生断裂或使另一些类型化学键反应活性提高。比如：相比于其他类型反应，重排反应和成环反应就更容易在光照条件下发生。再比如：科学家们直到 2007 年才弄清楚光照下的蛔蒿素晶体崩解机理——光照使分子尺寸和形态变化太大，无法保持原有的晶体状态。

要知道光化学可绝不限于实验室里的纯学术研究。我们的视网膜（Retina）之所以对光敏感正是依赖于分子形状改变所发出的化学信号，而人体内维生素 D 的来源就是我们皮肤在阳光照射下通过光化学反应产生的。这正应了那句话：哪里能找到能量，生命体就会想出办法去利用它。■

聚合物与聚合

爱德华·西蒙（Eduard Simon，1789—1856）
赫尔曼·施陶丁格（Hermann Staudinger，1881—1965）

图中的聚苯乙烯现在几乎每个人都能一眼认出，它正是在爱德华·西蒙转身离开枫香树脂那一小会后被发现的。化学发现似乎总与各种偶然性相伴。

氨基酸（1806 年），橡胶（1839 年），胶木（1907 年），聚乙烯（1933 年），尼龙（1935 年），特氟龙（1938 年），氰基丙烯酸酯（1942 年），齐格勒—纳塔催化剂（1963 年），梅里菲尔德合成法（1963 年），凯夫拉（1964 年），戈尔特斯面料（1969 年），乙腈（2009 年）

1839 年

当初想到利用聚合反应将小分子相互键接在一起形成大分子来制备聚合物材料（Polymer）的人绝对具有远见卓识。聚合物对生命至关重要，蛋白质、淀粉和脱氧核糖核酸（DNA）都可算作聚合物，从丝绸到龙虾壳等各类物质的大分子结构也都是以这种方式构建而成。可能你会对上面列举的聚合物略感意外，其实这也没什么稀奇，因为能够生成聚合物的方式实在太多了。

聚苯乙烯（Polystyrene）是最典型的一类聚合物材料，常见的透明包装材料就是由它制成的，大多数聚苯乙烯硬度高，是世界上应用范围最广的塑料品种之一。它的发现者是德国药剂师爱德华·西蒙。1839 年，他在柏林蒸馏枫香树树脂时得到了一种具有强烈气味的透明油状物，后经静置变成了一种果冻状物质。当时西蒙认为这是由于油状物与空气中的氧气发生了反应，他这么判断也不是没有道理，但之后研究人员发现，同样的反应在隔绝氧气的情况下也能发生，后来人们又花了几十年才弄清楚到底发生了什么。

原来，这种透明油状物就是我们今天所称的苯乙烯（Styrene），它的分子结构中拥有一个反应活性很高的活泼双键。反应发生时，苯乙烯分子形成一个活性中心，该反应中心能与另一个苯乙烯分子反应，继而产生新的活性中心，如此循环往复，就得到了一个由单键键接而成的聚苯乙烯大分子。在不同的混合条件、溶剂和温度条件下，可以生产出各式各样的最终产物。德国化学家赫尔曼·施陶丁格研究并阐述了普通聚合反应所遵循的规律，在 20 世纪 20 年代，他又提出橡胶、玉米淀粉和蛋白质等这些不同的物质都是通过小的单体单元重复键接而成——他的这一判断完全准确，同时他关于化学家们从实际需求出发，将很快找出人工合成聚合物方法的预测也同样准确无误，现在，我们日常使用的各种各样的塑料制品及其人造材料都能证实这一点。■

057 银版照相法

尼塞福尔·涅普斯（Nicéphore Niépce，1765—1833）
路易斯 - 雅克 - 曼德·达盖尔（Louis-Jacques-Mandé Daguerre，1787—1851）

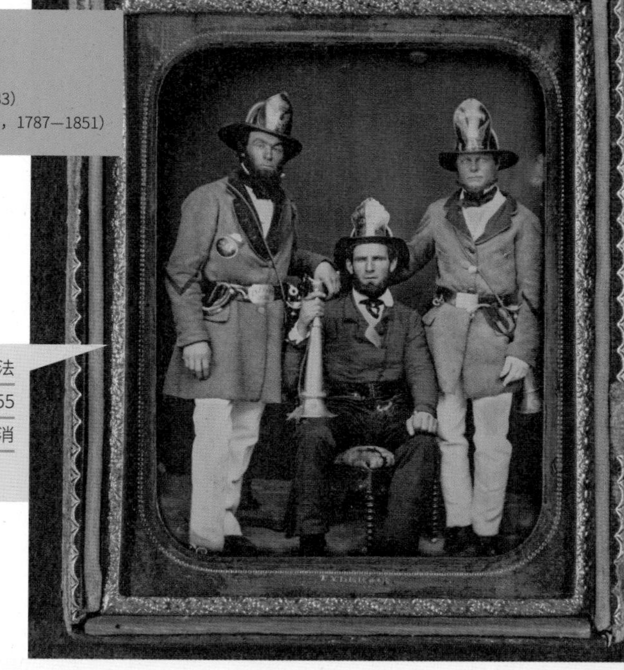

左图：达盖尔 1844 年用银版照相法给自己拍摄的照片。右图：约 1855 年，南卡罗来纳州查尔斯顿市凤凰消防公司与机械消防公司的工头们。

光化学（1834 年）

1839 年

光化学（Photochemistry）最典型的应用就是摄影。过去只有凭借艺术家的眼睛和手才能记录的场景，法国发明家尼塞福尔·涅普斯用自制的相机“暗箱”—— 一种光、镜头和镜子的机械组合就能记录下来。他采用的就是自创的“日光胶版法”（Heliography），具体而言就是先将一种感光剂沥青（焦油的一种，存在于石油馏分中）涂在金属板上，然后将金属板固定在暗箱里以接收反射的图像，接着在阳光下曝光数小时，金属板上的感光区域在阳光照射下变硬（可能发生了自由基聚合），未感光区域随后用溶剂洗去，就这样，人类历史上第一张真正意义上的照片在 1826 年诞生了。当然由于曝光时间过长，这项技术并不实用。

法国艺术家和摄影师路易斯 - 雅克 - 曼德·达盖尔曾是涅普斯的合作者。涅普斯逝世后，他坚持相关研究，并发现采用银化合物作为感光剂大有前途。经过多次实验后，达盖尔制备了一种涂有碘化银（Silver iodide）的金属板，由于碘化银对光十分敏感，曝光时间也相应缩短到了数分钟，将形成潜影的金属板与水银蒸气接触进行显影，所得的就是银—汞合金（汞合金）构成的图像，鉴于板上的未感光部分仍然具有光敏性，因此需要将未反应的碘化银除去才能使图像永久留存。不久以后，达盖尔发现如果选用金盐显影，得到的图像色彩更加精美，且更加耐久。

上述银版照相法于 1839 年一经对外公开，便引起了轰动，后期历经多次改进，该方法基本能够满足人们对于记录个人肖像的需求。虽然它的曝光时间为 10~60 秒，会造成所拍摄人物形象过于呆板，且整个拍摄技术不易上手，价格也不菲，还具有一定的毒性，但无论怎样，银版照相法的发明是一项创举，它的的确确改变了这个世界。■

橡胶

托马斯·汉考克（Thomas Hancock，1786—1865）
查尔斯·古德伊尔（Charles Goodyear，1800—1860）

图为以古老方式收集的橡胶树胶乳。

聚合物与聚合（1839 年），克劳斯工艺（1883 年），胶木（1907 年），聚乙烯（1933 年），尼龙（1935 年），特氟龙（1938 年），氰基丙烯酸酯（1942 年），齐格勒—纳塔催化剂（1963 年），梅里菲尔德合成法（1963 年），凯夫拉（1964 年），戈尔特斯面料（1969 年）

橡胶，作为一种广为人知的天然聚合物，其分子由异戊二烯（Isoprene）单体经聚合而成。异戊二烯在很多植物中都能找到，它能够保护植物免受热胁迫的伤害。当植物中富含的异戊二烯发生聚合时，得到的产物就是诸如南美橡胶树等所分泌的黏稠胶乳状树液。

这种树液可以进一步加工成天然橡胶——这在中南美洲橡胶加工历史上已经延续了数百年。但是如果直接使用天然橡胶，将会遇到很多问题，比如在炎热的天气，它会变得黏稠无比，而在寒冷冬天，它又极易变脆、开裂。许多发明家都尝试对天然橡胶进行改性，希望能够提高其实用性。经过数年的艰苦研究，美国化学家查尔斯·古德伊尔终于取得了突破性成功：无论是基于偶然发现还是经过了精心设计（有一种说法是他把一块橡胶粘到了一个热炉上），的确是古德伊尔首先发现在天然橡胶中加入硫黄并加热后，其性能可以得到明显改善，变成一种有弹性、耐用且不易发黏的物质。如果能将这一过程工业化，那未来市场潜力可谓巨大。古德伊尔在随后的几年里不断探索，试图将自己的发明投入工业化生产，这几乎耗尽了他的家人与债权人的所有耐心。直到 1844 年，他给自己的发明申请了专利，并建立一个橡胶制品的生产厂，生产我们所熟知的硫化橡胶（Vulcanization，名字源自罗马火神）。在应对欧洲专利纠纷的过程中，他几经坎坷，最为著名的案例是他与英国工程师托马斯·汉考克之间的专利纠纷，汉考克研究橡胶改性几乎与他同时，也以几乎相同的改性工艺获得了英国的专利授权。

从化学角度讲，硫化橡胶中硫黄起到的作用是使聚合物链发生交联，从结构上限制分子的相对滑移从而改变了天然橡胶本身的性质。不管其发明过程是否带有偶然性，硫化橡胶的发明给工业界和商业界都带来了巨大利润。如今，硫化橡胶催生了名目繁多的消费品，如轮胎、软管、鞋底和曲棍球，还有工业装备中使用的诸多橡胶零部件。■

059

臭氧

克里斯汀·弗里德里希·舒恩贝恩（Christian Friedrich Schönbein，1799—1868）
雅克－路易斯·索雷（Jacques-Louis Soret，1827—1890）
卡尔·迪特里希·哈里斯（Carl Dietrich Harries，1866—1923）
鲁道夫·克里吉（Rudolf Criegee，1902—1975）

如图，山上空气清新的一个原因是闪电产生了臭氧。

氧气（1774 年），同位素（1913 年），偶极环加成反应（1963 年），维生素 B_{12} 的合成（1973 年），氯氟烃与臭氧层（1974 年）

1840 年，德国化学家克里斯汀·弗里德里希·舒恩贝恩在实验室里进行水的电解实验（通电流将水分解）时，闻到了一种特殊的臭味——这可是发现新物质的证据，他将这种气体命名为臭氧（Ozone，源自希腊语 Ozein，意思是嗅）并进行了详尽的描述。二十多年后，瑞士化学家雅克－路易斯·索雷大胆地提出：这种气体其实是一种氧气的新形式，这使得臭氧成为第一个被认定的“同素异形体”（Allotrope，取自希腊语，意为“其他方式”），所谓同素异形体是指具有同一种元素但具体形态不同的物质，比如：氧气（分子式为 O_2）与臭氧（分子式为 O_3）。臭氧是气体，冷却液化可使其变成具有爆炸性的蓝色液体，如进一步冷却，它可以变成深紫色固体——即便对于化学家而言，见过这种固体的人也少之又少。

无论是出于有意还是无意，其实很多人都接触过臭氧。它有时能在暴风雨中由闪电产生，使空气闻起来有一丝微弱的清新感。因其与风暴或是山间空气的这点联系，使得臭氧获得了完全不应有的美誉——“有益健康”，实际上它的毒性可不小。但是，臭氧也在大气层上方形成臭氧层并吸收紫外线，从而保护地面上的生物免受紫外线的伤害。

放电仍然是实验室里制备臭氧的最好方法。臭氧发生器使纯氧通过高压电弧以产生臭氧。它能与碳—碳双键发生 1，3-偶极环加成反应，形成含有 3 个相连氧原子的五元环，这种五元环极易爆炸，但幸运的是，它也极易发生重排反应，继而分裂成两种相应的醛，这就为化学家们提供了一条清洁、特殊的合成路线，可以实现烯烃（Alkene）的拆分从而得到两个含可反应基团的产物，能用于后续的其他反应。20 世纪初，德国化学家卡尔·迪特里希·哈里斯推广了这一反应的应用，但直到 20 世纪 50 年代，另一位德国化学家鲁道夫·克里吉才利用同位素（Isotope）标记的方法明确了该反应的反应机理。■

1840 年

磷肥

尤斯图斯·冯·李比希（Justus von Liebig，1803—1873）
约翰·贝内特·劳斯（John Bennet Lawes，1814—1900）
艾尔林·约翰逊（Erling Johnson，1893—1968）

图为 1990 年瑙鲁岛上的磷酸盐矿场开采后留下的场景，明显已不再有可利用的自然资源。

磷（1669 年），哈伯—博施法（1909 年）

1842 年

几千年来，农民一直在改良土壤以使其能更好地长出作物，常通过添加粪肥和农作物秸秆残渣实现这一目的，人们为土壤加入了各种助剂，诸如矿物质、木屑和草木灰。19 世纪，德国化学家尤斯图斯·冯·李比希率先开展了植物营养学研究，以实现在提高农作物产量的同时降低成本的目的。他意识到了磷元素（Phosphorus）和氮元素（Nitrogen）的重要性（参见哈伯—博施法），并且在 1845 年进行了人工合成磷肥的尝试，尽管那次实验并不成功。而英国农业科学家约翰·贝内特·劳斯的同类实验却获得了成功，并于 1842 年取得了用硫酸处理磷酸盐工艺的专利授权。在当时，施加磷肥以提高土壤肥力的做法通常是使用全天然鸟粪，但好的鸟粪并不便宜。

1927 年，挪威化学家艾尔林·约翰逊研发了一种用硝酸处理含磷酸盐岩石的工艺，以制备高效的氮 / 磷肥。虽然最合适的磷酸盐岩仅产于太平洋的偏远岛屿，运输十分不方便，但制造肥料所能获得巨大利润的诱惑使运送磷酸盐岩的海运业变得非常有利可图，在某种程度上，简直可以称得上是暴利。在 20 世纪的大部分时间里，被这种鸟粪磷酸盐层覆盖着的海岛瑙鲁曾拥有世界上最高的人均收入，一度非常繁荣，但是，当这些资源被开采枯竭之后，当地的经济也陷入了困境，这座岛的大部分地貌已被破坏得千疮百孔，看上去像是另一个星球。世界上的其他地区仍在开采磷矿，但并没有直接用于生产肥料，主要还是用于生产磷酸，而大部分的磷酸被用于制造磷酸铵肥料，余下的通常被用于生产洗涤剂或制作软饮料。

然而，虽然许多地方有丰富的磷酸盐岩资源，但同时放射性元素的含量也十分高，比如铀。在加工过程中，放射性元素被浓缩在副产物磷石膏（Phosphogypsum，硫酸钙与磷酸混合物）中，使其无法再被利用，这些副产品堆积在一起，就如同克劳斯工艺中产生的硫，在等待着人类找到利用它们的方法的那一天。■

061

硝化甘油

克里斯汀·弗里德里希·舒恩贝恩（Christian Friedrich Schönbein，1799—1868）
泰奥菲勒-朱尔斯·佩洛兹（Théophile-Jules Pelouze，1807—1867）
阿斯卡尼亚·索布雷罗（Ascanio Sobrero，1812—1888）
阿尔佛雷德·诺贝尔（Alfred Nobel，1833—1896）

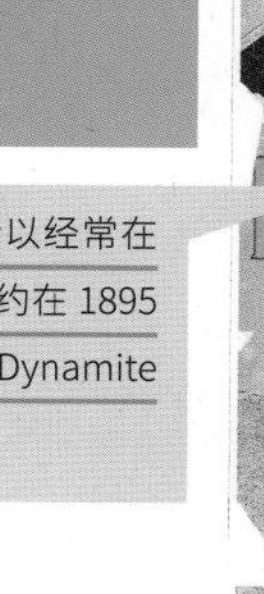

在早些年，由于炸药十分新奇，所以经常在广告中出现。比如图中所示就是大约在 1895 年，纽约安泰炸药公司（Aetna Dynamite Company）的广告。

希腊火（约 672 年），火药（约 850 年），氧气（1774 年），吉布斯自由能（1876 年），铝热试剂（1893 年），哈伯—博施法（1909 年），PEPCON 爆炸事件（1988 年），流动化学（2006 年）

1847 年

1847 年意大利科学家阿斯卡尼亚·索布雷罗发现了一种威力强劲的炸药——即我们熟知的硝化甘油（Nitroglycerine），在那之前，作为当时最有威力的爆炸物——火药在数个世纪一直处于统治地位。索布雷罗师从法国化学家泰奥菲勒-朱尔斯·佩洛兹，而佩洛兹研究的正是火棉（Guncotton），火棉一般由棉花和硝酸反应制得，其反应实质是棉花的纤维素链上生成硝酸酯的过程。说起火棉来，这种“硝化纤维素”的发现还是源自一次惊悚的意外事故：在 1832 年，臭氧的发现者——德国化学家克里斯汀·弗里德里希·舒恩贝恩无意间将擦拭过硝酸和硫酸的棉质围裙放在火炉旁边烘干，然后围裙就突然着火了，并且伴有类似爆炸性的闪光，舒恩贝恩根据这一反应现象，发现了火棉。由于火棉很危险且极不稳定，在大规模生产使用时，时常会发生惨烈的爆炸事故，所以火棉一直无法取代火药的统治地位。

随着研究工作的不断深入，索布雷罗在研究甘油（Glycerin）的硝化反应时取得了重大突破。甘油是含有三个碳原子的碳水化合物，常温下呈糖浆状，分子结构远比棉花简单，硝化以后的产物具有强烈的爆炸性，并且难于控制，因此这一实验结果被索布雷罗雪藏了很久，他还用严厉的口吻警告世人不要触碰这种物质。但佩洛兹的另一名学生阿尔佛雷德·诺贝尔并没有被这种炸药吓退。他回到瑞典，一直致力于探寻安全处理硝化甘油的方法。最终，他发现利用吸附剂对硝化甘油的吸附作用，可以使其稳定性大大改善，炸药（Dynamite）就此诞生了。炸药的发明，为诺贝尔积累了巨大的财富，以他名字命名的诺贝尔奖金也源自于此。诺贝尔的初衷是希望通过炸药的发现使人类警醒：战争是如此残酷，人类应当竭力避免，可事实上，他的这种想法太天真，是对人性的严重误判。

其他的一些硝基化合物，还包括 TNT（Trinitrotoluene，三硝基甲苯）以及爆炸威力更强的 RDX（Research department explosive，命名源于其研制单位），这些名头很响的炸药，从第二次世界大战开始，一直被人类频繁使用。炸药的强大威力来源于爆炸反应物与生成物总能量的差值，硝基化合物含有氧分子，爆炸分解产生的氮气相当稳定，正如铝热反应生成稳定的氧化铝一样，硝基化合物的能量与产物氮气的能量相差过大，因而可以释放巨大的能量。对于打算活得久一些的化学家而言，处理任何轻而易举就能反应放出氮气的化合物，都得谨慎小心，绝不能麻痹大意。■

手性的故事

路易斯·巴斯德（Louis Pasteur，1822—1895）
约瑟夫－阿奇·勒·贝尔（Joseph-Achille Le Bel，1847—1930）
雅各布斯·亨里克斯·范·霍夫（Jacobus Henricus van' t Hoff，1852—1911）

图为偏振光透过时的酒石酸晶体，不同的颜色代表了晶体的不同取向和厚度。

碳四面体结构（1874 年），费雪与糖（1884 年），液晶（1888 年），配位化合物（1893 年），不对称诱导（1894 年），沙利度胺（1960 年），外消旋体拆分和手性色谱（1960 年），默奇森陨石（1969 年），维生素 B_{12} 的合成（1973 年），酶的立体化学（1975 年），岩沙海葵毒素（1994 年），短缺的莽草酸（2005 年），工程酶（2010 年）

1848 年

19 世纪早期，偏振光（Polarized light）的发现引发了人们通过设计实验来测定其本征性质的浓厚兴趣，而化学家们却有着他们的“小算盘”——去观察偏振光透过各式各样的化合物时发生的变化。在这众多的化合物中，酒石酸（Tartaric acid）的化合物成为解开偏振光谜底的钥匙。众所周知葡萄中含有酒石酸，并且在葡萄酒桶里常常能看到其结晶体。法国化学家和微生物学家路易斯·巴斯德发现：葡萄酒中的酒石酸晶体配成的溶液能够使偏振光振动面（Plane）发生旋转，仿佛光在透过溶液的同时被人为扭转了振动方向；然而，用人工合成的酒石酸配成的溶液则不会发生上述现象。为什么同是酒石酸溶液，光学行为却如此迥异？

这的确让人疑惑，因为两组样品看上去完全相同。巴斯德在显微镜下对两组样品分别进行了观察，他发现不能旋转偏振光的酒石酸晶体是由互为镜像的两种晶体混合而成的。他进一步将这两种晶体进行分离，惊喜地发现其中一种晶体与葡萄酒中析出的酒石酸晶体一模一样，而另外一种晶体也能使偏振光发生相同程度的旋转，只不过旋转的方向相反。也就是说，人工合成的酒石酸溶液不能旋转偏振光的原因是旋光性质相反的两种物质对偏振光产生的偏转作用相互抵消了！

基于对酒石酸存在的两种相反旋光性异构体的发现，1848 年，25 岁的巴斯德正式提出了关于酒石酸存在互为镜像的（类似右手与左手）两种化学结构的理论，并进一步提出这一理论应适用于其他具有旋光性的化合物。巴斯德的发现为人类叩开了认识手性化合物世界的大门，但直到 19 世纪 70 年代，荷兰化学家雅各布斯·亨里克斯·范·霍夫和法国化学家约瑟夫－阿奇·勒·贝尔才各自独立地对化合物手性（Chiral）是如何产生的进行了系统的阐释（Chiral 一词来源于希腊语“手”）。

今天，我们已知道物质具有手性（Chirality）对生命而言至关重要，许多蛋白质、糖类都具有手性，而许多重要的药物也具有独特的手性结构。现在来看，当年巴斯德观察到的能够混在一起但手性不同的晶体并不多见。他之所以能够成功，不仅因为他能力很强，还因为他特别走运。当然，正如巴斯德本人所言：“机会只留给有准备的人。”对这一点，我们应该有清醒的认识。■

荧光

乔治·加布里埃尔·斯托克斯（George Gabriel Stokes，1819—1903）

图为在紫外光照射下的各类矿物萤石，其中的一些物质在可见光照射下也会显得色彩斑斓，但亮度可远没有图中这么高！

奎宁（1631 年），荧光素（1957 年），绿色荧光蛋白（1962 年），点击三唑（2001 年）

1852 年

早在 16 世纪，人们就观察到了荧光效应：将一些木屑的水萃取物置于光下，并从特定的角度观察，在容器的边缘就能观察到闪烁的蓝光！在接下来的几个世纪，人们陆续发现许多物质也具有类似的荧光现象，比如矿物萤石和用铀盐着色的玻璃等。随着 19 世纪初紫外光的发现，人们逐渐认识到，这些荧光物质是通过某种方式吸收了不可见的紫外光，从而向外发射出可见光。

爱尔兰物理学家乔治·加布里埃尔·斯托克斯爵士是第一个认清这一现象的人，这归因于他选择了恰当的研究对象——奎宁，因为奎宁溶液有很强的蓝色荧光效应。他还以萤石的名字对这一现象进行命名，称之为“荧光”。由于当时的人们对量子力学还完全没有概念，所以也无法理解荧光效应背后的机理。我们现在知道某些物质之所以能够产生荧光，是因为它们可以吸收更高能量的入射光辐射，使它们的电子由基态跃迁至激发态，受激发的电子从激发态回到基态过程中，以发射荧光的形式释放能量，绝大部分发射光的波长要长于入射光，这也是为什么我们能看到荧光的原因。

荧光化合物的种类非常丰富，其中有些荧光化合物是人工合成的。某些荧光染料因为能发出非常亮眼的绚丽荧光而为我们所熟知，如荧光笔、橙色安全背心早已进入我们的日常生活。除此之外，荧光还被用于生物医药领域：特定波长的光照射在某些物质（甚至有些是活体细胞的一部分）上，会产生相应的特定波长的荧光，这样就可以与其背景进行区分，将这些物质显现出来。荧光标记也已被应用于临床，用来标记癌变组织，方便后续的手术治疗。除此之外，作为可见光谱的有力补充，荧光光谱为我们提供了丰富的分子结构信息，如果没有荧光光谱的指引，那些信息可能永远会被雪藏！■

分液漏斗

图为一排分液漏斗。经典的外形设计一直沿用至今，活塞部分以前也是玻璃的，现如今却换成了塑料的，因为玻璃活塞有时候容易和瓶口黏连，而不易拧开。

纯化（约公元前 1200 年），鄂伦麦尔瓶（1861 年），索氏抽提器（1879 年），硼硅酸玻璃（1893 年），色谱分析（1901 年），迪恩—史塔克分水器（1920 年），通风橱（1934 年），磁力搅拌（1944 年），手套箱（1945 年），旋转蒸发仪（1950 年），反相色谱法（1971 年）

1854 年

分液漏斗（Separatory funnel）在有机化学实验室里随处可见，它背后的科学原理也被不断地应用到科学研究中的几乎每一个领域。正如我们每个人都见过的油水混合物一样，并非所有的液体都能混溶。当把一个样品混入油水混合物中，其中的一部分组分能溶解在水里，而另一部分在油中溶解得会更多一些。这一特性为混合物中亲水（Hydrophilic）组分和疏水（Hydrophobic）组分的分离提供了一种快速而可靠的办法。其实大部分色谱分析法也是基于同样的科学原理。

分液漏斗实际上是为两种液体的充分摇匀和混合提供了场所，而它最为关键的创新在于两种液体静置分层后，位于底层的液体还能被完全排放到另外一只烧瓶中。分液漏斗可以轻易实现粗反应混合物的提纯或分离，它是如此简单高效，因而几百年来有机化学家们首选它来进行分离——这成为一种习以为常的职业习惯！

分液漏斗的雏形最早出现在 19 世纪早期，现代版的分液漏斗是在 1854 年前后被发明出来的。事实上，很早以前，炼金术士们就开始使用一种长且薄壁的常规漏斗的变体来分离互不混溶的液体，在这之前古人们也曾用过其他分离液体用的器具。

在科学研究中，用水溶性（Water-soluble）和油溶性（Oil-soluble）对物质进行区分已经有很长的历史了。在有机化学实验时，因为水的密度比大部分的有机溶剂大，所以大多数情况是水位于分液漏斗的下层。但如果选用含氯溶剂（如二氯甲烷），它们的密度比水大，这个时候水位于分液漏斗的上层。刚学化学的学生们在使用分液漏斗时往往会疏忽大意，很可能会弄错漏斗中液体的顺序而把需要收集的产物层给倒掉了，这种错误实在令人懊恼，犯了一次绝对不会想再犯第二次！■

065

苯胺紫

威廉·亨利·珀金（William Henry Perkin，1838—1907）

图为珀金在1906年的画像。手里拿着一块由他发明的苯胺紫所染过的布料，凭借这一发明，他闻名于世。

约克郡的明矾（1607年），奎宁（1631年），巴黎绿（1814年），靛蓝染料的合成（1878年），磺胺（1932年）

1856年

或许当初没人能想到，年轻的英国小伙子威廉·亨利·珀金会成为那个发现苯胺紫的幸运儿。当年轻的珀金还在伦敦皇家化学学院学习的时候，奎宁作为治疗疟疾的良药在当时十分紧俏，他的导师——德国化学家奥古斯特·冯·霍夫曼（August von Hofmann）鼓励他利用廉价的原材料人工合成奎宁。限于当时有机化学的研究水平，无论是珀金还是霍夫曼本人都没意识到他们将面临的困难会有多大。事实上，人工合成奎宁难度之高，远超出他们的想象，要知道奎宁的化学结构是在那之后的五十年才被弄清！又过了好几十年，人工成功合成奎宁才变成现实。

可想而知，珀金当时从零做起，人工合成这种当时最具价值药物的努力注定以失败告终。然而，珀金在自己家里开展的实验却收获颇丰。1856年，他利用来自煤焦油的苯胺制备出了一种明亮的紫色化合物，他立马意识到这种东西要用做染料或颜料可能有戏。打那以后，珀金在学校里继续他的奎宁合成研究，而私底下，在他的哥哥和朋友的帮助下，他在自家后院致力于提高“紫色化合物”的产量以及纯度。事实上，这个“紫色化合物”就是人类历史上的第一款人工合成染料，被命名为苯胺紫（Mauveine，也被称为Perkin’s mauve）。珀金用它对纤维和一些其他毛料进行染色实验，发现用苯胺紫染色后这些物品几乎都不会褪色，比当时使用的很多天然染料要强多了，这也预示着苯胺紫有着广阔的商业前景。

事实证明珀金的眼光不赖。他为自己的发明申请了专利，尽管他的老师强烈反对，但他还是在家人的帮助下开办了自己的合成厂，很快他的产品就畅销欧洲，成为那个时代最受欢迎的染料。当时的欧洲，工业革命促成了庞大的纺织工业，煤气工业又产生了大量的煤焦油，珀金用他学到的化学技能巧妙地为这两者找到了结合点，也为自己积累了巨额的财富。自那之后，他相继发明了许多其他的染料，在着色剂制造领域，他建立的一些化学理论一直沿用至今。从某种意义上说，珀金是现代化学工业的奠基者之一。■

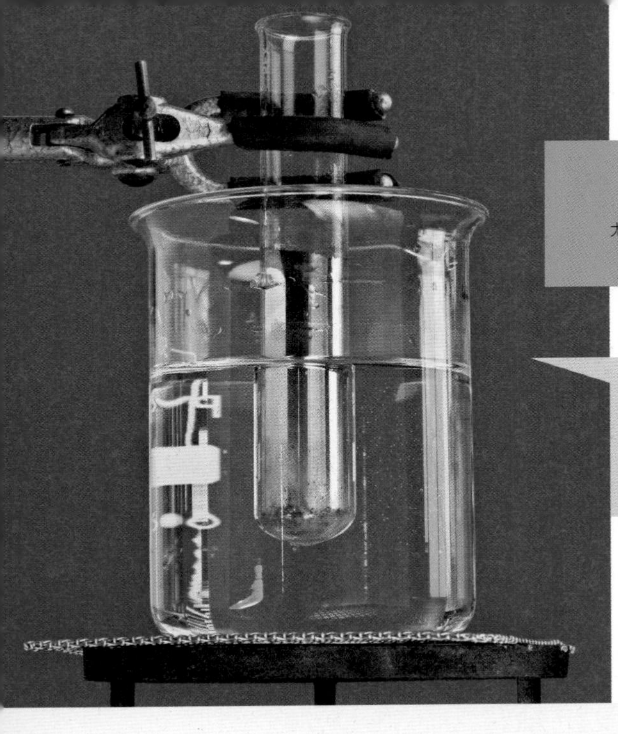

银镜反应

尤斯图斯 · 冯 · 李比希（Justus von Liebig，1803—1873）
波恩哈特 · 托伦斯（Bernhard Tollens，1841—1918）

图中烧杯的温水浴里，托伦斯反应在试管内壁迅速生成了一层轻薄的银。细心的操作和干净的烧瓶能使这个反应更加完美，得到一面近乎完美的镜子。

水银（公元前 210 年），官能团（1832 年）

1856 年

银镜反应看上去非常奇妙，就像是在变魔术。但近百年来，如果你是个做镜子的行内人，你绝对有动力去探求银镜反应里的奥秘。过去的镜子制作工艺是先在玻璃上涂覆一层锡箔，然后将其浸入水银中完成制备。这一过程中产生的锡汞合金具有很强的反光性，但也极易被腐蚀，而且还会释放出有毒性的汞，所以要是你有一面古镜，那你可得当心。它的替代品是由铜锡混合物抛光制成的金属镜（Speculum，源自拉丁文“镜子”），但是它的反光效果没有锡汞合金玻璃镜那么好。

后来德国化学家尤斯图斯 · 冯 · 李比希发明了一种更好的办法，极大地改进了制镜工艺中存在的问题，从而使锡汞合金的镜子逐渐被市场所淘汰。李比希的发明就是银氨络合物在糖溶液中发生氧化还原反应，在这个过程中，银离子将糖分子氧化成一种可溶性的酸，而它自己则被还原成金属银，非常均匀地覆盖在玻璃的表面，从而在玻璃表面沉积成一层轻薄且反光性又极好的银镜。

李比希发现的银镜反应不仅适用于制作高档镜子——为生活家居添彩，也适用于作为反射望远镜等设备生产核心零部件，这种制镜工艺经德国化学家波恩哈特 · 托伦斯改进后还发展成了一套用于定性检测的化学方法。在那个还没有现代分析仪器的年代，人们用各种试剂的组合来鉴定某些特定元素或官能团是否存在：加入检测试剂后，如果出现变色或者沉淀等特征性现象即可作出对应的判定。比如：利用托伦斯的方法，化学家们可以判定一个含羰基（碳与氧以双键形式相连的基团）的分子到底属于酮类（羰基与两个烃基相连）还是醛类（羰基一端连氢原子，另一端连碳原子）。因为醛类能被银离子氧化而发生银镜反应，而酮类则不能。

托伦斯的鉴定方法虽说古老，但用这个方法做测试时的试剂却必须是新配制的。因为银氨溶液在放置一段时间后，会进一步发生反应生成具有爆炸性的危险物质——氮化银化合物，氮化银化合物十分敏感，极易发生爆炸！过去给镜子镀银的工匠们都得学习这一课，但有时候还是会付出惨痛的代价。■

067

火焰光谱学

威廉·海德·沃拉斯顿（William Hyde Wollaston，1766—1828）
约瑟夫·冯·夫琅和费（Joseph von Fraunhofer，1787—1826）
罗伯特·本生（Robert Bunsen，1811—1899）
古斯塔夫·基尔霍夫（Gustav Kirchhoff，1824—1887）
艾伦·沃尔什（Alan Walsh，1916—1998）

天空中五颜六色的焰火也是一种焰色反应，其中发红光的是锶和锂，发黄光的是钠，发绿光的是钡，明亮的蓝色据说是最难调出来的。

氦（1868 年），氖（1898 年），氘（1931 年），气相色谱分析（1952 年），铊中毒（1952 年）

1859 年

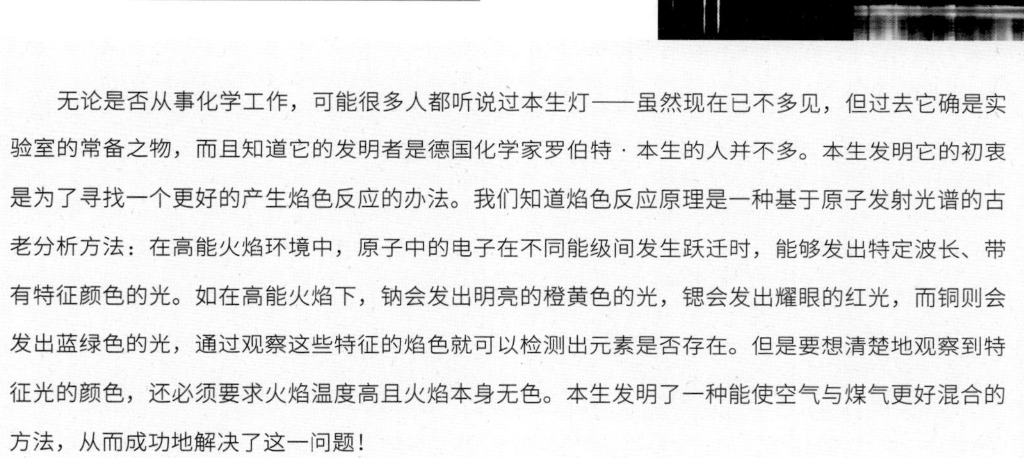

无论是否从事化学工作，可能很多人都听说过本生灯——虽然现在已不多见，但过去它确是实验室的常备之物，而且知道它的发明者是德国化学家罗伯特·本生的人并不多。本生发明它的初衷是为了寻找一个更好的产生焰色反应的办法。我们知道焰色反应原理是一种基于原子发射光谱的古老分析方法：在高能火焰环境中，原子中的电子在不同能级间发生跃迁时，能够发出特定波长、带有特征颜色的光。如在高能火焰下，钠会发出明亮的橙黄色的光，锶会发出耀眼的红光，而铜则会发出蓝绿色的光，通过观察这些特征的焰色就可以检测出元素是否存在。但是要想清楚地观察到特征光的颜色，还必须要求火焰温度高且火焰本身无色。本生发明了一种能使空气与煤气更好混合的方法，从而成功地解决了这一问题！

然而，在焰色反应中，有时直接用肉眼观察火焰的颜色来鉴定元素是有困难的，以锂为例，它在焰色反应中发红光，但锶也发红光，所以用肉眼就很难区分出锂与锶。所以在本生发明了本生灯后不久，他的同事——德国物理学家古斯塔夫·基尔霍夫就建议他采用三棱镜分光技术来进行更精细的区分。1859 年，他们制造出第一台光谱仪，既能很好地鉴定元素，又是发现新元素的有力武器！并用光谱仪在一份矿泉水样本光谱中发现了一条蓝线，后来证明这归属于一种新元素——铯，另外，他还发现了另外一种发射红光的元素——铷。

不仅如此，这项技术为人类还带来了更多、更伟大的发现。英国化学家威廉·海德·沃拉斯顿以及后来的德国物理学家约瑟夫·冯·夫琅和费发现太阳光的棱镜光谱中存在一些神秘的暗线。本生和基尔霍夫马上意识到这些暗线与他们之前发现某些元素光谱中的亮线位置相对应，这说明产生这些暗线的原因是由于太阳中本就含有的相同元素吸收了这些亮线位置处对应波长的光。利用这项发明，人们坐在实验室里就能分析太阳甚至其他星球的化学组成！如今，基于同样的火焰光谱学原理，英国物理学家艾伦·沃尔什爵士等人发明了现代原子光谱仪，它不仅应用广泛，而且测量精度极高，甚至可以检测出水中微量污染物的元素组成，哪怕其浓度仅是十亿分之一的量级。■

康尼查罗与卡尔斯鲁厄会议

斯坦尼斯劳·康尼查罗（Stanislao Cannizzaro，1826—1910）

左图是约 1900 年的德国卡尔斯鲁厄，康尼查罗就是在那里向世人宣讲了他关于化学式与原子质量的理论。右图为康尼查罗的肖像。

氧气（1774 年），道尔顿原子学说（1808 年），阿伏伽德罗假说（1811 年），摩尔（1894 年）

19 世纪中期，整个科学界都一致认为弄清楚原子质量以及分子质量非常重要。然而它们准确的质量到底是多少？显然不可能直接称量单个原子的质量，利用化学反应中反应物与产物的质量关系来确定分子质量，又涉及分子式的正确表达问题，科学家们众说纷纭、莫衷一是。如原子理论先驱、英国化学家约翰·道尔顿都坚持认为水的分子式是 HO（他认为水分子由一个氢原子与一个氧原子构成）。

1860 年，世界上第一次国际化学会议在德国卡尔斯鲁厄（Karlsruhe）举行，史称卡尔斯鲁厄会议（Karlsruhe Congress），其目的是解决原子、分子质量及其他一些的化学问题。一篇来自意大利化学家斯坦尼斯劳·康尼查罗的论文在会上引起了极大轰动，虽然这篇论文他两年前就已经发表，但当时并没有收到什么反响。基于阿伏伽德罗的工作，康尼查罗在《化学哲学教程概要》（*Sketch of a Course of Chemical Philosophy*）一文中试图明晰原子量确定的基本原则：和道尔顿一样，康尼查罗以氢气为基准，假设氢气的质量为 1；但与道尔顿不同的是，他认同法国化学家约瑟夫－路易斯·盖－吕萨克的研究结论，认为氢气是由两个氢原子构成的双原子（Diatomic）分子；同时他还提醒与会代表，根据阿伏伽德罗的研究结果也证实氧气同样是双原子分子；阿伏伽德罗的理论已经论证了相同体积的不同气体含有的分子数目是相同的，它们之所以质量不同就在于不同气体分子本身质量不一样。

基于盖－吕萨克的实验结果，两体积氢气加一体积氧气反应生成一体积的水蒸气，证明水的正确分子式不是道尔顿提出的 HO，而是 H_2O。根据对反应物与产物进行称重，康尼查罗得出：水分子中氧的质量是氢质量的八倍，基于水分子含有两个氢原子和一个氧原子的假设，他进一步确认氧原子的原子质量是 16。

康尼查罗几乎是单枪匹马地解决了困扰化学家们已久的关于元素基本质量的问题。他的解释合乎逻辑、十分实用且与实验数据完全吻合，当时的化学家们似乎只能选择认同和接纳这一理论，事实上这个理论的正确性毋庸置疑！■

069

氧化态

约翰·鲁道夫·格劳伯（Johann Rudolf Glauber，1604—1668）
亨利·博尔曼·康迪（Henry Bollmann Condy，1826—1907）

高锰酸钾的水溶液呈现出色彩生动的亮紫色，任何和它打过交道的化学家们一眼就能识别出来。

电化学还原（1807 年），铝（1886 年），氯碱工艺（1892 年），BZ 反应（1968 年），PEPCON 爆炸事件（1988 年）

1860 年

人们经常能够听到化学家们谈及某种元素的“氧化态”一词。一般来说，对于任何元素，只要它以单质形态存在，而不是化合物里的组分部分，我们都称这个元素处于 0 价态（0 氧化态）。如果它得到电子或失去电子，由于每个电子都带有一个电荷，那么它的氧化态就会相应地下降或升高。总的来说，位于元素周期表左侧的元素发生反应时容易失去电子形成高氧化态，而位于元素周期表右侧的元素反应时容易得到电子而变成还原态。这就是位于元素周期表左端的钠元素常以 +1 价形式出现、而在元素周期表右端的氯元素常以 -1 价形式出现的原因，在我们日常食用的食盐（氯化钠）中它们就是以这种方式取得平衡的。

从另一个角度来说，0 价的钠单质较柔软且具有银色的光泽，与水能发生剧烈反应产生火焰，而单质氯是一种化学性质非常活泼且有毒的绿色气体，它们两个都非常危险且极不稳定，能迅速被氧化或还原形成相应的氧化态 / 还原态。将金属钠暴露在氯气中就能生成我们常见的盐，但如果你想从盐中制备得到钠和氯气就十分困难了。

高氧化态金属元素常常会通过氧化其他物质的方式回到能量更低的氧化态。这一化学过程拥有巨大的应用价值：它能使染料褪色、杀灭细菌、清除表面杂质等。如高锰酸钾，早在 1659 年，德国化学家约翰·鲁道夫·格劳伯首次描述它为亮紫色化合物，其中锰元素的价态是 +7 价，直到 1860 年，英国化学家亨利·博尔曼·康迪才将它作为一种消毒剂并商用化，将其命名为“康迪液”，在使用过程中，随着锰元素氧化态的降低，它也变成了棕色或粉红色。

除了锰元素之外，许多位于元素周期表中部的其他金属元素（称其为过渡金属）在不同氧化态时也有着不同的颜色，比如铬元素就是其中的典型代表。这些颜色变化有助于监测它们的化学反应，这也是各类盐常展现出色彩斑斓的原因所在。■

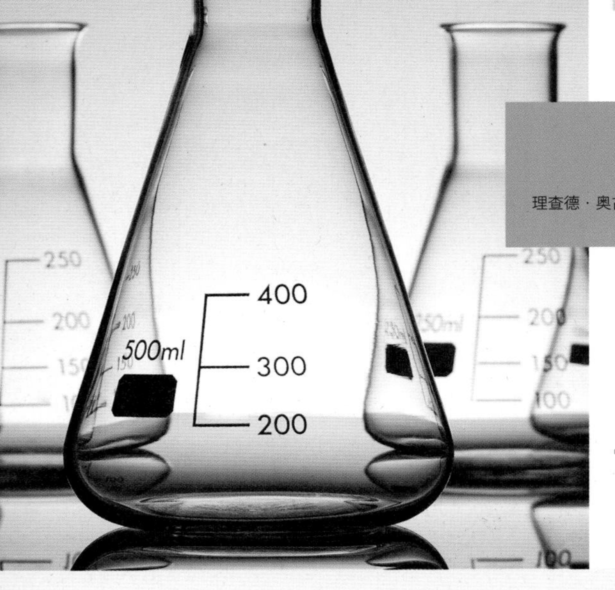

图为全世界公认的化学标志性形象——鄂伦麦尔瓶。

鄂伦麦尔瓶

理查德·奥古斯特·卡尔·埃米尔·鄂伦麦尔（Richard August Carl Emil Erlenmeyer，1825—1909）

分液漏斗（1854 年），索氏抽提器（1879 年），硼硅酸玻璃（1893 年），pH 值和指示剂（1909 年），迪恩—史塔克分水器（1920 年），通风橱（1934 年），磁力搅拌（1944 年），手套箱（1945 年），旋转蒸发仪（1950 年）

1861 年

如果你想给别人展示化学最直观的形象，那就给他看一下鄂伦麦尔瓶（即锥形瓶）。科学史中描述过各种玻璃器皿，绝大多数都先后消失在了历史长河中。而大大小小的各种锥形瓶却流传了下来，如今在全世界的化学实验室中都随处可见——这得归功于德国化学家理查德·奥古斯特·卡尔·埃米尔·鄂伦麦尔的天才设计。1861 年，当时三十多岁的鄂伦麦尔发表了一篇题为《化学和制药技术》(*Chemical and Pharmaceutical Technique*）的论文，在这篇论文中他描述了他设计的一种玻璃器皿——即后来的锥形瓶，文中他还提到三年前他曾在海德堡会议上向与会代表展示过，当时他还推荐一些当地的玻璃商生产并销售这种瓶子，在随后几十年里，他的设计逐渐被越来越多的人所接受，鄂伦麦尔瓶在各类化学实验中“频频现身”。

到底是什么让鄂伦麦尔瓶如此受业内人士欢迎？很重要的一点是：它圆锥形的外形设计能方便使用者充分摇匀里面的液体，同时又能保证液体不会溅出。在当时依赖颜色指示剂去分析物质成分的时代，这种外形设计的优势确实非常明显。你可以先试一下手动摇匀烧杯中的液体，由于烧杯口径上下一致，杯中液体极易溅出。因此，你至少还得再备一个拖把，甚至还得做好去冲个澡的准备！相比之下，鄂伦麦尔瓶（锥形瓶）的瓶颈很窄，这种设计可以降低溶剂的挥发速度，尤其在磁力搅拌下，还能防止内部溶液飞溅。

鄂伦麦尔也是一位著名的化学家，他是史上首位提出分子结构中存在“碳碳双键”和“碳碳三键”理论的人。但他最为人们所铭记的功绩还是他关于玻璃器皿的设计和发明，即使在化学实验室以外的区域，如啤酒厂和葡萄酒厂，也能时常看到鄂伦麦尔瓶的身影。■

结构式

约瑟夫·洛施密特（Josef Loschmidt，1821—1895）

图为如今我们描绘的一些常见化合物的分子式，与洛施密特当时的版本相比，相似之处已不多了。

Aspirin
Hydrogen sulfide
Vitamin C
DDT
Sulfanilamide
Cholesterol
Urea

苯和芳香性（1865 年），碳四面体结构（1874 年）

1861 年

在有些人看来，化学家们书写的分子结构式看起来非常有距离感，甚至多少有点令人惊愕。对于那些不怎么与化学沾边的职业来说，如广告、导演等职业，一提到化学，脑子里出现的除了锥形瓶可能就是这些复杂的化学结构式。

事实上，画分子结构式的规则并不难。诸如：结构式（Structural formula）中的每条线都代表了一个化学键（Chemical bond），如果没有专门标出元素种类，那么就默认为这一化学键的两端是碳原子；鉴于氢元素几乎无处不在，所以有机化学家们在画结构式时习惯于不特意标注它们；对于某些元素之间可能存在不确定单键、双键甚至三键的，化学家们有时会画一个中间带有圆圈的环来代表其具有某种芳香性（参考“苯和芳香性”一节）。当然，如果想利用好这套符号体系，人们首先得认真学习结构式各部分所代表的具体意义，这就使得结构式发明人——约瑟夫·洛施密特的工作意义非凡，几乎世人皆知。化学家洛施密特来自奥地利，他的研究工作涉及众多领域，而真正使他在科学史上名垂青史的还是他 1861 年出版的《化学研究》一书。在书中，他向世人展示了一系列新的分子结构标记方法。他用不同大小的圆圈来代表各式各样的原子，又用涂黑的圆圈区分不同的元素（Element）。对于现在的化学家而言，这些结构式乍看上去是有点奇怪，但只要再仔细一看，马上就能明白这些结构式要表达的意思了。尽管他画的结构式中有几个结构式与事实不符，但他将苯及其他芳香族化合物的分子结构描绘成首尾相连的环状结构，这与我们后来对苯环结构的研究结论可是惊人的一致，要知道苯的环状结构理论正式创立是那本书出版四年之后的事了，这实在令人称奇！

用这种方法描述分子的结构对化学家们开展工作大有裨益。一个小小的结构式就可以传达出许多的信息，一位有经验的化学家通过阅读结构式马上就能清楚知道：这个物质的化学性质怎样，它的物理性质又如何，甚至还能推测出它有什么气味，该如何合成这个分子，可能会有什么应用等。如今很多化学工作者可能对化学结构式早已习以为常，认为理所应当地应该这样画，而事实上我们更应该思考结构式是如何一步一步演变成今天的样子，这或许有助于我们加深对化学这门科学的认识，要知道，整个 19 世纪后期几乎都是在对分子结构真实性的争辩中度过的！■

索尔维制碱法

尼古拉斯·卢布朗（Nicolas Leblanc，1742—1806）
欧内斯特·索尔维（Ernest Solvay，1838—1922）

图为法国默尔特河畔东巴斯尔（Dombasle-sur-Meurthe）一家使用索尔维制碱法的现代工厂。这类工厂曾在整个世界范围内鼎盛一时，如今虽不多见，但也不会完全消失。如果将它建在合适的地方，该装置仍然大有用武之地。

氯碱工艺（1892 年），硼硅酸玻璃（1893 年），二氧化碳吸收（1970 年）

1864 年

18 世纪的法国，植物类纯碱（Plant-based soda ash）非常稀缺，由于它是制造玻璃、纺织品、纸张、肥皂和其他产品的关键原料，所以谁能先开发出工业生产纯碱技术谁就相当于中了大奖。作为世界化学工业的突破之一，1789 年法国化学家尼古拉斯·卢布朗以氯化钠（食盐）为原料成功合成出了纯碱。虽然卢布朗发明的工艺条件并不简单，需要用到硫酸并耗费大量热能，但在当时仍然是一项巨大成功，在 1864 年比利时化学家欧内斯特·索尔维发明索尔维制碱法之前它一直为人们所使用。

与尼古拉斯·卢布朗的方法一样，索尔维制碱法需要的原料是盐和碳酸钙，盐可以从海水浓缩，碳酸钙则可通过研磨石灰石获得。合成工艺的中间步骤还需要用到氨——索尔维制碱法最难能可贵之处在于它能回收并循环利用几乎所有的氨，要知道，当时的制碱工业刚刚起步，氨可谓是天价。碳酸氢钠（俗称小苏打）也是索尔维工艺的中间产物，但大多数被用于制备最终产物碳酸钠。最终副产物是氯化钙，它常被作为融雪剂使用。相比于卢布朗制碱法，索尔维制碱法可称得上是一项巨大的进步，随着当时世界工业化进程的加快，索尔维制碱法被大量采用，卢布朗制碱法逐渐销声匿迹，索尔维本人也因此变得极为富有。

后来，北美洲天然纯碱矿被陆续发现，使得索尔维制碱法的利润空间下降，因为索尔维制碱法的制造成本无论如何也无法与简单的挖矿比拼。随着采矿业的不断掘进、副产品氯化钙的滞销及其他改进工艺路线的竞争，世界范围内索尔维制碱法占有的市场份额逐年下降。尽管如此，即便在今天，这套发明于 150 年前的工艺技术在世界的某些地方仍然在被使用，还有几十家使用索尔维制碱法的工厂在正常运转。■

苯和芳香性

迈克尔·法拉第（Michael Faraday，1791—1867）
弗里德里希·奥古斯特·凯库勒（Friedrich August Kekulé，1829—1896）
凯瑟琳·朗斯代尔（Kathleen Lonsdale，1903—1971）

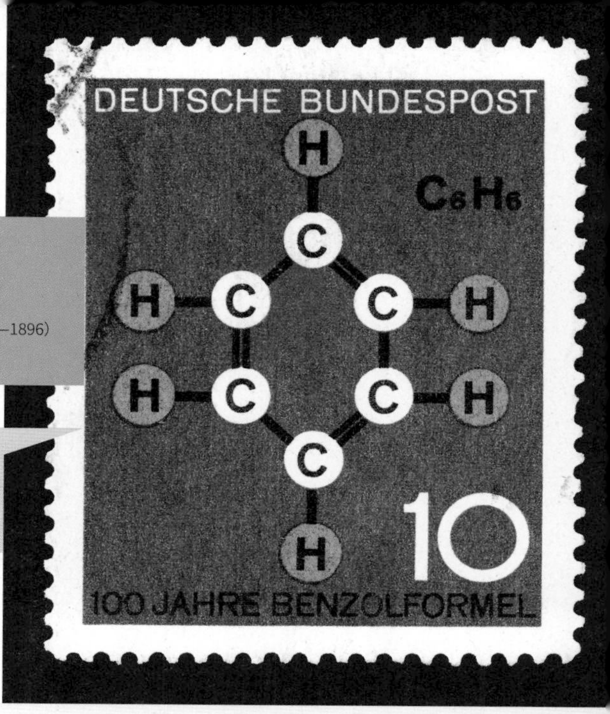

图为德国发行的“苯结构发现一百周年”纪念邮票。凯库勒的构想经受住了时间的考验。

结构式（1861 年），弗里德尔—克拉夫茨反应（1877 年），列培反应（1928 年），σ 键与 π 键（1931 年），伯奇还原反应（1944 年），石墨烯（2004 年）

1865 年

1825 年，英国化学家迈克尔·法拉第发现了苯，分子式为 C_6H_6，数十年来苯都被人们认为和其他的烃类物质（只含碳、氢元素的化合物）没什么区别。然而，苯的化学结构仍然是个谜，它应该是成环的，碳和氢的比率决定了它至少含有一个环，同时还应含有几个碳碳双键。同时，苯的一些特性也需要进一步研究，比如人们发现：有且仅有三种不同性质的二氯苯（苯的两个氢原子被两个氯原子置换），三者的熔点各不相同，对于其他二取代的苯系物均是如此。对于上述问题，当时没人能够给出答案。

直到 1865 年德国化学家弗里德里希·奥古斯特·凯库勒在其发表的文章中提出了苯系物几种可能的化学结构，似乎才能很好地解释上述现象，几年后，他曾提到他当时的灵感来自他的一个白日梦。他提出：苯的化学结构是一个扁平的六元碳环，碳碳间交替出现双键和单键，每个碳原子只连有一个氢。六个碳原子完全相同，意味着二氯苯的化学结构可以很容易画出——两个氯原子分别处于六元环的不同位置上（两个相邻或相间或相对）。

当然，还有一些问题悬而未决。如假设凯库勒的结构式是正确的，两个相邻取代基之间是碳碳双键还是碳碳单键？这两种结构从理论上讲明显不一样，但当时没人能找到这两种不同结构确实存在的证据，更别说见到实物了。直到 1928 年，爱尔兰晶体学家凯瑟琳·朗斯代尔利用 X-射线观察苯晶体的结构，证实了苯中所有的碳碳键的键长都相同，长度介于双键和单键之间。苯的这种双键比正常双键的反应活性低得多，这种奇特的性质被称为“芳香性”——名字来源于这类化合物通常具有独特气味，很多其他类型的环状化合物也都具有这种结构特征，都能用交替出现的单双键来表示。无论是蛋白质、塑料还是药品，许多物质的分子结构中都含有这种特殊的芳香环结构。■

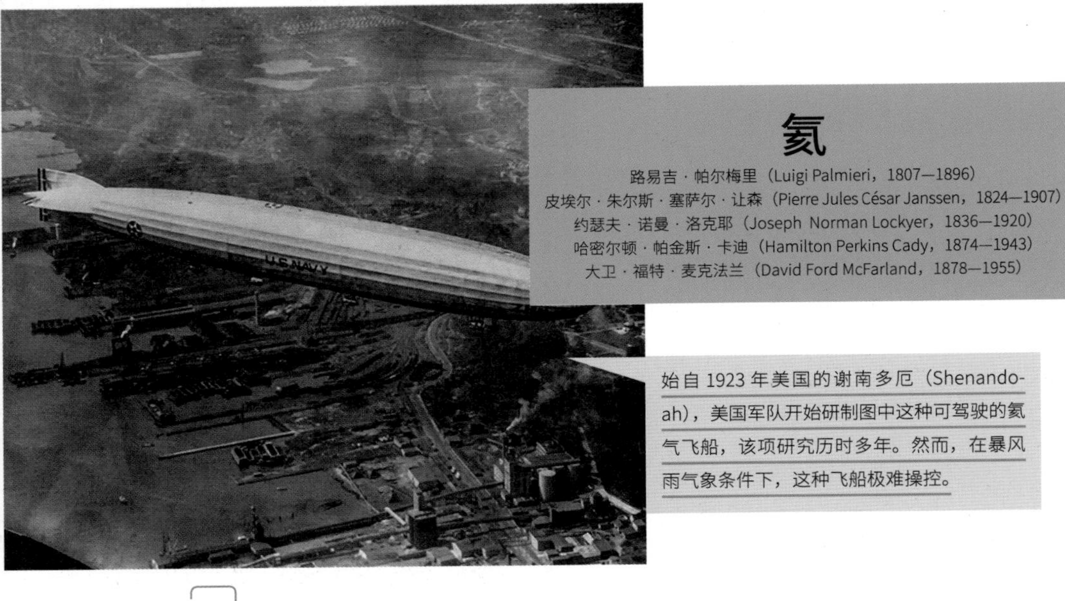

氦

路易吉·帕尔梅里（Luigi Palmieri，1807—1896）
皮埃尔·朱尔斯·塞萨尔·让森（Pierre Jules César Janssen，1824—1907）
约瑟夫·诺曼·洛克耶（Joseph Norman Lockyer，1836—1920）
哈密尔顿·帕金斯·卡迪（Hamilton Perkins Cady，1874—1943）
大卫·福特·麦克法兰（David Ford McFarland，1878—1955）

始自 1923 年美国的谢南多厄（Shenandoah），美国军队开始研制图中这种可驾驶的氦气飞船，该项研究历时多年。然而，在暴风雨气象条件下，这种飞船极难操控。

火焰光谱法（1859 年），气相色谱分析（1952 年），核磁共振（1961 年）

1868 年

1868 年，德国物理学家古斯塔夫·基尔霍夫和德国化学家罗伯特·本生利用光谱法分析太阳光产生了让人意想不到的结果。法国天文学家皮埃尔·朱尔斯·塞萨尔·让森和英国人约瑟夫·诺曼·洛克耶爵士，各自独立地在日珥（Prominences，从太阳吹出来的大量热气体团）光谱中发现了一条新的黄线，它属于一种新元素。洛克耶将其命名为氦（Helium，命名取自希腊文太阳一词：Helios），但人们一直都没能从地球上找到这一元素，直到 1882 年意大利物理学家和气象学家路易吉·帕尔梅里才从维苏威火山熔岩中发现了它的踪迹。在后来发现的稀土矿中也能分离出一点氦，但那点量也只是勉勉强强刚够分离的。

在 1903 年之前氦是十分稀有的，到了这一年情况却发生了改变。这一年在美国堪萨斯州德克斯特城外，一次油气勘探获得了重大突破——发现了一个储量巨大的气田，当时这可预示着当地经济的繁荣时代即将到来。乡民们欣喜若狂，计划着在正式生产前办个庆典，点火放喷以示庆祝，但事与愿违，地下喷出的气流将他们点火用的干草无情地吹灭了。这种怪异的现象引起了一位该州地质学家的注意，他取样送到堪萨斯大学进行测试。在那里，美国化学家哈密尔顿·帕金斯·卡迪和大卫·福特·麦克法兰发现气样中大部分是氮气，有商业价值的甲烷只占到 15%，但让人惊讶的是样品中竟然还含有 2%的氦气！随后，在其他的天然气样本中也陆续发现了氦气，这意味着地球上不但存在氦，而且存量巨大。

人类对氦的需求源自第一次世界大战——氦气不可燃，当时被用于给观测气球充气。不久之后，氦也被用于科学研究之中，并为基础物理学研究带来了一系列的新发现。如今，化学家们用它作为气相色谱（一种将挥发性混合物分离成各组分化合物的方法）的惰性载气，或用来将核磁共振谱仪（NMR）的永磁体冷却至超导温度。近年来，随着市场需求的增加以及供应商数量的减少，氦气价格大幅上扬，所以现在回想起来，德克斯特的乡民们真不应该取消那场本就该有的庆典。■

075

元素周期表

洛萨·迈耶尔（Lothar Meyer，1830—1895）
德米特里·伊万诺维奇·门捷列夫（Dmitri Ivanovich Mendeleev，1834—1907）
约翰·亚历山大·雷纳·纽兰兹（John Alexander Reina Newlands，1837—1898）
安东尼奥斯·范·登·布鲁克（Antonius van den Broek，1870—1926）
亨利·格温·杰弗里·斯莫塞利（Henry Gwyn Jeffreys Moseley，1887—1915）

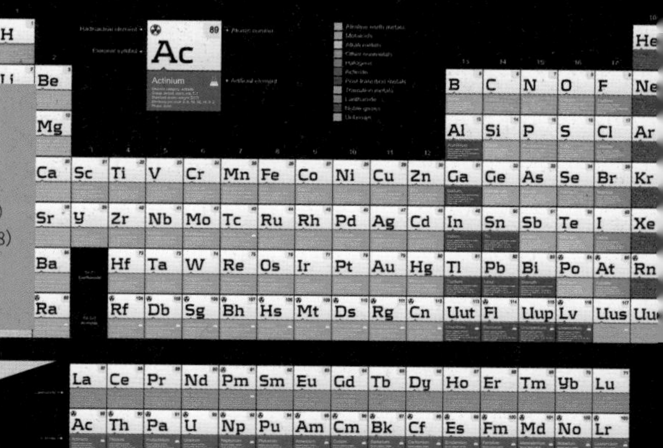

图为现在使用的元素周期表——所有化学之源。

四种元素（约公元前 450 年），氖（1898 年），有机硅（1900 年），锝（1936 年），自然界中最“迟来”的元素（1939 年），超铀元素（1951 年）

1869 年

元素周期表在化学中的核心地位是无可争议的。它涵盖了各元素的原子结构、反应性、常见价态及其他一些重要的概念，是来之不易的人类智慧的结晶，也是人类最重要的知识财富之一。构成我们世界的“一砖一瓦”都包含在元素周期表里，它们在元素周期表中的相对位置反映了它们之间深层次的联系。

德国化学家洛萨·迈耶尔和英国化学家约翰·亚历山大·雷纳·纽兰兹是两位最先有意识将已知的元素按照原子质量排布的人，他们各自独立地开展工作，旨在揭示各元素间潜在的排布规律，他们还将具有近似性质的元素凑成一堆：如钠和钾，两者都是柔软的、反应活性高的金属。在俄罗斯，化学家德米特里·伊万诺维奇·门捷列夫也在沿着相同的思路开展工作，当时他并不了解迈耶尔和纽兰兹及其工作。1869 年，他提出了自己的排序方案，他的排布原则是基于各元素的原子量与所形成化合物中的常见价态。门捷列夫元素周期表不仅包含所有的已知元素，甚至还为那些有待发现的元素大胆地设置了“天窗”。这些元素后来陆续被人们发现，基本性质也和门捷列夫的预测相吻合，这充分证明了门捷列夫元素周期表的正确性。

就如荷兰物理学家安东尼奥斯·范·登·布鲁克和英国物理学家亨利·格温·杰弗里·斯莫塞利所推崇的那样，在现代的元素周期表中，各元素是通过原子序数（数值上等于原子核中的质子数）递增来排序的。表中的各列（称为族，Group）的相对顺序是按照原子最外层“壳”（称为轨道，Orbital）中的电子数目递增的顺序依次排列的，从最左侧一列的仅一个电子的活性很高的钠元素及其碱金属族，一直排到最右侧的电子完全充满轨道的惰性气体族。每一个新的横行（称为周期，Period）都是从更重的碱金属元素开始排列，直到更重的惰性气体元素结束。更重的元素代表着该元素拥有更多的外层电子，这些电子充满了更多的外层轨道，周期表也由此一行行有序地向外拓展。

毫不夸张地说，正是几千年来化学领域的众多发现才使人类最终发现了元素周期表，通过元素周期表，人们能够理解不同元素的区别与联系，它的确是人类取得的伟大成就之一。■

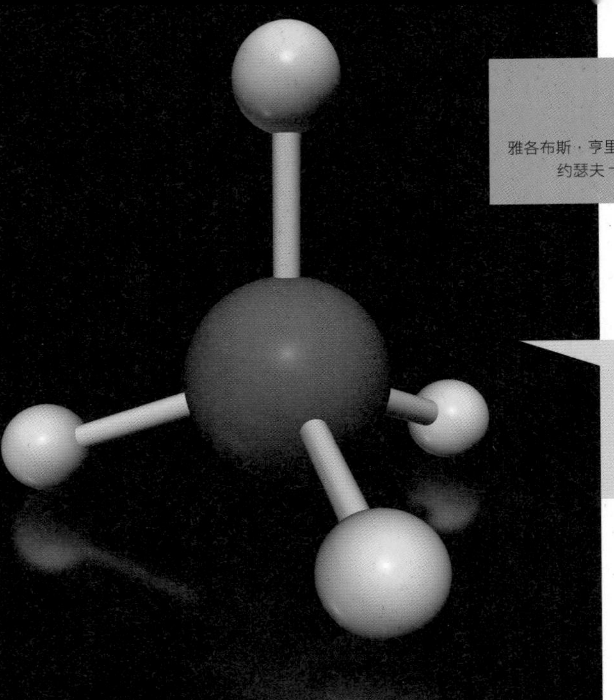

碳四面体结构

雅各布斯 · 亨里克斯 · 范 · 霍夫（Jacobus Henricus van' t Hoff，1852—1911）
约瑟夫 - 阿奇 · 勒 · 贝尔（Joseph-Achille Le Bel，1847—1930）

此图显示了连有 4 个化学键的碳形成的四面体基本结构。如果为每个球的外面涂上不同的颜色，你会发现你可以有两个镜像版本，无论怎么旋转，这两个版本都无法完全重合：这就是手性碳。

手性的故事（1848 年），结构式（1861 年），费雪与糖（1884 年），不对称诱导（1894 年），σ 键与 π 键（1931 年），化学键的本质（1939 年），构象分析（1950 年），外消旋体拆分和手性色谱（1960 年），酶的立体化学（1975 年）

1874 年

如今，“化合物分子具有三维立体结构，这是由化学键的连接形式所决定的”——这一认识已经成为化学发展的基石，但是，这要放在过去还真是难以想象，人们当时对这一认识毫无概念。即使到了 19 世纪下半叶，化学家们还仍然在思忖着分子的二维结构式，试图找出产生手性化合物的原因。

1874 年，荷兰化学家雅各布斯 · 亨里克斯 · 范 · 霍夫出版了一本小册子，引起了人们的广泛关注。在书中，他大胆地推测了单键碳原子具有的三维空间排布方式——就像是个微小的四面体（类似三角形金字塔）一样。法国化学家约瑟夫 - 阿奇 · 勒 · 贝尔在同一年也独立地得出了同样的结论，而且理由也很充分。他们的这些判断都有很强的说服力：一方面，他们给出了手性产生的直接原因。范 · 霍夫在论文中用了很大篇幅阐释了该理论如何完美解释法国化学家路易斯 · 巴斯德关于不同酒石酸的研究结果。范 · 霍夫认为连有 4 个不同基团的碳原子存在着两种镜像异构体；另一方面，他的这一理论也为当时“分子具有特征构型”的理念提供了佐证，这对于帮助理解化合物的性质是十分重要的。

尽管范 · 霍夫提出的理论与实验现象几乎吻合得天衣无缝，但还是招来了猛烈的抨击。一部分原因是由于他在小册子里很率性地使用插图，再版时甚至还附带了一个碳四面体的纸板模型！当时颇具影响力的化学家赫尔曼 · 科尔贝就形容范 · 霍夫的理论是“被伪科学家从‘故纸堆’里挑出来的”“没有任何事实根据”。但是，不管他人怎样评价，范 · 霍夫都是首位诺贝尔化学奖的获得者！■

吉布斯自由能

约西亚 · 威拉德 · 吉布斯（Josiah Willard Gibbs，1839—1903）

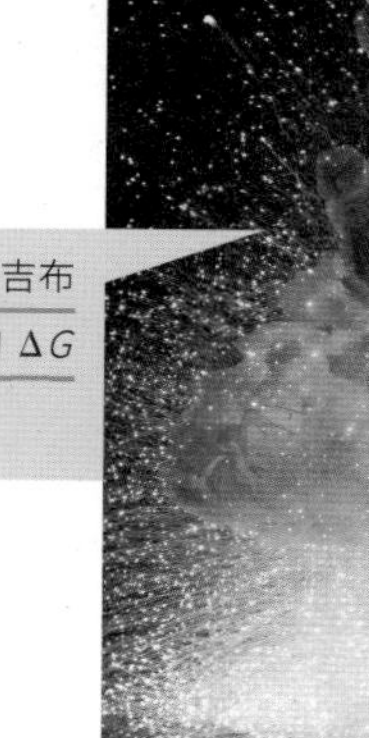

左图为 1903 年的约西亚 · 威拉德 · 吉布斯。右图为剧烈的铝热反应，反应的 ΔG 为负值，且绝对值相当大。

硝化甘油（1847 年），麦克斯韦一玻尔兹曼分布（1877 年），铝热试剂（1893 年），过渡态理论（1935 年），温度最高的火焰（1956 年），BZ 反应（1968 年），计算化学（1970 年）

1876 年

如果你想揭开化学的神秘面纱去了解各种化学现象背后的本质，那么你应该去学习热力学（Thermodynamics）。热力学的研究对象是能量的变化，而这正是一切化学过程发生的原始驱动力。热力学的产生与发展归功于美国科学家约西亚 · 威拉德 · 吉布斯，他有着独到的理论洞察力和卓越的数学才能，使热力学成为一个精妙的科学工具而应用到各个领域当中，包括化学、物理学和生物学。

1876 年，吉布斯发表了关于化学系统和反应“自由能”方面的研究工作，人们为了纪念他，将这“自由能”命名为“吉布斯自由能”，并用字母 G 来表示。当一个系统从一种状态转化到另一种状态时，如发生了化学反应，或者发生了物理变化（如熔化、沸腾），G 的变化量（称为 ΔG）等于系统和外界交换的非体积功（如系统放出的热量）。能够放热的化学反应（如燃烧）ΔG 为负值，如果一个反应的 ΔG 比燃烧的 ΔG 还要大（如铝热反应或硝酸甘油的分解），那么这个反应将会非常剧烈且危险。相反，像植物的光合作用这类反应 ΔG 为正值，这类反应需要额外吸收来自外部的能量，如需要光照。

想要更深入了解 ΔG 还需知道另一个关键点：ΔG 由两部分组成：焓（Enthalpy）和熵（Entropy）。焓（用字母 H 表示）可以认为是单纯热量和能量的量度，而熵（S）则关系到无序度以及反应物的“自由度”，即该物质到底有多少种不同的运动和振动模式。化学家们经常要反复考量这些物理量，以便对化学的反应有更加深刻的认识。

一些能从周围环境中吸取热量的化学反应是可以自发进行的，比如我们日常使用的凝胶冰袋。这类反应之所以能发生主要是由于产物的熵值要远远高于反应物的熵值，熵值的变化（ΔS）远大于焓值的变化（ΔH），最终 ΔG 为负值，反应能够自动发生。如果碰到一个反应的 ΔH 和 ΔS 都是负值而且绝对值很大，那一定要十分小心，因为很可能将发生一场剧烈的爆炸！■

麦克斯韦—玻尔兹曼分布

詹姆斯·克拉克·麦克斯韦（James Clerk Maxwell，1831—1879）
路德维希·爱德华·玻尔兹曼（Ludwig Eduard Boltzmann，1844—1906）

麦克斯韦和玻尔兹曼用如图所示的台球模型来诠释气体分子的运动。

原子论（约公元前 400 年），理想气体定律（1834 年），吉布斯自由能（1876 年），气相扩散法（1940 年）

1877 年

每种化学物质在微观上都是由许多分子构成的，这些分子无时无刻不在运动，当然，这种运动是杂乱无章的，每个分子的运动方式和运动速度都不尽相同。例如，将容器中充满氮气，有的氮气分子运动很快，有的则很慢，剩下的分子介于这两者之间，这些氮气分子具有的不同动能的分布情况就是麦克斯韦—玻尔兹曼分布。

苏格兰科学家詹姆斯·克拉克·麦克斯韦（在 1860 年）和奥地利物理学家路德维希·爱德华·玻尔兹曼（在 1868 年）各自独立地建立了一个模型，他们将容器中的气体分子比喻为一颗颗台球，都在不停地运动而且相互碰撞和器壁碰撞时都会发生反弹。如果对这一系统（分子组成的集合）进行加热，球运动的速度加快而且会更猛烈地撞击容器内壁，宏观上表现为气体的压强增大。从这个简单的科学模型，科学家们开始理解单个粒子和大量粒子之间的行为差异，并进一步理解了温度、压强等的物理性质。这个模型在用来描述化学反应速率时同样有用，一般情况下只有最活泼的分子才能首先发生反应。从“大量粒子行为”这一角度去理解化学反应，探讨反应机理是至关重要的。甚至在解决物理、数学中的问题时，这一思考角度也十分关键。

尽管今天的我们认为“原子是真实存在的”这一观点是完全正确、不容置疑的，但在这一观点刚刚提出之时，许多物理学家都无法接受，他们更愿意相信原子只是一种帮助人们加深认识的科学假设以及一个抽象概念。甚至包括玻尔兹曼本人，尽管他在 1877 年将“原子论”发展到了巅峰阶段，但他仍然为无法从本质上将原子论进行深化而感到痛苦不已，再加上他性格中天生具有的抑郁倾向，导致了他为了解脱而选择了自杀。但无论如何，玻尔兹曼、麦克斯韦和美国科学家约西亚·威拉德·吉布斯（吉布斯自由能的提出者）都成功地利用统计学方法诠释了微小粒子所构成系统的物理性质，他们的贡献举世公认，成为人类认识世界、理解世界的重要手段。■

弗里德尔—克拉夫茨反应

查尔斯 · 弗里德尔（Charles Friedel，1832—1899）
詹姆斯 · 马森 · 克拉夫茨（James Mason Crafts，1839—1917）

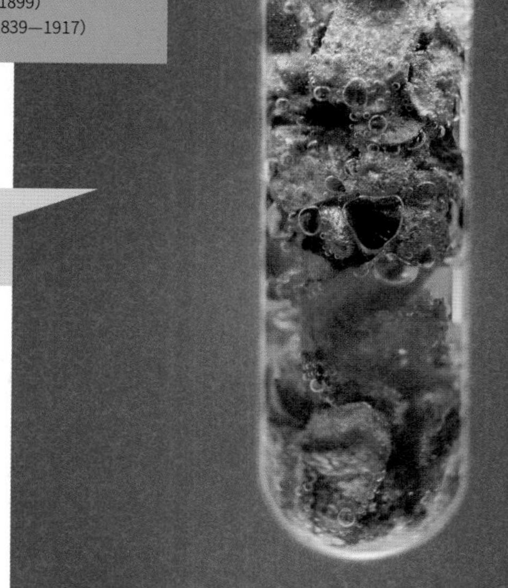

左图：查尔斯 · 弗里德尔。右图：铝与盐酸生成氯化铝的化学反应

苯和芳香性（1865 年），反应机理（1937 年），非经典碳正离子之争（1949 年）

1877 年

在有机化学领域，许许多多涉及芳香族化合物（比如苯）的反应都是具有里程碑意义的开创性工作。比如：弗里德尔—克拉夫茨反应（Friedel-Crafts reaction）就是其中最著名的反应之一。它不仅在工业生产中获得广泛应用（如原油的催化裂化），而且在揭示有机合成反应机理方面也具有重要的学术价值，可以帮助人们了解了芳香族化合物的化学性质。

该反应是法国化学家查尔斯 · 弗里德尔和美国化学家詹姆斯 · 马森 · 克拉夫茨在研究有机氯化合物反应时发现的。他们发现添加金属铝可以给该反应带来意想不到的效果：刚开始时反应现象并不明显，但随着反应物被加热活化，反应生成了多种产物并释放出大量热量。由此，他们推断反应过程中一定产生了某种新物质：反应开始时该物质生成速率较慢，但随着反应进行，这种物质能够加速反应进行。弗里德尔和克拉夫茨当时猜想这一新物质可能就是氯化铝，正是氯化铝加速了反应的进行。而后，这一猜想也得到了进一步证实：如果在反应初始阶段就加入氯化铝，该反应会立刻发生。1877 年，他们将研究结果正式发表，此反应也很快被命名为弗里德尔—克拉夫茨反应（简称弗—克反应）。

进一步的研究揭示了弗—克反应的反应机制：带正电的碳离子（碳正离子）在反应中充当了“中间产物”的角色（这主要由于容易生成碳正离子的反应物在整个反应体系中具有最高的活性）。碳正离子一旦生成，就特别容易进攻芳香环（参考本书“苯和芳香性”一节），尤其是电子云密度高的芳香环，从而形成了新的取代产物。利用碳正离子总是喜欢进攻电子云密度高的反应位点（正负电荷相吸）这一规律，现在我们基本可以预测取代反应会具体发生在芳香环的哪个位置上。

由于弗—克反应涉及的碳正离子化学结构多种多样，弗—克反应所涵盖的具体反应种类也名目繁多，这些反应已成为合成许多芳香烃衍生物的首选路线。直到今天，从实验室小试研究到大规模工业生产，弗里德尔—克拉夫茨反应仍被业界广泛应用，氯化铝也仍是最经典的催化剂，当然还有很多其他的路易斯酸（Lewis acid，参考本书第 130 页“酸与碱”）也能起到同样的催化作用。■

靛蓝染料的合成

约翰·弗里德里希·威廉·阿道夫·冯·拜尔（Johann Friedrich Wilhelm Adolf von Baeyer，1835—1917）

大量的靛蓝被用于蓝色牛仔裤和许多其他衣服的染色。

天然产物（约 60 年），约克郡的明矾（1607 年），巴黎绿（1814 年），苯胺紫（1856 年），磺胺（1934 年）

1878 年

阿道夫·冯·拜尔是 19 世纪最著名的有机化学家之一，合成靛蓝染料是他举世公认的伟大成就。即使在今天，靛蓝染料也仍然作为纺织业非常重要的染料——主要应用在牛仔面料的染色，从靛蓝染料每年生产量和使用量可见一斑。很久以前，人们曾利用口口相传的古老工艺从几种不同的热带植物中提取靛蓝，印度就曾是靛蓝染料提取工艺的发源地之一。有趣的是，用来提取靛蓝的植物本身并不是蓝色的，提取靛蓝的工艺首先需要通过水解反应得到靛蓝的化学前体，这种前体一般是附着在植物多糖分子上的，然后前体在空气中被氧化，从而得到靛蓝。

1878 年，冯·拜尔在研究吲哚（Indole）的化学性质时，在副产物中发现了靛蓝。吲哚的化学结构是苯环旁边带一个五元氮杂环吡咯（Pyrrole），它广泛存在于天然产物、染料和药物中，由冯·拜尔在 1866 年首次合成。冯·拜尔最初通过吲哚的衍生物靛红制备靛蓝，但这条工艺路线成本太高，并不具有工业化前景。后来他试图利用苯系物制备靛蓝，同样遇到了经济效益的问题。那时，德国是世界化学工业的中心，德国的染料科学家也在不断尝试研发可行的工艺路线，终于在 1897 年发明了以苯胺为原料合成靛蓝的经济上可行的工艺路线。

虽然靛蓝的人工合成意味着靛蓝种植产业的没落，但也宣告了一段苦难岁月的终结，这是因为在美国南北战争之前，黑奴是从事靛蓝种植业的主力，而种植园的劳作条件相当艰苦。在这之后的几十年间，就像发生在橡胶种植园主和羊毛厂主身上的故事一样，以天然产物为基础的行业一次又一次被合成化学所替代。■

索氏抽提器

弗朗茨·瑞特·冯·索格利特（Franz Ritter von Soxhlet，1848—1926）

图为一大排现代的索氏抽提器，看上去也挺壮观的。

鄂伦麦尔瓶（1861 年），硼硅酸玻璃（1893 年），迪恩—史塔克分水器（1920 年），通风橱（1934 年），磁力搅拌（1944 年），手套箱（1945 年），旋转蒸发仪（1950 年）

1879 年

在索格利特抽提器（简称索氏抽提器）发明之前，如何从一大堆乱七八糟的固体中萃取出微量物质（比如从一把薄荷叶中提炼出薄荷精油）真是一项很烦琐的事。假设你是一名有机化学家，如何从一堆混有无机盐与副产物的反应物中提取出目标产物？单次冲洗达不到要求，反复冲洗耗时耗力，还浪费大量溶剂。有了索氏抽提器，上述困扰就能轻松解除，在抽提的过程中，能够同时实现溶剂的反复回收利用、新鲜溶剂的反复冲洗和萃取物的有效分离。

一提到德国化学家弗朗茨·瑞特·冯·索格利特，人们脑子里的第一印象就是索氏抽提器的发明人，事实上也是他首次提出了牛奶等液体的巴氏灭菌法，可对于他的这项贡献，已被人们淡忘，这实在令人嗟叹。索格利特大部分时间都在研究与农业相关的化学课题，他发明索氏抽提器的初衷也是为了能实现牛奶的脱脂，但是后来索氏抽提器几乎应用到了整个化学实验室。下面介绍它的工作原理：首先将固体装入由滤纸包成的套筒里，置于提取器中，提取器下端与盛有溶剂的烧瓶相连。加热溶剂至沸腾（或称“回流”）状态，溶剂蒸气经冷凝后回流到提取器中浸泡样品，当提取器中溶剂液面接近至满液位时，提取器特设的小弯管开始发挥作用，一旦当液位高出弯管，提取器中原来浸泡样品的溶剂会发生虹吸现象，完全排空至底下的烧瓶中，而后，提取器会被下一轮蒸发出来的新鲜溶剂重新装满，如此循环。同时，提取物在底部烧瓶中不断富集。如果提取物在沸腾的溶剂中处于稳定状态，这套装置可自动运行达数天之久，你也可以抽身去做其他的事情了。

实际上，大部分化学家更喜欢留下来观察索氏抽提器工作，预测还有多长时间虹吸会发生是一件非常好玩的事，而且容积较大的提取器发生虹吸时也是十分壮观的。看着别的东西在为你辛苦地工作，自己似乎从不会感到倦怠。■

皇家馥奇香水

威廉 · 亨利 · 珀金（William Henry Perkin，1838—1907）

左：调香师保罗 · 巴尔奎（Paul Parquet）——馥奇香型缔造者。右：约 1884 年生产的皇家馥奇——第一款化学合成香水。

纯化（约公元前 1200 年），天然产物（约 60 年），苯胺紫（1856 年），美拉德反应（1912 年），乙酸异戊酯及酯类化合物（1962 年）

1881 年

人类鼻子里藏着数以百计能够辨识不同味道的感受器，气味分子在化学结构上的微小差别带来的感官上的体验却是千差万别。几千年来，人类在香料化学领域进行了很多探索，也积累了不少人类对各种香味的不同发聩，但由于技术的限制，当时的香料化学只限于将自然香料进行浓缩或是简单混合。即使在今天，植物仍然是制备香料最重要的原材料来源：植物芬芳馥郁的花朵、种子、树皮、根茎都是常用的材料。当然，有时候也会用到麝香、龙涎香这类昂贵的动物香料，通常是将它们溶解在乙醇和水的混合溶液中使用。

1881 年，香料商霍比格恩特推出的“皇家馥奇香型香水”（Royal fern）标志着香水业进入了新纪元。它以味道香甜的香豆素（Coumarin）为原料，是史上第一款通过化学合成法制备的香水。其实许多植物中都含有香豆素，但自从 1868 年英国化学家威廉 · 亨利 · 珀金第一次人工成功合成之后，因具有易得等优点，化学合成法逐渐成了香豆素制备的主流。这一款香水也成了爆款，在此后数年经久不衰，仿冒者众多。另一种用作香水原料的合成化合物是香兰素（Vanillin，天然香草的主要提取物）。此后不久香料商也开始使用自然资源中根本不存在的化合物作为香水原料。调香师也不再刻意去模仿天然花香（或者复合花香），他们一下有了很多选择，并开始投入极大热情去调制那些令人印象深刻的新香型。

如今，绝大多数香水都使用合成香料调制。有些天然的香味（或味道）可以通过几种人工香料轻轻松松模拟出来，并且成本低廉。但也确有一些非常复杂的天然香味，其主要成分难以人工合成，就必须使用天然提取物，因而做出来的香水价格不菲。■

083

克劳斯工艺

卡尔·弗里德里希·克劳斯（Carl Friedrich Claus，1827—1900）

图中为天然气田开发过程中的副产物“硫黄山”，它们在静静地等待着被开发利用。

硫化氢（1700 年），硫酸（1746 年），橡胶（1839 年），催化重整（1949 年）

1883 年

产自地下的天然气成分复杂，杂质众多，不能直接利用，最主要的问题之一是绝大多数天然气中都含有硫化氢。硫化氢的毒性大，有难闻的臭鸡蛋气味。在原油精炼过程中也存在同样的问题，酸性原油中含有大量的含硫化合物，脱硫过程会产生硫化氢，因此也必须考虑硫化氢废气的处理问题。这一系列棘手的难题随着克劳斯工艺的发明得到了解决：1883 年这项技术由德裔英籍化学家卡尔·弗里德里希·克劳斯发明并获得专利授权。尽管克劳斯工艺的发明初衷是用于从纯碱生产厂的固体废物硫化钙中回收硫，但它后来被应用于处理各种含硫化合物。20 世纪 30 年代该工艺经过改良，在世界范围内一直沿用至今。

因为克劳斯工艺涉及的化学反应非常简单，要完全实现升级换代的空间并不大。克劳斯工艺原理如下：首先，硫化氢燃烧生成二氧化硫，生成的二氧化硫而后与未燃烧的硫化氢反应生成单质硫和水。为了最大程度地提高硫脱除效率，这一反应一般在高温及催化剂催化条件下进行。生成的硫蒸气经冷凝液化后泵至储罐储藏。未反应的硫化氢溶解于液态硫中经脱气工艺脱除后，送回反应器再利用。冷却凝固后的固态硫黄一般会被就地堆放——看起来就像是一座座明黄色的小山包，这在配套建设克劳斯装置并有副产物硫黄的很多产油区也算是一景。克劳斯工艺生产的硫被用于硫酸生产、橡胶制品、化肥生产以及化工原料使用，剩下的部分则被堆放在原地。只要世界上还有人开发高含硫油田，这东西就会一直卖不上价。■

液氮

约翰·戈特洛布·莱顿弗罗斯特（Johann Gottlob Leidenfrost，1715—1794）
齐格蒙特·莱夫斯基（Zygmunt Wróblewski，1845—1888）
卡罗尔·奥尔赛夫斯基（Karol Olszewski，1846—1915）

最近几年，由于能在短时间内产生非同寻常的冷冻效果，液氮已成为先锋派厨师和爱在家里捣鼓新菜品的人的宠儿，就如图中展示的一样。

液态空气（1895 年），氖（1898 年），核磁共振（1961 年）

1883 年

氮气是地球上储量最为丰富的气体，由于我们所居住的这颗星球气候温暖，所以它一般处于气体状态。但如果将它冷却至-321 华氏度（-196 摄氏度），它会凝结成稀薄清亮的液体。1883 年在波兰克拉科夫（Kraków），波兰物理学家齐格蒙特·莱夫斯基和他的同事波兰化学家卡罗尔·奥尔赛夫斯基通过一系列繁复的气体冷却与突然膨胀过程完成了这一创举——第一次人工制备了液氮，尽管那时获得的液氮的量很少。

氮气冷凝液化是一个复杂的过程（参见本书“液态空气”一节），直到 19 世纪 90 年代才实现规模化生产，又过了几十年液氮才成为一种我们常见的工业化学品。氮气无毒、无味、无色、不易燃烧，是使用最为广泛的低温介质，常用于冷却核磁共振（NMR，nuclear magnetic resonance）设备的超导磁铁、科学研究、工业生产的真空泵冷阱以及冷冻医学研究用的组织样本等。在化学反应和食品包装中也有重要应用，最近也越来越受到所谓创意菜品研发大厨的青睐。

在实验室中，液氮常常处于爆沸状态，这是因为任何东西都比它温度高，足以使其气化沸腾。如果因此你认为它能使与它接触的物质温度骤降，那你可就错了，实际上液氮在接触高温物体时，高温物体表面会快速形成一层蒸汽绝热层，这就是我们常说的“莱顿弗罗斯特效应”，德国医生约翰·戈特洛布·莱顿弗罗斯特于 1756 年首次描述了该现象。我们的日常生活中就有利用这一效应的实例：厨师们常常会往热锅里甩几滴水，通过观察水珠的滚动情况来判断锅的温度。同样，少量液氮与皮肤接触时，液氮也会像掉到热锅表面的水珠一样从皮肤上滚落。但是要十分小心，因为只要液氮稍微过量一点就会造成冻伤，带来疼痛，十分危险。有时候液氮被用于给学生们演示趣味实验——用液氮将生活中常见物体快速冻住，如“破碎的玫瑰”“香蕉锤”等，妙趣横生，令人难以忘怀，当然，这里面的科学原理也不言自喻了。■

085

费雪与糖

埃米尔·赫尔曼·费雪（Emil Hermann Fischer，1852—1919）

图为 1904 年埃米尔·赫尔曼·费雪的照片，他是糖化学之父，也为糖化学献出了自己的生命。

手性的故事（1848 年），碳四面体结构（1874 年），不对称诱导（1894 年），美拉德反应（1912 年）

1884 年

长期以来，有机化学家与生物化学家一直致力于研究蛋白质、碳水化合物（Carbohydrates）和脂类（Lipids）三种主要生物分子的结构和功能，这成了有机化学和生物化学发展的不竭动力。回首这段伟大的学术历程，人们不禁要首先向这一领域的开创者——德国化学家埃米尔·赫尔曼·费雪表达崇高敬意。尽管后人们记住的多是他在糖结构研究方面的贡献，其实，他也是蛋白质和脂类研究的奠基人。这项具有里程碑意义的工作始于 1884 年，费雪也因此获得了 1902 年的诺贝尔化学奖。

费雪开始他的研究时，科学家们对简单碳水化合物的基本结构还在众说纷纭。经过费雪艰苦卓绝的努力，他揭示了糖中含有的醛基官能团，可以和其结构中的羟基反应，产生多种结构各异、可以相互转化的环状结构。例如，葡萄糖就有几种不同的结构形式，各自性质大相径庭，经常使人困惑不已。在十年前的早些时候，雅各布斯·亨里克斯·范·霍夫和约瑟夫－阿奇·勒·贝尔提出了碳原子立体化学理论，正是这一基础理论为了理解各种糖的结构差异打下了基础——因为不同糖的结构差异同样来自于单个碳原子周围官能团不同的三维排布方式。

费雪还梳理出了几乎所有单糖的整体结构，堪称一绝。他还以此为基础，通过人工合成实现完全不同结构的糖之间的转化，或者利用更简单的碳水化合物前体来合成不同的糖。从人工增甜剂到 DNA 结构，几乎所有后人用到的糖化学知识都得益于费雪的工作。不借助现代分析设备就能完成如此卓越的工作，对现代的化学家来说实在是难以想象，而费雪开展大量糖类衍生物合成，所能凭借的只有物质的颜色、熔点，甚至是味道！当时，品尝物品的味道对化学家来说是家常便饭，在某种程度上甚至被认为是“合情合理”的。但是后来人们摒弃了这种做法——费雪去世的部分原因：一是归咎于他长期与有毒的苯肼（这也是他合成的重要衍生试剂）接触，再就是因为他尝过了所有他合成的化合物。这对辛苦工作的化学家来说是个警示。■

勒·夏特列原理

亨利-路易斯·勒·夏特列（Henry-Louis Le Châtelier，1850—1936）
卡尔·费迪南德·布劳恩（Karl Ferdinand Braun，1850—1918）

图为两种氮氧化物（Nitrogen oxide）之间的化学平衡，从深色二氧化氮（Nitrogen dioxide）（热水浴中）转变为浅色的四氧化二氮（Dinitrogen tetroxide）（冰水中）。

哈伯—博施法（1909 年），迪恩—史塔克分水器（1920 年），BZ 反应（1968 年）

1885 年

对于法国化学家亨利－路易斯·勒·夏特列提出的勒·夏特列原理，所有的化学家都耳熟能详：如果改变可逆反应的条件，化学平衡就会被破坏，整个反应向着抵消这种改变的方向移动。入行之初，一位化学家前辈曾告诉勒·夏特列，化学领域可研究的问题众多，随便选择一个都能产生有趣的发现，由此，勒·夏特列选择了研究水泥的化学反应原理，正是这一研究促使他开始探寻化学反应平衡的规律，并在 1885 年发表的论文中对这一原理进行了阐述。

作为该原理绝佳的应用实例之一，美国化学家欧内斯特·伍德沃德·迪恩（Ernest Woodward Dean）和大卫·杜威·史塔克（David Dewey Stark）于 20 世纪 20 年代发明了一种可用于缩合反应的迪恩—史塔克分水器。在缩合反应中，两分子反应物缩合脱掉一分子水。如果不改变反应条件，产物中的水会与其他产物反应，从而使反应逆向进行，产生的效果基本上抵消了最初的正向反应。最终，整个反应体系达到平衡态——产物的生成速率与消耗速率几乎相同。通过加入迪恩—史塔克分水器，可以将体系中新生成的水分离到体系外，从而打破了反应平衡，使得反应持续正向进行，直至原料耗尽。

这一原理还可以应用在许多反应中，如在平衡的体系中增大反应物的量，或是将某种产物分离出体系，都可以推动反应正向进行。一般来说，为了不浪费原料，人们一般首选第二种方法，如将挥发性产物蒸馏出体系，或者选用那些能使产物结晶的溶剂。总的原则都是使产物不再参与反应，平衡就会朝着正向进行。当然对于某些反应，改变温度、压力等条件也能达到类似效果。

作为很多研究领域的共性问题，该理论的应用不仅仅限于化学，也自然而然地扩展到了其他领域，从生化到药理学、医学领域，甚至在经济学领域也有应用。勒·夏特列原理是每一个平衡反应的基础，某种程度上也是生物体的基础，因为生物体本身也是一个巨大且复杂的平衡反应的集合体！■

氟分离

约瑟夫－路易斯·盖－吕萨克（Joseph-Louis Gay-Lussac，1778—1850）
安德烈－玛丽·安培（André-Marie Ampère，1775—1836）
汉弗莱·戴维（Humphry Davy，1778—1829）
路易斯－雅克·泰纳德（Louis-Jacques Thénard，1777—1857）
斐迪南德－弗雷德里克－亨利·莫瓦桑（Ferdinand-Frédéric-Henri Moissan，1852—1907）

这幅 1891 年的插图展示了莫瓦桑正在分离氟（潜在的爆炸、着火和致死的腐蚀性蒸气都没有在画中显现）

不锈钢（1912 年），温度最高的火焰（1956 年），惰性气体化合物（1962 年），PET 成像（1976 年）

如果问元素周期表中哪个元素最有个性，恐怕首推氟元素。遗憾的是，它的脾气有点像拜伦勋爵（Lord Byron，英国 19 世纪初期革命家、浪漫主义诗人，代表作品有《恰尔德·哈洛尔德游记》《唐璜》等。——译者注）那样"疯狂、糟糕、危险重重"。氟是已知元素中电负性最强的元素，因此具有惊人的氧化性——几乎可以与任何可提供电子的物质反应。也正是因为这一特性，那些试图研究、分离氟的化学家们都为之付出了极大的代价。

1810 年，法国物理学家安德烈－玛丽·安培首次提出氢氟酸中含有一种未知元素，英国化学家汉弗莱·戴维爵士建议将其命名为氟，并着手开展分离氟的工作。然而，无论是氟气还是实验中最常见的氟的存在形式——气态氟化氢都十分危险。1812 年，戴维在实验中中毒，虽然死里逃生，但肺部和眼睛都遭受了严重的损伤。尽管有戴维的前车之鉴，可成为第一位驯服氟的人——这份荣耀促使着众多科学家甘愿以身犯险地去分离氟。法国化学家约瑟夫－路易斯·盖－吕萨克、路易斯－雅克·泰纳德、诺克斯兄弟、乔治和托马斯都先后因吸入氟化氢气体而受伤。数年后，比利时化学家鲍林·罗耶特（Paulin Louyet）和法国化学家杰罗姆·尼克尔（Jerome Nicklés）因吸入有毒烟气而丧生，英国化学家乔治·戈尔（George Gore）也险些在一次剧烈爆炸中丧生。

1886 年，法国化学家斐迪南德－弗雷德里克－亨利·莫瓦桑终于成功分离得到氟气，且实验中没有发生爆炸或中毒等危险事故。同戈尔一样，他使用电解装置制备氟，还借鉴了诺克斯兄弟的创新——选用矿物萤石做成的塞子，反应容器由耐化学腐蚀但极其昂贵的铂、铱制成，整个反应体系降至 –58 华氏度（–50 摄氏度）。在首次成功分离出氟气后，莫瓦桑继续利用这套装置第一次安全地开展了关于氟反应活性的一系列对比试验，正如他预料的那样，他发现许多物质在氟中突然着火或直接爆炸。

氟具有的独特性质可使其在许多领域都有应用价值，从药品到厨房用具。也因为氟化学性质极为活泼且有毒性，即使在今日，真正见过单质氟的化学家少之又少。氟气可不能随意接触，如需接触，必须穿戴特殊防护装备并要严格遵守一系列安全条例。■

铝

弗兰克·范宁·朱厄特（Frank Fanning Jewett，1844—1926）
查尔斯·马丁·霍尔（Charles Martin Hall，1863—1914）
保罗－路易斯－图森特·埃鲁（Paul-Louis-Toussaint Héroult，1863—1914）

图为第二次世界大战期间，工人安装 B-17 轰炸机的铝制框架的照片。如果这是在霍尔—埃鲁法发明之前，这样的一架飞机就是这世上最昂贵的产品了。

铁的冶炼（约公元前 1300 年），电镀（1805 年），电化学还原（1807 年），氧化态（1860 年），乙炔（1892 年），铝热试剂（1893 年）

铝在现代日常生活中非常常见，但在 100 多年前，铝可是非常罕见的贵重金属，这也是当初选择铝作为华盛顿纪念碑顶帽材料的原因。在建设纪念碑的 19 世纪 80 年代，从铝矿石中精炼铝不仅过程困难，而且成本高昂，但是金属铝的优点显而易见：质量轻、强度高、耐腐蚀，应用价值极高。所以当时，全世界的化学家和工程师们都希望能找到一种具有经济效益的铝冶炼工艺。

从化学角度看，金属冶炼过程的实质是将金属从氧化态还原至单质状态的过程，实现的方法有很多。1886 年以前的工艺是将铝盐与钠或钾反应制取铝，钾或者钠的来源是通过电化学还原制备的。但人们最终希望的是能通过电化学反应将铝盐（或者矿石，主要成分为氧化铝）直接还原成金属铝。氯化铝本是最可能实现这一预想的原料，但氯化铝十分容易与空气中的水结合，从而破坏了这一反应。大多数铝化合物的熔点都很高，因此要将它们转化为熔融状态的物质来实现电解，需耗费的热量极其多。1886 年，美国化学家查尔斯·马丁·霍尔在他的导师化学家弗兰克·范宁·朱厄特的帮助下发明了一种铝冶炼新工艺，几乎在同一时间远在大洋彼岸的法国化学家保罗－路易斯－图森特·埃鲁也发明了类似的方法。

霍尔和埃鲁各自独立发明的冶炼新工艺的关键是：利用熔融的矿物冰晶石（即氟铝酸钠）作为助熔剂来溶解氧化铝。冰晶石还有个独特的妙处在于：冰晶石密度小于铝，电解产生的金属铝熔融并聚集在电解槽底部，能够防止被空气氧化。但是，电解铝时需要的高温也引起了另外一个问题——充当电解槽的标准黏土坩埚含有的硅酸盐会被溶解出来，从而污染整个体系。随着这一问题的解决，霍尔—埃鲁法也日臻完善。目前的电解铝工业生产仍在使用霍尔—埃鲁法生产，尽管这一工艺耗电量巨大，并且排放出大量的温室气体，但是即使到现在，仍没有很好的解决办法。■

氰化提金法

卡尔·威廉·舍勒（Carl Wilhelm Scheele，1742—1786）
约翰·斯图尔特·麦克阿瑟（John Stewart MacArthur，1856—1920）

图为夜幕下的一座金矿。在巨大利益的驱使下，人们甘愿忍受各种令人生厌的化学反应来提纯黄金。

黄金精炼（约公元前 500 年），氢氰酸（1752 年），电镀（1805 年）

1887 年

“寻找一种成本最低而效果最好的提取、提纯黄金的方法？那就去用大量的剧毒物质——氰化物。”虽然这听上去像是个荒诞的笑话，但事实确是如此。1887 年，苏格兰化学家约翰·斯图尔特·麦克阿瑟在格拉斯哥（Glasgow）最早提出了这一方法。实际上，早在这之前的 100 多年，瑞典籍化学家卡尔·威廉·舍勒就发现：人们熟知的化学性质稳定的黄金事实上是可以溶解于氰化物溶液中的！正是基于前人的这一发现，麦克阿瑟与格拉斯哥的两位博士——罗伯特·福瑞斯特（Robert Forrest）与威廉·福瑞斯特（William Forrest）联手，首创了利用低品味矿石提金法，这要放在以前是绝对无法想象的。这套“麦克阿瑟–福瑞斯特工艺”很快风靡全球采金业，并一直沿用至今。

不过，这套工艺有几个步骤需要格外小心。粉碎的矿石首先与氰化物水溶液混合成浆状，此时混合物必须始终保持碱性（即高 pH 值），以防产生有毒的氰化氢气体。除此以外，为了防止同样的危险发生，需要持续往反应体系中通氧（通常的做法是向体系中鼓入空气），以便得到可溶性的氰合金配合物，继而通过活性炭进行吸附，方便后续回收使用。

尽管如此，麦克阿瑟–福瑞斯特工艺仍然会产生大量含有氰化物的废水，若不经妥善处理，其流经之处必将涂炭生灵。所幸有很多氧化反应都能够将其转化成毒性较小的氰酸盐，而经处理的废水也会被贮入储液池中进行进一步无害化处理。即使如此，储液池壁破裂导致的特大泄漏事故仍时有发生。虽然低浓度的氰化物能够被自然界中的微生物分解利用，降解的速度相对较快，但在完全消失前还是会造成环境污染。

对此，许多国家已明令禁止使用氰化提金法。可是人们对黄金的渴求永不满足，每年都有大量黄金被提取、提纯，并被用于珠宝、投资以及电子接插件等用途——并以上述种种形态影响着这个世界。■

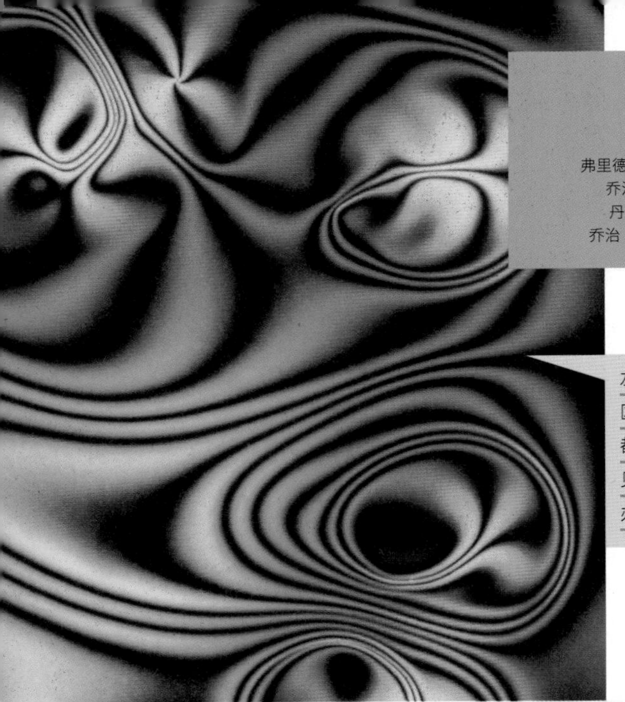

液晶

奥托 · 雷曼（Otto Lehmann，1855—1922）
弗里德里希 · 莱尼茨尔（Friedrich Reinitzer，1857—1927）
乔治斯 · 弗里德尔（Georges Friedel，1865—1933）
丹尼尔 · 伏兰德（Daniel Vorländer，1867—1941）
乔治 · 威廉 · 格雷（George William Gray，1926—2013）

左图：偏振光透过时的液晶薄膜，不同区域中的液晶分子取向（Orientation）都会使偏振光发生偏转，出现如图中所见的彩纹与暗纹。右图：奥托 · 雷曼在办公室中，摄于 1907 年。

胆固醇（1815 年），手性的故事（1848 年），表面化学（1917 年），凯夫拉（1964 年）

1888 年

现在我们都知道电子显示器的背后是液晶技术，然而对液晶的研究最早可追溯到 1888 年。当时，奥地利化学家弗里德里希 · 莱尼茨尔和德国物理学家奥托 · 雷曼有着相同的研究兴趣，他们互相通报进展并交换样品，讨论一种固醇类衍生物所表现出来的实验怪象——它似乎有两个熔点：刚开始加热时，固体转变为浑浊的液体；随着温度的进一步升高，它又会变得澄清。其中的每一步都是可逆的。而进一步的研究表明，中间的浑浊相态具有介于固态和液态之间的性质。

实际上，这就是人类历史上首次发现的“有序液体”：这种化合物的分子结构能够使其堆叠在一起而不形成真正的液相。1922 年，法国矿物学家乔治斯 · 弗里德尔又对液晶的种类做了细分：如果具有扁平结构的分子聚集在一起，形成一层一层的结构，分子可以在层内发生相对滑移，如同一叠纸一样，称为近晶型液晶；如果分子很长，且具有棒状结构，发生相对滑动时像干的意大利细面条一样，称为向列型液晶。这种分类法一直沿用至今。

当时，德国化学家丹尼尔 · 伏兰德就已经合成出大多数我们现在已知的液晶材料，但很长时间里人们都没发现它们的实际用途。直到 1962 年，美国化学家理查德 · 威廉发现向列型液晶能够在电场中发生扭转与复原，这使得透过的偏振光能够发生偏转，同时，外加电压的大小可以影响到透过光的强度。这样，可以让一个黑色数字或者字母在显示屏上立即出现或者消失。

然而要实现上述效果，就必须预先对这些液晶进行加热。直到 1973 年，苏格兰化学家乔治 · 威廉 · 格雷发现了能在室温下形成液晶的混合物，新型平板显示器才开始出现在计算器和廉价数码手表上。随着液晶显示器（LCD）的不断更新换代，那些当初看上去奇怪且混浊不清的液体已经充斥于全世界每一个便携式平板显示器中。■

091

热裂化

弗拉基米尔·舒霍夫（Vladimir Shukhov，1853—1939）
威廉·梅里厄姆·波顿（William Merriam Burton，1865—1954）

早期石油开采后配套的炼油装置，往往就是一座耗能巨大、乱糟糟的热裂化厂。图为 1901 年，人们正在围观德克萨斯州亚瑟港（Port Arthur，Texas）油井放喷污黑的石油时的景象。

分馏（约 1280 年），自由基（1900 年），费—托法（1925 年），催化裂化（1938 年），催化重整（1949 年），流动化学（2006 年）

1891 年

采自地下的原油又黑、又稠，还有味道！其化学成分更是纷繁复杂：各式各样的长碳链化合物，其中很多组分混在一起，用处有限。因此，将长碳链的碳氢化合物变成短链，使其成为更有实用价值的化合物的过程，就是我们常说的裂化反应，一百多年来，它已成为一项重要的研究领域。

在这个领域中，来自俄罗斯的弗拉基米尔·舒霍夫（Vladimir Shukhov）首先取得了第一个重大突破。这位涉猎甚广的科学家在工程技术、建筑以及石油化工等领域都有很深的造诣。1891 年，他发明的热裂化工艺获得了当时俄罗斯帝国的专利授权。其中提到，当被加压且加热超过至 700 华氏度（370 摄氏度）以后，石油便会发生分解，伴有碳—碳键的重构反应发生。我们现在知道，在高温、高压等苛刻条件下，碳—碳键断裂后会产生自由基（Free radicals），从而引发各种反应。如今，我们可以根据已掌握的各种化学键强度数据及各种自由基稳定性等知识，部分推断出产物中直链与支链碳氢化合物的组成及分布。

在热裂化的过程中，原油中易挥发的组分很容易从炼油装置中蒸馏出来，得到我们常用的汽油组分。根据实际需求，通过调整装置操作参数，便可获得成分各异的从汽油到燃料油的系列组分。从理论上讲，可以不间断地向炼油设备中加入原油，以实现装置高效、连续运行。然而，在实际操作中，热裂化过程中常常会产生焦油残渣——一种高分子量的副产物，日积月累将逐渐堵塞设备。这种所谓的“结焦”现象在各种化工装置中普遍存在，尤其是在那些反应温度很高、能生成各种混合产物的反应中，因此，需要装置操作人员持续保持高度关注。

1913 年，威廉·梅里厄姆·波顿获得了一项有关热裂化的美国专利，尽管竞争对手们以“舒霍夫的工作在先”的理由试图使他的专利无效，但波顿所提出的技术路线还是被公认为人类历史上首次工业应用成功的炼油工艺。后续出现的各种改进多采用更高的裂化温度，以期提炼出更多有价值的产品，但是由于热裂化技术本身的局限性很大，其逐渐被后来出现的催化裂化（Catalytic cracking）所取代。■

氯碱工艺

卡尔·凯尔纳（Karl Kellner，1851—1905）
哈密尔顿·杨·卡斯特纳（Hamilton Young Castner，1858—1899）

氯碱工艺得到的含氯氧化剂大量被用于漂白纸张等多种物质。

氢气（1766 年），电镀（1805 年），电化学还原（1807 年），氧化态（1860 年），索尔维制碱法（1864 年），化学战争（1915 年），人工光合作用（2030 年）

1892 年

1864 年，在比利时化学家欧内斯特·索尔维发明的索尔维纯碱制备工艺取代了此前的卢布朗工艺之后，还有另一段轶事。当时，世界上大多数盐酸均源自卢布朗工艺的副产物，而氯气（Chlorine）又是用盐酸制备的。这两种化合物本身在金属加工、漂白及其他领域中都发挥了十分重要的作用。正当技术革新致使盐酸供应面临枯竭之时，氯碱电解工艺的出现真是雪中送炭——奥地利人卡尔·凯尔纳和美国人哈密尔顿·杨·卡斯特纳各自独立地发明了氯碱工艺，这也是首项具有经济价值的氯碱技术，并于 1892 年获得了专利授权。

氯碱电解工艺的核心是浓盐水的电解反应，其中一个电极产生氢气和氢氧化钠，而另一个电极则产生氯气 [即“氯（Chlor）”]。两个电极间隔有一层渗透膜，盐水中的钠离子可以通过渗透膜逐渐在电极上生成氢氧化钠溶液（碱液）。尽管以上这些产物在造纸、纺织以及精细化工领域都有应用，但相比之下，对氯气的实际需求量并不是太大。“怎么处理这么多氯气？”这也是长期以来令各位工厂主们头疼的难题之一。也是基于这一原因，氯气有时会被拿来与氢气反应合成氯化氢气体，反应过程非常剧烈，后经水吸收后来制备高纯浓盐酸。因此，上述方法就弥补了索尔维工艺盛行带来盐酸短缺，有趣的是，它也将过去由盐酸制氯气的顺序颠倒了过来，变成了氯气制盐酸。

通过调节混合方式以及反应温度，上述氯碱生产工艺还可以制备次氯酸钠溶液（可用于漂白剂）、或者具有超强氧化性的氯酸钠。后者通过反应转化成的二氧化氯，这是造纸工业中最常用的漂白剂。传统的氯碱反应池采用一层液态汞作为电极，因此，废液中也难免会有残留的有毒水银，尽管如此，现在这些装置在某些地方仍然在使用。后来出现了毒性较小的渗透膜法，这一方法与电解铝工业中使用的霍尔—埃鲁法类似，虽然它耗电量巨大，但事实证明这一方法有很强的实用性，迄今还没有替代技术。■

093

乙炔

弗里德里希·维勒（Friedrich Wöhler，1800—1882）
詹姆斯·特纳·莫尔黑德（James Turner Morehead，1840—1908）
弗朗西斯·普雷斯顿·维纳布尔（Francis Preston Venable，1856—1934）
托马斯·利奥波德·威尔逊（Thomas Leopold Willson，1860—1915）

图为 1943 年，位于印第安纳州加里市（Gary，Indiana）的合金钢管公司（Tubular Alloy Steel Corporation）厂房里，一位焊工正在做焊接演示作业，传授正确的焊接技术。乙炔迅速成为（并且目前仍然是）焊接工业使用的最重要的工业气体。

氢气（1766 年），铝（1886 年），列培反应（1928 年），温度最高的火焰（1956 年），单分子成像（2013 年）

由于在技术和经济性上具有明显的优势，1886 年提出的霍尔—埃鲁工艺在众多制铝方法中脱颖而出。不过在此之前，人们在寻求可行的制铝工艺的过程中，却有意外的收获，所谓“有心栽花花不开，无心插柳柳成荫”——这也是实验与科学研究的一大特点吧。有一位名为托马斯·利奥波德·威尔逊的加拿大发明家，他当时就职于北卡罗来纳州的斯普雷市 [Spray，North Carolina，现名伊登市（Eden）]，他拥有一项利用电弧熔炼矿石的专利，并尝试利用这项技术制铝。在当地纺织品制造商詹姆斯·特纳·莫尔黑德的支持下，他建造了一个水力发电厂，尝试在电弧炉中用碳还原氧化铝。

那种方案的效果看起来实在是太糟糕，实验过程中几乎不发生任何反应。所以威尔逊又尝试在方案中加入反应活性更高的金属钙（Calcium）。1892 年，当他用炭弧还原氧化钙（即生石灰）时，得到了一种灰黑色的产物。他把它放进水里进行试验，如果是钙，就会产生气泡并释放出氢气。这个新产物也确实产生了一种可燃气体，只是火焰中还伴着黑烟，如果是氢气的话，是不会伴有这样的黑烟产生的（黑烟来自碳，氢气燃烧只会生成水蒸气）。威尔逊把它交给了北卡罗来纳州大学的化学家弗朗西斯·普雷斯顿·维纳布尔，希望他能弄清其中的缘由。

维纳布尔意识到这可能是 1862 年德国化学家弗里德里希·维勒所发现的那种反应的翻版。其实，威尔逊拿来的样品是碳化钙，它是一种乙炔的含钙盐，反应产生的气体实际上就是乙炔，而乙炔在当时还是一种罕见的化合物。又经过了几个月的实验，威尔逊和莫尔黑德明白了在电弧炉中制铝是无法实现的，于是他们将目光转向乙炔生意。乙炔火焰十分明亮且热量极高，它不仅可以与刚刚诞生的电子照明行业进行竞争，尤其是在制造便携式灯具上有着十足的竞争力，而且还为焊接和切割金属提供了一种新方法，同时它也是许多化学制造工艺的重要原料（参见“列培反应”一节）。莫尔黑德最终把他的专利权转让给一家公司，也就是后来的联合碳化物公司（Union Carbide Corporation）的前身，而威尔逊则返回了加拿大，成功跻身该国工业富豪之列。■

1892 年

铝热试剂

汉斯 · 戈尔德施米特（Hans Goldschmidt，1861—1923）

图中正在使用铝热法焊接铁轨。

氧气（1774 年），吉布斯自由能（1876 年），铝（1886 年），不锈钢（1912 年），温度最高的火焰（1956 年）

1893 年

正如在霍尔—埃鲁工艺和不锈钢两个故事中提到的那样，铝金属“天性”古怪。从热力学的角度来讲，它更乐于以氧化物的面貌示人。如果用更加科学严谨的语言来描述，若用铝、铁和它们的氧化物来做比较：氧化铁（铁锈）与金属铝的混合物所处的能量态要远远高于氧化铝与金属铁的混合物。如果让金属铝和氧化铁发生反应，那么整个过程将放出大量的热。

这就是我们这一节提到的铝热试剂。在最原始的配方里，就只提到了氧化铁粉末和铝粉，仅此而已。其实，如果真要引发这个反应的发生，还必须引入外源的能量。一般来说，我们将金属镁条燃烧作为标准，只要产生的火焰温度足够高（超过 4 000华氏度，即 2 200 摄氏度）就都能引发铝热反应。这个反应剧烈并且危险，一旦反应开始，除非反应完毕，否则任何措施都不能将其中止。铝的熔点相对不高，只有 1 220 华氏度（660 摄氏度），因此反应过程中会将铝浸入氧化铁中并加速反应，同时铝的沸点相对较高，能够确保反应过程中铝金属不会因挥发而流失。巨大的热量足以使反应产生的铁变成白热的液态，温度最高可达 4 500 华氏度（2 500 摄氏度）。而另一个产物氧化铝却很轻，一般浮在表面上。除了铁以外，也可以使用其他金属（如铜、锰、铬等）进行铝热反应，这是由于铝在从金属变为氧化铝的过程所放出的热量足以驱动更多的反应。

铝热反应是德国化学家汉斯 · 戈尔德施米特于 1893 年发现的，当时他正在寻找提炼金属的新方法。当然，通过铝热反应可以实现他的初衷。但是成本太高、危险性太大。因此铝热法的实际用途应当集中在对其放出的大量反应热进行有效利用上。作为一种便携式熔融态铁源（必要时可加入氧气引发），铝热试剂在诸如铁轨焊接等场合下非常好用。当然，如果在战时，也可以用它来切断铁轨，执行某些破坏任务。总之，铝热反应能在瞬间产生液体火焰。■

095

硼硅酸玻璃

弗里德里希·奥托·肖特（Friedrich Otto Schott，1851—1935）

图中几乎所有的实验室玻璃器具都是由硼硅酸盐混合物制造，它们能够承受各种温度变化，这对于其他玻璃制品来说几乎不可能。

分液漏斗（1854 年），鄂伦麦尔瓶（1861 年），索维尔制碱法（1864 年），索氏抽提器（1879 年），迪恩—史塔克分水器（1920 年），通风橱（1934 年），磁力搅拌（1944 年），手套箱（1945 年），旋转蒸发仪（1950 年）

1893 年

虽然玻璃的最主要成分是二氧化硅，但其所添加的其他助剂以及涉及的配方却不胜枚举。其中最常见的是“钠钙玻璃”。这种玻璃含有钙盐和钠盐（用于制作玻璃窗或是玻璃瓶时，配方有细微的差异）。这些添加剂能够让玻璃更容易熔化和加工，也能保持制品的硬度和透明性。但它的缺点是热稳定性太差：经过几次骤热骤冷后，这种玻璃十分容易出现裂隙。

正是因为它有这一缺点，所以用它来制作的实验室器皿也存在问题，否则，钠钙玻璃将会是实验室里用来存储或用作反应容器的绝佳材料。尽管有些试剂会腐蚀玻璃，如氢氟酸或强碱性的氢氧化物溶液等，但大多数化合物可以在玻璃容器中安全存储达数年之久。当然，如果这些玻璃容器时刻处于骤冷骤热、随时可能炸裂的环境之中，那在这种环境本身就完全不能满足存储任何化学试剂的标准。

硼硅酸玻璃是通过向二氧化硅混合物中添加氧化硼制成。1893 年，第一次由德国著名的玻璃化学家弗里德里希·奥托·肖特正式销售。一时间，这种玻璃在其他各国迅速涌现。相比于其他普通玻璃，它更坚硬、更耐腐蚀，更重要的是，它具有极高的热稳定性。人们用这种玻璃制作的烤焙盘，不论放在烤箱、洗碗机还是微波炉里，都很安全，这种玻璃也随之出现在化学实验室里，现如今，几乎没有哪个化学家见过非硼硅酸玻璃制成的锥形瓶或者圆底烧瓶，因为几乎所有的实验室玻璃器具都是由硼硅酸玻璃制成。

与钠钙玻璃相比，尽管硼硅酸玻璃的软化与加工有点困难，但它的优势十分明显，因此，这些代价都是值得的。当然骤冷骤热对它也会有影响，但是想让它炸裂也绝非易事，其实对于常规的实验用途来说，它还是很耐用的。唯一的缺点就是，化学家们对于这种玻璃安全性太过依赖，以至于他们感觉自己厨房里用的玻璃制品都太不耐用。■

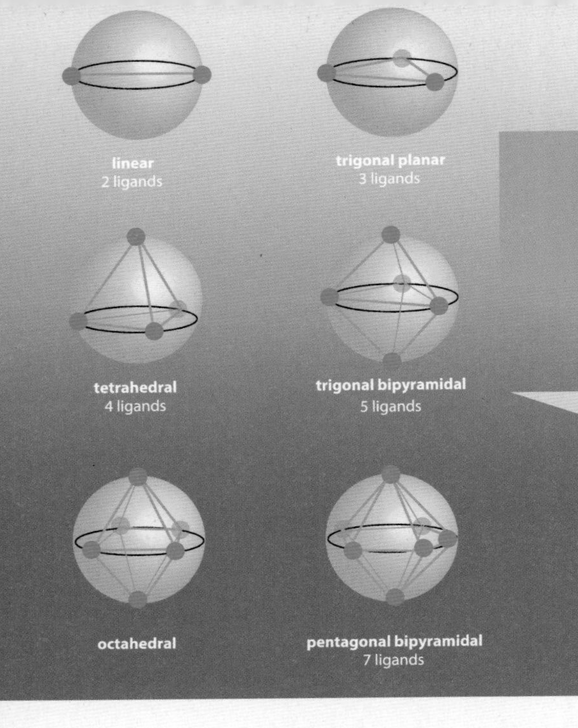

配位化合物

阿尔弗雷德·维尔纳（Alfred Werner，1866—1919）
维克多·L. 金（Victor L. King，1886—1958）

配位化合物有很多种可能的组合形式。如图所示，金属离子居中，配体按照特定的空间立体构型进行排布。

普鲁士蓝（约 1706 年），手性的故事（1848 年），二茂铁（1951 年），惰性气体化合物（1962 年），顺铂（1965 年），配合物骨架材料（1997 年）

1893 年

对于有些化合物，如普鲁士蓝，它们的化学结构难以弄清，这恰好说明涉及金属的有机化合物确实存在着某些独到之处。它们能形成配合物分子，这种分子看上去是由金属原子与被称为“配体”的分子发生相互作用形成的。不同的金属会同时与 2 个、4 个、6 个甚至 8 个配体相结合，具体的结合模式有时也很难弄明白。1893 年，瑞士化学家阿尔弗雷德·维尔纳在他发表的一篇论文中提出了配位理论，为人们理解配合物铺平了道路。他发现，金属会根据自己的氧化态来决定所结合配体的数量及配体的空间立体构型。那些配体（如胺及其他有机胺类、氰根离子、氯离子、硝酸根离子等）在三维空间中，有些组合成正方形，有些呈两个金字塔底面重合的形状，还有一些以金属为中心形成六面体等。这就解释了为什么有些已知的金属配合物虽然有着相同的化学式，但性质（颜色、溶解性、反应活性等）却大相径庭：因为它们的配体在金属原子周围的空间排布方式不同。由于配体是通过提供电子对与金属进行配位的，所以我们现在把这些金属统称为路易斯酸，而将配体们统称为路易斯碱。我们也知道，产生配位是金属元素的固有属性，大到地壳里的矿物，小到药物分子（参见“顺铂”一节），配位化合物几乎蕴含在万物之中，无所不在。

配体的空间立体构型不同使一些金属配合物可能具有手性，也就意味着它们应该有类似“左手”和“右手”的不同的存在形式。维尔纳实验室的研究人员在这个问题上花费的时间十年有余，直到他的一位美国籍学生维克多·L. 金在 1907 年成功制备出手性钴配位化合物后，这一猜测终于得以证实。其后的数月，金在苏黎世与自己的同学们打招呼时，经常会被问到“它发生了旋转吧”，指的就是手性化合物应能使偏振光发生偏转。据说，维尔纳本人在刚刚得知自己弟子的这一发现时也欣喜若狂，甚至还跑到大街上拦住路人欣喜地与他们分享这个重大发现。（另一例参见“惰性气体化合物”一节，其情形如出一辙！）■

摩尔

阿莫迪欧 · 阿伏伽德罗（Amedeo Avogadro，1776—1856）
斯坦尼斯劳 · 康尼查罗（Stanislao Cannizzaro，1826—1910）
弗里德里希 · 威廉 · 奥斯特瓦尔德（Friedrich Wilhelm Ostwald，1853—1932）

图中气球里的氮气，以及在它前面依次排开的铝、铁、铜、氯化钠中的钠和汞，都是 1 摩尔的量。

阿伏伽德罗假说（1811 年），康尼查罗与卡尔斯鲁厄会议（1860 年）

1894 年

1894 年，德国化学家弗里德里希 · 威廉 · 奥斯特瓦尔德将“摩尔”这一概念引入化学中。基于意大利化学家阿莫迪欧 · 阿伏伽德罗和斯坦尼斯劳 · 康尼查罗的研究结果，任何物质的质量（以克为单位计）都与其相对原子质量或相对分子质量所对应。比如：1 摩尔碳（Carbon，相对原子质量为 12）有 12 克，1 摩尔阿司匹林（相对分子质量 180.16）有 180.16 克。由于 1 摩尔任何物质都含有相同数量的分子，所以摩尔这一概念就显得十分有用。如果你想让化学反应中 A、B 两种物质按照 1∶1 的比例反应（即参加反应的分子数量相等），那么只需各取 1 摩尔反应物进行反应就好了，当然你既可以各取 1/4 摩尔，也可以各取 1/1000 摩尔（1 毫摩尔），只要每次按照相同的摩尔比投料，每次反应结果都是一致的。

对于不从事化学工作的人来说，初次遇到摩尔这个概念还是多少有些困惑。其实，摩尔这个概念和“一打”的概念差不多。如：一打鸡蛋，一打保龄球，一打大象——虽然它们的质量各不相同，但各自都是 12 个。同样，不论是 1 摩尔氧，1 摩尔氯化钚（见到要躲远点），还是 1 摩尔胰岛素——质量各不同，但各自都含有相同的阿伏伽德罗常数个分子。

那么，阿伏伽德罗常数个分子到底是多少个分子呢？精确地讲，是 $6.022\,141 \times 10^{23}$ 个。我们之所以将这个数字简称为阿伏伽德罗常数，是为了纪念阿伏伽德罗在分子质量以及比率方面的贡献。举例而言：1 摩尔的碳有多少？从宏观上看，差不多就是一打铅笔铅芯中含有的石墨量，不过里面碳原子个数可是超过了 6×10^{23} 个。在化学实验室里，为不同溶液做标记时也常常标注每升溶液中有多少摩尔溶质。以摩尔为单位进行思考是化学家的第二天性，这可以让他们把注意力集中在不同反应物之间的配比上，而不被具体的分子质量所干扰。■

不对称诱导

赫尔曼·埃米尔·费雪（Emil Hermann Fischer，1852—1919）
维利·马克瓦尔德（Willy Marckwald，1864—1942）

图中这种看上去十分美味的水果，实际上却富含生物碱：致命的马钱子碱和味道发苦（但毒性较小的）的二甲马钱子碱。这两种生物碱都具有手性，并应用于不对称有机合成中。显然，由于毒性因素，后者应用得更为普遍一些。

天然产物（约 60 年），氨基酸（1806 年），维勒的尿素合成（1828 年），手性的故事（1848 年），碳四面体结构（1874 年），费雪与糖（1884 年），外消旋体拆分和手性色谱（1960 年），默奇森陨石（1969 年），维生素 B_{12} 的合成（1973 年），酶的立体化学（1975 年），短缺的莽草酸（2005 年），工程酶（2010 年）

1894 年

手性，即某些分子存在的类似左右手的结构特点，首先由法国化学家路易斯·巴斯德发现，随后被荷兰化学家雅各布斯·亨里克斯·范·霍夫以及法国化学家约瑟夫－阿奇·勒·贝尔证实。手性的发现也由此引发了很多有趣的话题。如，天然产物中很多都具有手性，没有手性的少之又少。活力论（Vitalism）支持者们将这一自然现象作为自己所依仗的重要论据，他们坚持认为生命体与非生命体的化学成分肯定有着本质区别。虽然活力论的观点因维勒合成尿素的成功受到了沉重打击，但不可否认的是，包括生物碱、糖和氨基酸在内，几乎所有由生命体创造的物质的确都具有手性，面对活力论支持者的这一说辞，我们一时间还真无法反驳。

后来，世界顶级糖化学专家、德国化学家赫尔曼·埃米尔·费雪发现：天然的碳水化合物之所以都具有手性是因为生物体中合成这些物质的起始物本身就带有手性。他在 1894 年发表的论文中指出：一种名为“二甲马钱子碱”的生物碱中存在着手性中心，它可以影响分子结构中相邻位置的反应，从而帮助确定相邻碳原子的手性，尤其是当反应环境中还存在其他手性试剂或催化剂的时候。这就是所谓的不对称诱导——用一个手性中心去控制另一个手性中心的产生。自该方法出现以来，有机合成化学家就开始用它来合成复杂结构的化合物。几年后，德国化学家维利·马克瓦尔德再次用到了二甲马钱子碱，用它来催化一个反应物根本不存在手性的有机合成反应，结果得到的产物还是有手性！这说明仅仅使用带有手性的试剂，就能得到带有手性的产物。

要想获得带有手性的产物，就必须使用带有手性的原料或者反应试剂中也带有手性——这一规律至今仍在使用。不过，仍有许多疑问悬而未决。生物体起初是怎样挑选手性碳水化合物或氨基酸的？最原始的细胞祖先选取某种手性结构时是随机的吗？这种平衡的打破是不是归因于太阳光在某些环境中形成的偏振光？为什么某些手性结构被优先选择——物理学定理能否解释？这些问题对于人类了解生命的起源意义重大，等待着人们找出答案。■

099

重氮甲烷

汉斯·冯·佩克曼（Hans von Pechmann，1850—1902）

图为路德维希马克西米利安慕尼黑大学（Ludwigs Maximilian University of Munich）冬季学期时的合影，摄于 1877 — 1878 年。佩克曼位于后排从右边数第六个，坐在他前面带着帽子的是埃米尔·费雪。

聚乙烯（1933 年），乙酸异戊酯及酯类化合物（1962 年），维生素 B_{12} 的合成（1973 年），流动化学（2006 年）

1894 年

重氮甲烷非常有用，并且无可替代。但是它与玻璃器皿的尖端或玻璃磨口接触时就可能会发生爆炸，所以在操作时，必须使用特制的玻璃仪器或是端面圆润的移液管。它与强光、金属盐类接触或是受热时也可能发生爆炸，除此以外，还有很多因素也会使其爆炸，多到你都没有深究下去的欲望。

重氮甲烷毒性很强且易于挥发，这使操作者的防护措施变得非常复杂，尤其需要注意的是：吸入重氮甲烷后，中毒症状并不会马上出现，它对肺部造成的损伤要在数小时后才会显现出来。它根本无法存储，只能用特制的玻璃仪器现用现配，要想短时间存放，还需将其配成稀溶液进行冷藏。

所以，你现在可能会问，那为什么会有人愿意使用这样危险的试剂？这要从 1894 年讲起，当时德国化学家汉斯·冯·佩克曼发现了重氮甲烷并在论文中予以报道，同时还描述了重氮甲烷中毒的症状。随后的一代又一代化学家开展了相关研究，发现重氮甲烷具有非常独特的反应活性。它可以通过一些反应生成小环，还能将羧酸转化为相应的甲酯。作为一种常见且应用广泛的化学中间体（参见“乙酸异戊酯及酯类化合物”一节），它参与的反应是如此迅速、产物是如此干净，以至于让化学家们常常不敢相信。常常是一加入重氮甲烷，就产生了一连串氮气气泡，剩下的就是实验者所需要的产物了。对于某些复杂结构分子的合成，再也找不出比这更有效的反应了，且无须担心化合物中那些复杂的、敏感的官能团，它们在与重氮甲烷反应中“安然无恙”——不会被分解或破坏。

重氮甲烷具有的上述特性要归因于重氮基团独特的化学结构——两个氮原子紧密键连在一起，一旦反应条件适宜，它们就很容易以氮气的形式离去，这使得它的反应活性很高。这类化合物的化学性质往往就像是刀刃上的舞蹈，对反应非常有力，但危险性也极高。由此，这类化合物被优先应用于流动化学技术中也就不足为奇了。■

液态空气

卡尔·冯·林德（Carl von Linde，1842—1934）
詹姆斯·普雷斯科特·焦耳（James Prescott Joule，1818—1889）
威廉·汤姆森（William Thomson，1824—1907）

图为生产液态空气的工厂，这些液态空气的作用是分离制备各种工业气体。

分馏（约 1280 年），氧气（1774 年），液氮（1883 年），氖（1898 年）

1895 年

德国科学家卡尔·冯·林德想出了一种在人们看来是一本万利的买卖——1895 年，基于前辈们探索出的热力学知识，他研发出了一种巧妙的制冷工艺，可以冷却气体直到将其液化，从而可以利用空气并将它转变成一系列有价值的产品。当时英国物理学家詹姆斯·普雷斯科特·焦耳和威廉·汤姆森（拉格·斯开尔文男爵）已提出所谓的“焦耳—汤姆森效应”：“压缩气体会使气体温度上升，气体膨胀则使其温度下降”。就是利用焦耳—汤姆森效应，林德发明的装置先将空气进行压缩，并用冰冷的地下水将其冷却至室温及以下，之后这些被压缩的气体经过一个节流阀，在一个较大的绝热空间中迅速膨胀，这就使得气体的温度急剧下降——这项技术直到今天还被应用在冰箱以及空调的制冷当中。

然而最关键的一步是膨胀产生的低温空气穿过装置外面的夹套时能将下一批待压缩空气进行冷却（这一装置被称为热交换器），这就意味着下一批进入膨胀室的空气温度会更冷，如此往复，重复循环后每一批空气都被再次降温，最终，空气被冷凝为液体，在收集仓里富集，在产生足够多的液态空气之前，空气将被不断地送回热交换器中。

在当时，液态空气可算是工业界的新奇物了，但林德并不甘心止步于此。他接下去要做的是探索分馏，即将氧气与氮气分开。这两种元素有不同的用途，氧可以用于生产可供呼吸的气体，还能用在高温炉的生产中。同时不管以冷冻的形式还是以现在这种纯净气体钢瓶的形式，这两种气体都是具有实际价值的。下一个被分离出来利用的气体是氩气（Argon），几年后，其他几种稀有气体被逐一发现，氖气（Neon）也成了另一种非常有价值的工业气体。■

101

温室效应

斯万特·奥古斯特·阿伦尼乌斯（Svante August Arrhenius，1859—1927）

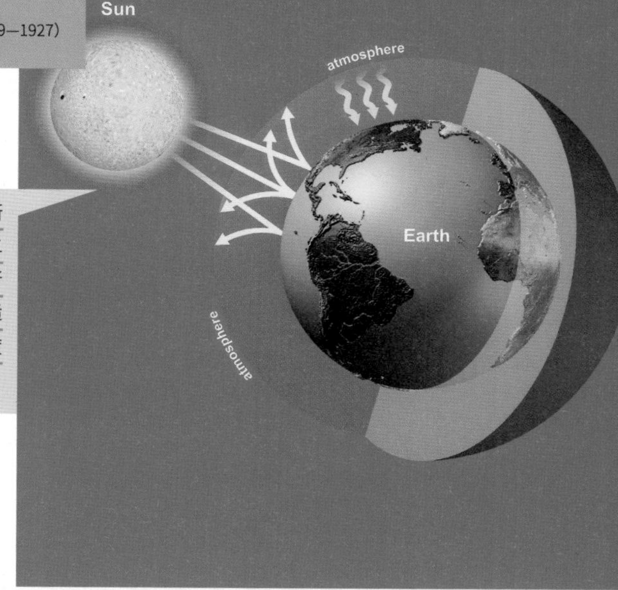

左图：斯万特·奥古斯特·阿伦尼乌斯（约 1895 年）。右图：地球大气中的二氧化碳和水蒸气吸收了红外线与其中所蕴含的热量，这使得地球表面具有了适宜的温度，但如果人类活动使地球温度变得更高，将会带来一系列严重问题。

二氧化碳（1754 年），二氧化碳吸收（1970 年），
人工光合作用（2030 年）

1896 年

近年来，二氧化碳对地球气温变化的影响已经引起了人们的广泛关注，成为一个很重要的话题。但也许让很多人都感到意外的是：早在 1896 年，瑞典化学家斯万特·奥古斯特·阿伦尼乌斯就发表了题为《空气中的碳酸对地表温度的影响》（*On the Influence of Carbonic Acid in the Air upon the Temperature of the Ground*）一文，第一次提出了“温室效应”（Greenhouse effect）这个概念。阿伦尼乌斯的研究所涉及的领域非常广泛，并于 1903 年荣获诺贝尔奖。他是第一批提出盐溶解在水中能形成正、负离子，并以正、负离子的形式参与实际反应的科学家之一。基于此理论体系，他还解释了酸和碱的反应行为。他也是首批提出“地球上的生命源自其他星球”的人之一，他们认为：地球上的生命体是来自于外星球的——以孢子（Spore）或其他具有顽强生命力的微生物形式从其他行星被带到地球上来的。时至今日，这种推测仍然有可能性，因为我们知道火星外壳（或其他天体）的碎片会以陨石的方式落在地球上。

1896 年，阿伦尼乌斯在研究空气的红外特性时指出：空气中的二氧化碳和水蒸气对特定波长的光具有强吸收作用，这就像是温室的大棚，使得从太阳光或其他热源所吸收的热量放不出去，形成了类似于栽培农作物的温室。阿伦尼乌斯也曾尝试解析冰河时代的成因，他同时认为燃烧化石燃料可以导致空气中二氧化碳增加，从而可以有效防止另一个冰河时代的到来。他还认为全球变暖会使寒冷地带的生活变得相对容易，将有助于养活世界上日益增长的人口。

仅仅过了几十年，人们通过红外光谱找到了可以为他的假说提供佐证的证据。在那之前，许多气候学家曾认为海洋可以迅速地吸收二氧化碳，从而使空气中的二氧化碳含量变化不大，二氧化碳的含量不至于增长过快。然而，对于全球变暖，当时的绝大部分人都不像阿伦尼乌斯那般抱有如此高的研究热情，阿伦尼乌斯本人的研究也忽略了云、空气中的热循环以及很多其他的影响因素，但即使在当下，他的核心思想依然是全球变暖相关争论背后的关键所在。■

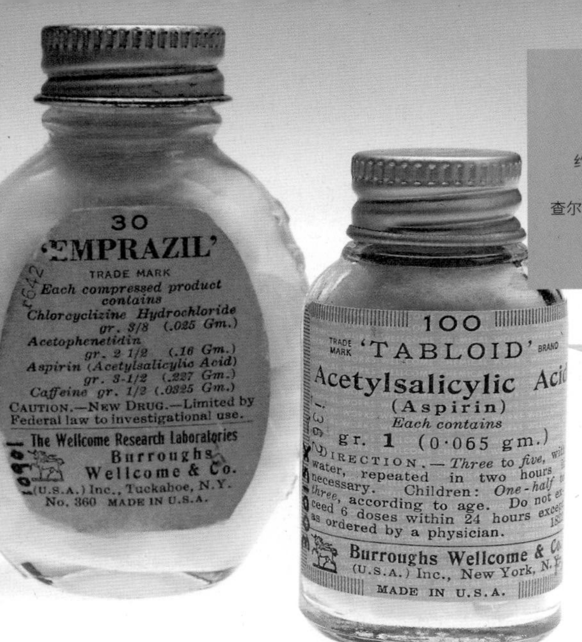

阿司匹林

爱德华·史东（Edward Stone，1702—1768）
约翰·安德鲁·毕希纳（Johann Andreas Buchner，1783—1852）
皮埃尔-约瑟夫·勒鲁（Pierre-Joseph Leroux，1795—1870）
查尔斯-弗雷德里克·热拉尔（Charles-Frédéric Gerhardt，1816—1856）
亚瑟·艾兴格林（Arthur Eichengrün，1867—1949）
菲利克斯·霍夫曼（Felix Hoffman，1868—1946）

图中左边那瓶是含有阿司匹林成分的镇痛药，旁边紧挨着的是以“药片（Tabloid）”作为商标销售的阿司匹林瓶装药。这两种药都是由宝威公司（Burroughs Wellcome & Co.）进口到英国，这是一家由两个年轻的美国药剂师于1880年在伦敦成立的从事药品制造及销售的企业。

天然药物（约60年），毒理学（1538年）

1897年

过去，柳树皮常被埃及人、中国人、美国的印第安人、希腊人以及罗马人用来缓解疼痛和发热。但在罗马帝国衰落后，这个古老的常识便在欧洲失传了长达几个世纪之久。18世纪英国大臣爱德华·史东曾使用柳树皮进行了一项实验，因为他相信柳树喜湿的习性能使柳树皮可以治疗因潮湿而引发的关节痛。所以他全凭运气地重新发现了柳树皮的这种药用价值，并于1763年公开了他的发现。6年多后，德国药理学家约翰·安德鲁·毕希纳和法国药剂师皮埃尔-约瑟夫·勒鲁分别独立地从柳树皮中提取出了药效强劲但也很苦的化合物——水杨酸。它疗效显著，但同时也会对咽喉和胃产生强烈刺激。

19世纪90年代，这种化合物的衍生物——一种更适合口服的药物被人类找到。1897年，拜耳医药公司的德国化学家菲利克斯·霍夫曼发现，如在水杨酸分子中增加一个乙酰基官能团便可以制备出一种疗效相同但耐受性更好的药物，人们服下后这种药后，含乙酰基官能团的药物会变回水杨酸。事实上，法国化学家查尔斯-弗雷德里克·热拉尔在1853年就曾报道过这种衍生物，只是他当时并没有意识到它的药用价值。甚至包括霍夫曼的同事亚瑟·艾兴格林也声称曾经合成出这种物质。一时间，“拜耳”一度成为阿司匹林（Aspirin，公司为乙酰水杨酸注册的商标名称）的代名词，即使在这项专利失效很长时间以后依旧如此。

阿司匹林的化学结构看似简单，但它的功效可远不止于此，直到20世纪70年代，人们才意识到它在人体中发挥的多种重要作用。它是酶家族中环氧合酶的一种抑制剂，这种酶是生成前列腺素的必需品，而前列腺素则是能对炎症、血液凝固及其他一些过程产生强烈影响的信号分子。制药公司曾经尝试制备新型的环氧合酶选择性抑制剂，但都以产品安全性召回或以付出一系列昂贵的代价而告终。然而阿司匹林一直与我们同在，它依然被用在从治疗头痛到防治心脏病等各个方面。■

酿酶发酵

汉斯·恩斯特·奥古斯特·毕希纳（Hans Ernst August Buchner，1850—1902）
爱德华·毕希纳（Eduard Buchner，1860—1917）

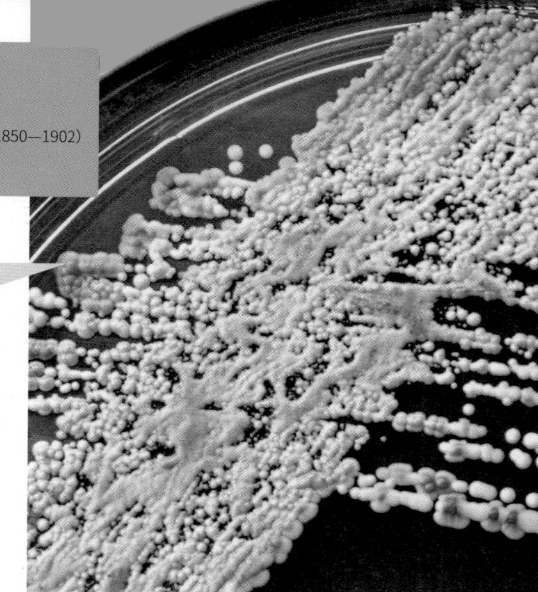

图为在实验平板上生长的念珠菌属酵母。这些用来酿造和烘焙的酵母菌活力很强，每一个在实验室里培养微生物的人都必须格外小心，特别是在家做过一些烘焙或酿酒的事以后，千万不能让它们污染了实验室里的培养物。

二氧化碳（1754 年），维勒的尿素合成（1828 年），工程酶（2010 年）

人们利用发酵技术的历史甚至可以追溯到史前时代——面包、白酒、酸奶和腌菜的历史甚至比语言文字的历史还要悠久。直到 1857 年，法国化学家路易斯·巴斯德才确认发酵与酵母菌（Yeast）和细菌（Bacteria）等微生物有关系。他提出：一切发酵过程都是活微生物作用的结果，它们将糖类分解为小分子的酸及二氧化碳。

巴斯德的上述观点一直为人们所接受，直到 1897 年，德国化学家爱德华·毕希纳在其兄长汉斯·恩斯特·奥古斯特·毕希纳的协助下成功将糖进行了无菌发酵，整个过程没有使用任何活的微生物，这一结果在当时震惊了整个科学界。他当时采用了其兄长的助理马丁·哈恩（Martin Hahn）的建议，把干酵母细胞弄碎以释放其内容物，然后对其进行压滤。当爱德华将单糖加入这些榨出物中时，他发现加入的糖被慢慢耗尽，并释放出二氧化碳。经确认，在这整个过程中都没有活的酵母细胞存在——因为它们生长得非常迅速，如果有的话，用显微镜很容易就能看到。通过上述实验，他不仅发现了具有活性的蛋白质——称为“酶”或是“酿酶”（Zymase）的复合物，更是证明了这些活性蛋白质脱离它们原始的生长环境后仍能保持活性。这一发现可以说是对“活力论”的又一次打击——与其说生命体中充满了与生命伴生的某种至关重要的“生命精华”，还不如说里面就是些与生死无关的能够“机械化”运转的物质——可以被随时移除。

在这之前也曾有人尝试过上述实验，但都没有成功。后来人们发现失败的一个主要原因就是使用磨砂玻璃来研磨细胞，显然与玻璃的作用过程使细胞的内容物失去了活性。同时，爱德华之所以能够成功也与其所选用的酵母菌株密不可分，此外，爱德华的成功还归因于其兄长的贡献，汉斯·恩斯特·奥古斯特·毕希纳本人对研究细菌提取物制备技术很感兴趣，他和马丁·哈恩合作研发出的压榨技术也为这一重大发现铺平了道路。

如今，从洗涤剂到罕见遗传疾病的治疗，不含细胞的酶化学应用前景十分广阔。即便到了今天，让酶的各种应用完全朝人们预想方向发展仍然是一件很难做到的事，所以上述开拓者的工作值得人们永远铭记。■

加氢反应

保罗 · 萨巴蒂埃（Paul Sabatier，1854—1941）
罗杰 · 亚当斯（Roger Adams，1889—1971）

如图，氢化油会产生少量的“反式”脂肪，这种物质已经在麦当劳的炸薯条中被检测到，它可以引起人体内低密度脂蛋白胆固醇升高，增加食用者罹患冠心病的风险。

氢气（1766 年），流动化学（2006 年），工程酶（2010 年），储氢技术（2025 年）

如果能通过某种方式将一个氢气分子加在一个碳碳双键上，双键将会变回对应的碳碳单键——即每个碳原子上各连一个氢原子，形成的分子中所有的化学键都是单键。但在现实中，想单单利用氢气就发生上述反应是不可能的，因为氢气自身不会自发与有机物发生反应。不过到了 1897 年，法国化学家保罗 · 萨巴蒂埃发现：利用某些金属粉末能够催化这一反应发生，由此，这种“加氢反应”（或称氢化反应）后来成为整个有机化学领域最重要的反应之一。

然而，人们发现：加氢效果越好的金属，价格也越昂贵，比如铂和钯。尽管在催化过程中它们的使用量非常小，但是使用后失效的催化剂也不会被直接扔掉，往往又被卖给催化剂回收商回收后重复利用。在某些情况下，镍、铑、钌以及其他金属也能用于催化芳环加氢的反应（参看“苯和芳香性”一节）。催化剂、溶剂和压强的不同组合为化学家们提供了诸多选项，能够在不影响其他官能团的前提下，定向地还原某种特定的官能团。从整个反应过程来看，它也是有机化学中最为清洁的反应之一，但如果你一不小心氢化了一个本不打算加氢的化学键，一般来说也没办法进行逆转。

加压有助于氢化反应的发生，因此，1922 年美国化学家罗杰 · 亚当斯发明了一台实验装置，能够很方便地实现加压的加氢反应。在仅仅 4 年后的 1926 年，这种氢化反应装置就实现了商业化。直到现在，这些被称为“帕尔振荡器”（以帕尔仪器公司的名字命名）的设备仍能在世界各地的实验室中找到。一代又一代的化学家们接上他们的厚壁玻璃瓶，调高氢气压力，将其置于棘轮振荡器上在震荡中发生氢化反应，这往往伴有嘈杂的噪声，更新一代的加氢反应设备利用的是流动化学合成系统，但在实验室中帕尔振荡器仍然难以被完全代替掉。

为了能使油脂方便处理或保存，油脂工业中常常使用氢化反应对油品进行深加工。但不幸的是，这个过程也会生成一些“反式”结构的双键化合物，这些反式脂肪酸已经被证实对人体健康有害，很多国家已明令禁止将其添加到食品当中。■

105

氖

约翰·威廉·斯特拉特（John William Strutt，1842—1919）
威廉·拉姆塞（William Ramsay，1852—1916）
莫里斯·特拉弗斯（Morris Travers，1872—1961）

图为拉斯维加斯市（Las Vegas）中心，各式各样的霓虹灯招牌鳞次栉比。虽然发光二极管制作的标志牌已经抢占了传统氖气灯的市场，但氖气灯无疑会因为具有与众不同的温暖光芒而长存下去。

分馏（约 1280 年），火焰光谱学（1859 年），元素周期表（1869 年），液氮（1883 年），液态空气（1895 年），惰性气体化合物（1962 年）

1898 年

空气液化技术的出现加速了英国化学家威廉·拉姆塞探寻稀有气体元素的脚步。1895 年，英国物理学家约翰·威廉·斯特拉特发现空气中的氮气密度往往比化学合成出的氮气大，于是拉姆塞开始着手寻找这种现象背后的原因。他发现空气中的氮气里包含一种化学惰性的气体，并将其命名为氩气（Argon，取自希腊语中是“懒惰”的意思）。而元素周期表中的排布规律显示应该还有其他未知气体来填补氩气周围的空白。1898 年夏天，拉姆塞和他的研究伙伴——英国化学家莫里斯·特拉弗斯通过分馏除掉液化空气中的氮气，之后再除去其中的氧气和氩气，少量的二氧化碳在这个温度下已经结成固体，同样也很容易被除掉。经过这一系列艰辛的工作，他们很高兴地发现仍有一小部分未知液态残余。在这一混合物中，最先被发现的是氪气，然后是氖气，最后是氙气。有趣的是，从一种气体的发现到另一种气体的发现所间隔的时间基本上都是六周。

由于这些气体都是无色、化学性质稳定且在空气中含量极低，所以检测它们最好的方法是使用发射光谱。让拉姆塞和特拉弗斯都备感惊奇是，放电时氪气散发出了一种微弱但五彩缤纷的光芒，而当一个氖气灯管连接到电路上时，整个实验室都被一种人们之前从未见过的明亮的红橙色光所照亮。就像特拉弗斯所言，“灯管中深红色的光散发出的光芒诉说着它自己的故事，那是一种让人深思并且永生难忘的景象。”

氖气的光芒继续照亮了整个 20 世纪。法国液化空气集团开始生产工业级别的氖气。氖气在地球上非常稀少，因为地球上的重力很难束缚住它们，它们往往逸散到外太空中，由此可以预见，用它来进行家用室内照明无疑很不现实的。尽管如此，1912 年，巴黎的一家理发店点亮了人类历史上第一个氖气广告牌。■

格氏反应

菲利普·安托万·巴尔比耶（Philippe Antoine Barbier，1848—1922）
弗朗索瓦-奥古斯特·维克多·格林尼亚（François-Auguste Victor Grignard，1871—1935）

图为毕业多年后的维克多·格林尼亚，此时他已凭借自己的努力成为一名著名的受人尊敬的教授。

卡氏发烟液体（1758 年），有机硅（1900 年），维生素 B_{12} 的合成（1973 年），野崎偶联反应（1977 年），金属催化偶联反应（2010 年）

1900 年

每一位有机化学家都熟知格氏反应，通过这个反应可以制备出一种有机金属试剂——格氏试剂，它不但易制备、耐储存，而且它在有机合成中非常有用，使用方便且生成产物的化学结构预先可知。直到今天，它们的用途仍然被不断开发，源自格氏试剂的种种变体及改性物多到不计其数。

1900 年，法国化学家弗朗索瓦-奥古斯特·维克多·格林尼亚还是一名 29 岁的博士研究生，他当时的研究成果为他赢得了 1912 年诺贝尔化学奖。他的老师法国化学家菲利普·安托万·巴尔比耶是有机金属研究领域的开拓者，巴尔比耶曾建议格林尼亚研究有机镁金属化合物，正是这一建议直接促成了格林尼亚研究的突破——发现了烷基卤化镁（即格氏试剂）及其制备方法。

制备格氏试剂通常只需要一些镁金属、一种溶剂以及一种含有碳—溴键或碳—氯键的起始物。多数格氏反应发生还需要一点“刺激”，比如轻微的加热、一点点碘粒或者事先将金属表面的氧化层打磨掉。化学家们很快就意识到，如果在这个反应起始时加热，他们同时还需要做好随时将其冷却下来的准备，因为这个反应一旦开始就会很剧烈。在制备好的格氏试剂中，原来与卤素原子相连的那个碳变成了碳负原子，能与不同种类的物质反应形成新的碳—碳键。借助于格氏试剂这一有力工具，人们可以设计、合成预定结构的有机化合物，格氏试剂及其他具有类似功能的试剂也已经变成有机合成中的“常客”，在合成新的有机化合物过程中出现的频率非常高。

实际上你也能从市面上买到常规的格氏试剂溶液，它们被以一定的浓度封装，需要时使用注射器定量取用。老一代的化学家们已经习惯自己制备格氏试剂，并将制备出的格氏试剂视如珍宝一般。格氏试剂的制备方法现如今已被广泛使用，未来格氏试剂这种“手工品”也不会从地球上消失。可以预料的是，即使百余年之后，格氏反应的发展仍会势头强劲。■

107

自由基

摩西·冈伯格（Moses Gomberg，1866—1947）

图为偏振光下维生素 C 的微晶。

氧气（1774 年），光化学（1834 年），四乙基铅（1921 年），聚乙烯（1933 年），超氧化物（1934 年），氯氟烃和臭氧层（1974 年）

1900 年

本书中所介绍的绝大多数分子里含有的电子都是成对出现的。比较典型的是一个单键是由两个电子组成，其中每个电子都来自对应的成键元素，并且没有多余的不成键的电子。但所有的分子都是这样吗？ 1900 年，在俄罗斯出生的化学家摩西·冈伯格就报道了第一个例外。他是第一个制备出四苯基甲烷的化学家，这种化合物的化学结构是一个单独的碳原子上同时连接了四个芳香环。在制备过程中，他很自然地得到了三苯甲基类的中间产物，但就在他试图将它们点对点连接起来制备所需的产物之时，他发现了一些奇怪的现象。从表面上看，他制备出了某种对空气敏感的三苯甲基化合物，并且它能与氯、溴和碘迅速反应。事实上，他发现的物质根本不是三苯甲烷——因为冈伯格曾制备过大量的三苯甲烷，三苯甲烷对空气根本不敏感。新产物的反应活性与任何已知的物种都不匹配，于是冈伯格作出大胆的猜想，他制备并分离出了史上第一个有机自由基，且自由基中的未成对电子使得它具有很高的反应活性。

有些化学家对这一猜测比较信服，但当时也有更多化学家并不认同。三十多年后，许多来自其他实验室的研究结论都表明自由基在很多反应中充当了中间产物的角色，且如果它同时带有多苯基官能团，它们会很稳定。如今冈伯格已经被公认为自由基化学的创始人。

在与人体健康相关的报道中，自由基的“口碑”很差。这主要是因为它们可以导致发生与衰老、心脏病、中风以及炎症相关的疾病。事实上，由于生命体在新陈代谢中需要消耗氧气，由此会产生许多自由基，这些产生的自由基及过氧化物在新陈代谢和抵御疾病方面也发挥了积极的作用，例如白细胞会利用自由基来消灭被细菌或病毒感染的细胞。

为了主张自己的科研优先权，冈伯格或许是史上最后一个试图援引所谓 19 世纪“君子协议”的化学家，人们记得在第一篇关于三苯甲基自由基文章的结尾，他这样提到：“这项研究工作还将继续，我希望可以为自己预留这块研究领域。”然而后来历史的发展并没能如他所愿。■

有机硅

弗雷德里克·斯坦利·基平（Frederick Stanley Kipping，1863—1949）

图为硅胶烤盘，一种基平怎么也想象不到的硅胶的存在形式。不管在厨房还是在其他地方，硅胶的各种新用途一直都在不断探索中。

橡胶（1839 年），元素周期表（1869 年），格氏反应（1900 年）

1900 年

在元素周期表中，硅位于碳的正下方，所以它的某些性质与碳比较类似。尽管如今在各种各样的科幻小说中，基于硅元素的各种新生命形态屡见不鲜，但现实中硅元素与碳相比还是有很大不同，不能将两者简单类比。例如，氧原子常以双键的方式与碳原子结合，而以单键的方式与硅原子结合，硅—氧键的键能也很强。所以在表观上，我们每天呼出的二氧化碳是气体，而相比之下，二氧化硅则是玻璃。显然，硅有着其“特立独行”的一面。

上述的硅与碳的不同之处为早期的化学家们制造了不少麻烦，尤其是那些在化学反应上习惯以处理碳的方式来处理硅的化学家。与有机硅化学的诞生最相关的英国化学家弗雷德里克·斯坦利·基平似乎就经历了这样一段漫长的“混乱”时期。1900 年，他试图将格氏反应的类似反应引入硅领域中，尝试使用有机金属试剂来合成新的化合物，但是得到的产物冷却后却变成了黏稠的果冻状胶质，这些产物难以用当时的仪器进行分析。基平在这一领域中研究浸淫了四十年，在 1936 年退休之际他告诫人们：“在短时间内，这一研究领域似乎不大可能取得重大进展。”

事实上，他在有生之年亲眼见证了他当时的判断实际上是大错特错。第二次世界大战加快了有机硅化学的研究，通用电气公司（General Electric）和道康宁公司（Dow Corning）的化学家们发现了有机硅—氧化合物（称其为 Silicones，这其实是基平自创的一个词，与真实的化学结构并不相符），可以作为很好的绝缘体和润滑剂。虽然基平之前一直没有找到合适的方法来合成这些化合物，但基于他的开创性工作，整个工业界都将注意力转移到这种新物质的制备上，最终制备出了一类耐高温、耐腐蚀、应用前景广阔的新材料。它们可以被做成透明的或不透明的制品，并带有不同程度的弹性——这一点跟橡胶很像，因此它们首先被考虑用于飞机点火系统的防水材料。目前，虽然对于将硅胶用作乳房植入体一直都存在争议，但是它们在心脏起搏器以及许多其他医疗器械上都有较好的应用。■

色谱分析

米哈伊尔 · 茨维特（Mikhail Tsvet，1872—1919）

图为染料混合物的色谱分析示例，将不同的样品分别点在厚滤纸的下端，并将滤纸底部浸入溶剂中，当溶剂沿滤纸向上移动时，染料也随之向上移动。可以观察到染料中的不同组分的物质移动的速度不同，从而可以将不同的颜色物质分离开来。

纯化（约公元前 1200 年），分液漏斗（1854 年），气相色谱分析（1952 年），外消旋体拆分和手性色谱（1960 年），高效液相色谱法（1966 年），反相色谱法（1972 年），索林（1979 年），电喷雾液相色谱 / 质谱联用仪（1984 年），乙腈（2009 年）

1901 年

俄裔意大利籍植物学家米哈伊尔 · 茨维特一直致力于研究植物颜料，如叶绿素等，他同时找到了一种能够分离并提纯它们的方法：他将少量的植物提取液样品倾倒在了一个由白垩粉（碳酸钙）制成的圆柱体上，然后使用有机溶剂对其进行淋洗，他发现样品在沿着柱体向下移动的过程中就已经开始分离。在这个过程中，不同组分分离形成的不同色带变得逐渐清晰，其中一些与碳酸钙有较强相互作用的物质被留在了载体的最上端。他于 1901 年公布了这一发现，但是很多年以后，人们才真正意识到了这一发现的重大意义所在。

茨维特将这个过程称为色谱分析法，这个名字取自希腊语“色彩”，现在，它是分析化学中最为常用的一种手段。随着该项技术的不断发展，多种多样的“固定相”取代了茨维特的碳酸钙，比如分离有机化合物，粉末状的硅胶则成了固定相的首选。过去，流动相溶液通常像茨维特描述的那样利用重力作用通过柱子，现如今，人们使用高压泵输送，可使其在较高的压力下通过柱子，这样能对流动相溶液进行适时调整，对移动较慢的化合物实现快速洗脱。色谱分析所使用的柱子尺寸长短不一，短的不到一英寸，长的甚至还需要在天花板和地板打洞。

然而，有机化学家不能指望他们合成的化合物都能像植物颜料一样具有明亮的色彩，所以他们通常使用特殊的检测仪器来监视从柱子上流下的溶液，例如使用待测物紫外光谱上的变化来指示某种特殊化合物的存在。目前很多比较昂贵的系统都是全自动的，它们可以用机械手自动注入样品，能自动改变溶剂，还能自动检测到每一个谱图上出现新峰的物质，甚至对于分离得到的不同组分，还能将它们自动收集到的不同的容器中。

凡是涉及化学分析的领域就离不开色谱分析法，它常常被应用于医药、司法调查、食品工业等方方面面。茨维特如果能看到今天色谱技术的进展，一定会瞠目结舌的。■

钋和镭

安托万－亨利·贝克雷尔（Antoine-Henri Becquerel，1852—1908）
皮埃尔·居里（Pierre Curie，1859—1906）
玛丽·斯克沃多夫斯卡·居里（Marie Sklowdowska Curie，1867—1934）

玛丽·居里和皮埃尔·居里在实验室中。可以断定这张照片中所有物质都带有轻微的放射性，包括居里夫妇。

同位素（1913 年），镭衤卜（1918 年），放射性示踪剂（1923 年），锝（1936 年），自然界中最“迟来”的元素（1939 年），超铀元素（1951 年）

1902 年

19 世纪 90 年代，物理学和化学进入高速发展时期。无线电波和 X－射线的发现开辟了全新的研究领域。其中，法国物理学家安托万－亨利·贝克雷尔研究一些矿物质发出的冷光是否与 X－射线有关。1896 年，他发现铀盐在没有任何能量来源的情况下，自身就能使相片底片曝光，这意味着铀化合物能发出一种未知类型的辐射。

波兰裔法国籍物理学家、化学家玛丽·居里在年轻时期移民到巴黎学习物理和数学。她的丈夫——法国物理学家皮埃尔·居里是一间磁学和晶体学研究实验室的负责人。他们夫妇二人在探索新现象、新发现的过程中卓有成效且无所畏惧。贝克雷尔的研究报告引起了玛丽的注意。随后，她开展了系统的研究，希望寻找到更多的这一类物质。随后她发现一些其他的元素，例如钍，也能发出同样类型的辐射，且不论它们以何种化学形式存在，样品中铀或钍元素的含量直接决定了辐射的强度。

随着研究的不断深入，他们发现沥青铀矿的辐射强度要远远超出其中所含铀含量的辐射强度，这促使玛丽开始从中寻找其中带有辐射能力的未知元素。经过艰苦的工作，他们最终成功分离出一种全新的金属元素——居里夫妇将其命名为钋（Polonium，为了纪念玛丽的祖国波兰）。几个月之后，他们又分离得到了另一种新的元素，他们将其命名为镭（Radium）。要证明这些新元素的存在，需要从成吨的沥青中将它们分离出来，这耗费了他们大量的精力。为此，在接下来的几年里居里夫妇一直在一个既没有取暖设施也没有散热装备的棚子中辛苦工作，最终于 1902 年分离得到了足够量的这两种元素。玛丽据此写成的博士论文在化学史上非常著名，为她两度荣获诺贝尔奖打下了坚实的基础。

当然，所有这些成果的获得也付出了巨大的代价。居里夫妇都遭受了严重的辐射，甚至他们的实验记录本也变成了放射性危险品，被封存在一个有铅衬里的盒子里，如需查看必须穿着防护服才能接近。这些记录本在未来的几个世纪都是危险的。■

红外光谱

威廉·韦伯·科布伦茨（William Weber Coblentz，1873—1962）

图为一台傅里叶变换（FTIP）红外光谱仪。受激发的原子发生各种各样的跃迁后能放出复杂的混合光，红外光谱仪通过检测这些离散的红外光波长便可得到原子键种类和它们的相对丰度。

二氧化碳（1754 年），官能团（1832 年），光化学（1834 年）

由于分子中特定的化学键和基团的吸收光谱都落在了红外区，所以虽然红外线的能量不足以使化学键发生断裂，但是它提供的能量足以使分子发生伸缩振动、弯曲振动和摇摆振动。由此产生的红外吸收谱带可以揭示分子的一些结构信息，例如，是否含有羰基（一个碳原子通过双键与一个氧原子相连），光谱中羰基吸收峰的位置还可以告诉你这个羰基是来自一个酮、一个醛、一个酯或一个酰胺分子。相比之下，紫外光或者波长更短的光能使化学键断裂，大量的光化学反应就是这样发生的。

美国物理学家威廉·韦伯·科布伦茨通过分析红外光与分子结构的相互作用，为红外光谱学奠定了基础。在 20 世纪初，科布伦茨还是康奈尔大学的一名研究生。他搭建了自己的仪器设备，通过手动一点一点地调节光波的波长，对各种各样的化合物进行了成千上万次测试。1905 年，他将这些结果发表，并附带了详尽的折叠式图表。他是第一位系统地介绍官能团有特征红外信号的科学家。官能团的这种红外特性在各种类型的结构中都适用。他紧接着将这种仪器应用到天文学领域，例如，测量火星表面白天和夜晚的温度，就当时的技术条件而言，这无疑是一项伟大的创举。

尽管有这么显而易见的应用潜力，但是他的研究在分析化学领域并没有得到快速推广。红外线作为一种复杂工具当时在物理学领域名声大噪，但没能立即成为化学实验室中的得力帮手。造成这一现象的原因要部分地归结于仪器本身。科布伦茨制作的光谱仪使用起来非常不方便，在测试过程中的每一步都需要手动调节进行重新设置，直到测完红外光谱的所有波长区域。关于这一点，科布伦茨本人也完全承认了。

不管怎样，红外光谱法作为一种化学的分析技术统治了整个 20 世纪中期。直到今天，它依然应用在制造业中用于质量监控，或是检测温室中二氧化碳的含量。在很多应用领域，红外光谱法已经被当代其他更强有力的测试方法所取代，但是，在红外光谱的全盛时期，没有其他方法可以与之媲美。■

胶木

利奥·恩德里克·贝克兰（Leo Hendrik Baekeland，1863—1944）
纳撒尼尔·特洛（Nathaniel Thurlow，1873—1948）

图中这台制作于 20 世纪 40 年代的老古董收音机就是用胶木制作的。现在收藏家会搜集此类物品，因为胶木时代与装饰艺术设计的时代正好重合。

聚合物与聚合（1839 年），橡胶（1839 年），聚乙烯（1933 年），尼龙（1935 年），特氟龙（1938 年），氰基丙烯酸酯（1942 年），齐格勒—纳塔催化剂（1963 年），凯夫拉（1964 年），戈尔特斯面料（1969 年）

1907 年

在 20 世纪早期，人们利用有机化学知识开始制造很多前所未有的材料。其实，早在几十年前，这方面的研究就已经出现了一些进展，比如聚苯乙烯已被偶然制备出来，只是多年来用途未明；还有就是 19 世纪 70 年代，人们在寻找象牙台球的替代品时，发明了一种名为赛璐珞的新材料，当然，制备它的反应物用的是一种天然聚合物（纤维素）。

而胶木又是另外一种新事物。1907 年，比利时出生的化学家利奥·恩德里克·贝克兰和他的助手纳撒尼尔·特洛在一次寻找新材料的过程中发现了它。在当时的德国化学文献中，有过一些酚类和甲醛反应的报道，但那些文献只提到了实验用的玻璃器皿被毁坏了等现象，不管它是什么新物质，反正就是找不到合适的溶剂能够溶解它。多年以来，只要出现那种情况就会判定该材料毫无用处；然而到了 20 世纪早期，很多研究者才开始意识到：只要这类材料的制备过程是人为可控的，那么它们就会有应用价值。

那时，贝克兰开始尝试把木头浸泡在酚类和甲醛混合液中，以观察能否增强木头的性能；但是实验进展得十分不顺，有时混合液根本无法浸入木头中，只能形成一种坚硬的胶体，就如同口感很硬的口香糖，他又重新设计了若干实验，在对实验条件调整以后，他得到了一种树脂状物质：当树脂状物质处于黏稠状态时仍能流动，被注模成型后，经快速固化即可定形。这就是“胶木”——世界上第一种热固性塑料，虽然它有点脆，但通用性强，还是一种性能极佳的电绝缘体，应用前景十分光明。随着当时电器工业的迅速扩张，胶木生逢其时，被用来制作各种绝缘部件。贝克兰称它为“有着千种用途的材料”，在许多日用品中，例如收音机、电话、人造珠宝及游戏用具等，也开始出现它的身影。如今，虽然胶木的地位已被其他塑料取而代之，但如胶木这样的酚醛树脂仍在继续生产。■

蜘蛛丝

埃米尔·赫尔曼·费雪（Emil Hermann Fischer，1852—1919）

图为一只“南瓜”蜘蛛（大腹园蛛三叶草 *Araneus trifolium*）在它自己织的沾有露水的网上伫立着。在这个世界上再也找不出其他与蛛丝类似的物质了。

氨基酸（1806 年），α-螺旋和 β-折叠（1951 年）

虽说蜘蛛丝的奥秘已经困扰人类长达数千年，但这可不是什么令人疲惫的陈旧话题，因为直到现代，人们仍投入了大量的技术、时间和精力来研究蜘蛛丝，对蛛丝的研究越深入，对它的印象就越深刻。最好的蛛丝品种具有质轻、高强和优异的弹性，是工业领域极为有价值的材料。我们可以设想一下：既防弹又耐磨还穿着轻便的衣服、强度难以置信的绳索、网和降落伞、能自动生物降解的瓶子、绷带和外科手术线——只要人类能够规模化地生产这种材料，上述一切设想都将成为现实。可直到现在，还没有人能够实现这一“幻想”，因为没有人能够像养蚕那样养蜘蛛，蜘蛛产丝的量非常少，而且它们有自己的时间表，自行决定吐丝的时间。

1907 年，德国化学家埃米尔·赫尔曼·费雪成为第一位发表文章阐述蜘蛛丝成分的化学家。他发现这些丝主要是由蛋白质组成，但与桑蚕丝不同的是，里面含有的氨基酸种类大相径庭。现如今人们已经积累了大量的关于蜘蛛丝化学组分的知识——或者说蛛丝成分的经验，因为蜘蛛出于不同的目的吐出来的丝也千差万别。丝中的蛋白质具有复杂且罕见的多种结构，存在着由 β-折叠构成的重复区域，不同结构之间由松散的、富有弹性的螺旋结构连接。它们不仅与织物的纤维不同，与大多数其他的蛋白质也都不同，蛛丝的化学组成偏向于那些最小的氨基酸，且几乎不含我们常见的氨基酸。当然除此之外，蛛丝还含有其他多种组分——包括糖类、脂肪和各种各样的小分子——它们的用途目前还不清楚。蜘蛛吐丝过程中最奇特的一件事情是：蜘蛛先以浓稠、半结晶的液体形式备好那些“待纺的丝浆”，当从丝腺中拉出之时，这些蛋白质链就会自动排布成最终的丝状。

人们还试图通过生物工程的方法，将蜘蛛的蜘蛛丝蛋白基因转入其他生物体中进行表达以生产蜘蛛丝蛋白，选择的生物载体有很多，包括从微生物到山羊（存在于羊奶中），许多公司都在这一领域积极地开展工作。但是，目前制备出的产品仍然达不到天然蜘蛛丝的性能，模拟蜘蛛纺丝过程的研究更是进展缓慢。蜘蛛们严守着自己纺丝的秘密。■

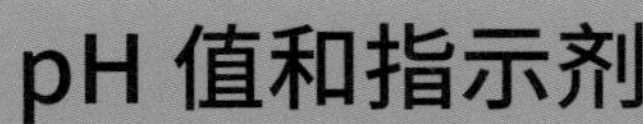

pH 值和指示剂

斯万特·阿伦尼乌斯（Svante Arrhenius，1859—1927）
索伦·佩德·劳里茨·索润森（Søren Peder Lauritz Sørensen，1868—1939）
汉斯·弗雷登塔尔（Hans Friedenthal，1870—1943）
帕尔·西伊（Pál Szily，1878—1945）

114

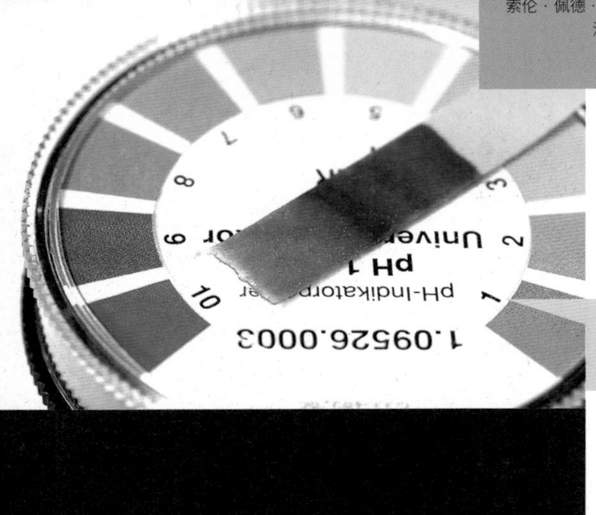

图中是一张广泛 pH 试纸，看上去刚刚用它测试过一种碱性很强的物质。

肥皂（约公元前 2800 年），氢氰酸（1752 年），鄂伦麦尔瓶（1861 年），酸与碱（1923 年），磁力搅拌（1944 年）

1909 年

1887 年，瑞典科学家斯万特·奥万斯特·阿伦尼乌斯提出了酸性、碱性溶液的定义，他认为所谓酸性溶液是含有过量氢离子的溶液，所谓碱性溶液就是缺少氢离子的溶液。他还提出水中含有非常少量的 H^+（氢离子）和 OH^-（氢氧离子），两者处于平衡状态，而酸或者碱会打破这种平衡。1909 年，丹麦化学家索伦·索润森，根据德国科学家汉斯·弗雷登塔尔给他的建议，提出了一套范围从 0~14（也就是从极端的酸到极端的碱）的 pH 值标度理论。

在数学上，pH 值是溶液中氢离子活度的对数。淡水的 pH 值是 7（中性），人体血液的 pH 值是 7.4，顺便提一句：无论谁试图说服你将血液变得更酸或更碱来治疗疾病——都请不要相信，这都是毫无根据的谎言，因为人的身体会竭尽所能地将血液 pH 值稳定在 7.4。许多化学物质处于不同的酸性或碱性溶液中，颜色会发生相应的变化。因为它们存在两种电离形式：也即它们是得到一个氢离子还是给出一个氢离子，这之间存在的巨大差异使得它们能够吸收颜色完全不同的光。名目繁多的化合物具有不同的酸碱性，涵盖了从强酸到强碱的整个 pH 值标度的范围。

汉斯·弗雷登塔尔和匈牙利化学家帕尔·西伊找到了一系列可以帮助标定 pH 值的化合物，索润森又进一步进行了扩充。这其中最有名的化合物就是酚酞。在酸性溶液中，或是 pH 值低于 8.2 的弱碱性环境中，它都是无色的。但是，一旦 pH 值大于 8.2，它将失去一个质子，新生成的阴离子（带负电荷）物质呈明亮的粉紫色——这是一种便于察觉的令人惊奇的改变。化学分析中依赖于这类比色技术已经很多年了，比如使用标准溶液仔细滴定待测样品，直到待测样品中发生了某些肉眼可辨的变化。如今，这些有趣但已过时的技术已经被各种现代仪器分析技术所取代，想要一览它们的风采也只能靠查阅教科书了，现代仪器分析技术始于电化学 pH 酸度计的发明，但无论何时，测试酸碱度的基本原理永远都是化学、医学和生物学的基石。■

哈伯—博施法

弗里茨·哈伯（Fritz Haber，1868—1934）
卡尔·博施（Carl Bosch，1874—1940）
罗伯特·勒·罗塞格尔（Robert Le Rossignol，1884—1976）

哈伯—博施法是世界农业赖以维系的生存基础。在它出现之前，只有微生物可以固定大气中的氮气。

磷肥（1842 年），硝化甘油（1847 年），勒·夏特列原理（1885 年），流动化学（2005 年）

1909 年

很多人都不了解生产氨所涉及的化学反应，这也从一个侧面说明并非所有构成世界的基础物质都是简单明了的。毫无疑问，哈伯—博施法（由大气中氮气制氨的化学方法）使数以亿计的人们免于遭受饥荒，这是因为氮元素是包括粮食作物在内的一切生命体生长必需的营养元素。但是，环绕在我们周围的氮气（占空气的 78%）反应活性却很低，只有某些单细胞的微生物能将其转化成生物可以利用的形式，人们将此过程称作“固氮（Nitrogen fixation）”，说到底，地球上几乎所有的生命体的生存都得依赖植物们永不停歇的固氮过程。

时间到了 1909 年，受益于德国化学家弗里茨·哈伯和英国化学家罗伯特·勒·罗塞格尔的一项发明——一套能够利用空气制氨的设备，使人类摇身一变，变成了又一种能够固氮的生命体，要知道，氨可是生产氮肥至关重要的前体物质。与当时任何一种工业技术相比，这套设备需要的反应压力更高——这也是勒·夏特列原理的又一个应用实例：当 4 当量的气体（含 3 当量的氢气与 1 当量的氮气）转化成只有 2 当量的氨气（NH_3）时，通过增大压力能使反应平衡向生成物的方向移动。反应所需的氮气在自然界中无处不在，而所需的氢气则通过天然气的水蒸气重整工艺原位生成。具体的反应过程是：反应物在高温下流经含铁或钌催化剂的反应床时发生反应。在连续流反应器中，反应物流每次经过反应床，氨气都能被源源不断地冷凝出来。

继而，德国化学家卡尔·博施又研发出了催化性能更好的催化剂，使得上述工艺具备了工业实施的可行性。1913 年，第一家生产厂正式投入运行，至今，哈伯—博施装置共计生产了多达 5 亿吨的肥料，养活了世界上至少 1/3 的人口。然而，令人扼腕叹息的是，从 1914 年开始，第一次世界大战爆发，利用哈伯—博施装置生产的氨在战时被用于制备硝酸——为生产炸药提供原料，而哈伯本人也转而开始致力于毒气研究（诺贝尔奖获得者维克多·格林尼亚也是如此）。这些聪明的大脑竟然将他们的宝贵精力投向了研究如何毁灭万物，这实在令人扼腕叹息。■

撒尔佛散

保罗·埃尔利希（Paul Ehrlich，1854—1915）
秦佐八郎（Sahachiro Hata，1873—1938）
阿尔弗雷德·伯塞姆（Alfred Bertheim，1879—1914）

116

图为始于 1912 年的砷凡纳明治疗套件，其中包含药物和注射时需要用到的各种装备。

水银（公元前 210 年），毒理学（1538 年），卡氏发烟液体（1758 年），巴黎绿（1814 年），磺胺（1934 年），链霉素（1943 年），青霉素（1945 年），叠氮胸苷与抗逆转录病毒药物（1984 年），现代药物发现（1988 年），紫杉醇（1989 年）

1909 年

德国医生保罗·埃尔利希被誉为现代药物化学之父。其研制撒尔佛散（即砷凡纳明）的过程是所有现代药物研发的雏形。埃尔利希和他的同事——日本细菌学家秦佐八郎以及德国无机化学家阿尔弗雷德·伯塞姆致力于寻找那些能对病原体产生毒性而对人体没有伤害的化合物。起初，他们寄希望于改良一种有毒性且已被淘汰的含砷药物（阿托西耳，即氨基苯胂酸钠）。这种药最先是被用于杀死睡病虫的（会引起昏睡病的一类寄生虫），然而当时有多达 2% 的病人会因服用这种药而造成永久性失明。由此，埃尔利希设想，如果有足够多的有机砷化合物能被制备出来且用于筛选，就有可能找到一些有用的线索，将有活性的化合物和有毒性的化合物区分开来。

这就是人类历史上第一次有目的的构效关系研究（Structure-activity relationship，SAR），时至今日，此方法仍然是所有药物化学研究项目中的关键步骤。1909 年，当他们尝试到第 606 号化合物——砷凡纳明时，他们发现这种药对睡病虫不起作用，但对杀死梅毒细菌却有非常好的效果。而那时，人们治疗梅毒绝大多数的方法是使用汞盐，病原体是被杀死了，但是病人中毒的风险也很大。随后，第 606 号化合物被冠以“撒尔佛散”的商品名，只开展了短期的临床试验，就正式上市了（相比之下，如今药物上市之前的临床试验的时间要长得多）。可想而知，它依然存在着产生严重副作用的风险。但与汞盐治疗的严重副作用相比，撒尔佛散的风险显然已不可同日而语了，不管怎样，这总比担心副作用而不做任何治疗要好得多。作为一线治疗药物，撒尔佛散被用于临床治疗的时间超过了三十年。

与很多有机砷化合物一样，撒尔佛散使用起来同样很不方便。因为它在空气中不稳定，使用时需将其溶入无菌水中马上进行注射。为了解决这个问题，埃尔利希和秦佐八郎又研制出了另一种更易于使用的化合物，但该种新化合物的疗效却令人不甚满意。不管怎么说，他们都是第一代的药物化学家，从众多候选物中进行取舍，从而筛选出真正有效的目标药物。将人们所期望的各种特性集结到一种分子上绝非易事，但是埃尔利希及其团队凭借自己的努力向世人展示了这一切并非不可能实现。他们的研究为世世代代的药物研究者指引了道路。■

X-射线晶体学

威廉·亨利·布拉格（William Henry Bragg，1862—1942）
马克斯·西奥多·菲利克斯·冯·劳厄（Max Theodor Felix von Laue，1879—1960）
保罗·彼得·埃瓦尔德（Paul Peter Ewald，1888—1985）
威廉·劳伦斯·布拉格（William Lawrence Bragg，1890—1971）

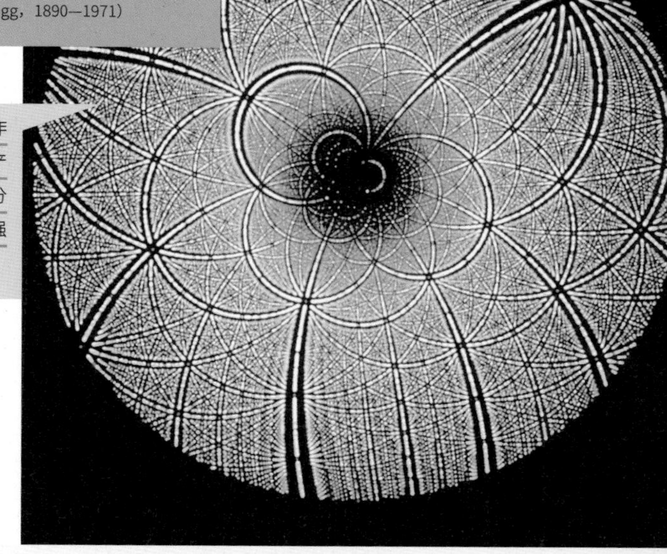

图为一种二磷酸核酮糖羧化酶晶体（参见“光合作用一节”）的X-射线衍射图像。结构简单的物质产生的衍射图像也很简单，但对于像酶一样复杂的分子而言，它们的晶体结构则需使用计算能力非常强大的计算机才能解析得出。

晶体（约公元前500000年），碳酸酐酶（1932年），青霉素（1945年），非经典碳正离子之争（1949年），构象分析（1950年），α-螺旋和β-折叠（1951年），二茂铁（1951年），绿色荧光蛋白（1962年），蛋白质晶体学（1965年），维生素 B_{12} 的合成（1973年），准晶体（1984年），配合物骨架材料（1997年）

X-射线可以轻易穿透一些物质，但也会被另一些物质所吸收。1895年，德国物理学家威廉·伦琴给他妻子的手拍了一张X光片，显示出的手骨结构极为清晰，但片子上她所佩戴的黄金婚戒却很模糊。全世界的科学家都为这一现象着迷，纷纷开始研究当X-射线遇到不同物质时会产生什么现象。

1912年，在同事保罗·彼得·埃瓦尔德的启发下，德国物理学家马克斯·西奥多·菲利克斯·冯·劳厄第一次观测到X-射线照射晶体产生的奇异效应：在一定的入射条件下，晶体样品能够反射X-射线，从而产生明亮的衍射图像：光斑或是条带。最经典的例子当属氯化钠晶体，在该晶体中，氯离子和钠离子相互交替构成了一层原子层，这样的原子层堆砌起来就构成了氯化钠晶体，入射X光碰到这些原子会被反射，同时反射还会发生在不同的原子层上。如果从不同原子层反射的光波完全同步（也即波峰对波峰、波谷对波谷），即为“干涉相长”，在该反射方向上就能检测到亮度倍增的光。反之，如果不同层反射的光波完全抵消（也即波峰对波谷、波谷对波峰），即为“干涉相消”，从而检测不到任何光。上述的衍射现象是否发生完全取决于X-射线的波长、入射角和晶体样品的原子层间距。这一规律是由英国物理学家威廉·亨利·布拉格爵士和威廉·劳伦斯·布拉格爵士（父子关系）所发现，史称“布拉格定律”。

如此，若晶体学家们预设了X-射线波长和入射角度，通过分析衍射图像就能计算出晶体内原子层的间距，从而反推出原子在晶格里的排布，最终推演出晶格的三维图形。晶体结构越复杂，相应的计算就越烦琐；但是，得益于现如今计算机硬软件都足够强大，X-射线光源也非常强，使得X-射线结晶学已经成为确定分子结构必不可少的手段。以至于好奇号火星探测器上都集成了一个小巧的X-射线衍射仪。■

美拉德反应

路易斯－卡米拉·美拉德（Louis-Camille Maillard，1878—1936）
约翰·爱德华·霍齐（John Edward Hodge，1914—1996）

图中牛排上的褐色外皮就是美拉德反应的结果。美拉德反应给人们带来了高温烹制食物的独特美味。

氨基酸（1806 年），皇家馥奇香水（1881 年），费雪与糖（1884 年），乙酸异戊酯及酯类化合物（1962 年）

1912 年

即使没有上过化学课，你也一定经历过“美拉德反应”。比如你曾经烤过面包、烤过汉堡包，或者还可能做过爆米花，这些都是美拉德反应的实例，正是这个反应为你提供了你翘首以盼的（当然也有可能是碰都不愿碰）的各种食物。当时，法国医生、化学家路易斯－卡米拉·美拉德致力于研究蛋白质的合成，他发现：在加热的条件下，构建蛋白质的基本单元氨基酸会与很多种糖分子发生反应。1912 年，他将这一研究结果正式发表。由于几乎每种被烹饪的食材中都含有氨基酸和简单的碳水化合物，所以可以说这个反应就发生在每家每户的厨房与灶台上。

那么，这个反应的产物是什么呢？早期的研究并没有给出确切的答案；产物中含有太多的化合物，需要一一研究。美拉德只知道他自己得到了一种新的棕色物质，且这种物质不易溶于水，而 1912 年的分析仪器无法帮他得到更深入的结论了。自那时起，每当分析仪器被改进之时，就能从美拉德的混合物中找到一两种新的化合物。而在现实生活中，烹饪食材产生的最终产物何止成百上千，它们都是通过各种各样、眼花缭乱的诸如缩合反应、脱水反应和环化反应生成的。1953 年，美国化学家约翰·爱德华·霍齐成为第一位弄清楚这些反应基本细节的科学家——原来每一种来自美味食物的独特香气都能找到对应的化学物质，当有机化学家们检视着那一大堆从烤箱和煎锅中发现的化合物时，内心一定非常激动。

20 世纪 80 年代，美食作家哈罗德·麦基重复了 1947 年的一个有趣实验，这个实验涉及最简单的美拉德反应，他在平底锅中加热糖浆，往里面洒一些纯的简单的氨基酸。他发现半胱氨酸会散发出明显的油炸洋葱和肉汤的气味，而赖氨酸闻起来像烤面包片，苯丙氨酸一开始散发出的味道像是熔化的塑料，令人没有食欲，然后后来又放出类似“杏仁露”一样味道。这些简单的反应能产生如此神奇的效果，那么一份牛排或者是一盘烤蔬菜所含有化学产物的复杂程度就可想而知了。现代的大厨们不论是有意还是无意，他们每天都在引发美拉德反应。■

119

不锈钢

皮埃尔 · 贝尔蒂尔（Pierre Berthier，1782—1861）
埃尔伍德 · 海恩斯（Elwood Haynes，1857—1925）
哈里 · 布里尔利（Harry Brearley，1871—1948）

图为位于匹兹堡的美国钢铁大厦，它的投影看上去像是布满了弹孔。不锈钢及其他合金材料对现代文明至关重要，同时它还造就了巨型工业企业，为人们创造了巨额的财富。

铁的冶炼（约公元前 1300 年），氧气（1774 年），氟分离（1886 年），铝热试剂（1893 年）

1912 年

对于大多数常规的铁合金材料，如果暴露在水和氧气之中，它们会很快被腐蚀。腐蚀过程本质上是金属铁被氧化生成了氧化铁。氧化铁呈薄片状，易碎并且很容易脱落，因此底层的金属会不断地暴露出来，又会进一步地发生氧化反应。氧化铁也会与靠近它的铁原子发生反应，将它们转化为氧化铁，此一反应会扩散到金属内部，使得整块金属都被腐蚀掉。

但如果在制作铁中混入足量的金属铬（超过 10%），我们就能得到不锈钢——在大多数条件下总能保持光亮的外表。说来也怪，这其中蕴藏的奥妙竟然是金属铬比铁更容易被氧化。可能你会猜测，是不是或多或少总会有一些金属铬发生腐蚀，形成另一种鳞片或粉末状物质。事实上这种氧化反应的确会发生，但是形成的铬氧化物质地非常坚硬、致密，并且具有化学惰性，这就如同在金属表面形成了一层保护层，这就像金属表面有了一层氧化铬分子做的皮肤，使得氧气不能与内部的金属原子接触，从而有效地阻止了腐蚀的发生、发展。

法国冶金学家皮埃尔 · 贝尔蒂尔在 1821 年首先认识到了这一机理，但当时冶金工人依照这一机理炼制出的不锈钢很脆。到了 20 世纪早期，法国、德国、英国和美国的冶金学家们找到了制造不锈钢的多种途径，这其中，以美国冶金学家埃尔伍德 · 海恩斯和英国冶金学家哈里 · 布里尔利于 1912 年发现的炼制方法最为简单、实用。他们的发明开创了一个潜力巨大的崭新行业，随之而来的还有不计其数的专利战。到了 20 世纪 20 年代，不锈钢已经成为工业化时代的普通一员了，被应用在从刀叉、餐具、手术刀，到航空发动机、汽车装饰材料等一系列的产品中。

上述“保护层”原理（也称为钝化原理）后来也被用于制造接触氟气的合金装备上，要知道氟气的化学性质非常活泼，几乎与每一种物质都能发生反应，合金表面生成的钝化层能起到有效的保护作用。这一原理还使一些原本化学性质较活泼的金属“安静下来”，最著名的例子当属金属铝，如果你读过本书“铝热试剂”一节，你就会知道铝与空气中的氧气反应时会发生什么，值得庆幸的是，由于有了铝金属表面那层看不见的氧化铝层，人们在使用铝箔时，不会发生任何危险。■

硼烷和真空线技术

阿尔弗雷德·斯托克（Alfred Stock，1876—1946）
赫伯特·查尔斯·布朗（Herbert Charles Brown，1912—2004）
威廉·利普斯科姆（William Lipscomb，1919—2011）

图为 SR-71 黑鸟侦察机。它使用三乙基硼来发动引擎，点火发动机中高闪点的混合燃油。三乙基硼在高温下极易燃烧，因此实验室中研究硼烷都需要使用真空线技术。

水银（公元前 210 年），毒理学（1538 年），手套箱（1945 年）

尽管经过了长时间的实验室摸索，硼类化合物一度还是被认为毫无用处，硼化合物研究也被认为只是为了“实验室猎奇”，并没有应用前景。而正是这一次又一次貌似“无功而返”的探索，最终为人类发现了一类重要的化学物质，同时也为相应的理论研究提供了大量实验依据。这其中，仅由硼元素和氢元素组成的硼烷就是最好的实例。硼烷分子呈现奇特的笼（簇）结构。不同于常见的双原子化学键，硼烷分子中组成化学键的一对电子共享于三个原子之间，它能与其他有机化合物发生一系列化学反应。美国化学家威廉·利普斯科姆和赫伯特·查尔斯·布朗因为发现硼烷结构以及在硼化学研究的相关成就，分别荣获了诺贝尔奖。

在硼烷及有机硼化学研究的早期，硼化合物令人生畏的易燃特性成为阻碍其发展的最大障碍。硼烷与氧气反应生成硼—氢键，释放出的能量高得惊人。它与水反应剧烈，假使该反应暴露在空气中，将会非常危险。20 世纪 50—60 年代，科学家将有机硼化物视为潜在的火箭燃料，开展了相关研究。它还被用于 SR-71 侦察机，作为发动机的燃料使用。

其实早在 20 世纪初，德国化学家阿尔弗雷德·斯托克及其研发团队就开创性地开展了硼烷研究，为了应对这类化合物的高反应活性，他们研发了我们现在所称的“真空线技术”——1912 年，他们精心搭建了一套玻璃反应装置，装置的一端连接上强力真空泵，这套装置能够保证硼烷在合成、蒸馏及转化的整个过程中，都完全与空气隔绝。这套系统的唯一问题在于它在阀门和真空泵中大量使用水银。在斯托克后来发表论文中，关于人体汞中毒的描述以及个人防护经验方面的分享多少都令人有点不寒而栗。他特别提醒人们：那些含硼的有机化合物甚至比硼金属本身的毒性更强。他的上述种种努力促使其他化学家们有意识地探索更好、更安全的实验技术，也提醒大家在做实验时应时刻做好严密的防护。■

偶极矩

彼得·德拜（Peter Debye，1884—1966）

图为 1937 年彼得·德拜受荷兰教育部之托，为自己的铜像摆好造型。诺贝尔奖获得者有较大的可能获此殊荣。

过渡态理论（1935 年），反应机理（1937 年），化学键的本质（1939 年），凯夫拉（1964 年）

1912 年

分子中的原子为电子云所环绕——这是原子的基本特性之一，当然这些电子云并非均匀分布，基于量子力学的特性，它们在分子的某些区域分布相对稠密，在另一些区域分布得相对稀疏。如果是完全对称的化学键（比如氢气中的氢—氢键），两个原子则具有完全相同的电子密度，成键电子自然均匀地分布在两个原子中间。

但是正如美国化学家莱纳斯·鲍林（Linus Pauling）在其著作中所述：“现实中电荷分布不均的化学键比比皆是（参见‘化学键的本质’一节）。”然而，在此之前，荷兰裔美国籍物理学家、化学家彼得·德拜就向科学界提出了自己对于化学键中电荷分布的认识：一对分布不均的电荷可称为一个“偶极子”（Dipole），一端带有的负电荷越多，则另一端带有的正电荷也会相应增多。德拜在 1912 年发表的论文中给出了“偶极矩”的定义，即电荷中心所带电量与正、负电荷中心间的距离乘积，偶极矩可以指“键偶极矩”，也可以是“分子偶极矩”。分子偶极矩可由键偶极矩经矢量加法后得到。偶极矩高的溶剂一般沸点也高，这是由于相邻分子之间的电荷吸引力强，可使它们紧密地贴在一起，由此也更易于溶解其他极性化合物。二甲基亚砜（通常简写为 DMSO）就是一种具有高偶极矩的有机溶剂，它能够溶解许多离子化合物（如盐），这一性质使其在很多反应中用处非常大。在溶解过程中或是化合物之间发生相互作用时（比如药物分子与人体内的生物靶进行结合时），偶极子之间的相互作用就变得至关重要了。

由于第二次世界大战爆发，德拜从德国移居美国。近些年，出现了一些对他的指控，有人怀疑他是德国的间谍，鉴于他曾不遗余力地帮助过犹太裔同事，这一指控着实令人惊讶。但是那些指控后来似乎都没有得到证实，反而出现了一些新证据，暗示他可能是英国人的间谍。不管怎么说，德拜对于物理和化学的发展做出了卓越的贡献，只不过，他的大脑中可能还隐藏着更多鲜为人知的秘密。■

质谱分析法

约瑟夫·约翰·汤姆森（Joseph John Thomson，1856—1940）
亚瑟·杰弗里·登普斯特（Arthur Jeffrey Dempster，1866—1950）
弗朗西斯·威廉·阿斯顿（Francis William Aston，1877—1945）
欧内斯特·O. 劳伦斯（Ernest O. Lawrence，1901—1958）

图为田纳西州橡树岭 Y-12 工厂，为执行曼哈顿计划（Manhattan Project），质谱仪（电磁型同位素分离器）被用于生产浓缩铀。操作员大多数是仅接受过高中教育的年轻女性，昼夜轮班，她们的生产效率已经超过了那些博士们。

同位素（1913 年），放射性示踪剂（1923 年），氘（1931 年），气相扩散法（1940 年），气相色谱分析（1952 年），电喷雾液相色谱 / 质谱联用仪（1984 年），富勒烯（1985 年），基质辅助激光解吸电离技术（1985 年），同位素分布（2006 年）

质谱分析法（Mass Spectrometry）最早由物理学家们提出并使用，之后才被应用到化学领域——这才算是真正找到了用武之地。它的原理是：首先将待测原子或分子电离成带电离子，这些离子在通过带电磁场的小型真空室时，由于电场和磁场作用使其穿越路径发生偏转，离子的质量大小决定了偏转距离的远近。这为人们提供了一种有效的方法——利用分子质量的差异来分离混合物。这种方法一经发明，它的用处就注定将永无止境。

英国物理学家约瑟夫·约翰·汤姆森是首位发现这一现象的科学家。1913 年，当他尝试将电离后氖原子束进行偏转时，发现氖原子束被电磁场分成了两束，由此他发现了氖-20 和氖-22，这正是证实同位素（Isotopes，具有不同中子数的同一元素）能够稳定存在的第一份确凿证据。而后，他的学生、英国物理学家与化学家弗朗西斯·威廉·阿斯顿搭建了一台性能更好的设备，发现很多元素中都含有同位素。加拿大裔美国籍物理学家亚瑟·杰弗里·登普斯特的设备性能更佳，他发现用电火花就可以使真空室内的样品发生电离。第二次世界大战爆发之际，美国物理学家欧内斯特·O. 劳伦斯已经开始制造一种可用于铀同位素分离的质谱仪，它不仅能分析样品，而且能对样品进行提纯，从而制备出较大量的纯品以满足实际需要——尽管这一方法需要付出艰辛的努力。

然而即便在那个时候，化学家们也在积极地寻求着能使整个分子发生电离的方法。无论是用电子束冲击（电子碰撞法），还是用离子流冲击（化学电离法），在质谱条件下都可以使各类化合物飞越电磁场。后来，能够进行质谱分析的分子变得越来越多，分子尺寸也越来越大，质谱仪的分辨率也变得越来越高。现如今，在实际应用中，人们大量使用质谱分析法对化合物的化学结构进行准确鉴定，医学化验、药物研发、地质学甚至法医学都离不开质谱分析法。■

同位素

欧内斯特·卢瑟福（Ernest Rutherford，1871—1937）
弗朗西斯·威廉·阿斯顿（Francis William Aston，1877—1945）
弗雷德里克·索迪（Frederick Soddy，1877—1956）
詹姆斯·查德威克（James Chadwick，1891—1974）

图中是所有可能存在的同位素的一种排列方式。质子数量相差越多的元素，彼此之间的纵向间距就越大。中子数量增加，横向向右排列。中间深蓝色区域是稳定的同位素，浅蓝色区域是已经被发现的不稳定的同位素，而灰色区块是目前尚未被发现但可能存在的同位素。

钋和镭（1902 年），质谱分析法（1913 年），放射性示踪剂（1923 年），氘（1931 年），锝（1936 年），自然界中最“迟来”的元素（1939 年），气相扩散法（1940 年），动力学同位素效应（1947 年），超铀元素（1951 年），DNA 的复制（1958 年），铅污染（1965 年），酶的立体化学（1975 年），PET 成像（1976 年），铱与“碰撞假说”（1980 年），烯烃交互置换反应（2005 年），同位素分布（2006 年）

1913 年

对放射性的早期研究工作极大地推动了物理学和化学的发展，并且开辟了一个全新的研究领域。英国物理学家弗雷德里克·索迪和欧内斯特·卢瑟福证明了放射性元素发生衰变后会变成完全不同的元素，这是一项重大突破。随后，索迪发现玛丽·居里和皮埃尔·居里夫妇从铀矿中分离出的镭元素实际上是铀原子放射性衰变后产生的。由此科学家猜测，一种元素可能存在着多种形式，虽然它们的化学性质似乎并无二致。

1913 年，基于朋友玛格丽特·托德博士的建议，索迪提出了同位素（Isotope）这一概念用以描述同一元素的不同形式（希腊词根 Iso- 意为相同，Topos 意为位置，意即同一元素不同形式在元素周期表中仍占据相同的位置）。由此，对于同一种元素而言，虽然原子序数确定，也可能因为存在形式不同造成原子质量也不一样。在这之后，英国物理学家约瑟夫·汤姆森（Joseph Thomson）认为即使是非放射性元素也可能存在同位素，他与英国化学家弗朗西斯·威廉·阿斯顿一起利用早期的质谱分析法拿到了相应的实验证据。这些研究都启发了卢瑟福，他提出原子中一定存在着某些与质子质量基本相同的中性粒子——正是它们造成上述质重差异（真正通过实验检测到中子是 1932 年的事，发现者是英国物理学家詹姆斯·查德威克）。

同位素这一理论一经提出，就对化学研究产生了重要影响。动力学同位素效应为人们理解化学机理提供了大量素材。不同同位素在磁场中的不同行为直接使得 NMR 技术（核磁共振）发展成分析化学的一个重要分支。同时同位素也促成了放射性示踪剂在医疗诊断和疾病救治方面的应用。随着质谱分析功能的日趋强大，那些不具有放射性的“冷”同位素渐渐取代了放射性同位素，在许多实验中被用于识别标记，获得的应用也越来越多。■

化学战争

弗朗索瓦-奥古斯特·维克多·格林尼亚（François-Auguste Victor Grignard，1871—1935）
弗里茨·哈伯（Fritz Haber，1868—1934）
文福德·李·路易斯（Winford Lee Lewis，1878—1943）

在毒气引入战争之前，第一次世界大战实际已经极不人道，更不要说，参战各国纷纷使用毒气之后。图中为1918 年前线士兵们用防毒面具保护自己。

希腊火（约 672 年），氯碱工艺（1892 年），神经毒气（1936 年），空袭巴里港（1943 年）

1915 年

无论从哪个角度看，第一次世界大战都是一场旷世浩劫。它引发了一系列的灾难，由此产生的阴霾更是横亘了整个 20 世纪。战争爆发不久，参战国就开始无视那些禁止在战争中使用毒物或生化武器的国际公约，纷纷开始做起了曾经看起来根本无法想象的勾当——比如拔掉 3 700 多罐钢瓶的塞子，将致命的氯气释放到空气中。

这里描述的就是 1915 年 4 月发生在比利时伊普尔（Ypres，Belgium）附近战场上的一幕。在这之前，法国和德国都曾开展过催泪瓦斯的试验，但收效甚微。由于德国的化工企业里贮有大量的氯气，因此德国科学家开始研究如何将氯气投入作战，1915 年 4 月 22 日，随着德军打开早已在前沿阵地屯集的钢瓶，168 吨的氯气形成的黄绿色烟云被风吹向了守军阵地，法军的防线由此被撕开了一个巨大的缺口，但德国军队也不敢贸然进攻，因为他们自己也害怕被残留的毒气所伤害。

同样的情景在战场上多次上演，但取得的战果却越来越少。如果用所谓“成功”来形容战果的话，伊普尔毒气战已经算是毒气战中最“成功”的。除了使用氯气外，毒性更强也更难检测的光气，毒性作用更持久的、可怕的芥子气（Mustard gas，实际上为油性液体）也都投入了战场。后来，由于防护装备和防毒面具的不断进步，使化学战陷入了僵局。使用化学武器并不能使战斗立马终结，甚至对战斗结束的加速作用都没有，它们只能使战争变得更加毛骨悚然、不寒而栗。

这些武器背后的化学研究实在令人沮丧。参与其中的科学家们都穷极精力地寻找那些最毒的化合物和最致命的投放方式。战争中，参战各方至少部署了 20 个不同的研究机构，各个机构都由诸如德国人弗里茨·哈伯、法国人弗朗索瓦-奥古斯特·维克多·格林尼亚在内的最杰出的化学家来担纲。美国化学家——文福德·李·路易斯更是发明了许多更毒的化合物，例如含砷的路易斯毒气。第二次世界大战中化学战的地位相对有所下降，但后来，使用化学武器又似乎重新抬头，在局部战争或恐怖袭击中发生了好几次释放神经毒气的事件，这着实令人震惊！■

表面化学

欧文·朗缪尔（Irving Langmuir，1881—1957）
凯瑟琳·布洛杰特（Katherine Blodgett，1898—1979）

和肥皂泡沫表面一样，水面浮油泛出的色彩也能准确反映出油膜的厚度，如图中所示，它们一点也不厚，与光的波长相当。

胆固醇（1815 年），液晶（1888 年），人造金刚石（1953 年），单分子成像（2013 年）

1917 年

整个 20 世纪上半叶，美国化学家欧文·朗缪尔都一直在通用电气公司开展化学与物理学前沿交叉领域的研究。在其众多的研究成果当中，以表面化学研究（即研究发生在相界面的一切物理化学现象）最为著名，特别是在薄膜（单分子膜）的行为与性质的研究上取得的成绩举世公认。

每个人都观察过薄膜——水坑表面漂着的那层浮油就是个绝佳的例子。对一个有经验的观察者来说，如果这层油膜呈现出色彩斑斓的颜色，就说明这层膜的厚度肯定已经薄到反射光的波长范围内了。1917 年，朗缪尔发表了一篇关于油膜行为的重要论文，他指出油膜是由一端具有极性基团的分子组成，比如肥皂中含的长碳链醇、脂肪酸等。论文中的实验证据证明这类分子能够自行排布，带有极性基团的一端埋到水分子中，而长链部分则自动保持与水面近乎垂直。19 世纪 90 年代，英国物理学家约翰·威廉·斯特拉特和自学成才的德国实验家艾格尼丝·普克尔（她在厨房洗碗池里开展研究）测量了定量的油性分子能够自行扩展的面积，由此计算出单分子膜的厚度。朗缪尔对该研究成果继续深化，揭示了分子结构对于成膜行为的影响机制。

后来，朗缪尔和他的同事——美国物理学家凯瑟琳·布洛杰特一同研究了如何将单分子膜沉积在固体基底上。这一朗缪尔—布洛杰特膜（LB 膜）技术现在看来都特别有用，能帮助我们深入研究纳米技术（在原子或分子尺度上实现材料的可控制备）。总而言之，表面化学的实际应用包罗万象，如血管壁、海上原油泄漏、计算机芯片的制备、新鲜油漆的耐久度等看似风马牛不相及的领域，只有掌握了表面化学知识，才是获得了理解上述现象的“钥匙”。■

镭补

126

左图：这是一张平板印刷的歌谱封面，这部作品是 F. C. 伯南德（F. C. Burnand）和 W. 迈耶尔 · 卢茨（W. Meyer Lutz）于 1900 年左右创作的《庸医之歌》（*The Quack's Song*）。

右图：令人嗟叹的是“镭补”标签上的每个数据都是准确无误的，看到以后，人们的第一反应本应是尽快远离而不是喝掉它。

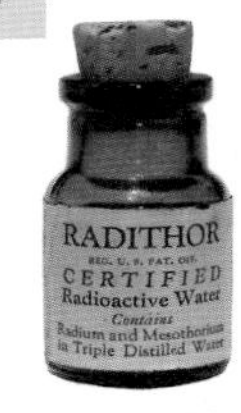

毒理学（1538 年），钋和镭（1902 年），磺胺酏剂（1937 年），沙利度胺（1960 年）

1918 年

人们早期进行的那些放射性研究，现在想来确实十分骇人。由于直接暴露在各种新发现的高浓度放射性元素的辐射之下，当时从事相关研究的许多学者的身体都受到了伤害，比如居里夫妇。但是，人们也尝试利用某些放射性物质来治疗皮肤病和癌症，在某些情况下，甚至还将它们视为一种具有发展潜力的药物。事实证明利用放射性元素治疗癌症（如某些皮肤癌）确实正当、合理，但是当时仍然有不少人出于科学意识淡薄或是因为利益驱动而开始滥用元素的放射性，20 世纪初期，不计其数的标有“放射性”功效的“药物”不断涌现。当时的人们普遍认为：能一下冒出这么多种“药”，一定是缘于它们对人体健康确实有帮助——事实上，这种错觉只是因为绝大多数人受到的放射量还没有达到危害健康的程度罢了。所以，是时候卖给他们一些放射性“神器”了。

来看看这款“放射性饮水机”？要不要“放射性牙膏”？试一下这款“放射性护肤霜”？一时间这类广告铺天盖地。这其中，最为著名的例子是一款名为“镭补（Radithor）”的神药，还真如它标签上注明的那样：保证每一瓶里都含有镭，这种货真价实着实不幸。要知道从 1918 年开始，“镭补”饮品就被冠以“滋补良品”“增强体魄”等噱头进行售卖。当时匹兹堡一家钢铁公司的老板：埃本 · 拜尔（Eben Byers）兴高采烈地充当起“镭补”饮品的代言人，每天要喝上满满 3 瓶，然后心满意足地向世人展示“镭补”的功效。

不幸的是，镭元素在元素周期表中与钙元素同属一族，它也同样容易在人体骨骼中富集。“镭补”中含有的放射性同位素（镭-226）实际上是一个“α-粒子发射器”——这意味着当这种辐射源在体外的时候，只需一张薄纸就能挡住辐射，然而一旦被吸收到体内，辐射对人体造成的伤害将大到无法想象。在短短不到两年时间的时间里，埃本就患上了严重的骨癌，要知道他服用的“镭补”多达数百瓶，他遭受到的辐射来自体内，能坚持那么久已经是个奇迹了。1932 年埃本下葬之时，为了屏蔽辐射，他的棺材也被铅封上了。他的死换来了政府对辐射治疗行业早就应有的监管。那之后不久，凭借“镭补”等放射性产品的危害陆续曝光，美国食品药品监督管理局（FDA）所推动的“1938 联邦食品、药品和化妆品法案”得以顺利通过，因为再也找不到比“镭补”更具说服力的案例了。■

127

迪恩—史塔克分水器

欧内斯特 · 伍德沃德 · 迪恩（Ernest Woodward Dean，1888—1959）
大卫 · 杜威 · 史塔克（David Dewey Stark，1893—1979）

图中烧瓶上连接着的就是一款经典的迪恩—史塔克分水器，看起来已经加热了几小时了，请注意分出来的水就在分水器左侧的小管子里。

分液漏斗（1854 年），鄂伦麦尔瓶（1861 年），索氏抽提器（1879 年），勒 · 夏特列原理（1885 年），硼硅酸玻璃（1893 年），通风橱（1934 年），磁力搅拌（1944 年），手套箱（1945 年），旋转蒸发仪（1950 年），乙酸异戊酯及酯类化合物（1962 年）

1920 年

迪恩—史塔克分水器是一种经典的化学实验用玻璃器皿，也是一项能够解决有机合成中最常见问题的天才设计。它是由美国化学家欧内斯特 · 伍德沃德 · 迪恩和大卫 · 杜威 · 史塔克在 1920 年发明的。当时，两位化学家正在位于美国匹兹堡的矿业局研究站工作，主要从事原油中水含量的分析。

我们知道很多反应都属于缩合反应（Condensation）——在两种反应物分子缩合的同时生成水分子，比如两个氨基酸缩合形成肽键的过程。从理论上讲，所有生成物与反应物能量相近的化学反应都是可逆的。一旦反应到达平衡点，正逆反应速率相等，反应就会停在平衡点附近，不继续向正反应方向进行。但如果能找到办法将缩合生成的水分离到反应体系外，反应物就会一直反应，直至反应物完全耗尽，即使那些特别容易达到平衡点的可逆反应，效果也完全一样。

迪恩—史塔克分水器就是用来分水的！假如苯或者甲苯可以作为反应溶剂，那就可以利用共沸混合物的特性来共沸除水了（所谓共沸混合物就是指：该混合溶液沸腾时，气相与液相的组成完全相同）。在这里举个例子，甲苯和水虽不互溶，但如果将含水量 20% 的甲苯加热至沸腾后，就能形成甲苯与水的共沸混合物，混合蒸汽经冷凝后留在了分水器中，生成的水位于甲苯的底层，迪恩—史塔克分水器的独特设计还能将底层的水单独放出来，上层的甲苯（或其他共沸混合溶剂）也可重新回到反应容器中，再次沸腾蒸发并带走反应体系中水分子。最终，所有生成的水分子被分水器收集，反应物被耗尽，反应由此完全终止，这是勒 · 夏特列原理的又一应用。

如今，所有的有机实验室中都有迪恩—史塔克分水器，这也是两位发明者被世人铭记的唯一原因。两位化学家对石油化学方面进行了很长时间的研究，但没有一项成就能媲美这个他们年轻时一起发明的小玻璃仪器。■

氢键

沃斯 · 霍夫 · 罗德布什（Worth Huff Rodebush，1887—1959）
温德尔 · 米切尔 · 拉提莫（Wendell Mitchell Latimer，1893—1955）
莫里斯 · 罗 · 哈金斯（Maurice Loyal Huggins，1897—1981）

如图，水是地球生命的根基，而氢键又是水具有各种性质的根基。

硫化氢（1700 年），化学键的本质（1939 年），α-螺旋和 β-折叠（1951 年），DNA 的结构（1953 年），聚合水（1966 年），计算化学（1970 年），聚合酶链式反应（1983 年），重结晶和同质多晶（1998 年）

1920 年

氢键是这个生命世界神秘的“胶粘剂”，它将 DNA 链结合在一起，帮助稳定蛋白质的构型，存在于所有的碳水化合物分子之中。比如：受体和酶的活性位点毫无例外的是以蛋白质自身结构中含有的以及与底物分子所连接的氢键为最根本的特征。

最早提出氢键理论的人是美国化学家莫里斯 · 罗 · 哈金斯。他的工作也启发了他的同事沃斯 · 霍夫 · 罗德布什和温德尔 · 米切尔 · 拉提莫。1920 年，在其合作发表的论文中，他们应用氢键理论解释了若干已知溶液的性质。如今，尽管近一百年过去了，研究者们还是没能完全解开氢键的奥秘。

氢键到底是什么？即便那些最优秀的科学家（如美国化学家莱纳斯 · 鲍林）花费了大量时间开展研究，也取得了不少的收获，但要真正回答起来也绝非易事。从某种程度来讲，氢键往往是相邻分子中带正电的氢原子与带负电的原子（如氮原子、氧原子等）之间的相互吸引力，上述原子不必完全带电，例如氮原子或氧原子，通常它们的电子云密度较高，它们仅带有部分电负性；氢键又不能等同于离子键，因为氢键是具有方向性的，如果氢键的指向不对，那这种相互吸引力就几乎消失了；氢键又像是标准单键的一种“魅影”形式，当氢原子被富电子原子（如氧原子）吸引时，形成氢键的相互作用力最强。这样的氢—氧氢键和氮—氢氢键广泛存在于各种不同种类的分子中，尤其在生物分子中，氢键发挥着至关重要的作用。

水是氢键存在的最好例证。一个水分子中两个氢原子连接一个氧原子，这使得水分子本身既是氢键的给电子体，同时也是受体，这导致了水具有不可思议的性质：它比任何一种小分子化合物的沸点都要高；能够凝结成冰——本质上就是由氢键构筑的晶格结构，冰的密度比水还小，而绝大多数的液体再怎么冷凝也不能形成漂在液面上的“冰”。■

四乙基铅

小托马斯·米基利（Thomas Midgley Jr.，1889—1944）
查尔斯·富兰克林·凯特灵（Charles Franklin Kettering，1876—1958）

"Following the Elm Canal on strafing mission, the P-51 streaked low over Holland, Germany, France, and back to England. Speed took it past flak batteries before they could go into action...evaded enemy pursuits...the Mustang's heavy firepower blasted 3 seaplanes, 4 barges, 2 trains. The only thing that hit it was a Channel seagull, into which it ran!"
Army Air Forces report

Give us MORE P-51's

尽管铅容易腐蚀火花塞，但是在第二次世界大战期间甚至之后的一段时间内，四乙基铅都是高性能航空燃料必不可少的成分。

毒理学（1538 年），自由基（1900 年），催化裂化（1938 年），催化重整（1949 年），铊中毒（1952 年），铅污染（1965 年）

1921 年

20 世纪 20 年代，汽车工业的发展亟待相关技术取得突破，为了能使发动机以更高的压缩比运转，从而提高汽车发动机效率和功率，就需要发动机中的燃料在燃烧时更加平稳、均匀。工程师们尝试用汽油开展实验，他们发现发动机燃烧室中的汽油往往提前点火，从而造成发动机出现“爆震”，产生了敲击声。针对这一问题，当时有几种解决方案，例如：改变炼油工艺从而改变汽油的化学结构；改进发动机的设计；在现有的汽油中使用添加剂。相比之下，最后一种方案最容易实现。1921 年，美国通用汽车公司的化学家小托马斯·米基利与同事查尔斯·富兰克林·凯特灵发现通过添加四乙基铅（TEL）能够有效地防止爆震发生。其反应机理是：高温下 TEL 能分解出自由基，可以显著地改善燃烧反应。

当然，这种方法也有缺点——它释放了铅，人们很早就知道铅元素会对人体造成危害。1924 年，被冠以“乙基售卖”（Sales of Ethyl）商标进行销售的 TEL 也被叫停了，叫停的原因是在该产品生产过程中发生了几起致人死亡的安全事故。但在被叫停之前的 1924 年，在一场关于 TEL 的新闻发布会上，上演过特别怪诞的一幕：在众多的记者面前，米基利坚称 TEL 基本无害，他当时还捧起了 TEL 用鼻子闻了闻，甚至还用 TEL 洗了手。实际上，他本人已经表现出了一系列铅中毒的症状，随着 TEL 销售被叫停，他自己也需要时间恢复元气。

关键的问题是：含铅汽油中少量的 TEL 是否真的具有危害？当时的几个研究得到的结论是：没有直接证据能够证实汽油中的 TEL 能产生毒性。事实上，虽然有不少物质都存在一个对人体无害的浓度上限，人体可以通过代谢将它们排出体外，从而避免身体受到损伤。但是，随后的研究逐渐揭示了铅的危害——它可绝不在上述物质之列，反复接触含铅环境——无论接触到的铅浓度有多低，铅都会在人体内逐渐累积，即便是微量的铅也会对人体造成实质性的伤害，对于发育中的儿童更甚。20 世纪 50—60 年代，美国地球化学家克莱尔·卡梅伦·帕特森所做的铅污染研究为禁用 TEL 提供了确凿的证据。自 20 世纪 70 年代开始，也是在催化重整技术的推动下，工业界已经开始逐渐停产含铅汽油。至于米基利本人，他又开始了氯氟烃的研发历程。■

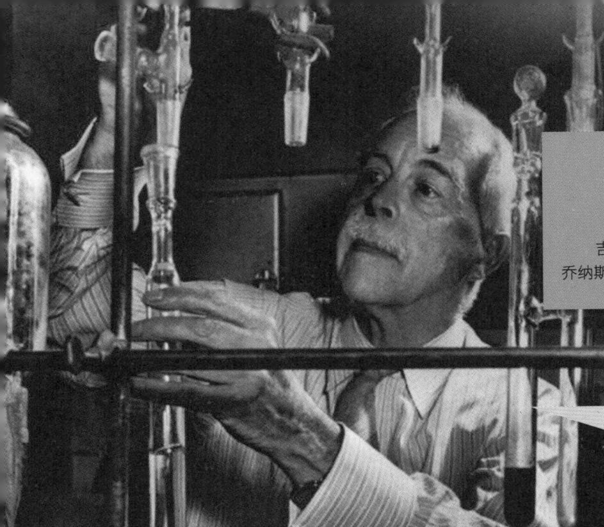

酸与碱

托马斯 · 马丁 · 劳里（Thomas Martin Lowry，1874—1936）
吉尔伯特 · 牛顿 · 路易斯（Gilbert Newton Lewis，1875—1946）
乔纳斯 · 尼古拉斯 · 布伦斯（Johannes Nicolaus Brønsted，1879—1947）

图为路易斯在位于伯克利的实验室中工作，他在那里一直工作到1946年去世，他还被公认为虽未获得诺贝尔奖却是最具影响力的化学家之一。

王水（约1280年），硫酸（1746年），氢氰酸（1752年），pH值和指示剂（1909年），催化重整（1949年），齐格勒—纳塔催化剂（1963年）

1923年

1923年，两种关于酸碱本质的理论被先后发表。其中一种理论以丹麦化学家乔纳斯 · 尼古拉斯 · 布伦斯和英国化学家托马斯 · 马丁 · 劳里为代表。这两人虽各自独立地开展工作，但都将酸定义为能给出氢原子的化合物，将碱定义为能接受氢原子的化合物，我们现在将这一理论命名为酸碱质子理论。与斯万特 · 阿伦尼乌斯将万物都归结到溶在水中的氢离子和氢氧离子的理论相比，酸碱质子理论的内涵更为宽泛。另外一种理论由美国化学家吉尔伯特 · 牛顿 · 路易斯于同年提出，他在所发表的论文中换了个角度，给出了一个超乎所有人想象的酸碱理论：他已经不再提及带正电的氢离子，取而代之的是电子对，他认为凡是可以接受电子对的都是酸，凡是能给出电子对的都是碱。

路易斯的这一理论其实源自他对化学键的认识：他认为化学键就是两个原子共用同一对电子。用他的话来说，“共价键”就是两个原子在同等条件下各提供一个电子，而“配位键”中的两个电子则是由同一个原子提供的。三氟化硼是路易斯酸的典型代表——三个氟原子连接在中央硼原子上，硼原子处于缺电子状态，会紧紧吸住所有能抓到的电子对，它还会与氧原子、氮原子紧密配位，以共享它们的电子对。

基于上面的描述，我们能够想象得出：虽然不涉及氢离子的转移，路易斯酸在很多反应中都能表现出传统酸的特性。值得注意的是，路易斯酸的酸性越强，在水溶液中表现得反而越不活跃，这是因为它与附近的水分子结合力过强，活性被抑制了。路易斯酸的化学品广泛应用于各种反应：比如炼油工业中的催化重整反应、弗里德尔—克拉夫茨反应、合成塑料用的齐格勒—纳塔催化剂，等等。有趣的是，许多缺电子的金属有机化合物都属于很好的路易斯酸，它们的性质略有差别，对氧和其他原子的结合力也都不尽相同。用它们来做反应时，可供选择的范围很大，可以看看到底哪种物质能快速又干净地发生反应。■

131

放射性示踪剂

乔治·查理斯·德·海维西（George Charles de Hevesy，1885—1966）

放射性示踪剂被注入身体后，再由伽马射线扫描成像，这项检查有助于诊断骨肿瘤。

王水（约 1280 年），钋和镭（1902 年），质谱分析法（1913 年），同位素（1913 年），氘（1931 年），锝（1936 年），酶的立体化学（1975 年）

1923 年

放射性元素有着独特的化学性质，其中最广为人知的应用是放射性示踪剂，它能够帮助化学家们对生命体内的物质进行追踪——这给生物学和生物化学研究带来了一场革命。所有生物分子所涉及的反应、流动、分布都可以借助放射性同位素标记技术来进行追踪，具体而言就是利用放射性同位素取代分子特征官能团中的同种原子，当然前提是这种同位素能够产生辨识度高且容易精准测量的辐射信号。如：我们常用氚原子来取代官能团中普通的氢原子；而用碳-14 来取代碳-12；硫元素、磷元素、氧元素等都能找到用来置换的对应的放射性同位素。

无机金属化合物的示踪技术研究始于匈牙利化学家乔治·查理斯·德·海维西。1912 年，他曾用该技术证明了其曼彻斯特住所里的女房东总是把他上顿吃剩的饭菜用作下一顿的食材：据说他用放射性同位素示踪剂标记了当晚吃剩的肉，第二天晚上，他用验电器检测到端上来的蔬菜肉丁中带有轻微的放射性。1923 年，海维西还将示踪化合物应用在活体植物研究上，这项研究取得了巨大的成功。

如今，如果再用同位素示踪技术追踪剩菜剩饭，那可真是大材小用了，这一技术的用武之地非常广泛，如：研究药物分子在人体内的新陈代谢过程、揭示天然产物的合成路径、测定植物对土壤组分的吸收情况等，各类用途五花八门、不胜枚举。近年来，得益于质谱分析法的飞速发展，我们现在能够精确分辨出原子质量的微小差异，区分同一种元素的不同同位素也变得轻而易举——只需测分子量，这使得原来那些非放射性同位素也能被作为示踪剂使用，且出现的频率也越来越高。说到这里，就不得不再次提到德·海维西，他又是第一个吃螃蟹的人。他和他的搭档曾经喝过一定量的重水（Heavy water，由氘和氧组成的化合物 D_2O，不具有放射性），随后他们收集、蒸馏了各自的尿液来研究人体内的水含量以及水在人体内的代谢速率。由此可以推断，他往自己吃剩的烤牛排里加同位素的传说也可能确有其事！■

费—托法

弗朗茨·费雪（Franz Fischer，1877—1947）
汉斯·托（Hans Tropsch，1889—1935）

图为位于澳大利亚珀斯（Perth，Australia）的合成燃料研究实验室（Fuels research lab），费—托合成用新型催化剂的制备研究如今仍在继续，图中展示了所用到的全天全自动化运转的反应评价装置。

热裂化（1891 年），催化裂化（1938 年），催化重整（1949 年）

1925 年

1925 年，德国化学家弗朗茨·费雪和汉斯·托共同供职于当时的威廉皇家煤炭研究所——也就是现在马克斯·普朗克学会煤炭研究所（The Max Planck Institute for Coal Research）的前身，他们将这种两人共同发现的、由两人姓氏命名的化学方法申请了专利，并获得了授权。这一工艺过程以一氧化碳和氢气为原料，合成出一系列液体碳氢化合物，如：重质油、汽油等。因为反应的原料可以从天然气或煤矿中获取，所以利用费—托法建成的工业装置常常出现在那些原油资源匮乏但煤炭储量富足的国家，最典型的当属德国和南非。

第二次世界大战期间，德国建立了一大批采用费—托合成技术的工厂，但仍无法满足全国对于油品的巨大需求，费—托合成工厂出产的燃料被用于供应坦克和卡车，从而释放出炼油厂的产能以生产飞机所需要的高辛烷值的燃油。若干年后，由于奉行种族隔离政策，世界很多国家都对南非实施了经济制裁，南非只得利用自己的煤炭资源，大规模开发煤制燃油技术，当时南非对费—托合成工艺做出的诸多改进仍然沿用至今。

费—托法需要在相对较高的温度下、依赖金属催化剂（通常是铁类或者钴类）才能发生。自发明至今，这一方法历经多次改进，不同的工艺条件得到碳氢化合物的组分也不尽相同，可以根据市场需求，对工艺条件进行微调。但即使在最优化的工况条件下，装置总效率最高也只能达到 50%～60%，这使得费—托法很难和原油开采与炼制进行竞争。这一装置的操作费用也比较高，所以费—托法只能在特定情况下才具有技术经济性。如：有些偏远的天然气田没有建设配套的油气输运管线，在当地又找不到天然气的买家，建设一套费—托合成装置对他们来说很有吸引力，可以将出产的燃油冷凝并运输到外地，从而实现获利。但是费—托法想真正实现全面开花，还需提高转化效率，取得真正突破才行。■

狄尔斯—阿尔德反应

奥托 · 保罗 · 赫尔曼 · 狄尔斯（Otto Paul Hermann Diels，1876—1954）
库特 · 阿尔德（Kurt Alder，1902—1958）

图为德国基尔大学（University of Kiel）奥托 · 狄尔斯有机化学研究所林荫道上由红砖铺就的便道，上面展示的是狄尔斯—阿尔德反应式。

σ 键和 π 键（1931 年），过渡态理论（1935 年），偶极环加成反应（1963 年），伍德沃德—霍夫曼规则（1965 年），维生素 B_{12} 的合成（1973 年），非天然产物（1982 年）

1928 年，德国化学家奥托 · 保罗 · 赫尔曼 · 狄尔斯和他的学生库特 · 阿尔德首次发现并报道了一个足以改变有机化学发展进程且具有深远影响的反应，这使他们一举成名并荣获了诺贝尔奖。这一经典反应已经并终将被世界上所有大学二年级化学教材所收录，即便是那些对化学不甚了解的人，只要一提到狄尔斯—阿尔德反应，可能多少都会有点印象。

该反应涉及的转化过程非常独特，一经问世就立刻吸引了包括实验化学家与理论化学家在内的极大关注。就反应本身而言，即含有共轭二烯结构的四碳化合物与另外一种单烯烃发生环加成反应形成一个新的六元环化合物。即便是当时的研究水平，任意一个化学家也都能轻易理解这里面涉及的反应机理——两个新共价键的形成方式，原双烯烃结构中间的双键的产生方式。但是，这个反应为什么能够在当时发生还是个谜团。无论反应起始物所涉及的种类多么的五花八门，这一反应总能固定发生，反应过程还带有很强的区位和立体选择性，生成的产物中官能团的相对位置及立体构型的选择都具有特定的规律，上述特点使该反应无论在应用研究还是机理研究上都具有重大意义，但在很长的时间里，人们都无法弄清楚里面蕴含的真正奥妙。那些在其他反应中影响很大的因素，如反应物分子结构上的空间位阻，好像对狄尔斯—阿尔德反应影响甚小，同时，溶剂种类对该反应的影响也不大，这确实让人们感到非常疑惑。

后来，人们认识到该反应之所以发生是由于两种反应物电子云的交叠，双烯的最高含电子轨道与单烯的最低空轨道相互作用成键。人们在尝试解析这一反应机制时，也积累了大量关于新化学键生成和旧化学键断裂的认识，最终形成了一套“前沿分子轨道理论”，这一理论能够解释包括狄尔斯—阿尔德反应在内的众多反应。不管反应机制如何演变，最初发现的狄尔斯—阿尔德反应如今仍然是制备复杂环系化合物的一个超级便捷的方法。在天然产物合成、药物合成等领域，凡是涉及多环化合物的地方，都能见到狄尔斯—阿尔德反应的“身影”。■

列培反应

沃尔特·列培（Walter Reppe，1892—1969）

图中水下观光长廊是由透明丙烯酸聚合物制成，它还被应用在其他有需求的地方。列培的团队首创了很多由丙烯酸制成的材料。

苯和芳香性（1865 年），乙炔（1892 年），σ 键和 π 键（1931 年）

1928 年

沃尔特·列培出生在德国，他不但是一流的化工实业家，同时也是位勇敢之士。我们之所以对他有如此评价，是因为他开发了一整套以乙炔为反应物且通常在高温高压下运行的大规模反应。这可不是些小打小闹、在实验室里随便试试的反应，事实上，鉴于高温高压下乙炔极易发生爆炸，列培的雇主——德国化工巨头巴斯夫公司（BASF）已有明文规定禁止员工对乙炔进行压缩。尽管如此，列培还是决定做下去，正如他后来所讲，“不盲从于已有观点”，因为他认为世上还有很多大有作为的化学反应等待着他去发现。

他是对的，但他还必须在设计安全可靠的反应装置以满足高压反应环境上多下功夫，同时还需开展大量前期实验以摸索出乙炔爆炸前能承受的最大压力。利用惰性的氮气来稀释乙炔气体是一个有效且安全的方法——最终，列培和他的团队成功地将乙炔中的碳碳三键转化成了碳碳双键（乙烯基）。随着这一技术的突破，20 世纪 30 年代，一系列乙烯基化合物（如乙烯基醚、丙烯酸等）的工业化生产变成了可能，这些产品也为新聚合物材料的合成开辟了广阔的前景，如后来出现的有机玻璃。利用列培反应，4 个乙炔分子甚至还可以环化得到 1 个带有 4 个双键的八元环——环辛四烯，后来人们依据休克尔 π 电子规则判定这是一种非芳香族化合物，实际上环辛四烯也确实不具有芳香性。

现如今，由于乙炔作为化工原料本身已不具备竞争力，所以多数列培反应也变得有点过时了。由于石油路线比煤路线更具技术优越性，所以石油自然而然成为制备众多化工原料的首选来源，尽管如此，目前还是没有找到更好的方法制备环辛四烯——它是几个工业用催化剂的重要组分，所以这一种列培反应还是有它的用武之地的。另外还有一种列培反应——羰基化反应（即乙炔与一氧化碳反应），已经被扩展到许多原料和催化剂制备领域中，直到今天仍在广泛使用。■

氯氟烃

查尔斯·富兰克林·凯特灵（Charles Franklin Kettering，1876—1958）
小托马斯·米基利（Thomas Midgley Jr.，1889—1944）
阿尔伯特·莱昂·埃纳（Albert Leon Henne，1901—1967）

图中的一对年轻夫妇站在冰箱旁边，那时，此番场景一定颇为时髦。冰箱顶上圆形压缩机内用的制冷剂要么是二氧化硫、要么是甲酸甲酯，这两种化合物毒性可都不小，但很快它们就会被新一代的氟利昂替代了。

氟氯烃和臭氧层（1974 年）

1930 年

恐怕现在只有很少人知道过去使用冰箱是要冒着生命危险的。所有制冷系统都要依赖某种工作气体的膨胀和压缩来实现冷—热循环而进行工作。但要回到 20 世纪 20 年代，对于这种工作气体，可供选择的范围真的很小。当时，获得广泛应用的主要是氨和二氧化硫，然而这两种气体都有较大的毒性，更别提它们还会对制冷设备本身产生腐蚀。有些设备中使用了丙烷做制冷剂，但丙烷一旦泄漏又极度易燃。业界急需找到一种无毒、不易爆、可用作制冷剂使用的气体，查尔斯·富兰克林·凯特灵领导下的通用汽车公司研究小组就是当时开展相关研究的团队之一。

在通用汽车公司工作的美国化学家小托马斯·米基利作为四乙基铅的发明者之一而备受尊敬。当时，他和同事阿尔伯特·莱昂·埃纳共同来面对这一难题。他们发现：卤代烃类化合物具有难以引燃的特性，更为难能可贵的是，卤代烃类用作制冷剂还具有沸点较低、易于压缩的特点。这其中，又以同时被氯、氟取代的烃类物质性能最佳，比如他们在 1930 年第一次制备出的无毒、无腐蚀性的二氯二氟甲烷。公司给这一产品注册的商标为“氟利昂”（Freon），后来，“氟利昂”又变成了这一系列化合物的统称，它的问世在当时可太震撼了，很快氟利昂又被用作喷雾剂中的压缩气体，后来又被用在哮喘药物吸入器中。

米基利因其氯氟烃的发明而荣誉加身，先后荣获以英国化学家威廉·亨利·珀金爵士和以约瑟夫·普里斯特利冠名的杰出贡献奖，他本人还当选美国国家科学院院士。那时，还没有人意识到氟利昂会对大气层造成怎样的破坏，也没有人能想象得出人们在使用四乙基铅过程中将付出怎样惨痛的代价。所以，尽管小托马斯·米基利算得上是一个非常成功的、富有创造力的化学家，但在人类历史上，他对地球大气造成的破坏也是前无古人后无来者，且破坏的具体程度是在他死后数十年后才逐渐显现的。■

σ键与π键

埃里希·阿曼德·亚瑟·休克尔（Erich Armand Arthur Hückel，1896—1980）

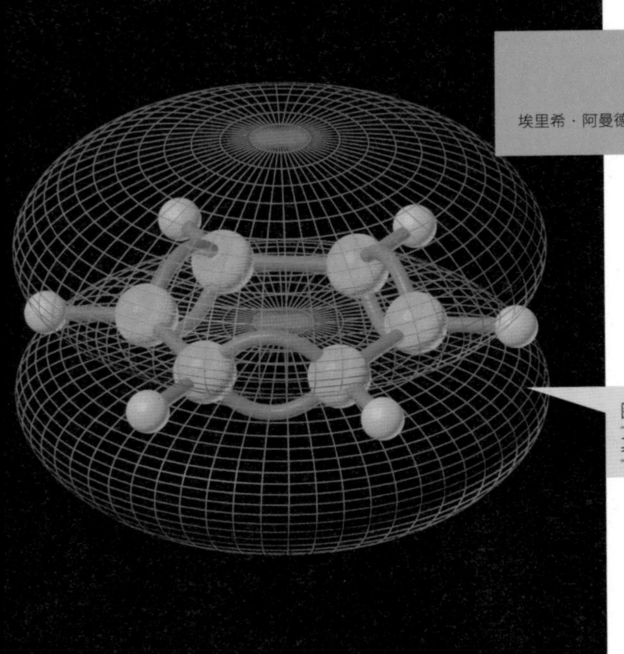

图为经计算机模拟生成的苯分子模型，其中紫色网格代表着π电子轨道。

苯和芳香性（1865年），碳四面体结构（1874年），狄尔斯—阿尔德反应（1928年），列培反应（1928年），计算化学（1970年），单分子成像（2013年）

1931年

说起“碳碳键”，它不仅包括碳四面体结构里的碳碳单键，也包括碳碳双键。碳碳双键具有特定几何结构，构成双键的两个碳原子位于同一平面，与之相接的基团也处在同一平面，这些基团与碳原子之间的共价键与碳碳双键的夹角约为120°。相比之下，如果将碳碳单键比作“转轴”，与碳原子相连的基团可以绕着转轴自由旋转；而对于碳碳双键，比如烯烃分子，则不会发生这种自由旋转的情况，如同有种锁定装置将这些基团牢牢地锁定在碳碳双键的平面上，动弹不得。

德国物理学家、化学家埃里希·阿曼德·亚瑟·休克尔提出的一套理论可以解释上述现象。1931年，在他那篇具有里程碑意义的文章中，休克尔提出构成双键的两个电子对其实形成了两种不同的共价键，一种是σ键，另一种是π键，即“σ”电子对和“π”电子对。而构成碳碳单键的都是σ电子对，并且这对电子只分布在两个碳原子中间。根据休克尔计算，π电子对的分布如两朵“云”，分别分布在σ键上下，并且不能相互替换。比如，在苯这样的分子中，单双键交替排布，3组π电子对汇聚成“面包圈”形状的电子云，分别位于苯环平面的上下。他的理论预测了具有单双键交替结构的环状分子能够具有芳香性的条件，即π电子数须是4的倍数加2，比如苯分子刚好是4+2=6个。

上述这套理论非常强大，解释了许多令人困惑的分子行为。芳香环的π电子云也决定着该化合物如何与其他分子发生反应，比如药物分子的结合过程，或者生物系统中的一些行为。然而，休克尔的真知灼见在很长的一段时间都没有获得广泛的认同，有人认为他的理论运用了过多的数学表述，对有机化学家而言，过于枯燥、难以理解。在文章发表后的几十年间，出现了很多对休克尔工作更精细、更具体的优化与调整，尤其将它应用在计算化学研究之时，更是如此。但不管后续出现的理论多么完备，休克尔的原创性理论一如既往地牢不可破。■

氘

吉尔伯特·牛顿·路易斯（Gilbert Newton Lewis，1875—1946）
哈罗德·C. 尤列（Harold C. Urey，1893—1981）
费迪南德·布里克韦德（Ferdinand Brickwedde，1903—1989）

图为哈勃太空望远镜（Hubble Space Telescope）拍摄的小麦哲伦星云（The Small Magellanic Cloud）的局部图片。小麦哲伦星云是距离我们的银河系大约 210000 光年远的矮星系。天文学家仍然用氘来追踪恒星和银河系的演化历程。

分馏（约 1280 年），氢气（1766 年），火焰光谱学（1859 年），质谱分析法（1913 年），同位素（1913 年），放射性示踪剂（1923 年），动力学同位素效应（1947 年），酶的立体化学（1975 年）

1931 年

氘（Deuterium，又称重氢）在我们身边无处不在，不过如果你真想找到它们，那还得借助特殊的仪器。氘是氢的同位素，只比氢多了一个中子，而且非常稳定（多了两个中子的氢元素，是具有放射性的氚，Tritium）。宇宙中存在的氘原子极有可能都来自宇宙起源时的大爆炸，因为只有恒星的氢核聚变反应才能制造出氘，然而在这个过程中，氘的生成速度却远不及它的消耗速度。具体到我们地球上，每百万个氢原子中才有 150 个氘原子。

1920 年，正是英国物理学家、化学家弗朗西斯·威廉·阿斯顿发明的改进型质谱仪使氘原子的发现成为可能。仪器测量到的氢原子质量比化学法制得的氢原子质量轻了一点点——这可不是仪器误差导致的，这表明常规的氢原子被比其重一点的同位素污染了。美国化学家吉尔伯特·牛顿·路易斯建议将这个同位素命名为氘（源自希腊语中的“二”）。路易斯也成为第一位制取重水的化学家——1931 年，美国物理学家费迪南德·布里克韦德通过漫长的挥发液氢的方法浓缩了氘，由于氘比氢重，更容易留在液态中，所以随着氢的蒸发，氘逐渐实现了富集与浓缩。在这一过程中，布里克韦德还与他的同事——美国化学家哈罗德·C. 尤列（曾是路易斯的学生）利用光谱法检测到了越来越强的氘发射谱信号。同样的富集方法也被用于氖（Neon）同位素的发现过程，1913 年，英国物理学家约瑟夫·约翰·汤姆森史上首次在质谱实验研究中发现了氖的同位素。

氘的发现使得中子的发现成为必然，氘被发现 7 周以后，英国物理学家吉姆·查德威克就发现了中子。尤列因发现氘而荣获诺贝尔奖，但是他的获奖却致使他与路易斯之间产生了嫌隙，路易斯认为自己的贡献被刻意抹杀了（他这么认为也是有一定依据的）。如今氘的用途十分广泛，从核武器制造到同位素动力学效应研究，都有氘的身影。■

碳酸酐酶

威廉 · C · 斯塔迪（William C. Stadie，1886—1959）
弗朗西斯 · 约翰 · 沃斯利 · 拉夫顿（Francis John Worsley Roughton，1899—1972）
诺曼 · 厄克特 · 梅尔德伦（Norman Urquhart Meldrum，1907—1933）

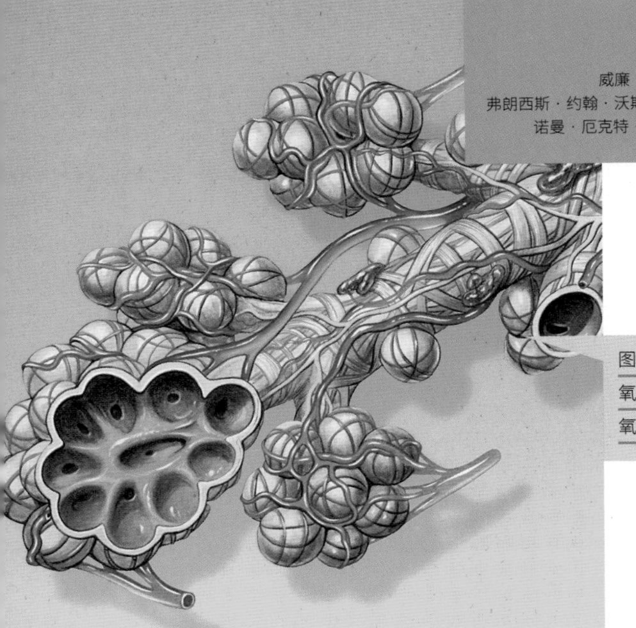

图为肺泡（Alveoli）——氧气与二氧化碳进行交换的场所。血液中二氧化碳的释放由碳酸酐酶调控。

二氧化碳（1754 年），氨基酸（1806 年），X-射线晶体学（1912 年），磺胺（1932 年），蛋白质晶体学（1965 年），酶的立体化学（1975 年），工程酶（2010 年）

二氧化碳溶解于水中可形成碳酸，反之，生成的碳酸也可以分解为二氧化碳与水。无论哪个反应方向，涉及的反应速度都不快，这也是碳酸饮料不会突然间释放出所有的二氧化碳气体而使口味变淡的原因。但是，如果饮料中存在碳酸酐酶，那可就完全不一样了，碳酸酐酶是已知的反应速度最快的酶之一，它能使二氧化碳快速释放，使得该反应变成了“扩散控制”反应——反应速度只受限于底物分子扩散进入或离开酶活性中心的速度，从而可以大大加快反应进程。1932 年，英国化学家诺曼 · 厄克特 · 梅尔德伦及弗朗西斯 · 约翰 · 沃斯利 · 拉夫顿、美国化学家威廉 · C. 斯塔迪及海伦 · 奥布莱恩（Helen O'Brien）几乎同时发现这种酶，从而解决了长久以来人们的一大疑惑——二氧化碳是如何在血液中存在的？它是怎样参与体内循环又是怎样经肺部快速释放而呼出的？

上述谜团的答案就是碳酸酐酶——它大量存在于血红细胞中，具有极速反应性和多功能性。如果血液中二氧化碳浓度很高，碳酸酐酶会将二氧化碳转化成碳酸氢盐；反之，如果血液中碳酸氢根浓度很高，该酶又能将其转化成二氧化碳。除了完成肺部气体交换外，上述两个反应可以帮助实现血液 pH 值调节等多项功能。相反的，通过服用碳酸酐酶的抑制剂类药物能够有助于缓解高原反应。

化学生物学家及酶工程学家都非常喜爱碳酸酐酶，除了上述原因以外，还因为该酶易于制得纯品，成本低且易保存。借助 X-射线晶体衍射技术，它的结构得到了全面细致的解析，相关反应机理也研究得十分透彻——活性中心的锌原子“扮演”着至关重要的作用，这类酶成为首个被确认的、非常重要的“金属酶”中的一种。如今，各式各样的碳酸酐酶抑制剂已经问世，借助 X-射线晶体衍射技术，这些抑制剂与碳酸酐酶的结合模型也已经研究得很透彻了。■

维生素 C

詹姆斯·林德（James Lind，1716—1794）
阿尔伯特·圣-捷尔吉（Albert Szent-Györgyi，1893—1986）

维生素 C 晶体在偏振光显微镜下放大 250 倍后的图片。

维勒的尿素合成（1828）

1932 年

早在公元前 5 世纪就有关于坏血病的记载，这种病常见于长期在外的水手或士兵中。长时间以来，人们已经意识到饮食不周是重要的致病因素之一，到了 15 世纪，人们就已经知晓柑橘类水果对该病有治疗作用。1747 年，苏格兰生理学家詹姆斯·林德组织了史上首次对照临床试验，通过给饱受坏血病折磨的水手们服用多种含酸的食物，以验证其“酸可治愈坏血病”的设想。但试验结果表明：只有服食柑橘的那组确实有效，而服用醋的并不见效！

若干年来人们一直都不相信单靠饮食就能治愈疾病，虽然食用柑橘能预防坏血病的理念已经无可辩驳，但在探寻柑橘中真正起效的活性成分上人们还是下足了功夫。20 世纪 20 年代，匈牙利生理学家阿尔伯特·圣-捷尔吉在研究使水果切面褐变的酶时发现：柠檬汁能够阻止褐变过程，而稀释的酸却不能。他的直觉告诉他这里面肯定含有某种能抗坏血病的成分。经过若干艰苦卓绝的实验，以褐变反应作为指示，最终他发现了一种由 6 个碳原子组成的酸性小分子，他称之为“抗坏血酸”，也就是如今广为人知的，在多种生化途径中扮演重要作用的维生素 C。维生素 C 对胶原蛋白（Collagen protein，构成软骨和血管的重要组分）合成酶来说是必需品，同时它对维持免疫功能的正常运转也发挥着关键性作用。

由于包括人类在内的很多动物都无法自身合成维生素 C，圣-捷尔吉选用豚鼠开展动物实验，结果表明抗坏血酸确实能治愈罹患坏血病的动物，但是柑橘类水果中含有的类似化合物实在太多，导致抗坏血酸的纯化工作十分困难，以至于他无法为后续试验提供足量的纯品。圣-捷尔吉后来提到：1932 年的某晚，提纯工作毫无进展，回家后他十分绝望，当晚妻子用上好的匈牙利红辣椒为他做菜时，他突然意识到自己还没有尝试过利用辣椒来提取维生素 C。当晚他就返回实验室，到半夜之时他就发现了辣椒中富含易于纯化的抗坏血酸。接下来的三周，他提取到了 3 磅抗坏血酸纯品。1937 年，他因发现维生素 C 而荣获诺贝尔奖。■

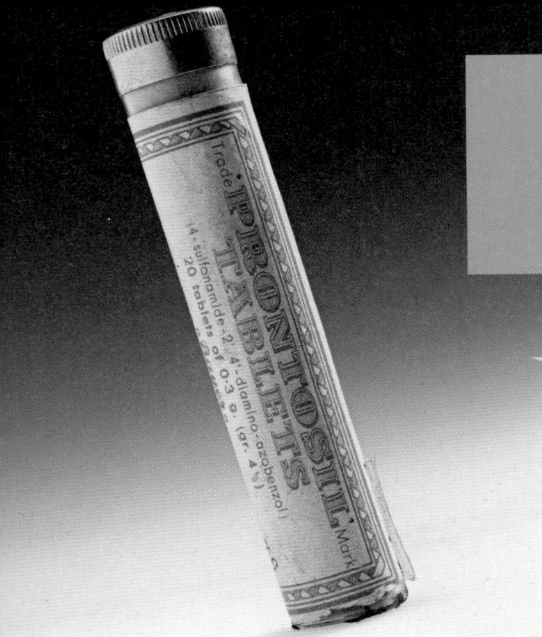

磺胺

欧内斯特 · 富尔诺（Ernest Fourneau，1872—1949）
格哈德 · 杜玛克（Gerhard Domagk，1885—1964）
弗里茨 · 密茨（Fritz Mietzsch，1896—1958）
约瑟夫 · 克莱尔（Josef Klarer，1898—1953）
丹尼尔 · 博韦特（Daniel Bovet，1907—1992）

图为一瓶百浪多息片。百浪多息是第一款商业化的磺胺类抗菌药物，于 20 世纪 30 年代上市。

苯胺紫（1856 年），靛蓝染料的合成（1878 年），撒尔佛散（1909 年），碳酸酐酶（1932 年），磺胺酰剂（1937 年），链霉素（1943 年），青霉素（1945 年），叠氮胸苷与抗逆转录病毒药物（1984 年），现代药物发现（1988 年），紫杉醇（1989 年）

1932 年

一提起抗生素类特效药，人们总会首先想起青霉素。事实上，人类历史上第一款抗生素类药物当属磺胺类（Sulfa）药物，特别是氨基苯磺酰胺（Sulfanilamide），该药一经发现就在当时引起了轰动。

该药的发现过程却并非一帆风顺，德国病理学及细菌学家格哈德 · 杜玛克与其团队成员——化学家约瑟夫 · 克莱尔和弗里茨 · 密茨当年就职于德国制药企巨头拜耳公司，他们注意到某些染料分子能将细菌染色，并且意识到一定是这些染料分子的某种结构能对细菌的细胞膜产生作用而使其染上色。到了 1932 年，在对上百种染料及其衍生物进行筛选以后，他们终于发现一种亮红色染料能在小鼠体内产生微弱的抗菌作用。该分子经修饰后可以产生了一系列衍生物，其中有一种极具抗菌潜力，尽管它只能作用于人和动物的体内，不能杀死实验室里培养的细菌（只能将其染红）。通过临床试验后，这款名为“百浪多息”（Prontosil）的药物得以上市——它就是人类历史上第一款广谱抗生素。

被百浪多息染红的可绝不只有细菌。在药物测试期间，杜玛克的女儿希尔德加德（Hildegarde）不慎被刺绣针扎伤，发生了严重的链球菌感染（Streptococcal infection）而生命垂危。为了挽救了女儿的生命，杜玛克为女儿注射了大剂量的百浪多息，将她从死亡线上拉了回来，但她的皮肤却永久地染上了红色。欧内斯特 · 富尔诺和丹尼尔 · 博韦特领导的法国研究团队很快发现百浪多息本身并不具有药效，在进入人体之后，百浪多息被分解成更小的氨基苯磺酰胺分子——才真正具有抗菌活性。同时，这款药物还具有便宜、无色的特点，不会再出现染红皮肤的问题。由此，磺胺药一经问世便投入临床使用，无数种磺胺衍生物或同系物也得以迅速发展。第二次世界大战期间，“磺胺”曾是一线抗菌用药，还曾用于为温斯顿 · 丘吉尔（Winston Churchill）治疗肺炎。但与此同时，细菌也开始谋取“突围”，借助于突变这一生存优势，细菌滋生出了对磺胺类药物的耐药性，磺胺类药物对此就无能为力了。

1939 年，杜玛克被授予的诺贝尔生理学或医学奖，但是盖世太保禁止他接受诺贝尔奖，并将其逮捕，直到 1947 年他才补领到了这枚奖章。■

聚乙烯

雷金纳德·奥斯瓦尔德·吉布森（Reginald Oswald Gibson，1902—1983）
迈克尔·威尔科克斯·佩兰（Michael Wilcox Perrin，1905—1988）
埃里克·福西特（Eric Fawcett，1927—2000）

聚乙烯简直“多才多艺”，它的制品功能强大、应用广阔。图中为由聚乙烯制成的防穿刺的击剑运动装备。

聚合物与聚合（1839 年），重氮甲烷（1894 年），自由基（1900 年），胶木（1907 年），尼龙（1935 年），特氟龙（1938 年），氰基丙烯酸酯（1942 年），齐格勒—纳塔催化剂（1963 年），凯夫拉（1964 年），戈尔特斯面料（1969 年）

人类制备聚乙烯的历史最早可以追溯到 1898 年，当时德国化学家汉斯·冯·佩克曼正在开展重氮甲烷的研究，在一次偶然的实验事故中他获得过聚乙烯。但是，重氮甲烷易爆又有毒，还没有人鲁莽到用它来生产聚乙烯产品，所以后续研究就此打住了，直到英国化学家雷金纳德·奥斯瓦尔德·吉布森和英裔加拿大籍物理学家埃里克·福西特开始尝试在高温高压下将乙烯单体与苯甲醛进行反应 [苯甲醛（Benzaldehyde），1832 年德国化学家弗里德里希·维勒（Friedrich Wöhler）和尤斯图斯·冯·李比希（Justus von Liebig）就是受苯甲醛结构的启发开始涉足官能团相关概念的研究]，他们得到了一种白色蜡状聚合物——这正是乙烯发生聚合反应后产生的。从化学结构上讲，聚乙烯就是由重复的亚甲基（Methylene）构成的长碳链，它能耐受住化学品及溶剂腐蚀，同时还兼具优异的柔韧性（Malleability），当时就觉得它的应用前景必定十分广阔。尽管首次工业生产并不稳定，但 1933 年仍可算得上是聚乙烯首次实现工业化生产的“元年”。

自此，如何实现聚乙烯的稳定可靠生产一直困扰着人们，直到 1937 年，英国化学家迈克尔·威尔科克斯·佩兰找到了最佳反应条件：他发现起初反应之所以能偶然成功是由于体系中存在痕量的氧气。后来，他选用少量的、性能更为可靠的自由基引发剂来代替氧气，使得聚合反应能在温和反应条件下平稳进行。第二次世界大战期间，聚乙烯成为一种战时“秘密武器”——被用于电子器件中的绝缘体，在诸如雷达等军事装备中一展身手。第二次世界大战结束之前，聚乙烯已经实现了大规模工业生产，各种形式的聚乙烯新产品（如聚乙烯板材、薄膜及柔性片材）开始大量问世并受到了人们的普遍欢迎。

如今，聚乙烯已经成为最为普通的塑料品种。聚合工艺不同，它的结构也不尽相同（体现在相对分子质量、共聚单体种类等方面），相应的产品性能也千差万别，产品线从柔韧的聚乙烯制品 [一般由低密度聚乙烯（LDPE）制得] 到刚硬的制品 [一般由高密度聚乙烯（HDPE）制得] 一应俱全。每年全球聚乙烯树脂的生产量达到了数亿吨之多，被用于生产各类挤压瓶、垃圾袋、运动用品和玩具等制品。关于聚乙烯的研发工作还在继续，总的来说，对于这种起初来自巧合甚至还事与愿违的发现来说，它如今的表现着实令人印象深刻。■

超氧化物

莱纳斯·卡尔·鲍林（Linus Carl Pauling，1901—1994）
爱德华·W. 纽曼（Edward W. Neuman，1904—1955）
丽贝卡·格什曼（Rebecca Gershman，生卒年月不详）
欧文·弗里多维奇（Irwin Fridovich，1929— ）
约瑟夫·麦考德（Joseph McCord，1945— ）

如图，超氧化物可用作密闭空间中（如潜艇）的供氧剂。

氧气（1774 年），自由基（1900 年），细胞呼吸（1937 年）

1934 年

1931 年，美国化学家莱纳斯·卡尔·鲍林基于自己对化学键本质的认识，提出了一个当时有点惊世骇俗的观点——一类已经沿用了一个世纪之久的氧化物的分子式是错的！在这之前，人们已经知道碱金属在氧气中能够剧烈燃烧，形成的四氧化物（Tetroxides）可用例如 K_2O_4 来表示。但是，鲍林意识到这个反应产物中可能还包含着一个超氧离子（O_2^-，即带有一个额外电子的氧分子），所以他认为分子式正确的写法应如 KO_2，NaO_2 等（其余的碱金属也是如此）。在他 1934 年发表的论文中，他将这类离子称为超氧化物（Superoxide）。为了证明这一理论的正确性，他的同事——美国化学家爱德华·W. 纽曼还向世人展示了超氧化钾（Potassium superoxide）自由基带有的顺磁性。

超氧化物绝不只是无机化学领域的“猎奇之物”——一开始人们并没有意识到这一点。事实上，对每一个依赖呼吸氧气过活的生物体而言，它就是生命的一部分。1954 年，美国生物化学家丽贝卡·格什曼就提出过“超氧化物可能活跃在生命系统中”的理念。20 世纪 60 年代早期，美国生物化学家欧文·弗里多维奇同样指出超氧化物本就是细胞内自由浮动的“物种”，但他的观点遭到了当时学界的强烈质疑。直到 1968 年，美国生物化学家约瑟夫·麦考德发现了一种专门清除超氧化物的酶——其实人们知道这种酶的存在已经 30 年了，但是科学家们一直不理解它的功效，也不清楚这种酶的含量为何如此之高。随后麦考德将其更名为超氧化物歧化酶（Superoxide dismutase），而后，他和弗里多维奇围绕着这种酶开创一个全新的细胞生物学研究领域。

超氧化物、羟基自由基（Hydroxy radical）和过氧化氢（Hydrogen peroxide）同属于细胞中最重要的“活性氧”（ROS）。人们已知这些物质对生物分子能产生很大的损害，使之发生老化。但是，最近研究结果也表明：ROS 对正常细胞功能的实现同样至关重要，同时它还是运动对身体产生有益作用的本源所在，比如，运动发力时少量 ROS 带来的损伤能激发肌细胞的生长并加快体内新陈代谢的频率。■

通风橱

图为现代版的通风橱，几乎所有的化学反应都应在这里面完成。

分液漏斗（1854 年），鄂伦麦尔瓶（1861 年），索氏抽提器（1879 年），硼硅酸玻璃（1893 年），迪恩—史塔克分水器（1920 年），磁力搅拌（1944 年），手套箱（1945 年），旋转蒸发仪（1950 年）

1934 年

早年所谓的“实验室”其实就是“厨房”或“后院的棚子”。几个世纪以来，化学实验室总是被贴上空气不好的标签。而现如今，现代化的实验室里已经配备了自带通风功能的工作区——“通风橱”（Fume hood）。一个功能完备的通风橱本质上就是一个三面围挡起来的实验台，而正面则配备了可滑动的玻璃门或窗扇，通风橱顶部配有风扇，能不断地将室内的新鲜空气吸入橱内并通过排气系统排到室外。这一过程也将带走橱内实验产生的所有气体，如果化学实验都在橱内完成，所产生的气味就不会逃逸到室内其他区域。同时一旦反应过于剧烈乃至失控，可滑动窗扇还可以提供保护功能。

在今天的化学家看来，不配备强制通风设备的工作环境不啻于茹毛饮血，这也是当他们看到旧时实验室的照片会吓一跳的一个原因。对于那些早期的化学家（尤其是从事氟分离工作的人），如果他们的工作能在类似通风橱的装置里开展，那他们就可能幸免于难，也不会致伤致死。事实上直到 20 世纪中期，通风橱这类装置才常见于化学实验室中，通常还都是定制生产的，而制作者往往就是化学家自己。在最早尝试使用通风装置的科学家当中，托马斯 · 爱迪生（Thomas Edison）堪称典范，他当时就意识到自己的一些实验副产物对人体健康很不利，就试图通过壁炉烟囱进行通风，有时为了安全起见，他甚至站在房间内，上半身探出窗外，在窗外专门架设的架子上工作。

20 世纪 30 年代，通风橱开始实现标准化和批量制造，随着新建筑物不断涌现，越来越多的排气扇也开始预置在实验室的屋顶上。即便是现在，如果你看到了这些标志性的排气扇，也就意味着你找到了化学实验室的所在地。进入这些建筑物的内部，你会发现实验室的门很难拉开，好像被吸住了一样，这是因为室内的通风橱在不断地运转中，只有在断电时它才会停止。

此外，通风橱还有另一个重要作用——可以用记号笔在前窗的玻璃上写写画画，把它当成白板来设计分子结构、讨论实验方案。世界各处的化学实验室通风橱的前窗上都曾画着各式各样的好主意（不排除有些是馊主意），这一点是可以肯定的！■

过渡态理论

迈克尔·波兰尼（Michael Polanyi，1891—1976）
亨利·恩林（Henry Eyring，1901—1981）
梅雷迪思·格温妮·埃文斯（Meredith Gwynne Evans，1904—1952）

只有在反应满足热力学定律且起始物可以通过反应瓶颈（化学家称为过渡态）时，才能生成图中这样的新结晶产物。

吉布斯自由能（1876 年），偶极矩（1912 年），狄尔斯—阿尔德反应（1928 年），反应机理（1937 年），动力学同位素效应（1947 年），偶极环加成反应（1963 年）

1935 年

在化学反应中究竟发生了什么？反应物具体有哪些我们心里很清楚，在绝大多数情况下，产物是什么我们也能够确定。在这一过程中，哪些化学键能够生成、哪些键即将断裂我们也心里有数。但问题是化学键的成键过程与断键过程究竟是怎么发生的呢？

这可是物理化学需要解决的核心问题，甚至可算得上是整个科学的核心问题之一。针对这一问题，1935 年，两个研究团队各自独立地、近乎同步地提出了“过渡态理论”（Transition state theory），他们分别是美国化学家亨利·恩林团队和匈牙利裔英籍化学家迈克尔·波兰尼和英国化学家梅雷迪思·格温妮·埃文斯组成的团队。如果我们将整个反应过程比喻成爬山，那么一座座“势能顶峰”就代表着发生反应需要越过的能量势垒。反应初始时，整个体系处在一个特定的势能能级上（能级的高低由起始物确定），随着反应的进行，体系势能逐渐增加，直至越过这些“顶峰”——生成产物，反应势能就降到一个更低的能级上。

过渡态是整个反应过程中能量最高的点，也就是上面所描述的“顶峰”。而要达到这个过渡态则需要一定的活化能，形成与通过这一过渡态的快慢将决定着整个反应的速度，如果能找到某种方法稳定过渡态并降低其能量势垒，反应一定会进行得更快。美国化学家莱纳斯·鲍林就指出：这就是酶（生物催化剂）发挥作用的主要途径之一，受此启发，通过参考其可能的中间体结构，有助于对酶抑制剂化合物进行分子设计。

过渡态不同于那些能被分离的物质——它的寿命很短，只与单分子振动的时间相当。但它在整个反应进程中的地位却十分关键，如果反应的过渡态偏极性，则选用极性溶剂能使其稳定，从而加快反应速率。如果过渡态的体积较小（狄尔斯—阿尔德反应就是这样的典型例子），则可通过高压条件加快其反应速率等。尽管经典的过渡态理论在一些极端反应条件下并不适用，但对于大多数反应而言，它向人们很好地展示了反应过程中蕴含的奥秘。■

尼龙

埃尔默·凯泽·博尔顿（Elmer Keiser Bolton，1886—1968）
华莱士·休谟·卡罗瑟斯（Wallace Hume Carothers，1896—1937）
朱利安·维尔纳·希尔（Julian Werner Hill，1904—1996）

如图，第二次世界大战期间，尼龙丝袜被大量回收用于制作飞行员用的降落伞、牵引滑翔机的拖绳以及其他战备物资。

聚合物与聚合（1839年），橡胶（1839年），胶木（1907年），聚乙烯（1933年），特氟龙（1938年），氰基丙烯酸酯（1942年），齐格勒—纳塔催化剂（1963年），凯夫拉（1964年），戈尔特斯面料（1969年）

可以毫不夸张地说，现代高分子化学发轫于聚乙烯和尼龙（Nylon）的发现。当时天然纤维（比如棉和羊毛）行业的发展已经清楚地向世人预示了人造纤维巨大的应用潜力，但没人知道该从何处下手。那时胶木的开发已经取得了巨大成功，但胶木无论如何都拉不了丝。美国化学家华莱士·休谟·卡罗瑟斯当时是杜邦公司的聚合物实验室负责人，也合成出了包括氯丁橡胶（Neoprene）在内的几种用途广泛的聚合物，虽然有些可以拉出细丝，但也存在诸多缺陷，最主要一点就是这些纤维不耐有机溶剂，会被衣物干洗剂溶解掉。

后来，卡罗瑟斯的研究团队转向了其他项目的研究，但同时代的其他化学家发明聚乙烯的消息刺激了当时杜邦化学部的主任——美国化学家埃尔默·凯泽·博尔顿，于是他要求卡罗瑟斯再次进行尝试。这一次，他们仍旧使用团队成员美国化学家朱利安·维尔纳·希尔设计搭建的熔体纺丝工艺装置，不同的是这次试用的材料是聚酰胺——这是刚刚研发出来的一种全新材料。在这款聚合物的分子设计中，确定酸与胺组分的最佳碳链长度是整个研究的关键，当酸和胺的碳链长度均调整为6个碳时，我们现在所称的“尼龙”材料就此问世了，而仅仅三年之后，第一家生产尼龙丝的工厂正式投入运行。像20世纪30年代后期的许多其他发明一样，这款产品一问世就开始为第二次世界大战服务，被用于代替丝绸生产包括降落伞在内的许多军用物资。尼龙强度很高，难以拉断或撕裂，能够耐受高温和有机溶剂（但不耐酸）。时至今日，它仍然是纺织品中最常见的合成纤维，也被用于制作紧固件（Fastener）、机器部件和炊具等。

可惜的是卡罗瑟斯本人没能见到尼龙大行其道的那一天。他终日被抑郁症困扰，最终选择了自杀——他始终无法正确评价自己已经取得的成就，他的去世对整个科学界而言无疑是巨大的损失。尽管如此，他可是位慧眼识才的伯乐，起用了保罗·弗洛里（Paul Flory）——弗洛里后来荣获了诺贝尔奖，成为20世纪最伟大的高分子化学家之一。■

神经毒气

格哈德·施拉德（Gerhard Schrader，1903—1990）

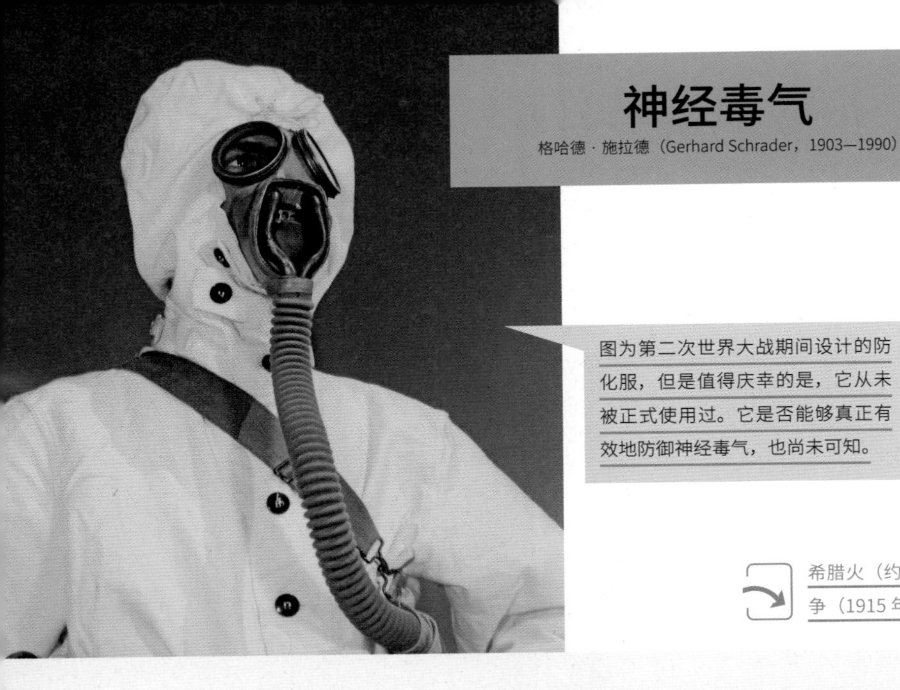

图为第二次世界大战期间设计的防化服，但是值得庆幸的是，它从未被正式使用过。它是否能够真正有效地防御神经毒气，也尚未可知。

希腊火（约 672 年），毒理学（1538 年），化学战争（1915 年），空袭巴里港（1943 年）

1936 年

德国化学家格哈德·施拉德曾就职于一家名为法本（IG Farben）的德国化工联合企业，从事有机氟化合物（Organofluorine compound）类杀虫剂（Insecticide）的研究。但是别忘了，很多能杀灭害虫的化合物，对人，同样也是致命的，1936 年圣诞节的前两天，格哈德和他的实验助手在无意中制备出了一种毒物。节后，两人着手对节前合成的产物进行结构表征时，突然，都同时感觉到呼吸困难、视线模糊，他们当即做出了一个明智之举——迅速撤离实验室。只差一点，他俩就成为这种毒物的第一批受害者，而这种毒物就是世界上第一种神经毒气——我们现称之为塔崩（Tabun）。

事实上，这些化合物中大部分并非真正意义上的气体，而是具有挥发性的液体。但它们的作用机理大同小异，都是与生物体中起关键作用的乙酰胆碱酯酶（Acetylcholinesterase）进行不可逆结合，使这种酶失去活性，从而无法有效地清除神经细胞中释放出来的神经递质化合物（Neurotransmitter compound）——乙酰胆碱（Acetylcholine），乙酰胆碱在体内得以迅速蓄积且足以致命，格哈德及助手也发现首先受影响的是控制肺部和眼睛的神经。相比于神经毒气而言，我们常常提到的乙酰胆碱酯酶抑制剂（Acetylcholinesterase inhibitor）作用可逆且功效较弱，能够实际应用于医疗当中，它们的确也能有效地杀灭害虫，但是鉴于它对人类健康能够产生潜在影响，近年来对它的使用监管也变得越来越严格。

第二次世界大战期间，德国人实现了神经毒气的工业化生产，这一生产工艺存在剧毒且极其危险，但是出于各种原因，神经毒气战时并未真正投入使用，原因之一就是德国人担心美国人能迅速地复制这一毒气，并拿来对付他们自己。尽管如此，随着战争的继续，格哈德和他的研究小组还是不断地研制出了各种毒性更强的神经毒气。延至战后，美国和苏联制造和存储的神经毒气越来越多。如今，世界上的一些主要国家都正式宣布放弃使用这些生化武器，然而可怕且可耻的是，这类神经毒气还是被某些人用在局部战争当中，更为可悲的是，一位精神错乱的邪教成员在东京地铁上施放了神经毒气，这一恐怖袭击事件造成了重大人员伤亡。■

147

锝

奥托·伯格（Otto Berg，1873—1939）
卡罗·佩里尔（Carlo Perrier，1886—1948）
沃尔特·诺达克（Walter Noddack，1893—1960）
艾达·塔克·诺达克（Ida Tacke Noddack，1896—1978）
埃米利奥·吉诺·塞格雷（Emilio Gino Segrè，1905—1989）

图中，一名患者手部在注射放射性锝示踪剂之后，发出的伽马射线，它能聚集在骨组织中，有助于标记可能会被漏检的肿瘤。

元素周期表（1869 年），钋和镭（1902 年），同位素（1913 年），放射性示踪剂（1923 年），自然界中最“迟来”的元素（1939 年）

1936 年

锝（Technetium，源于希腊语“Artificial”一词）位于元素周期表的正中间，四周全都是完全正常的金属。然而锝却没有稳定的同位素——它的所有同位素都具有放射性，其中寿命最长的“锝-98”的半衰期（Half-life）长达 420 万年。要是用人类的时间尺度来衡量，这当然也算得上足够稳定了，但从地质演变的角度去分析，锝的所有同位素早已发生了衰变。有鉴于此，再加上由其他重质放射性元素衰变生成的锝同位素又极其罕见，所以人们花费了很长时间才得以补上元素周期表的这一“窟窿”就不足为奇了。如果翻阅 19—20 世纪初化学相关的文献，你会发现里面有很多宣称自己发现了锝的报道——那些发现后来都没有得到证实，直到 1936 年，当意大利矿物学家卡罗·佩里尔与意大利物理学家埃米利奥·吉诺·塞格雷组成的研发团队用氘核（Deuterium nuclei）轰击钼（Molybdenum）时才真正发现了锝，这才最终揭开了锝神秘的面纱——由此，锝也成为第一个借助人工方法制得的元素。

直到最近，有关锝的发现在教科书上还有另外一种版本：在一篇关于锝元素的报道中，1925 年，德国化学家艾达·塔克·诺达克和她的同事沃尔特·诺达克、奥托·伯格宣称他们同时发现了两种元素，一种是铼（Rhenium），另一种元素有点难以琢磨，他们拿到了这种元素的 X-射线谱图，并将其命名为鎷（Masurium），后来因试验结果无法重现，所以这一发现当时没有得到学术界的承认。直到 20 世纪 90 年代末，美国国家标准与技术研究院（National Institute of Standards and Technology）的一个研究小组参照当时诺达克团队样品浓缩方法利用近似组成的样品重做了试验，他们发现，诺达克团队当时很可能真就分离出了锝，只不过，诺达克团队当时能制得的纯“锝”不够多，不足以支持其结论，也无法令时人信服。

锝 99 在医学上是最常用的放射性示踪剂（Radioactive tracer），它的优势非常明显：它产生的伽马射线谱的线型非常清晰且易于辨识，它的半衰期约为 6 小时，这个时间长短对人类摄入来说也相对合适，它衰变为其他放射性极弱的元素，从而可以从体内快速清除。锝元素对人类贡献着实不小，也不枉费人们花了这么长时间去寻找它。■

细胞呼吸

奥托·弗里茨·迈耶霍夫（Otto Fritz Meyerhof，1884—1951）
阿尔伯特·圣-捷尔吉（Albert Szent-Györgyi，1893—1986）
卡尔·罗曼（Karl Lohmann，1898—1978）
弗里茨·阿尔伯特·李普曼（Fritz Albert Lipmann，1899—1986）
汉斯·阿道夫·克雷布斯（Hans Adolf Krebs，1900—1981）
保罗·德罗斯·博耶（Paul Delos Boyer，1918— ）
彼得·米切尔（Peter Mitchell，1920—1992）
约翰·欧内斯特·沃克（John Ernest Walker，1941— ）

图为利用计算机技术模拟出的典型细胞的主要结构模型，其中绿色椭圆状结构即为线粒体，它大量存在于肌肉细胞当中。

磷（1669 年），二氧化碳（1754 年），氧气（1774 年），超氧化物（1934 年），光合作用（1947 年），乙酸异戊酯及酯类化合物（1962 年），同位素分布（2006 年）

所有生命体都需要能量。1929 年，德国化学家卡尔·罗曼与奥托·弗里茨·迈耶霍夫发现所有生物体的能量供应都来自同一种分子——三磷酸腺苷（ATP，Adenosine triphosphate）。ATP 分子中含有一个高能磷酸键，形成它需要消耗大量的能量，同样的，当该键断裂时又会释放出大量能量。1941 年，德裔美籍生化学家弗里茨·阿尔伯特·李普曼进一步提出：ATP 实际起到了能量“存储器”的作用，时刻准备着为生物体的需求提供能量。在我们的体内，数以亿计的三磷酸腺苷和二磷酸腺苷（Adenosine diphosphate）相互转化实现着贮能与放能，如同许许多多的小电池一样为各类蛋白质提供着化学能。这些蛋白质均有标准的二级结构，能一次又一次地与 ATP 进行结合。

后来英国生化学家彼得·米切尔发现了“ATP 合酶”（ATP synthase），美国生化学家保罗·德罗斯·博耶和英国生化学家约翰·欧内斯特·沃克又做了进一步阐释：细胞中存在着一种专门的细胞器——线粒体（Mitochondria），它能通过 ATP 合酶源源不断地合成 ATP。这些线粒体看上去与细菌有几分相似——这可绝非偶然，因为在过去漫长的进化过程中的某一时刻，线粒体似乎就曾是进入寄主细胞并寄居于其中的细菌。如今，线粒体俨然已经演变成了“ATP 生产厂”。1937 年，基于匈牙利生理学家阿尔伯特·圣-捷尔吉（因发现维生素 C 而闻名）的研究，德裔英籍的生物化学家汉斯·阿道夫·克雷布斯揭示了生物体内能量代谢所涉及的系列化学反应中的第一步。这是一个始自柠檬酸（Citric acid）的循环途径，消耗了碳水化合物和脂肪降解所产生的二碳单位乙酰基团，并产成二氧化碳。克雷布斯循环（即柠檬酸循环）的产物进入后续其他系列的酶反应［被称为“氧化磷酸化作用”（Oxidative phosphorylation）］，通过消耗氧气而产生 ATP。从这个意义上说：线粒体还真像个生命不息、工作不止的“炉子”：消耗的是我们吃进去的食物和吸入的氧气，同时还产生了我们呼出的二氧化碳。■

磺胺酏剂

沃尔特·坎贝尔（Walter Campbell，1877—1963）
哈罗德·科尔·沃特金斯（Harold Cole Watkins，约 1880—1939）
弗朗西丝·奥尔德姆·凯尔西（Frances Oldham Kelsey，1914—2015）
詹姆斯·史蒂文森（James Stevenson，1955— ）

图为磺胺酏剂的实物照片——正是这款药导致了 1937 年患者中毒事件，其中大部分患者还是儿童。

镭补（1918 年），磺胺（1932 年），沙利度胺（1960 年）

药物作为对人类最有益的科学产物之一，它的发展史中也曾出现过阴霾，下面讲述的就是一个这样的故事。在 20 世纪 30 年代，磺胺（Sulfanilamide）是当时一种高效的抗生素（Antibiotic），像当时很多抗生素一样，需要使用的剂量相对较大，对儿童而言，服用起来就很不方便，因为如果选择注射的话会很疼，如果制成药丸，儿童吞咽起来又很困难。磺胺既不溶于水，又不溶于乙醇，因而服用之前也没办法用水或乙醇来溶解。更何况，它还有点发苦，最好的办法就像我们见到的许多药物一样——把它制成糖浆剂型，方便人们服用。

对药物研发流程而言，从最初拿到核心组分到最终推向市场，药物制剂的研究环节必不可少。在现代实验室中，人们从溶液、添加剂、药物涂层以及固体制剂等多个角度开展制剂研究，但 20 世纪 30 年代，那时的药物制剂研究还处在相当原始的水平。美国田纳西州有一家小药剂公司，哈罗特·科尔·沃特金斯是这家公司的首席化学家，他发现用二甘醇（Diethylene glycol，DEG）能够溶解足量的磺胺，1937 年，在添加色素和香精后，这家公司利用二甘醇调配出口服液体制剂，并将其命名为“磺胺酏剂（Elixir sulfanilamide）”正式推向市场进行销售，“酏剂”这一名字实际上在暗示该款药物的溶媒是乙醇。其后两周内，有关死于肾衰竭的患者突增的报道接踵而至，这当中大部分病例是儿童。俄克拉荷马州塔尔萨市的一名医生詹姆斯·斯蒂文森是第一批向美国医学协会发警报的人之一，他最先意识到这一系列死亡案例与磺胺酏剂有联系，美国医学协会马上组织对该款产品进行检测，并立刻向民众发出了药物安全警示。美国食品药品监督管理局（FDA）也随即发起了由美国化学家弗朗西丝·奥尔德姆·凯尔西担任的毒性调查，结果表明二甘醇确实有毒。FDA 的沃尔特·坎贝尔要求这家公司立即召回所有已售出的产品。为了证明二甘醇没有毒性，沃特金斯甚至自己还服了一些二甘醇，但毕竟他已成年，代表不了那些身体脆弱的儿童。最终，他因无法面对自己产品带来的悲惨后果而内疚自杀。

在正式召回之前，已有六加仑的磺胺酏剂被全国各地的患者服用，并导致了逾百人死亡的惨剧。事件发生后的第二年，美国相关法案正式获得通过并颁布实施：所有新型药物制剂必须经过 FDA 检验证明安全之后，方可上市销售，这也加大了 FDA 的监管权力和监管力度。■

RSC | Advancing the Chemical Sciences
National Chemical Landmark
Chemistry Department
University College London
During the period 1930-1970
Professor Sir Christopher Ingold
pioneered our understanding of the electronic basis of structure, mechanism and reactivity in organic chemistry, which is fundamental to modern-day chemistry.
28 November 2008

反应机理

罗伯特·罗宾逊（Robert Robinson，1886—1975）
克里斯托弗·克尔克·英戈尔德（Christopher Kelk Ingold，1893—1970）
爱德华·大卫·休斯（Edward David Hughes，1906—1963）

2008 年，皇家化学学会（Royal Society of Chemistry）授予英戈尔德在伦敦的实验室“国家化学地标”称号。

碳四面体结构（1874 年），弗里德尔—克拉夫茨反应（1877 年），偶极矩（1912 年），过渡态理论（1935 年），化学键的本质（1939 年），动力学同位素效应（1947 年），非经典碳正离子之争（1949 年），偶极环加成反应（1963 年）

1937 年

英国化学家克里斯托弗·克尔克·英戈尔德对简单的有机反应开展了深入研究，首次为人类揭示了有机化学中旧化学键断裂及新化学键形成所涉及的反应顺序和方向，拨开了长期笼罩在反应机理认识上的迷雾，形成了一套清晰的理论体系，并一直沿用至今。英戈尔德及其同事在 1937 年发表了一篇关于经典的取代反应机理的文章：如果将溴甲烷（Methyl bromide）与碘化物（Iodide）进行反应，将会得到碘甲烷（Methyl iodide）。从表面上看，这个反应涉及碳碘键（Carbon-iodine bond）的形成和原有碳溴键（Carbon-bromine bond）的断裂。英戈尔德通过深入研究表明：反应过程中，碘离子实际上沿着溴碳键的轴线从碳原子的背面“进攻”碳原子，通过“推击”将溴原子顶掉，与碳原子相连的 3 个碳氢键也会相应发生翻转，如同雨伞被强风翻折过来一样。碘离子“进攻”碳原子的过程要经历一个过渡态——这时，碳碘键部分形成，碳溴之间的键也还没有完全断裂，三个碳氢键正处于垂直于“碘—碳—溴”这条直线的平面上。通过上述机理的认识，我们可以得出结论：如果参与反应的中心碳原子具有手性，则这样的取代反应将导致手性分子旋光方向的反转。

在上述这一反应中，碘带有负电荷，又被称为“亲核试剂”，它与带有“亲电性”反应物进行反应，英戈尔德将这类反应称为“Sn2 反应”，其中 S 代表置换，n 代表“亲核”，2 代表该反应是“二阶反应”（这意味着反应速率要受到两种反应物浓度的影响）。同理，前面介绍过的“弗里德尔—克拉夫茨反应”（Friedel-Crafts Reaction）就是一个经典的亲电取代反应（Electrophilic substitution）的例子。

由英戈尔德创立的、用来揭示反应机理的“推电子（Electron pushing）”标记法及系列概念（如亲核、亲电、Sn1、Sn2 等）已经成为了业内标准术语，自创立伊始就被化学家们一直沿用至今——用来设计反应条件和预测产物结构。英戈尔德所取得的学术成就，很大一部分是与他的英国同事爱德华·大卫·休斯历经数十载共同完成的，他们的工作使人们探索不同反应的影响因素成为可能——这些因素将直接决定反应速率及产物的组成与分布。其实，同时代的英国有机化学家罗伯特·罗宾逊爵士也以相近的学术思路开展过研究，只不过是英戈尔德的理论体系更快地被学术界认可并成为标准，对罗伯特·罗宾逊爵士来说，怎能不让人沮丧。■

催化裂化

尤金·朱尔斯·荷德莱（Eugene Jules Houdry，1892—1962）

图为位于斯洛伐克的一家现代石油炼厂，世界所有的汽油和其他燃料都是经由这样的炼油厂产生的。

热裂化（1891 年），四乙基铅（1921 年），费—托法（1925 年），催化重整（1949 年）

1938 年

原油的热裂化技术就是将长碳链的碳氢化合物（Hydrocarbon）在高温下分裂为碳数小一点的也更有用的化合物的过程，这一技术在石油化工领域里可算得上是意义非凡的巨大进步。但是，因为热裂化反应需要耗费的能量极高，且在实际操作中，又往往会产生焦油残渣（Tarry residue）等副产品，因此人们寻求其替代技术已经成为必然。在法国，药剂师 E. A. 普吕多姆（E. A. Prudhomme）和机械工程师兼化学家尤金·朱尔斯·荷德莱得出一个结论：仅仅具备高温环境远远不够，还需要催化剂使碳碳键断裂和重构过程变得更加高效。荷德莱针对不同的催化剂体系进行了大量筛选，第一阶段在法国与普吕多姆共同研究，随后又到美国继续开展研究，但是时逢经济大萧条，汽油的需求量大幅下降，他的研究计划也因此被一再延宕。

为使催化剂能在大规模工业装置运行时仍保持活性，荷德莱将其发现的源自黏土矿物的催化剂反复进行技术革新。到了 1938 年，相关工艺技术也发展得日臻成熟，最终，他成功地将美国宾夕法尼亚州的一套老旧的热裂化装置改造成了新型催化裂化装置。利用这套新装置，使用同等数量的原油，汽油产量能够翻倍！——这使整个工业界为之一振。短短几年之后，第二次世界大战爆发，使得这项技术革新一下变得至关重要。出于法国被德国武力占领的愤怒之情，荷德莱在人们最需要的时候贡献出了自己最独特的力量——受益于他发明的技术，大批美国炼油厂具备了为前线源源不断地供给高性能航空燃料的能力。

战后，他再次成为减少汽车发动机尾气污染催化剂的首批发明人之一，这也就是现代汽车尾气催化转化器的前身。上述两个故事足以说明催化作用（Catalysis）是如何成为现代化学工业的核心的——催化剂用量很少，但却可以在成千上万（甚至数百万）次的反应中反复发挥作用。如今，为了能在化学反应中成键或使化学键断裂，或是为了治理污染、抑或为了利用廉价的新原料，人们正在研发更新、更好的催化剂的道路上孜孜以求，催化剂研发领域永无止境。■

特氟龙

罗伊·J. 普朗克特（Roy J. Plunkett，1910—1994）

现在，几乎每家每户都在用有聚四氟乙烯涂层的锅。但最初生产之时，这可是十分新奇又昂贵的。

聚合物与聚合（1839 年），胶木（1907 年），氯氟烃（1930 年），聚乙烯（1933 年），尼龙（1935 年），气相扩散法（1940 年），氰基丙烯酸酯（1942 年），伯奇还原反应（1944 年），磁力搅拌（1944 年），齐格勒—纳塔催化剂（1963 年），凯夫拉（1964 年），戈尔特斯面料（1969 年）

1938 年

我们知道氟元素性能独特，在众多元素中独树一帜，氟的种种衍生物在众多化合物中也有不可替代的地位。前面提到的氯氟烃（Chlorofluorocarbon）就是一例，它是首个实现工业应用的重要的含氟化合物，它的发明还间接地引领了下面这一突破性发明。1938 年，美国化学家罗伊 · J . 普朗克特所在的研究小组致力于用新型含氟气体研发制冷剂，他们首先制备了四氟乙烯（Tetrafluoroethylene）并计划开展后续实验。普朗克特预先将四氟乙烯置于一系列低温罐中存储备用，但当他拿出其中一个低温罐准备开展实验时，打开阀门并没有气体放出，罐的总重也没有发生任何变化。普朗克特和他的实验助理满腹狐疑地将罐打开，他们十分意外地发现：里面有一堆以前从未有人见过的白色粉末——原来四氟乙烯气体已经自发聚合成了聚四氟乙烯（Polytetrafluoroethylene，PTFE），很快这类物质就被冠以“特氟龙”的商标得以正式上市。在其后的研究中发现，低温罐内壁的铁元素充当了催化剂的角色——引发了四氟乙烯的聚合反应。

如果仅从分子结构的角度讲，聚四氟乙烯看上去跟聚乙烯很像，只是聚乙烯中的所有氢原子都被氟原子取代，事实上它俩的化学性质完全不同。PTFE 能够耐高温和低温，且无法点燃，对几乎所有的化学试剂和溶剂都有极强的耐受性。然而有机化学家也发现了 PTFE 的一个小缺陷：在伯奇还原反应中，原来白色的聚四氟乙烯电磁搅拌棒会变黑，这说明伯奇还原反应能够使一些碳氟键断裂。由于 PTFE 摩擦系数极低，因而应用范围十分广泛，不但可以用在厨具中，还能用在许多工业应用领域，用以减少机械磨损和能耗。当然，如果 PTFE 所接触的温度过高，也会发生解聚反应，释放出具有挥发性的（有潜在毒性的）含氟气体。

PTFE 一经发明，第一个获得应用的“大场合”可绝不是厨房，在完全保密的前提下，PTFE 作为耐化学腐蚀材料被用在“曼哈顿计划”中，用在六氟化铀制备等危险的反应中，获得六氟化钠后利用气体扩散法可以实现铀浓缩。现如今，PTFE 的应用场合日新月异，包括透气又防水的“戈尔特斯”（Gore-Tex）面料、几百英里长的绝缘电缆、衣物烘干机的内衬材料等，涉及林林总总、不计其数的产品。■

153

自然界中最“迟来”的元素

玛格丽特·佩雷（Marguerite Perey，1909—1975）

87 Francium Fr

Atomic mass: 223

Electron configuration: 2, 8, 18, 32, 18, 8, 1

图为钫元素的电子排布。最外层单电子使钫具有强烈的反应活性，如果钫原子核能够坚持足够长时间不发生衰变就好了，那样它就有可能早一点被发现了。

元素周期表（1869 年），钋和镭（1902 年），同位素（1913 年），锝（1936 年），超铀元素（1951 年）

1939 年

科学是永无止境的，但有些发现也确实触到了自己的“边界”，就比如说在自然界中存在的元素中，钫（Francium）是最后一个被发现的元素，后续发现的所有新元素都是通过核反应生成的。法国物理学家玛格丽特·佩雷在玛丽·居里实验室工作时，从锕元素（Actinium）中分离出了钫，这也使佩雷成为最后一位从矿石样品中分离出新元素的人。科学家们从矿石中尝试分离新元素的行为已经持续了几个世纪，自此，这一元素发现的“传统”时代正式步入终结。

其实，钫元素成为“终结者”也算得上实至名归，因为它是最难被发现的元素之一。当佩雷在实验室中从铀矿石中提纯锕元素时，她注意到了一种来源于样品的非典型性辐射，经深入研究后，她分离出了高放射性新元素——钫。不幸的是佩雷最终死于辐射引起的癌症。事实上，要说自然界中基本不存在钫元素也毫不夸张，因为它的每一个同位素都有放射性，更确切地说是强放射性，其中最长的半衰期为 22 分钟。那么钫元素为什么能被发现？因为锕 -227 元素不断发生的放射性衰变（Radioactive decay）源源不断地产生钫。一块铀或钍（Thorium）的矿石样品中多少都会有些钫原子，能不能在其衰变之前发现它，那就要看你的运气了。

早在 19 世纪后期，化学家们就猜测在铯（Cesium）之外还应有一个同族金属元素，而元素周期表的发现也确实证实了这一预判，在佩雷的发现之前，也有很多发现这一未知元素的报道，但后来都被证伪。众所周知，碱金属族的元素越往下反应越剧烈，人们完全有理由相信钫的活性一定是剧烈无比的。但事实上却没有人能真正通过实验证实，这不仅仅因为制备和富集足量的钫需要用到特殊的设备，而对于任何设备而言都有一个提取纯度的极限，更是因为钫的放射性是如此之强以至于无法制备出即便是肉眼可见的一点点大小的钫，就算能够制备，钫自身也会马上发生放射性衰减，产生的热量足以将其自身蒸发成气体。■

化学键的本质

莱纳斯·卡尔·鲍林（Linus Carl Pauling，1901—1994）

莱纳斯·卡尔·鲍林博士是20世纪无可争议的最伟大的化学家之一。图中的鲍林在加州理工学院（California Institute of Technology）的一间教室里手举着一个水分子簇的排布模型。

碳四面体结构（1874年），偶极矩（1912年），氢键（1920），维生素C（1932年），反应机理（1937年），惰性气体化合物（1962年），计算化学（1970年），非天然产物（1982年），单分子成像（2013年）

1939年

作为有史以来最具盛名的化学家之一，莱纳斯·卡尔·鲍林在许多研究领域，尤其在量子化学（Quantum chemistry）和分子生物学（Molecular biology）领域做出了不可磨灭的基础性、开创性贡献。1939年，鲍林所著的《化学键的本质》（*The Nature of the Chemical Bond*）一书的出版是具有持久影响力和里程碑意义的。

20世纪20年代中期鲍林在欧洲留学，他师从当时量子力学理论（Quantum mechanics）的奠基者们，他有意识地将量子力学的理论运用到化学键的求解中。要知道化学键这一体系非常庞杂，可远不只是氢分子（H_2）那么简单，在当时的研究水平下，严格的数学推演很难奏效，当时的量子力学也一时难以应对。然而在人们一筹莫展时，鲍林却显得雄心勃勃，很快他就发表了一系列开创性的文章，内容涵盖分子轨道理论（Molecular orbital）、X-射线晶体结构（特别是解析离子晶体结构）及化学键的普适理论等。一时间，鲍林声名鹊起。

与此同时，鲍林还创造性地提出了许多新概念，架起了从纯粹的共价键（成键电子由两个不带电的原子共同占有，比如氢气分子和碳碳单键）到纯粹的离子键（带正负电的两个离子相互吸引成键）之间的桥梁。紧接着，鲍林还提出了电负性的概念。所谓电负性，是原子吸引电子能力的一种标度。从电负性角度出发，鲍林提出所有化学键都介于纯共价键和纯离子键之间。受益于鲍林创立的化学键理论体系，后世化学家们得以深入理解化学键的内涵，设计出了一系列全新的化学反应。

当时，物理学家们已经提出了电子的分立能级或者轨道理论，即电子的能量是不连续的，是按能级从低到高分立排列的。鲍林发现，化学键的形成是由不同电子轨道“混合”而成——化学家们更喜欢称之为杂化轨道。应用杂化轨道理论，鲍林成功解释了碳四面体结构、碳碳双键的平面结构，并由此解释了有机化合物林林总总的立体结构。杂化轨道理论还扩展到无机和有机金属化合物领域，也很好地帮助了化学家解释它们的结构成因与化学性质。

因为在化学键领域的杰出贡献，鲍林独享了1954年的诺贝尔化学奖。1962年，鉴于鲍林呼吁裁军和反对发展毁灭性武器方面的贡献，他又获得了诺贝尔和平奖。在他的晚年，他因推崇加大维生素C服用剂量以获得益寿延年的效果而再次引人瞩目，但是，也有很多人讥讽他“偏离主业”“几近荒诞”。■

“滴滴涕”的发现

欧特马 · 勤德勒（Othmar Zeidler，1859—1911）
保罗 · 赫尔曼 · 米勒（Paul Hermann Müller，1899—1965）

使用 DDT 时，一个出乎意料的副作用出现了——DDT 破坏了鸟类蛋壳中钙元素的沉积，鸟类因此产出软壳蛋、薄壳蛋，很多猛禽、水禽和鸣禽的繁殖受到了严重影响。

毒理学（1538 年），巴黎绿（1814 年）

经过长期的抗病虫害用化合物研究之后，瑞士化学家保罗 · 赫尔曼 · 米勒终于在 1939 年找到了“滴滴涕”（DDT）。20 世纪 50 年代末期，世界上 DDT 的使用量达到了峰值，时至今日，虽然 DDT 用量减少了很多，但它无疑仍是世界上最有名的杀虫剂（Insecticide）。那 DDT 究竟是怎么被发现的呢？事实上早在 1874 年，DDT 就已被澳大利亚化学家欧特马 · 勤德勒合成出来，但是可能当时人们觉得它对人类或者其他哺乳动物的作用非常有限，所以它的生物效应一直为人们所忽视。步入 20 世纪以后，随着相关研究工作的不断深入，米勒开始注意到：对化合物的吸收而言，昆虫和其他高等动物之间还是有很大差异的。那么能否找到一种化合物——既具有选择性毒性，又易于合成且长期有效？ DDT（二氯二苯三氯乙烷，缩写为 DDT）就是米勒要寻找的答案，它具有良好的普适性，对大多数作物害虫都有毒，甚至还能杀灭马铃薯甲虫、虱子、苍蝇和蚊子等节肢动物。

鉴于 DDT 具有非常稳定、长期有效且便于批量生产的优点，DDT 后来在第二次世界大战中发挥了重要作用——人们用它杀灭携带疟原虫的蚊子，在战后的 25 年里，美国和其他许多国家先后彻底根除了疟疾，DDT 更是功不可没。DDT 的发现使得全球至少有 10 亿人口免受疟疾侵害，同时，DDT 杀灭害虫，也增加了粮食作物的产量。由此，米勒赢得 1948 年诺贝尔奖当属实至名归。然而，技术总是一把双刃剑，20 世纪 50 年代以来，使用 DDT 所带来的一系列问题也逐渐开始显现：DDT 过于稳定且不易分解，它在大自然中可以存续很多年，有些高等动物进食了被 DDT 毒杀的昆虫，这使得 DDT 进入了食物链，并逐渐富集到高等动物体内，这也完全出乎了人们的预料。1962 年，美国作家蕾切尔 · 卡森（Rachel Carson）所著的《寂静的春天》（*Silent Spring*）正式出版，书中详细阐述了反对使用 DDT 的诸多理由，尽管有些观点还有待商榷，但其主旨毋庸置疑：随着 DDT 沿食物链向上游富集，使得鸟类成为最直接的受害者，很多鸟蛋壳出现了缺陷，致使包括白头海雕（Bald eagle）在内的很多鸟类族群数量骤减，本该莺声呖呖的春天变得寂静无声。

人们意识到了 DDT 对环境的破坏性，在大多数国家，DDT 的产量曾被一再削减直至完全禁用。如今，DDT 的使用似乎又有小小的“回潮”，人们将它用在某些不太容易造成污染的场合——比如某些贫困地区的室内灭蚊当中。■

气相扩散法

托马斯·格雷厄姆（Thomas Graham，1805—1869）
弗朗西斯·西蒙（Francis Simon，1893—1956）
尼古拉斯·柯蒂（Nichholas Kurti，1908—1998）

图为 1945 年，田纳西州橡树岭，曼哈顿计划总指挥莱斯利·格罗夫斯将军（Leslie Groves）正在众人面前讲话。1942 年之前这座城市尚不存在，而短短两年后，该城就消耗了全美近 15% 的电量，其中大多数电力被用在了离心机上。

理想气体定律（1834 年），麦克斯韦—玻尔兹曼分布（1877 年），质谱分析法（1913 年），同位素（1913 年）

1940 年

早在 1848 年，苏格兰物理化学家托马斯·格雷厄姆就提出了我们现今所熟知的格雷厄姆定律：气体逸出多孔隔板的速度与其质量的平方根成反比。如果对比两种纯净的气体，若其中一种气体的分子质量是另一种的 4 倍，那么较轻的气体逸出多孔隔板（或是小针孔）的速度将会是较重气体的两倍。后来人们用理想气体的分子动理论（General kinetic theory of ideal gases）来解释这一现象，在随后的一百年内，人们也仅仅把这一现象当成是分子动理论的一个具体例证而已。

到了 20 世纪 40 年代早期，执行曼哈顿计划的科学家们开始尝试制造第一颗原子弹，而气相扩散法就成为其中至关重要的一步。科学家们需要富集铀（Uranium）元素中能产生核裂变反应的关键的同位素 U-235，它的原子核发生裂变能释放出巨大的能量。但是由于同位素具有几乎相同的化学活性，所以只有采用类似于格雷厄姆定律这样的“凭借分子质量不同实现分离目的”的方法才真正可行。单质铀可并不容易变为气态，但经过一系列化学反应可以将其转化成气态的六氟化铀（Uranium hexafluoride）。U-235 和 U-238 之间的质量差别非常小，所以还必须借助半透膜的多次级联离心才能最终实现气相同位素的分离。

20 世纪 40 年代，上述气相扩散过程是由德裔物理化学家弗朗西斯·西蒙和匈牙利裔物理学家尼古拉斯·柯蒂首次开发成功，两人在阿道夫·希特勒掌权后从德国逃到英国，最终该技术在美国田纳西州橡树岭臻于完善，第二次世界大战末期，该城由此消耗的电力甚至占到了全美国电力消耗相当大的比重。事实上，当时想浓缩铀制造原子弹，单靠气相扩散法富集的铀的丰度仍然不够，还得将离心得到的产物再经过一次早期的质谱仪（Mass spectrometry）收集。但气相扩散法非常适合生产核电站使用的低丰度铀，多年之后，一座全新的铀浓缩厂在美国俄亥俄州开始兴建，其利用气体扩散法生产核电站用的低丰度铀。■

157

甾体化学

拉塞尔 · 马克（Russell Marker，1902—1995）

图为“象脚”薯蓣（*Dioscorea mexicana*）。为了开创合成甾体产业，拉塞尔 · 马克当年就劳心费力地把它们拖运到了宾夕法尼亚州州立大学。

天然产物（约 60 年），胆固醇（1815 年），构象分析（1950 年），可的松（1950 年），口服避孕药（1951 年），同位素分布（2006 年）

1942 年

拉塞尔 · 马克在药物化学史上可算得上是位传奇人物。他曾是宾夕法尼亚州州立大学的教授，研究领域是甾类化学（Steroid chemistry）。当他在大学执教期间，他发现当时认定的一种来源于植物的甾体化合物“菝葜皂苷元”（Sarsasapogenin）的化学结构存在错误。该分子的主体是常见的四环甾体母核，但它的侧链并不像文献描述的那样没有反应活性，正相反，它侧链的反应活性高，只需几步简单的反应就能将该物质转换成“孕酮”（Progesterone），这一反应过程后来被命名为“马克降解法”（*Marker degradation*）。

当时，人们已经发现孕酮等甾体化合物在体内的生物化学过程中发挥着极其重要的作用，但是它们难以制备、价格十分昂贵。马克知道菝葜皂苷元太稀少，用它做合成的原料肯定行不通，所以他又找到了另一种有应用价值的植物甾体化合物——“薯蓣皂苷元”（Diosgenin），相比之下，薯蓣皂苷元作为合成原料使用就很合适。起初的野外植物调查和对植物学文献的深入调研都没能为马克探寻薯蓣皂苷元的可靠来源提供多少帮助，最终，他发现了一种巨型墨西哥薯蓣（Mexican yam），这种植物与他找到的其他一些植物同属，然而这种墨西哥薯蓣的块根却要大得多，重的能达到 200 磅。

1942 年，马克来到墨西哥韦拉克鲁斯州——据说是巨型墨西哥薯蓣的生长地。在当地乡村小店店主阿尔伯托 · 莫雷诺（Alberto Moreno）的帮助下，他设法找到了一棵重达 50 磅的块根并将其带回了宾夕法尼亚州州立大学，后来的研究证明这种块根确实是薯蓣皂苷元的不错来源，可惜的是当时的制药公司对在墨西哥投资建“薯蓣种植园”完全没有兴趣，所以马克只好自力更生，委托莫雷托攒了 10 多吨的块根，利用他自己发现的合成方法，最终制得了约 3 千克的孕酮纯品——这在当时整个世界上都算是出货量最大的一批孕酮。马克的种种商业投机终于开启了墨西哥庞大的甾体产业，而经由他发现的半合成孕酮后来被用于制造口服避孕药（Contraceptive），或是用于合成抗炎药——可的松（Cortisone）的前体。■

氰基丙烯酸酯

小哈里·韦斯利·库弗（Harry Wesley Coover，Jr., 1917—2011）
弗雷德·乔伊纳（Fred Joyner，1922—2011）

1968年1月，图中身处越南战场的美国大兵们聚集在吉他边。越南战争中，氰基丙烯酸酯黏合剂第一次被成功地用于战场手术，拯救了无数人的生命，这一用途真是超出了人们最初的想象。在战场上，氰基丙烯酸酯不仅用于手术中，还可用于修补吉他等乐器。

聚合物与聚合（1839年），胶木（1907年），聚乙烯（1933年），尼龙（1935年），特氟龙（1938年），齐格勒—纳塔催化剂（1963年），凯夫拉（1964年），戈尔特斯面料（1969年）

1942年

20世纪中期，化学界有两大共同主题：一是始于第二次世界大战期间的温室技术，二是有些特别有用的聚合物被意外地发现——当美国化学家小哈里·韦斯利·库弗对透明丙烯酸酯树脂（Acrylate plastic）展开研究之时，这两大主题似乎又一次找到了结合点。当时透明丙烯酸酯树脂已是飞机设计使用的重要部件了，1942年，库弗将甲基丙烯酸甲酯中的甲基（Methyl group）替换成了氰基（Cyano group），他的初衷是希望能够得到用于制作瞄准镜或者飞机座舱盖的透明塑料，但事与愿违，他得到了一团黏黏糊糊的东西，这个技术方案也因此被束之高阁。直到1951年，当库弗和他的同事弗雷德·乔伊纳为美国田纳西伊士曼化工公司工作时，这个技术方案又被重新捡了回来。

当时该领域的研究重心仍是高性能透明塑料，这种氰基丙烯酸酯看似还是黏黏糊糊的不堪大用。当时乔伊纳转而开始测试氰基丙烯酸酯能否用作飞机座舱盖的耐热涂层，有一天，他失手打碎了一片昂贵的透镜，他发现用他合成的氰基丙烯酸酯能将两块玻璃碎片完美地黏合在一起，库弗意识到他们手中的是一种全新的胶黏剂（Glue）。氰基丙烯酸酯迅速成为最为流行的速效胶黏剂，几乎可以用来黏合任何材料。在黏合的过程中，只需一点点的水就足以引发这一聚合反应，其实，黏合表面现有的那点水分子就足够了。

当时有部很热的电视节目《我有一个秘密》（*I've Got a Secret*），库弗亲自上镜表演了一个令人印象深刻的节目：他用自己发明的速效胶黏剂先把自己黏在金属棍上，仅仅一分钟以后，金属棒就可以吊着他离开地面。那些年里，库弗想出了很多氰基丙烯酸酯的用途，其中一个就是他发现这种胶水常常会把人的手指黏在一起，这表明氰基丙烯酸酯有潜力用作修复伤口的医用黏合剂。事实上在越南战争中，卫生员们就在战场上成功使用了这款产品。如今，无论在医疗及兽医应用领域，氰基丙烯酸酯黏合剂都发挥着同样的作用，家用的液体绷带也正是这款胶水。■

LSD

阿尔伯特·霍夫曼（Albert Hofmann，1906—2008）

LSD 毒品被制成各种形式非法出售，比如说不同形状的片剂，甚至是精心设计过的“纸”剂。LSD 具有极强药效（成年人单次剂量约为百万分之一克），因而，运输和摄入要比其他大多数毒品容易得多。

天然产物（约 60 年），吗啡（1804 年），咖啡因（1819 年）

1943 年

LSD（麦角酸二乙基酰胺，Lysergic acid diethylamide）的发现过程可谓是药物化学史上最有名的故事之一。当时，化学家阿尔伯特·霍夫曼在瑞士药物公司山德士实验室（Sandoz Laboratories）工作——制备各种“麦角酸类”（Lysergic acid）衍生物。所谓“麦角酸”就是从黑麦（Rye）等谷物上生长的麦角真菌（Ergot）中提取的天然产物。事实上，人们早已知道食用被这种真菌感染的谷物制成的食品会导致奇怪的精神症状，严重的会造成惊厥和麦角中毒（Ergotism）。毫无疑问，这种化合物存在某种生物活性。

其实早在 1938 年，霍夫曼就曾合成出这种我们现在称之为“LSD”的化合物，到了 1943 年，他又再次对其展开研究。当时的他肯定不会意识到这种化合物具有怎样不可思议的效力，也更不会预见到仅仅毫克级的剂量就会使人产生怎样强烈的效果。直到有一天，他在正常工作的偶发事故中，无意间接触到了毫克级的 LSD，他后来回忆说整个下午自己都感觉不对劲，甚至下班回家后他躺在沙发上，有两个小时他都感受到了强烈的幻觉。出于对这种化合物致幻效果的疑惑，又考虑到这么低的剂量应该不至于引起中毒，于是几天后，他故意一次性摄入了 250 毫克 LSD。后面的故事大家就都知道了，他在骑自行车回家的途中药性发作了——他经历了一次特殊的自行车之旅，巴塞尔（Basel）风景优美世人皆知，但是一定从未有人见过霍夫曼那天下午看到过的巴塞尔“幻景”。

霍夫曼的同事一开始对此深感怀疑——如此低的剂量怎么会有如此强烈的效果？但 LSD 化合物的效果本身就说明了问题。后来发现，LSD 的效果来自它与众多脑部受体之间紧密的结合（尤其是血清素亚型 5-HT2a）。1947 年，山德士公司（Sandoz）将其开发为精神病治疗药物，从此 LSD 逐渐广为人知，特别是随着 20 世纪 60 年代毒品文化的兴起，LSD 风靡一时。如今，尽管在美国销售 LSD 是非法的，但它对认知的改变却已成为很多研究的主题，其中包括治疗创伤后的应激障碍（Post-traumatic stress disorder）、应对末期癌症患者的焦虑，甚至还包括治疗酒精依赖症（Alcoholism）。■

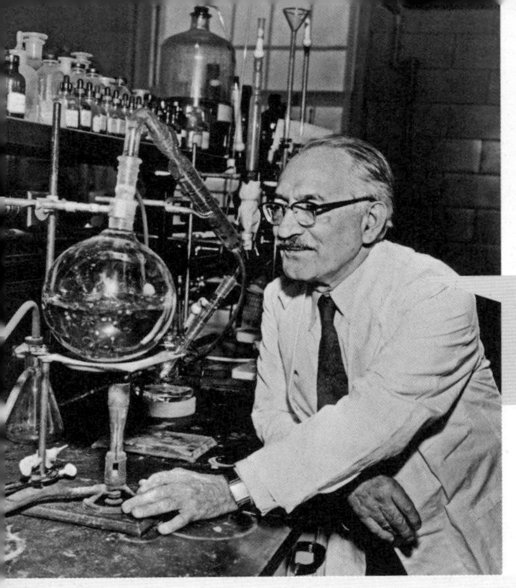

链霉素

塞尔曼·亚伯拉罕·瓦克斯曼（Selman Abraham Waksman，1888—1973）
阿尔伯特·斯卡兹（Albert Schatz，1920—2005）

160

图为 1953 年塞尔曼在他的实验室中，看上去他似乎在做一次放大量的蒸馏实验。事实上，他平时科研中做蒸馏实验的概率并不高。

天然产物（约 60 年），撒尔佛散（1909 年），磺胺（1932 年），青霉素（1945 年），叠氮胸苷与抗逆转录病毒药物（1984 年），现代药物发现（1988 年），紫杉醇（1989 年）

1943 年

当人们一提到化学中的天然产物时，浮现在脑海中的常常是从异域雨林植物或热带珊瑚礁生物中提取到的复杂分子。实际上，一些最为奇异，也是最为有用的化合物却是来源于一些土壤微生物，而它们可能恰恰就生存在城市步道的缝隙中或者是某家的玫瑰花丛下。乌克兰裔美籍生物化学家塞尔曼·亚伯拉罕·瓦克斯曼是这个领域最为伟大的微生物学家之一，他非常清楚土壤中的细菌（Bacteria）和真菌（Fungi）为抢夺资源进行着旷日持久的“战争”。自 1939 年开始，瓦克斯曼和他的同事在罗格斯大学（Rutgers University）启动了一项抗生素（Antibiotic）筛选研究，他们的目标是寻找这些微生物用以杀死对手的化合物。而实验方法很简单，就是培养尽可能多的微生物，分别测试它们的提取物对人类病原体的活性，然后再从里面分离出真正起作用的化学成分。

后来，美国制药公司默克（Merck）与该研究组签订了一项合作协议，旨在测试一些比较有应用前途的化合物并将其实现商业化。这其中最好的一个化合物，是 1943 年由一名美籍微生物学研究生阿尔伯特·斯卡兹发现的，后来将其命名为链霉素（Streptomycin），它也迅速成为一款非常有价值的广谱抗生素。在随后的几年间，人们发现那些对青霉素（Penicillin）已经产生抗药性的细菌都可以被链霉素杀死，不仅如此，链霉素还成为能够成功治愈结核病（Tuberculosis）的首款药物。要知道在那时，一旦得了结核病往往等同于被宣判了死刑。而验证链霉素的那次药物临床试验也很出名：因为对于结核病而言，这可是史上第一次有针对性、有实际疗效的治疗方案，而在这之前人们只能使用“安慰剂”（Placebo）来“治疗”结核病——安慰剂一词源自拉丁文的“我应感到慰藉”，这些安慰剂与其说能治病，还不如说只是起到抚慰病人心灵的作用，没有一点真实疗效。很不幸的是，那个时代结核病的标准疗法也只能是这样，啥也做不了。这次临床试验之所以出名的另一个原因是其是第一次“双盲”（Double-blinded）试验，意味着无论是患者还是研究人员都不得事先知晓患者真正服用的是链霉素还是安慰剂。而时至今日，双盲试验仍是药物临床试验的标准做法。

瓦克斯曼的团队发现了至少九种抗生素，其中链霉素和新霉素（Neomycin）一直沿用至今。今天，人们同样借助大规模筛选实验寻找有活性的天然产物，不同的是如今成功率有所下降，这个也好理解，毕竟从土壤有机质中筛选微生物是最便捷、高效的，能找的都已经找过一遍了。■

161

空袭巴里港

路易斯·桑福德·古德曼（Louis Sanford Goodman，1906—2000）
老阿尔弗雷德·吉尔曼（Alfred Gilman Sr.，1908—1984）
斯图尔特·弗朗西斯·亚历山大（Stewart Francis Alexander，1914—1991）

图为 1943 年，一艘军火船在空袭意大利巴里港时发生爆炸。这张照片来源于一家德国通讯社。

希腊火（约 672 年），毒理学（1538 年），化学战争（1915 年），神经毒气（1936 年），叶酸拮抗剂（1947 年），沙利度胺（1960 年），顺铂（1965 年），雷帕霉素（1972 年），紫杉醇（1989 年），现代药物发现（1988 年）

1943 年

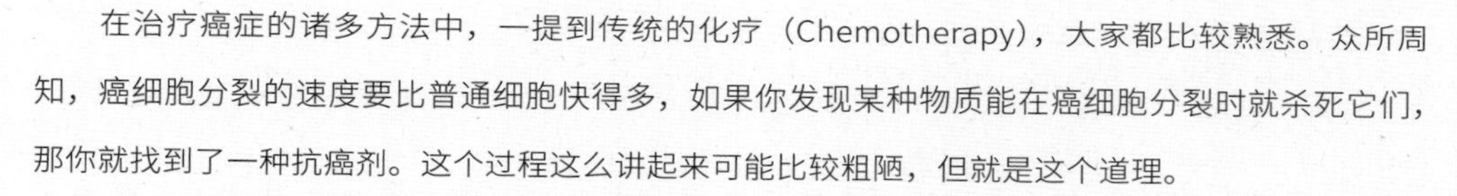

在治疗癌症的诸多方法中，一提到传统的化疗（Chemotherapy），大家都比较熟悉。众所周知，癌细胞分裂的速度要比普通细胞快得多，如果你发现某种物质能在癌细胞分裂时就杀死它们，那你就找到了一种抗癌剂。这个过程这么讲起来可能比较粗陋，但就是这个道理。

事实上要追溯化疗的起源，即使用“粗鄙”一词来形容都不为过。1943 年，德国空袭意大利南端的巴里港（Port of Bari），造成了大量芥子气（Mustard gas）泄漏，产生的空前灾难和人员伤亡令人惊骇。按理说，国际上对使用这类化学武器是明令禁止的，但是这些毒气弹是同盟国作为应对德军可能在战场中投入化学武器的后备手段被秘密运载到欧洲的，当时美国货轮 S.S. 约翰·哈维号（S. S. John Harvey）受命执行那次秘密运输任务，谁曾想还没上岸就遭遇了轰炸，空袭中 S.S. 约翰·哈维号被炸沉，船上的液态芥子气炸弹严重泄漏造成了大量人员伤亡，当时人们无从得知自己是受芥子气所害，所以没能组织有针对性的救治。爆炸发生之后，盟军派遣专攻化学战的斯图尔特·弗朗西斯·亚历山大中校去实地调查毒气对受害者造成的影响。亚历山大注意到：一部分受害者的体内能够快速分裂的细胞被有选择性地清除了，认为这为治疗癌症提供了一条新思路。

药理学家路易斯·桑福德·古德曼和老阿尔弗雷德·吉尔曼此前就一直为军方工作。他们当时正在研究类似化武制剂在医疗领域的应用，所以他们立马就接受了亚历山大中校的建议，并将芥子气中心硫原子换成了氮原子，制备了与芥子气化学结构很类似的氮芥气，实验证明氮芥气确实能够缩小小白鼠和人类淋巴瘤，这也成为类似毒气但具有抗癌作用的首批实证。肿瘤学可是一门“啥管用就用啥”的学科，如今，氮芥气仍然被应用于某些病症的临床治疗当中，延续着患者们的生命，并以这种独特的方式，叩问着两次世界大战留给人们的身体上与心灵上的伤痕。■

伯奇还原反应

汉弗莱·戴维（Humphry Davy，1778—1829）
查尔斯·奥古斯特·克劳斯（Charles August Kraus，1875—1967）
亚瑟·约翰·伯奇（Arthur John Birch，1915—1995）

在伯奇还原反应中，将钠溶于液氨，溶剂化作用产生的电子盐呈现出如图中所示的独特蓝色。

电化学还原（1807 年），分液漏斗（1854 年），苯和芳香性（1865 年），维生素 B_{12} 的合成（1973 年）

1944 年

我们都知道汉弗莱·戴维爵士是首位利用电化学还原技术制备出金属钠与钾的英国化学家，同时他也是史上第一位观察到这些金属与液氨接触发生化学反应的人——反应产生的现象令他感到困惑：整个反应体系呈现出深蓝色，随着体系浓度的升高，还会继续转变成青铜色或是金色。人们一直在不断探寻这些颜色的背后究竟代表着哪些化学基团，直到 1907 年，尚在攻读博士学位的美国化学家查尔斯·奥古斯特·克劳斯提出了他的理论：这些颜色可能与金属所释放出的电子相关，而与金属元素本身并无关系。即使参与反应的金属元素种类发生变化，也总是能形成蓝色的体系，甚至将液氨换成其他胺类化合物，现象也还是如此，无论怎样，金属在体系中失去了电子是这类反应的共有属性。

克劳斯的推断千真万确：这种颜色确实来自一种“电子盐”（Electride salt），在这种电子盐中存在一个自由电子，这个电子被氨分子形成的“外壳”所包围，即发生“溶剂化”（Solvation），这种溶剂化作用是如此之强，以至于正离子与溶剂化电子能够分离且以盐的形式存在于反应体系中。1944 年，澳大利亚有机化学家亚瑟·约翰·伯奇用他的名字命名并正式报道了这一反应，这个反应涉及如何利用溶剂化电子去还原不同种类的有机化合物。即便是原本化学结构非常稳定的芳香族化合物也可能被此种溶剂化电子所还原，生成不再具有芳香性的仅含双键的六元环化合物——要知道用其他合成方法可是很难制备出这种结构的。利用这种性能强大的还原剂可以发生很多非同寻常的还原反应，尽管这类反应在工业化生产中并不常见，但它可是某些具体的有机合成反应及分子结构设计的有力武器。

体系的这种蓝色还可以发挥指示剂的作用，举例而言：当你利用金属锂和液氨发生伯奇还原反应时，如果体系中的蓝色消失，就意味着参与还原反应的反应物已经全部反应完毕了，只需提高反应温度至室温，蒸发掉所有的液氨，剩下的就是产物以及一些锂盐，这时只需使用分液漏斗就可实现分离和提纯，获得最终的产物纯品简直易如反掌。■

磁力搅拌

亚瑟·罗辛（Arthur Rosinger，1887—1969）

图中这种在烧杯中进行磁力搅拌的景象在全世界的化学或生物实验室中几乎随处可见。

分液漏斗（1854 年），鄂伦麦尔瓶（1861 年），索氏抽提器（1879 年），铝热试剂（1893 年），硼硅酸玻璃（1893 年），迪恩—史塔克分水器（1920 年），通风橱（1934 年），特氟龙（1938 年），手套箱（1945 年），旋转蒸发仪（1950 年）

1944 年

在化学反应过程中，极少数的反应是不需要搅拌的，可能有人会马上想起前面章节提到的“铝热试剂”——这个反应确实不需要外加搅拌。然而对于绝大多数反应而言，搅拌是必须的，因为很多固态试剂都需要溶解才能参与反应，而许多产物也可能会出现沉淀。退一步说，即便有些固态试剂无须溶解在体系中，可它们仍需借助搅拌才能在体系中均匀分散，从而保证充分发挥作用，否则它们会像小山一样堆在反应器的底部一动不动。

化学反应中的机械混合形式多种多样，但就实验室研究而言，磁力搅拌是最为常见的搅拌手段之一。磁力搅拌器的设计确实需要匠心独具，改进起来也没那么简单，直到 1944 年，美国化学家亚瑟·罗辛才拿到了第一款磁力搅拌器专利。几年后，苏格兰化学家爱德华·麦克劳克林（也独立发明出另一款磁力搅拌器。上述两款发明与我们今天使用的磁力搅拌器原理大致相同：所用的搅拌子都是在条状小磁铁外面覆盖一层惰性材料（一般以特氟龙涂层居多，有时也用玻璃）。将搅拌子置于反应瓶中，而反应瓶又被置于一块可旋转的磁铁上，当反应瓶下的磁铁旋转时，瓶内的搅拌子也会随之旋转。搅拌速度可根据反应需要进行调节，反应器型与尺寸发生变化时，搅拌子也有多种形状和规格可供选择。由于瓶内的搅拌是通过外界磁力驱动的，所以反应器可以完全密封起来以避免外界氧气和水蒸气对反应产生影响。反应瓶外的旋转磁铁还常常罩以陶瓷盘（或者其他非磁性的材料制成的盘），对旋转磁铁加以保护，还可同时集成加热元器件，以实现对反应体系的“搅拌 + 加热”功能。

当然，磁力搅拌器的应用也有它的局限性。如，有些反应太过黏稠，黏滞力过大，磁力搅拌是无法搅动的。再者，在扩大制备的过程中，如果反应器中的物料很多，囿于磁力搅拌功率的限制，也无法保证充分混合。在上述两种情况下，选用搅拌桨进行搅拌就更合适一些——装有搅拌桨的搅拌杆从瓶口处直插入反应体系内，杆的顶端夹持在顶置式搅拌器上，当搅拌器开动时，瓶中的搅拌桨自然会随之转动。当然，仅对于实验室小实验而言，磁力搅拌器的优点是显而易见的。■

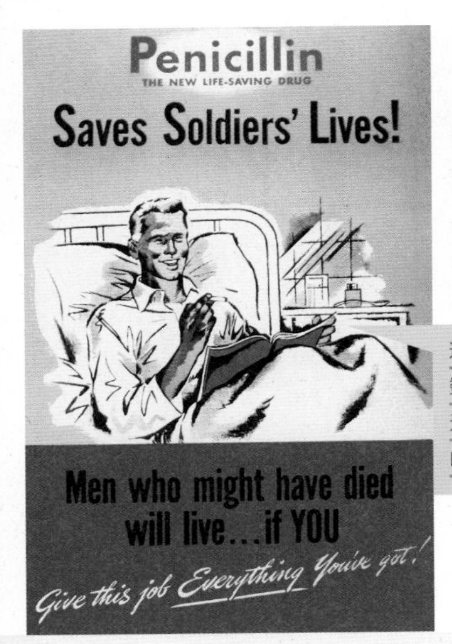

青霉素

亚历山大·弗莱明（Alexander Fleming，1881—1955）
霍华德·沃尔特·弗洛里（Howard Walter Florey，1898—1968）
恩斯特·鲍里斯·柴恩（Ernst Boris Chain，1906—1979）
桃乐茜·克罗夫特·霍奇金（Dorothy Crowfoot Hodgkin，1910—1994）
诺曼·乔治·希特利（Norman George Heatley，1911—2004）
爱德华·彭利·亚伯拉罕（Edward Penley Abraham，1913—1999）
约翰·克拉克·希恩（John Clark Sheehan，1915—1992）

这是一幅第二次世界大战期间的宣传画，青霉素着实挽救了无数生命。现如今，我们已经无法想象人们当时对青霉素的那种无法抑制的崇敬之情，但是，细菌对青霉素及其他抗生素产生的耐药性也使人类时刻面临着致命的风险，令人心生畏惧。

天然产物（约 60 年），撒尔佛散（1909 年），X-射线晶体学（1912 年），磺胺（1932 年），链霉素（1943 年），叠氮胸苷与抗逆转录病毒药物（1984 年），现代药物发现（1988 年），紫杉醇（1989 年）

苏格兰生物学家、药理学家亚历山大·弗莱明 1928 年发现青霉素的过程绝不能说纯属偶然——因为弗莱明经常有意将培养皿随处放置，以便观察上面可能会长出什么可用于研究的物质，有一次，他观察到一个培养皿上有块霉菌，霉菌被一圈死亡的葡萄球菌围绕，这意味着这种霉菌的某种分泌物能抑制葡萄球菌，弗莱明将这种抑菌物质称为青霉素，事实上，从那开始到人们真正开展青霉素合成与临床研究中间还隔了若干年。刚开始的几年，科学家们根本无法分离出足够量的青霉素，更何况青霉素能否对人体真正起效也还是个未知数，因此青霉素的研究一度裹足不前。但是就像同时代的很多科学研究一样，第二次世界大战的爆发极大地推动了青霉素的研究进程。澳大利亚药理学家霍华德·沃尔特·弗洛里、德裔英籍生物化学家恩斯特·鲍里斯·柴恩、英国生物化学家诺曼·乔治·希特利、爱德华·彭利·亚伯拉罕爵士以及其他牛津大学的研究人员都致力于寻找扩大制备青霉素的方法，后来又将其应用于动物实验甚至临床实验，1942 年，科学家们用青霉素挽救了世界上第一例病人的生命，为了救治这个病人用掉了当时世界上近一半的青霉素产品，以至于他的尿液又被收集起来以回收这种珍贵的药物。当时，数个美国制药公司就已跃跃欲试，纷纷尝试青霉素的批量生产，包括改良发酵工艺及寻找可供大量提取青霉素的霉菌，后来他们在美国皮奥瑞亚（Peoria）的一种腐烂的甜瓜（Cantaloupe）上找到了最好的霉菌。到了 1945 年中期，青霉素的生产能力就已达到数百万剂了。

在青霉素研制的过程中，由于它的化学结构难以用化学方法确定，所以其结构始终是一个谜。英国生物化学家桃乐茜·克罗夫特·霍奇金、恩斯特·伯利斯·柴恩和美国有机化学家罗伯特·伯恩斯·伍德沃德都曾猜测该化合物中可能含有 β- 内酰胺类（Beta-lactam）四元环，后来霍奇金开展的 X-射线晶体学研究证实了这一猜测。事实上，正是这类四元环结构赋予了青霉素特有的活性，这类结构在其他化合物中非常少见，人们随之有针对性地开展了大量的合成研究。到 20 世纪 50 年代，美国有机化学家约翰·克拉克·希恩在青霉素合成领域取得了重要进展，他不仅首次提出了青霉素化学合成的实用工艺，而且还制得了青霉素的全合成与半合成制剂，用来对付那些对常规药物已经产生抗药性的细菌。■

手套箱

图为一款大型的手套箱。在一些研究涉及对空气敏感的化合物的实验室里，常能见到一些小一点的手套箱，为了便于操作，小的手套箱会为每只手臂设有单独的通道。

分液漏斗（1854 年），鄂伦麦尔瓶（1861 年），索氏抽提器（1879 年），硼硅酸玻璃（1893 年），硼烷和真空线技术（1912 年），迪恩—史塔克分水器（1920 年），通风橱（1934 年），磁力搅拌（1944 年）

毋庸多言，在化学实验室中使用某些试剂时必须慎之又慎，尤其是那些反应活性非常高的化合物，一旦暴露在空气中，立马就会燃烧。前面章节里提到过的“真空线技术”（Vacuum-line technique）是处理这类危险物质的一种手段，对于液体物质尤其适用，但有的时候，真正需要的是一个能够时刻处于无氧环境的实验台。

于是，手套箱孕育而生：一个大而封闭的箱子，箱子的前壁一般是玻璃或塑料材质，以便观察箱子里面的情况，箱子里面的空气已被惰性气体（如氮气或氩气）置换，科学家们将手伸入装在箱子前壁的橡胶手套里，在手套箱内进行操作。每次操作前，他们必须仔细计划好所有的操作步骤，因为从手套箱里取放一次物品绝非那么简单随意，手套箱会设置一个小的中转仓——用来中转实验器具和材料，每次放东西之前，操作者都要先将实验器具和材料置于中转箱中，完成中转箱气体置换以后，才能打开中转箱与手套箱的隔板，再将物品转到手套箱中操作，而这一系列操作都需要花费时间。

1945 年

手套箱的首次应用似乎可追溯到“曼哈顿计划”期间，当执行该计划的科学家们意识到他们的工作是多么困难和危险后，他们就利用胶合板、玻璃和橡胶搭建起了手套箱的雏形。自此，这一创造性发明就从“曼哈顿计划”走出，最终被带到了世界各地的实验室中。一些工业应用中需要用到大型的、可供多人同时操作的手套箱，这种箱子还常常安装有可供观察用的舷窗。手套箱还被安装在国际空间站上，来帮助宇航员完成一些涉及危险试剂的微重力实验。

许多有机金属化合物对氧气或水蒸气都特别敏感，所以无机化学家常常需要配备性能优良的手套箱并精心维护它们。为使手套箱时刻都能处于最佳运行状态，日常的精心维护是必须的，同时还需维持稳定的惰性气体供应。测试一个手套箱运行是否良好，有一个经典的方法：在手套箱内放置一个白炽灯泡，通电点亮后，应小心地将灯泡的玻璃罩破开，如果灯丝还能继续发光，那就说明手套箱内的气体与商业照明灯泡内的气体是一样，都属于惰性气体，那么万事俱备，你就可以开始干活了。■

叶酸拮抗剂

西德尼 · 法伯（Sidney Farber，1903—1973）
耶拉普拉甘达 · 苏伯 · 劳（Yellapragada Subba Rao，1895—1948）

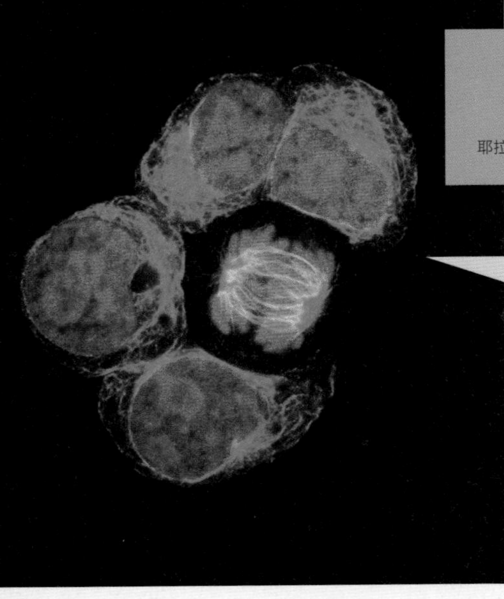

人们用荧光标记法标记的患白血病的动物的细胞。图中右侧的细胞正在分裂——这一幕在癌细胞培养中极为常见。

毒理学（1538 年），空袭巴里港（1943 年），DNA 的结构（1953 年），沙利度胺（1960 年），顺铂（1965 年），雷帕霉素（1972 年），现代药物发现（1988 年），紫杉醇（1989 年）

1947 年

儿科病理学家西德尼 · 法伯观察到一个医学现象：补充叶酸（维生素 B 的复合物之一）有助于某些类型的贫血病人恢复正常的造血功能。1947 年，他开始探索叶酸能否在白血病治疗中有同样的疗效。但不幸的是，研究结果表明：服用叶酸后的白血病人反而加速了病程的发展。因此，法伯果断地放弃了最初的设想，转而开启了逆向思维——如果过多的叶酸能加重白血病病情，那么阻断叶酸的摄入与代谢能否减缓病情呢？事实证明，刻意减少叶酸的摄入量确实对白血病的治疗有帮助作用。

印度生物化学家耶拉普拉甘达 · 苏伯 · 劳当时在纽约莱德利实验室（Lederle Laboratories）也从事着类似的叶酸类药物化学研究，试图为贫血病人研制一款更好的叶酸补充剂，他合成的一些化合物在化学结构上与叶酸十分相似，但在功能上可作为酶抑制剂阻断叶酸参与代谢过程（拮抗作用）。苏伯 · 劳将其中一种称为氨蝶呤（Aminopterin）的化合物提供给了法伯，以帮助他验证关于叶酸拮抗剂的想法，临床试验证实这种物质对儿童白血病的治疗有奇效，16 个接受治疗的患儿中有 10 个病情出现了暂时缓解，因为这种功效在当时闻所未闻，所以起初大家都不敢轻信法伯的研究结果，直到其他的叶酸拮抗剂也显现出了同样功效，且该功效在其他病患身上得以重现，他的研究结果才被普遍接受。

在所有的叶酸拮抗剂中，甲氨蝶呤（Methotrexate）最为广谱高效，且耐受性良好，它也同样归功于法伯和苏伯 · 劳的通力合作，人们曾尝试用它及其他叶酸拮抗剂来治疗各种各样的癌症，对有些癌症确实也能起效，如今它仍然位列于可供选择的癌症治疗方案里。甲氨蝶呤的作用机制是：它是二氢叶酸还原酶（Dihydrofolate reductase，DHFR）的强抑制剂，而 DHFR 是嘌呤（Purine）与嘧啶（Pyrimidine）的合成途径中的关键酶——嘌呤与嘧啶又构成了 DNA 梯状结构中“横档”部分，所以甲氨蝶呤能够起到抑制 DNA 合成的作用。快速分裂的细胞（这里特指癌细胞）需要合成更多的 DNA，使其子代细胞得以完全复制，所以，要想“饿死”癌细胞，阻止其快速分裂，手段之一就是利用甲氨蝶呤等阻断 DNA 合成需要用到的材料。在 20 世纪及以后的岁月里，人们开始使用这种化学治疗药物杀灭癌细胞以达到治疗目的。■

167

动力学同位素效应

雅各布·比格雷森（Jacob Bigeleisen，1919—2010）
玛丽亚·格佩特·梅耶（Maria Goeppert Mayer，1906—1972）

图为玛丽亚·格佩特·梅耶，她在整个同位素效应的发现过程中发挥了重要作用，她与雅各布·比格雷森一起在执行“曼哈顿计划”的过程中对这一效应进行了详尽的研究，得出了很多关键性结论。

氢气（1766 年），光化学（1834 年），同位素（1913 年），氘（1931 年），过渡态理论（1935 年），反应机理（1937 年），偶极环加成反应（1963 年），酶的立体化学（1975 年），同位素分布（2006 年）

美国化学家雅各布·比格雷森和德裔美籍物理学家玛丽亚 · 格佩特·梅耶同在“曼哈顿计划”中供职，他们当时的工作是尝试利用光化学技术（Photochemistry）分离出铀-235，虽然这项技术未获成功，但是它却大大促进了同位素化学的发展。这项课题听起来似乎非常复杂、使人望而生畏，但是其中涉及的科学原理却相对简单，只需用一个简单的物理模型就能将“动力学同位素效应”说清楚：用胶带将两只网球分别绑在一根弹簧的两端，拉动两只球后松手，你将发现两只球会以相同的频率同时振动，假设你增加其中一只球的质量，那么整个振动就会减速。

当我们对比碳氢键和碳氘键时，它们之间的区别就和上述物理模型完全一样，氘是氢的一种同位素，质量约为普通氢原子的两倍，由此，碳氘键振动起来比碳氢键更加缓慢，基态能级也更低。这就意味着在化学反应中，碳氘键更加难以断裂，如果碳氘键的断裂是某个化学反应中的限速步骤，那么与碳氢键断裂的同形反应相比，这个反应要缓慢得多。这就是“一级动力学同位素效应”的含义。1947 年，比格雷森和格佩特 · 梅耶提出了该理论，并发表了首批实验证据，从那以后，化学家们开始应用该理论开展了很多设计精巧的实验，以探索各种化学反应的机理。

除此之外，还存在“二级动力学同位素效应”：比如，有些反应并不涉及碳氘键（或是碳氢键）的断裂，只是反应的过渡态受到了同一个分子中相连或是相邻的同位素的影响，但这种效应相对来说要弱得多。“一级动力学同位素效应”能够令反应减慢五到十倍，而“二级动力学同位素效应”仅仅能减慢百分之几的反应速率，必须凭借精细的实验设计，才能检测到“二级动力学同位素效应”对反应速率的改变。

如果选用质量相近的同位素原子考察同位素效应，比如在质量上仅仅相差百分之八的碳-13 和碳-12，那么产生的同位素效应实在是非常微小。但这类实验却恰恰是探察反应关键步骤的绝佳手段之一，也为下一步实验设计优化提供了重要的理论依据。■

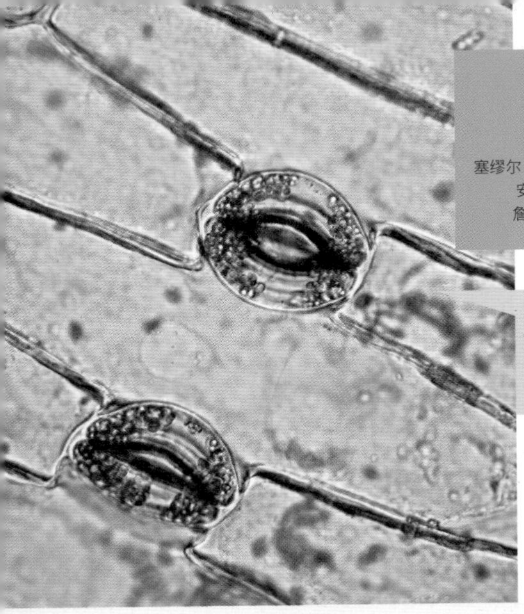

光合作用

梅尔文 · 卡尔文（Melvin Calvin，1911—1997）
塞缪尔 · 古德诺 · 怀尔德曼（Samuel Goodnow Wildman，1912—2004）
安德鲁 · 阿尔穆 · 本森（Andrew Alm Benson，1917—2015）
詹姆斯 · 艾伦 · 巴沙姆（James Alan Bassham，1922—2012）

图中 Rubisco 在绿色的叶绿体中慢慢悠悠地做着它奇特的工作，整个过程在植物细胞中清晰可见。

二氧化碳（1754 年），氧气（1774 年），细胞呼吸（1937 年），同位素分布（2006 年），工程酶（2010 年），人工光合作用（2030 年）

光合作用中的化学反应虽然悄无声息、不易察觉，但它却是世界上一切生命有机体赖以生存的基础。其实，我们所生存的地球原本并没有足够的氧气，直到光合微生物（Photosynthetic microbe）以代谢的形式释放出氧气，这一作用也逐渐消灭了地球的原生微生物或者迫使它们隐匿了起来。光合作用不仅能生产我们呼吸所需要的氧气，它还能调节空气中二氧化碳的含量。仅仅认识到光合作用只是将大气变得可供呼吸还远远不够，事实上，是光合作用维系了地球上所有生命体的食物链，人类自然也就包含在这其中。

令人惊讶的是，整个光合过程都依赖一种人类已知的最“笨”的酶（体积大、作用慢）。1947 年，塞缪尔 · 古德诺 · 怀尔德曼发表了一篇从菠菜叶子中提取到关键性酶 [核酮糖 -1，5- 二磷酸羧化酶 / 加氧酶（Ribulose biscarboxylase oxygenase）] 的文章，这种酶体积较大、含量丰富，作用不可或缺，这种酶的学名太长，实验室中习惯将它简称为“Rubisco”。Rubisco 是卡尔文循环（Calvin cycle）中的基础一环。卡尔文循环是由美国生物化学家梅尔文 · 卡尔文、化学家詹姆斯 · 艾伦 · 巴沙姆和生物学家安德鲁 · 阿尔穆 · 本森一起发现的，这条途径在植物界的地位与细胞呼吸的柠檬酸循环（Krebs cycle，克雷布斯循环）一样重要。两种循环的不同点在于：柠檬酸循环依赖的是线粒体，而植物使用的是另一种古老的细胞器——叶绿体来完成卡尔文循环。

Rubisco 可能是世界上含量最为丰富的蛋白质，甚至能占到植物中总蛋白量的一半。之所以需要这么多 Rubisco，部分原因是它并不像其他酶那样高效，它产生作用的速度极其缓慢，其他酶 1 秒钟可催化成千上万个底物分子，而 Rubisco 每秒钟仅能固定 3 个二氧化碳分子。这么低的催化效率可能是对它能区分二氧化碳与氧气能力的一种均衡，到现在，这仍然是一个开放性问题——想想这种酶经历了数十亿年的进化压力，它虽然功能重要但效率却十分低下，这背后一定隐藏着某种不为人知的制约机制，需要人们去发现和探求。如今，很多研究团队正试图通过提高 Rubisco 的效率，来观察后续的一系列反应，希望将来能在人工光合领域有所建树。■

多诺拉的死亡之雾

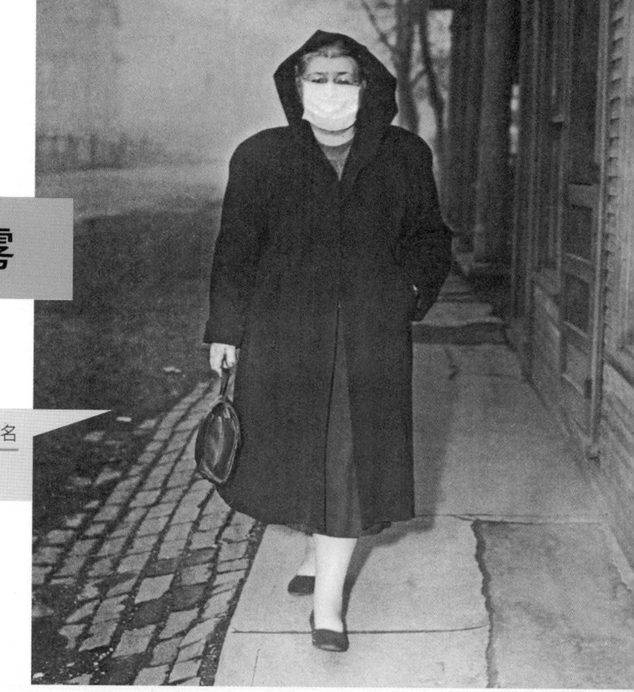

图为多诺拉死亡之雾事件期间，一名护士在外出时戴上了医用口罩。

铅污染（1965 年），博帕尔事件（1984 年）

1948 年

化学工业的发展绝非坦途。一件于 1948 年发生在美国宾夕法尼亚州的几乎被人遗忘的事件时刻在警示着我们：如果忽视化工厂周围的空气污染会引发十分可怕后果。宾州小镇多诺拉（Donora）坐落在山谷之中，那一年的十月下旬，连续四天一丝风都没有，空气的垂直对流受到了逆抑，出现了所谓的逆温现象。该镇是众多钢铁厂、炼锌厂的集中地，那些工厂经常排放大量的有毒气体，炼锌厂排放出的废气甚至杀死了方圆半英里内的所有植物，但当地居民也没有抱怨太多。当时在那种天气模式下，有毒的废气笼罩在整个地面，就好像是在山谷上盖了一个“盖子”。有毒的二氧化硫气体、氟化氢气体、氟气以及其他污染物与从工厂中排放出的烟尘结合在一起，形成了近乎密不透风的烟雾。小镇的居民开始出现咳嗽、呼吸困难的症状，用今天的知识推断，当时那种烟尘一定引发了流行性哮喘。

黄色的“死亡之雾”对多诺拉镇居民的伤害远不止如此。多诺拉的消防部门挨家挨户地去救助那些痛苦的居民，耗尽了氧气储备，红十字会还设立了一个急救中心来协调镇上医生的工作。终于，第 5 天的一场暴雨彻底清洗掉了那些毒雾。那次灾难造成了共计二十位居民罹难，死亡的各种动物达到数百只，超过七千名居民患病。如果天气状况没有发生改变，肯定还会有更多的人因此受累，幸存者们在长达数年内都仍然承受着由此产生的疾病痛苦。这一事件也引起了美国举国关注，警示着人们应重视空气污染的巨大危害。

在接下来的几十年间，立法机构与公众纷纷行动起来，人们对于工厂废气排放与空气污染的态度也发生了巨大变化。现如今，如果还有人提出：在山谷中规划建设大量的金属加工厂，让周围居民呼吸未经处理的废气——这几乎就是一种茹毛饮血的念头，可不幸的是，这样的场景在世界的其他地方还是屡见不鲜。■

催化重整

弗拉基米尔·汉泽尔（Vladimir Haensel，1914—2002）

图为安装在涡轮增压发动机上的催化转化器。通过这项技术，大量的汽车尾气得以净化，生成了二氧化碳和水。

硫化氢（1700 年），氢气（1766 年），克劳斯工艺（1883 年），热裂化（1891 年），四乙基铅（1921 年），酸与碱（1923 年），费-托法（1925 年），催化裂化（1938 年）

相对于 19 世纪末弗拉基米尔·舒霍夫和威廉·梅里厄姆·波顿发明的热裂化技术，20 世纪 30 年代尤金·朱尔斯·荷德莱发明的催化裂化技术成功地提高了汽油产量，这可算得上是一项巨大的技术进步，但在催化裂化生产的汽油中还需外加有毒的四乙基铅才能产生最佳的使用效果。后来，德裔美籍化学工程师弗拉基米尔·汉泽尔创造性地发明了“铂重整工艺”（Platforming process），这一发明不仅解决了之前工艺存在的问题，而且还附带解决了其他一些技术问题。无须外加铅盐，铂重整工艺大大提高了原油的高辛烷值汽油产率，同时还能副产价值很高的氢气——作为石油炼厂用氢的重要来源，通过加氢处理将原油精制脱硫，在将其转化成硫化氢后，再用于克劳斯工艺中进行下一步反应。除了生产燃料以外，铂重整工艺还能副产大量的芳香族化合物，最典型的产品就是苯，这也是化学工业中石油能够取代煤或者煤焦油作为原料使用的一个重要原因。

当然，这一工艺从研发到真正实现工业应用也历经坎坷。为了保证催化效果，汉泽尔打算选用铂作为催化剂，然而从技术经济性的角度来分析，这个设想一度被认为是疯狂的。要知道，金属铂的价格无论过去还是现在都明显地高于黄金，并且整个重整塔都需要填充固体的铂粒，即使这样的“铂重整塔”真的能被建造出来，那也得派驻不少警卫对它进行保护。但汉泽尔发现：所有的催化作用都只是由铂的最外层金属产生，这意味着只要通过适度分散，相对少量的铂就可以满足催化反应的要求，由此他将铂负载在氧化铝（Alumina）载体上，这种载体不仅便宜并且还能提供路易斯酸的表面，能起到部分的催化作用。

铂重整工艺英文为 platforming，这是一个合成词汇，“plat”来自 platinum（铂），而“form”来自 reforming（重整），意指烃类物质裂化生产汽油。对铂重整工艺的改进构成了现代炼油工业发展的主基调，同时，铂重整工艺的其他产物也可作为合成塑料工业的原料使用。在那之后，汉泽尔转变了研究方向，投身于铂的另一项应用——研发汽车尾气催化转化器（Catalytic converter），以使其达到清洁排放的目的。汉泽尔的研究成果在一定程度上消除了小托马斯·米基利发明的四乙基铅和氯氟烃对大气的影响。同时，铂重整工艺配合加氢处理也使得原油脱硫更加容易，所以汉泽尔的研究成果功效卓著：有效减少了酸雨的发生频率，帮助消除汽油产生的铅污染，通过净化汽车尾气，还大大减少了雾霾的形成。■

分子病

莱纳斯 · 卡尔 · 鲍林（Linus Carl Pauling，1901—1994）
詹姆斯 · 范 · 甘地亚 · 奈尔（James Van Gundia Neel，1915—2000）
哈维 · 盛田 · 伊泰诺（Harvey Akio Itano，1920—2010）
弗农 · 英格拉姆（Vernon Ingram，1924—2006）
西摩 · 乔纳森 · 辛格（Seymour Jonathan Singer，1924— ）

图为镰刀型红细胞。细胞内变异的血红蛋白聚集成棒状结构，从而改变了细胞外形。

氢氰酸（1752 年），氧气（1774 年），氨基酸（1806 年），桑格法测序（1951 年），电泳（1955 年）

1949 年

现如今，我们普遍都接受了这一观点：一些疾病的发生与遗传基因突变（Genetic mutation）存在必然的联系。事实上，这一理论的正式提出要归功于美国化学家莱纳斯 · 鲍林和他的两位合作者：美国细胞生物学家西摩 · 乔纳森 · 辛格和美国化学家哈维 · 盛田 · 伊泰诺。1949 年鲍林发表了一篇文章，题为《镰刀型细胞贫血症——一种分子病》（*Sickle Cell Anemia: a Molecular Disease*），文中他首次定义了分子病。同年，美国遗传学家詹姆斯 · 范 · 甘地亚 · 奈尔揭示了分子病在人类中的遗传模式。

遗传学家们的早期研究已经证明：基因缺陷可能导致酶缺乏或是消失。但鲍林和他的同事将这一认识进行了深化：人体红细胞中都存在着携氧的血红蛋白，而镰刀型细胞贫血症患者体内的血红蛋白发生了突变，致使血红蛋白携氧量大大降低，在显微镜下可以观察到整个细胞的形状也扭曲成了特殊的镰刀状。后续研究发现：在热带疟疾流行的地区，镰刀型细胞贫血症患者罹患疟疾的感染率要比正常人低很多，这也有助于理解为何在热带地区一直能找到镰刀型细胞贫血症患者。

鲍林后来给他的学生伊泰诺分配任务，让他找出镰刀型细胞血红蛋白的成因。可当时的技术手段根本无法将镰刀型细胞血红蛋白与正常的血红蛋白分开。最终，伊泰诺发现镰刀型细胞血红蛋白所带电荷在不同 pH 值下有着微小的变化，可以利用借助“电泳技术”（Electrophoresis）将二者分离。（所谓电泳技术是在外加电场中，待分离样品存在着带电性质等差别，带电分子通过凝胶基质时迁移速度不同，从而实现蛋白质分离的技术。）后来，随着蛋白质测序技术与其他相关技术相继涌现，1956 年，德裔美籍生物学家弗农 · 英格拉姆发现：镰刀型细胞贫血症是因为蛋白质链中一个缬氨酸被谷氨酸所代替，从而改变了蛋白质整体结构。

每个人一出生就携带着这样那样的单点突变，其中大部分的突变都是隐性且无害的，然而，在一些特定蛋白的特定位点，哪怕极小突变都足以致命。正是鲍林的开创性研究为我们开辟了一条可靠路径：将化学的技术手段运用于生物分子研究中，为未来分子生物学的发展奠定了坚实的基础。■

非经典碳正离子之争

绍尔 · 温施泰因（Saul Winstein，1912—1969）
赫伯特 · 查尔斯 · 布朗（Herbert Charles Brown，1912—2004）
乔治 · 欧拉（George Olah，1927—　）

图中为乔治 · 欧拉，他的核磁共振研究结果为非经典碳正离子理论提供了强有力的实验证据，这场激烈的学术争论从各个方面推动了物理有机化学的发展进程。

弗里德尔—克拉夫茨反应（1877 年），X-射线晶体学（1912 年），反应机理（1937 年），核磁共振（1961 年）

一场始于 1949 年的学术争论一直持续了好几十年，争论到最后，包括数位诺贝尔奖得主在内的世界上几近全部的赫赫有名的物理有机化学家都尽数参与其中。所有这一切都起源于一个小小的化合物：降冰片烯基碳正离子。

在这场争论之前，人们早已清楚经典的碳正离子在很多反应中都作为反应中间体（Intermediate）存在。但对于降冰片烯体系而言，它的分子是由一个小的双环结构构成，在一些经典的碳正离子反应中，它的表现可谓相当“奇怪”：反应物是同种物质的两种异构体（Isomer），发生反应后却能得到完全相同的产物，这说明这两个反应都经历了同样的中间体，但不同的是，其中一个反应的速度要明显快于另外一个。

科学家们就此提出了两种解释。美国化学家绍尔 · 温施泰因提出了一种略显“怪异”的“非经典碳正离子”猜想，即中间体的正电荷同时分布在三个碳原子上，更易于生成这样中间体的异构体，其反应速度会更快。但英裔美籍化学家赫伯特 · 查尔斯 · 布朗（后因有机硼化学研究而获诺贝尔奖）反对这一假说，他认为根本不存在什么异乎寻常的中间体，只不过是两种经典的碳正离子在迅速地相互转化，实验无法分辨它们而已，他将反应速度的不同归因于反应中心的解离受到了周围基团的“空间阻碍”，化学术语中称为“空间位阻效应”。

大家众说纷纭，要获得正确答案最终还是要依赖化学及仪器分析技术的发展进步，而这一切都需要时间，随着后来各种新型分析、表征技术设备相继问世，为最终解决这一问题铺平了道路，最终，匈牙利裔美籍化学家乔治 · 欧拉借助于核磁共振技术（Nuclear Magnetic Resonance，NMR）在这个问题上一锤定音，他本人也由此荣获诺贝尔奖。他发现了一种超酸溶剂，能够较长时间地稳定碳正离子，满足了 NMR 测试的需要。最终，他的实验结果证实了温施泰因的猜想是正确的，大多数化学家开始相信这一理论——非经典碳正离子结构真实存在，但布朗本人却一直不肯接受这一结论。

直到 2013 年，科学家们得到了降冰片烯基碳正离子的 X－射线晶体结构，它再次证实了温施泰因的“非经典碳正离子”理论的正确性，这也是一直以来大多数化学家所期待看到的。直到此时，这场旷日持久的碳正离子之争终于尘埃落定。这期间，人们对解决这一问题的渴求不仅推动了分析技术的进步，还加深了人们对于化学反应与化合物结构的认识。■

173

构象分析

赫尔曼 · 萨克斯（Hermann Sachse，1862—1893）
恩斯特 · 摩尔（Ernst Mohr，1873—1926）
奥德 · 哈塞尔（Odd Hassel，1897—1981）
德里克 · 哈罗德 · 理查德 · 巴顿（Derek Harold Richard Barton，1918—1998）

图中这个三维模型展示了碳六元环的空间构象。

碳四面体结构（1874 年），X-射线晶体学（1912 年），甾体化学（1942 年），可的松（1950 年），人造金刚石（1953 年）

1950 年

1918 年对金刚石结构的测定是 X-射线晶体学的早期成就之一，就像德国化学家恩斯特 · 摩尔所描述的那样：金刚石是由“碳四面体结构”组合起来的三维网格，每个“碳四面体结构”与范 · 霍夫所画的一模一样。晶格中的每个原子都与相邻原子紧密相连，这使得金刚石异常坚固且具有化学惰性，人们都能想象得出，金刚石晶体空间排布方式一定是堆积得既紧凑又致密。

同样的，假如你想知道一个碳六元环的各个原子在空间排布方式，呈现在你眼前的一种是形如“六元环一头冲上、一头冲下”的三维空间结构，化学家将其形容为“椅式”构象，当然也有可能得到“两头都冲上”的结构，其被称为“船式”构象。早在 1890 年，德国化学家赫尔曼 · 萨克斯就曾指出碳六元环在三维空间上可能存在上述立体构象，但在当时没有获得多少认同。直到 1943 年，挪威物理化学家奥德 · 哈塞尔指出：若碳六元环中只存在碳碳单键，那它完全不可能以“平面”的形式存在，在立体空间中，它一定存在某种三维结构（构象）。

继而，哈塞尔开始研究六元环构象的细节问题，这使得碳六元环构象问题在有机化学研究中逐渐得到重视和普及，但起初，并非所有的有机化学家都相信这些构象能对真实的化学反应产生什么重要影响，直至 1950 年，英国有机化学家德里克 · 哈罗德 · 理查德 · 巴顿爵士列举了众多化学反应，详述了立体构象对反应产物的影响。从类固醇化学中，他就搜罗到了很多例子。要知道对于类固醇化学而言，只有对各式各样环的立体构象进行详尽的观察和研究，才能彻底弄清反应细节及产物结构的成因，如：反应物之间发生反应的难与易取决于反应基团在反应路径上遇到空间障碍的多与少，而这都与六元环的空间构象有关——因为从六元环的不同侧面进行反应遇到的空间位阻真可谓天壤之别。

巴顿的理论最终为他赢得了巨大声誉，1969 年他荣获了诺贝尔奖。但他总是强调自己 1950 年发表的那篇关于分子构象与反应性关系的论文是他的“幸运文”，因为他认为任何仔细阅读这篇论文的科学家，基于各自的实验结果都能得出和他一样的结论。■

可的松

爱德华·卡尔文·肯德尔（Edward Calvin Kendall，1886—1972）
菲利普·肖瓦特·亨奇（Philip Showalter Hench，1896—1965）
塔德乌什·赖希施泰因（Tadeus Reichstein，1897—1996）
珀西·拉文·朱利安（Percy Lavon Julian，1899—1975）
肯尼斯·卡洛（Kenneth Callow，1901—1983）
路易斯·萨雷特（Lewis Sarett，1917—1999）
马克斯·提什勒（Max Tishler，1906—1989）
约翰·华卡普·康弗斯（John Warcup Cornforth，1917—2013）

图为 1952 年老式的测定血液样本中可的松的方法，请注意那些如同森林般密密麻麻的分液漏斗。

天然产物（约 60 年），胆固醇（1815 年），甾体化学（1942 年），构象分析（1950 年），桑格法测序（1951 年），口服避孕药（1951 年），现代药物发现（1988 年），紫杉醇（1989 年）

作为合成化学的最佳成果之一——各类结构复杂的类固醇（Cortisone）环状化合物被人们陆续合成出来，且被证实其用途广泛、市场需求极大，由此，在 20 世纪 50 年代，类固醇化学与类固醇生物学成为十分热门的研究领域。当美国化学家爱德华·卡尔文·肯德尔、美国物理学家菲利普·肖瓦特·亨奇和瑞士化学家塔德乌什·赖希施泰因解析了肾上腺皮质酮（可的松）与肾上腺皮质类固醇的结构，并报道了其对人体产生的重要功效，它们的药用价值就更加明确了，事实上，可的松很快就被成功地用于类风湿性关节炎的治疗当中。

同时，类固醇的合成也在考验着化学家们将其实现工业化生产的能力。20 世纪 40 年代，在继拉塞尔·马克薯蓣衍生合成法之后，美国化学家珀西·拉文·朱利安发现了另外一条合成路径：从大豆混合物中制备孕酮（Progesterone）等类固醇物质，不久他又因对可的松合成路径的改进——避免了原来毒性高且昂贵的四氧化锇（Osmium tetroxide）的反应步骤而再次名声大噪。与此同时，在英国，为葛兰素制药公司工作的澳大利亚裔化学家约翰·华卡普·康弗斯爵士及生物化学家肯尼斯·卡洛从剑麻类植物（Sisal plant）中提取得到的化合物也证明了另外一条孕酮合成路径的可行性。

默克制药公司早先生产可的松的工艺可能创了当时化学合成工业工艺烦琐“之最”——这套工艺由美国化学家路易斯·萨雷特发明，涉及三十多步反应，这么烦琐的合成路径也只有在生产高活性、高附加值产品时才会使用。其中涉及一种中间产物是二硝基苯腙类衍生物（Dinitrophenylhydrazone），呈亮红色，有点类似于埃米尔·费雪用碳水化合物制备出的化合物或是进行桑格测序（Sanger sequencing）时从蛋白质中得到的物质。关于这个中间体还有个广为人知的故事：美国化学家马克斯·提什勒当时是默克制药公司化学工艺部门的主任，一天当他走进实验室，发现一摊红色的液体洒在地上，他无奈道：“真希望洒出来的是血！”其他同事都明白他的意思——这个中间体实在太金贵了。不过到了 1951 年，普强制药公司（Upjohn）的研发团队发现一种微生物可将孕酮氧化成可的松，从而孕酮成为生产可的松的绝佳原料。因此，该公司一下向墨西哥的先达公司（Syntex）订购了 10 吨孕酮，购入原料数量之大也着实令对方公司吓了一跳，虽然默克制药公司制备工艺也在不断改进，但普强制药公司也利用其技术的不断革新与之展开竞争，当然，这两家公司所生产的可的松类药物现在仍然用于包括从过敏性疾病到哮喘的多种病症的临床治疗当中。■

旋转蒸发仪

莱曼 · C. 克雷格（Lyman C. Craig，1906—1974）

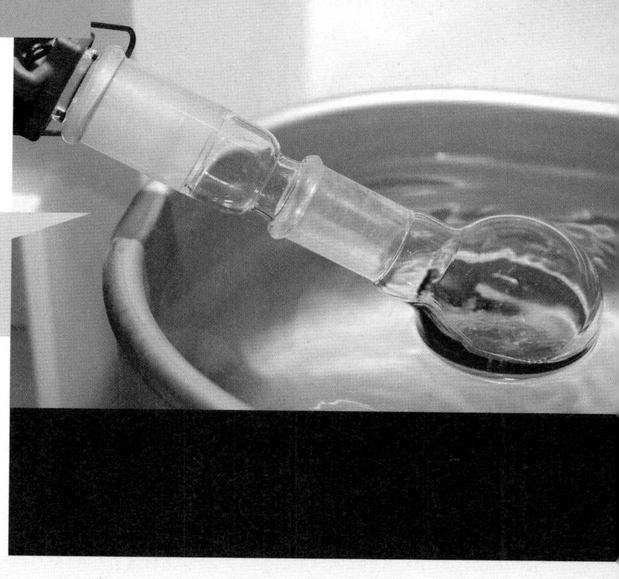

旋转蒸发仪，常伴随着世界各地的有机化学家们。图中烧瓶里的红色化合物将很快被浓缩，并贴着瓶内壁逐渐析出。

纯化（约公元前 1200 年），分液漏斗（1854 年），鄂伦麦尔瓶（1861 年），索氏抽提器（1879 年），硼硅酸玻璃（1893 年），迪恩—史塔克分水器（1920 年），通风橱（1934 年），磁力搅拌（1944 年），手套箱（1945 年），乙腈（2009 年）

有机化学家在工作中常常要用到很多有机溶剂，反应结束后又需要将这些溶剂去除，将产物以近乎干燥的状态分离出来。事实上，利用常规的蒸馏也能达到相同的目的，但常规的蒸馏过程毕竟有点费时费力。现代化学家们发明了一款名为旋转蒸发仪（Rotary evaporator，也常常被称为“旋蒸”，rota-vap）的实验室设备，大大加速了这一分离过程，甚至大多数人在操作旋转式蒸发仪时都没有意识到他们的操作在本质上也是蒸馏。

1950 年，美国生物化学家莱曼 · C. 克雷格和他的同事们最先描述了旋转蒸发仪的设计理念——它巧妙地将几大优点集于一身：装有待分离溶液的烧瓶能围绕着中心轴旋转以保证溶液均质，旋转过程又能使瓶壁上总挂有一层薄薄的液膜，接下来将整个烧瓶一边旋转一边降至热水浴中，同时整个系统又被抽真空以降低溶剂的沸点。上述这些影响因素聚集到一起，使得那些常规有机溶剂的蒸馏过程大大缩短——这些溶剂被快速蒸发，经过冷凝装置后被回收到溶剂瓶中重复利用。如果给该装置同时配套一个功率强劲的真空泵，即便是高沸点溶剂也能被分离出来。

虽然这种装置便捷高效，但在使用过程中仍然有一些注意事项。如果一次处理的物料太多，或是没及时旋转起来，抑或是升温速度太快，就有可能随时发生“喷瓶”现象：瓶内物料一瞬间迸发并喷入冷凝器中，这就意味着整个蒸馏过程需要从头再来。除此之外，忘记打开真空泵有可能使一整瓶金贵的物料连瓶带料掉到水浴锅里，类似的小事故几乎每位化学家都经历过，一旦发生，大家都会着急得跳脚。当然，如果产物本身的沸点就非常低，也会存在产物随溶剂一起被带出来的风险。但绝大多数情况下旋转式蒸发器维护起来比较简单，工作起来也很稳定，是有机化学实验室里最实用的设备之一。■

桑格法测序

阿彻·约翰·波特·马丁（Archer John Porter Martin，1910—2002）
理查德·劳伦斯·米林顿·辛格（Richard Laurence Millington Synge，1914—1994）
弗雷德里克·桑格（Frederick Sanger，1918—2013）
汉斯·图普（Hans Tuppy，1924— ）

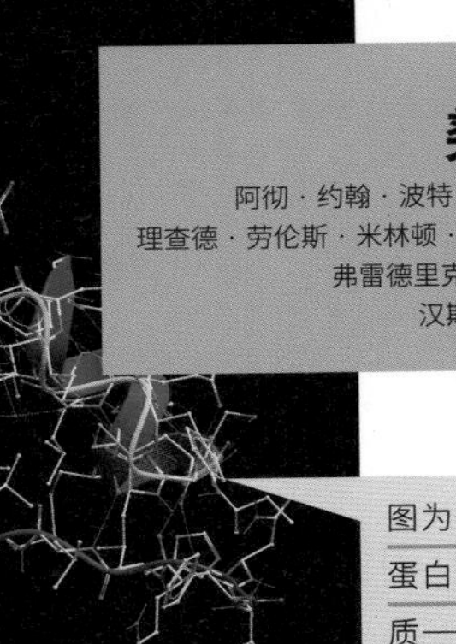

图为胰岛素蛋白的分子模型。桑格的方法不仅明晰了蛋白质的化学组成，还帮助化学家认识了蛋白质的本质——事实上就是一种有机化合物，可以用化学的方法来达到研究和操控的目的。

氨基酸（1806 年），色谱分析（1901 年），分子病（1949 年），DNA 的结构（1953 年）

1951 年

如今的化学家和分子生物学家早已对蛋白质的操控信手拈来，且信心满满。他们可以找出蛋白质的氨基酸序列，并能任意改造。但在 1951 年之前，蛋白质的结构一直是个未解之谜，由于蛋白质是由二十种氨基酸排列组合而成，随着多肽长度的增加，可能的组合数很快就成为巨大的天文数字，因此当时关于蛋白质的研究仍然有许多重要问题需要解决。比如：一个特定的蛋白质有相对应的氨基酸序列与特定的结构吗？是否只有蛋白质的活性位点结构是固定的，而其他部分的结构都是可变的？所有的这些问题都要等到完成氨基酸序列的测定以后才能得出最终答案。

1951 年，桑格与合作者们（主要是澳大利亚生物化学家汉斯·图普）一起公布了他们的发现——如何测定出胰岛素（Insulin）“B 链”所有的氨基酸顺序。他们的成果得益于英国化学家阿彻·约翰·波特·马丁和英国生物化学家理查德·劳伦斯·米林顿·辛格于 1943 年的革命性发现：氨基酸、短肽链和其他分子可以通过色谱分析（Chromatography）进行分离，操作方法也很简单，只需在滤纸条的下端点上待分离混合溶液的样点，再将纸条下端浸入溶剂中，溶剂因毛细作用沿滤纸爬升，从而将样品分离。

桑格找到了一种颜色鲜亮的二硝基苯衍生物（Dinitrophenyl，DNP）能与多肽末端的氨基发生反应，多肽被水解后，末端的氨基酸就被 DNP 标记，而多肽的其他部分不会被破坏。通过标记的末端氨基可以完成短肽链氨基酸的定序工作，继而逆向推断出多肽的结构，虽然整个过程非常辛苦，还要容忍氨基酸发生常态模式之外的其他反应，但是这一方法使得短肽测序在当时成为一种可能。对于胰岛素，桑格和他的团队先将其水解成更短的片段，然后将这些片段进行分离并完成每个片段的定序，最后就像玩拼图游戏一样，拼出整个蛋白质的序列。

上述结果证明了蛋白质的构象和特性是由其特定的氨基酸序列所决定的，从而赋予了其差异性的形态和特性——这一重大研究进展为桑格赢得了诺贝尔奖，也表明了细胞内一定存在着蛋白质编码机制。桑格之后又发明了 DNA 和 RNA 的测序技术，并因此第二次获得了诺贝尔奖。■

口服避孕药

凯瑟琳·麦考密克（Katherine McCormick，1875—1967）
格雷格里·古德温·平卡斯（Gregory Goodwin Pincus，1903—1967）
张明觉（Min Chueh Chang，1908—1991）
乔治·罗森克兰兹（George Rosenkranz，1916— ）
卡尔·杰拉西（Carl Djerassi，1923—2015）
弗兰克·本杰明·科尔顿（Frank Benjamin Colton，1923—2003）
路易斯·埃内斯托·米拉蒙特斯·卡德纳斯（Luis Ernesto Miramontes Cárdenas，1925—2004）

类固醇衍生物功效十分显著，图中这样的一粒小小药丸竟然对我们的世界产生了如此深远的影响，这真是一个奇迹。

胆固醇（1815 年），甾体化学（1942 年），可的松（1950 年），现代药物发现（1988 年）

1951 年

20 世纪 50 年代，当时类固醇研究者们的一个重要目标就是找到一种化合物，不仅具有如孕酮般的功效，还可以直接口服。孕酮这种激素能够抑制女性排卵，但直接口服孕酮会因分解速度过快而降低功效，所以化学家们开始寻找具有类似功效但又可口服的化合物，目的是开发一种人类避孕用药物。就在墨西哥制药企业先达公司（Syntex）的类固醇化学专家们为此目标努力时，公司创始人拉塞尔·马克却离开了公司，并带走了基于墨西哥薯蓣合成孕酮的配方，这使得匈牙利裔化学家乔治·罗森克兰兹只好去尝试逆向工程以破解这个配方，当然最后他成功了。

在先达公司成功合成可的松（Cortisone）的消息对外披露仅仅几个月时间后，澳大利亚裔化学家卡尔·杰拉西以及他在先达公司的团队，包括墨西哥化学家路易斯·埃内斯托·米拉蒙特斯·卡德纳斯等一起成功合成了炔诺酮（Norethindrone），同时，G.D. 希尔勒制药公司（G.D. Searle）的美国化学家弗兰克·本杰明·科尔顿也合成了结构类似的炔诺酮。炔诺酮的临床试验是在凯瑟琳·麦考密克的资助下进行的，资助者本人就是一位生物学家，同时她还是国际收割机公司（International Harvester）富有的女继承人，实验结果证明：炔诺酮效果显著，可以作为具有竞争性的第一代避孕药的有效成分。

然而，不管学术研究进展如何，一谈到“避孕”这个话题，社会上就一直非议不断，面对相关的征询，许多药物公司都会集体选择回避，即便他们已经私下展开类固醇方面的研究，公开场合他们也会拒绝披露具体的研究动向。但是，由于来自市场需求的刺激，在 20 世纪 60 年代早期，第一批口服避孕药就通过了美国食品药物监督管理局（FDA）的审批。

可从那时起，大环境就发生了变化。当美国生物学家格雷格里·古德温·平卡斯和美籍华裔生物学家张明觉共同发明了口服避孕药，并重新冠以“The Pill”的品名推向市场时，在最初的几年里并没有被大众广泛接受，甚至它的分销都由法院来调控。可无论如何，通过服用药物获得自由的生育选择权在人类历史上还是第一次，妇女们从此能够掌控自己的生育乃至自己将来的生活。■

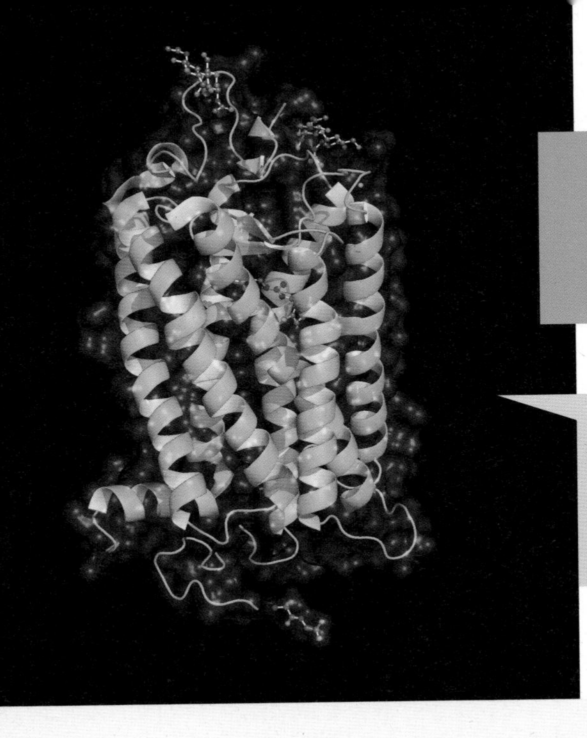

α-螺旋和β-折叠

罗伯特·柯瑞（Robert Corey，1897—1971）
威廉·阿斯特伯里（William Astbury，1898—1961）
莱纳斯·卡尔·鲍林（Linus Cart Pauling，1901—1994）
赫尔曼·布兰森（Herman Branson，1914—1995）

视紫红质（Rhodopsin）是视网膜（Retina）上的一种光敏色素，图中给出了其空间构象的示意图，就是位于细胞膜上的多个α-螺旋，这些α-螺旋的相互作用，构成了蛋白质结构中最关键的部分。

氨基酸（1806年），蜘蛛丝（1907年），X-射线晶体学（1912年），氢键（1920年），核磁共振（1961年）

1951年

基于X-射线晶体学和NMR（核磁共振）的研究结果已经证明：尽管各种蛋白质结构上千差万别，但是不同蛋白质在二级结构上总是存在相似性。其中最重要的两种二级结构就是“α-螺旋”（Alpha-helix）和“β-折叠”（Beta-sheet）。

说起α-螺旋——如果你拿出一卷丝带，让其中一部分自由下垂所形成的样子就像是α-螺旋的形状。它是由氨基酸构成的“螺旋梯状”二级结构，逐渐一圈圈卷曲起来并形成稳定的氢键。相比于其他氨基酸，一些氨基酸更倾向于形成这样的螺旋结构，所以通过分析蛋白质中氨基酸的序列就能很好地预测哪一段会发生螺旋。1948年，美国化学家莱纳斯·卡尔·鲍林就蛋白质的空间构象开展了相关研究，某一天他因感冒而抱病在床时突然灵光一现，在一张纸上画出了一条氨基酸链，通过将纸卷成卷，希望能发现长肽链中的氢键的相互作用规律，以及长肽链二级结构是如何形成的。后来他把这个思路告诉了美国物理学家、化学家赫尔曼·布兰森，让他去测定长肽链是否真的具有这样的螺旋结构。

β-折叠，又有所不同——它是指肽键平面折叠成锯齿状片层结构，相邻肽链主链之间形成有规则的氢键连接。这个概念最早是英国分子生物学家威廉·阿斯特伯里提出的，1951年，鲍林和美国生物化学家罗伯特·柯瑞又对它进行了进一步凝炼。事实上，有时β-折叠层相互匹配得过于“严丝合缝”，使得整个蛋白质变成不溶性聚集体，正如阿尔茨海默症中的淀粉状蛋白那样。也是基于这个原因，人类进化过程中一定存在某些机制能够避免产生过多的β-折叠，但无论怎样，折叠仍然是重要的二级结构，许多蛋白质正是以β-折叠的形式实现了局部有序排列。

上述两种结构是所有蛋白质空间构象的基础，也就是所有生命的基本存在形式。事实上，我们常常看到的蛋白质经典结构可能是由多个α-螺旋集束在一起，彼此互成一定角度，乍一看就像是一个大篮子里放着一捆法国长棍面包，这些α-螺旋之间又由β-折叠连接构成回环，有时人们将蛋白质结构特意画成“丝带”状，突出强调了α-螺旋，只是为了说明蛋白质骨架具有的扭曲和环绕的特征。■

二茂铁

塞缪尔·A. 米勒（Samuel A. Miller，1912—1970）
罗伯特·伯恩斯·伍德沃德（Robert Burns Woodward，1917—1979）
杰弗里·威尔金森（Geoffrey Wilkinson，1921—1996）
恩斯特·奥托·费雪（Ernst Otto Fischer，1918—2007）
彼得·路德维希·保松（Peter Ludwig Pauson，1925—2013）
托马斯·J. 克雷（Thomas J. Kealy，1927—2012）

图为计算机模拟的二茂铁分子模型，个头相对较大的铁离子像三明治一样夹在环戊二烯正中间。

苯和芳香性（1865 年），配位化合物（1893 年），X-射线晶体学（1912 年），非天然产物（1982 年）

1951 年

1951 年，有两个不同的研究团队（美国化学家彼得·路德维希·保松和托马斯·J. 克雷团队；英国化学家塞缪尔·A. 米勒、约翰·特博斯和约翰·特里梅因团队）各自独立地对一种五元环化合物——环戊二烯（Cyclopentadiene）及相关反应开展研究，当环戊二烯与铁离子结合时，出人意料地形成了一种新化合物，当时两个研究团队都认为应该得到无色液体，但实际上却是一种亮橙色的晶体，一经发现，就像打开了一扇“窗户”，透过它，一类全新的茂金属化合物呈现在人们面前。

这种亮橙色晶体的学名是二茂铁（Ferrocene），实验研究发现它的化学结构中每两个环戊二烯对应着一个铁离子，而它们之间的具体排布方式引起了广泛的研究，同时也产生了很大争议。两位杰出的有机化学家：美国人罗伯特·伯恩斯·伍德沃德和英国人杰弗里·威尔金森研究了二茂铁的反应特性，并提出二茂铁结构应像“三明治”一样：一个铁离子夹在两个环戊二烯之间，铁离子与两个环戊二烯之间的化学键均匀分布在两个环上——当时这可是一种前所未见的化学键。因此，在所有的茂金属化合物中，二茂铁堪称电荷分布最为平衡、性能也最为稳定的物质，它的每个环戊二烯都获得了足够的电子，具有了芳香性，而铁离子的最外层电子轨道也被完全充满。

德国化学家恩斯特·奥托·费雪也给出了同样的二茂铁结构，后来的 X-射线晶体学研究对这一结构进行了再次确认。之后，他尝试使用其他金属元素制备其他类型的茂金属化合物，从二茂铁开始，掀起了一股有机金属化学的研究热潮。费雪和威尔金森也因此同时荣获了 1973 年的诺贝尔奖。

现如今，茂金属化合物已被广泛应用于工业催化剂和有机化学试剂。应用如此广泛的化合物竟然这么晚才被发现，想想也觉得挺奇怪的。事实上，多年来人们在用铁质装置蒸馏环戊二烯过程中，早发现过一些“没用”的亮黄色残渣堵塞了管道——一个诺贝尔奖就这样白白地被刷子“清理”掉了，想来着实可惜。■

超铀元素

埃德温·马蒂森·麦克米兰（Edwin Mattison McMillan，1907—1991）
格伦·西奥多·西博格（Glenn Theodore Seaborg，1912—1999）
菲利普·艾贝尔森（Philip Abelson，1913—2004）

图为格伦·西奥多·西博格和以他的名字命名的元素。曾经同一时间真实存在于地球上的𬭳元素也仅仅只有一小把。

元素周期表（1869 年），钋和镭（1902 年），同位素（1913 年），自然界中最“迟来”的元素（1939 年）

1951 年

18—19 世纪是发现新元素的全盛时期。自古以来，类似于金、银、铜等元素都是构成世界的基础元素，相比之下，后期发现的新元素是从矿石样本或是从空气中好不容易“搜刮”出来的。20 世纪早期，到钋和镭被发现之时，元素周期表里比较轻的位置几乎都被填满了，很明显，铀元素在当时可能是最重的元素了，并且它的同位素也相对稳定。所谓“超铀元素”（Transuranic）是特指原子序数大于 92 的元素，这些元素都非常“烫”——用科学术语描述就是有辐射，部分超铀元素的半衰期非常短，辐射更强。它们必须通过外部重原子撞击来获得，且需通过测试它们产生的辐射以及衰变后的产物对它们进行表征。

美国化学家格伦·西奥多·西博格是以酸碱理论而闻名于世的化学家吉尔伯特·路易斯的学生，西博格的一生都在与超铀元素打交道，并参与发现了 9 种诡异且危险十足的物质。美国物理学家埃德温·马蒂森·麦克米兰和菲利普·艾贝尔森早在 1940 年就发现了镎，因此西博格和他的研究团队开始研究钚元素，他们的研究后来成为“曼哈顿计划”的一部分——为制造 1945 年投放长崎的原子弹提供了足量的钚。第二次世界大战之后，西博格继续从事探寻新元素的工作，并由此获得 1951 年的诺贝尔奖，同时他还兼任美国原子能源委员会（Atomic Energy Commission）主席等诸多职务。最异乎寻常的是，在众多同行当中他最长寿，甚至还见证了一种以自己名字命名的新元素：𬭳（Seaborgium），这是一种半衰期非常短的超铀元素，原子序数为 106。西博格曾经提出“稳定岛理论”，预测在原子序数 118 附近会出现一座“稳定岛”（Island of stability）——这些超铀元素的放射性衰变过程可能非常慢，但所谓“稳定”现在看来也只是一个相对的概念。数十年来，后续的系列研究成果几乎都出自世界上的三家实验室：分别是在伯克利（Berkeley）的西博格的后继科研团队，达姆施塔特（Darmstadt）的德国研究团队以及莫斯科北部杜布纳（Dubna）的俄罗斯团队。如果“稳定岛”真的存在，那么发现者也许就在上述几个研究团队之中。■

181

气相色谱分析

阿彻·约翰·波特·马丁（Archer John Porter Martin，1910—2002）
安东尼·特拉福德·詹姆斯（Anthony Trafford James，1922—2006）

图为现代 GC 内部结构照片，图中的盘管形色谱柱被置于一个可加热的柜子里，可以按需更换。

火焰光谱学（1859 年），色谱分析（1901 年），质谱分析法（1913 年），电喷雾液相色谱 / 质谱联用仪（1984 年）

1952 年

色谱分析法（Chromatography）的历史可追溯到 20 世纪早期，待分离的流动相样品在流经固定相时会与固定相产生相互作用，从而实现流动相中混合物的分离。到了 20 世纪 30 年代，研究人员又开始使用带加热功能的色谱柱，采用气相样品直接进样测试，几年间，气相色谱分析技术（Gas chromatography，GC）比液相色谱分析技术（Liquid chromatography）发展得更快。在现代设备中，样品往往先进行气化，由载气带动，经过一个狭长的加热管道（色谱柱），在实际操作中，常常选择氮气或氦气作为载气，因为它们是化学惰性的。

GC 发明之初，技术先驱者们使用固体填充柱作为固定相来实现分离的目的，后来到了 1952 年，英国化学家安东尼·特拉福德·詹姆斯和阿彻·约翰·波特·马丁发表了一篇关于气液分配色谱法（Gas-liquid partition chromatography，GLPC）的文章：当气态样品流经气液色谱固定相时，气态样品与薄层液体发生接触，产生的分离效果出乎意料地好——待测气态样品在固定液（通常是高沸点难挥发的聚合物）中溶解、挥发、再溶解、再挥发，利用待测样品中各组分在流动相与固定相中分配系数所存在的差异，这种分配效应能快速、彻底地实现待测样品的分离。常用的色谱柱往往是极细的空心柱，将固定液直接涂在空心柱的内壁上（又称为毛细管气相色谱柱），也有一些在色谱柱中直接填充固定颗粒（担体）——起到为承担固定液提供较大的惰性表面的作用。

气相色谱柱的另一端可以连接很多不同的探测器，当待测气体流过时能够产生相应的响应信号，这些检测器中还包括更高科技的火焰光度检测器——通过检测样品的发射光谱测定化合物成分。到了 20 世纪 60 年代，气相色谱仪又与质谱仪连接，以质谱仪作为它的检测器，这种组合的仪器被称为气相色谱–质谱联用仪（GC–MS）——现已成为最强大的分析手段之一。这种仪器可检测的物质非常之多，包括运动员兴奋剂检测、毒品、爆炸物、化学武器制剂以及大气成分监测，等等。2005 年，GC–MS 设备甚至被惠更斯探测器运到了土星的卫星泰坦上。■

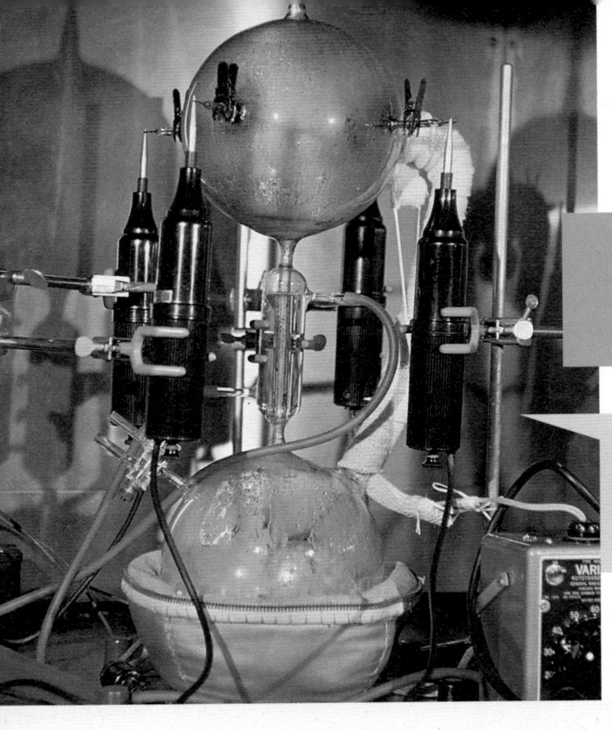

米勒—尤列实验

哈罗德·尤列（Harold Urey，1893—1981）
斯坦利·米勒（Stanley Miller，1930—2007）

图为美国国家航空航天局（NASA）里再现的米勒—尤列实验装置的原貌，从图中可以看到腔体中已经形成了黑色物质，整个宇宙中似乎有很多机会能够生成这种有机分子。

氢氰酸（1752 年），氢气（1766 年），氨基酸（1806 年），默奇森陨石（1969 年），索林（1979 年）

1952 年

千百年来，人们一直在苦苦探寻生命的起源。生物化学过程在萌芽之时一定存在某种初始阶段，当时一定存在某种相当简单的反应。那么，这一初始阶段到底是怎样的状况？随后又是怎么发展的？这一过程可否在其他星球再次发生？即使发生，相似度又有多少？会演变成我们现在熟知的这个世界么？面对这一系列的问题，现如今还没人能给出准确答案。

1952 年，美国化学家斯坦利·米勒和哈罗德·尤列在此领域迈出了坚实的一步。他们试图模拟生命起源之前的大气环境、温度和等效的闪电等外部因素，观察在这种环境下会有什么样的物质产生，具体实验方案是搭建一个有水、甲烷、氨气和氢气的密闭系统，首先将水加热产生水蒸气，在该气氛中放电产生电火花以模拟闪电，然后将系统冷却，冷凝物重新形成水层。然后将这一过程反复循环，结果在实验的第一天就产生了某种带颜色的物质，两周后，超过 10% 的甲烷转换成了更加复杂的物质，分析发现生成物中至少包含了构成蛋白质必需的 20 种氨基酸中的 11 种，还包含一些简单的碳水化合物及各式各样的其他分子，这简直太不可思议了。现代的仪器分析检测显示，实验生成的产物中实际包含了所有必需的氨基酸，比早先报道的要多，原因是其中一些氨基酸含量较低，低于当时仪器的检出限，无法被检测出来。

此后，人们又开展了很多类似的实验，模拟各种可能的早期大气环境及外界条件，几乎所有的实验都产生了大量的简单有机化合物，这其中包括了很多我们现今称为“生命基石”的基本物质，这其中也不乏氰化氢（Hydrogen cyanide）和甲醛（Formaldehyde）等具有反应活性的分子，它们可以继续反应生成更为复杂的物质。后来在对取自默奇森陨石（Murchison meteorite）上的样品进行检测后发现：样品的主要成分与实验中产生的物质具有惊人的相似性，而如今光谱学研究结果也表明在彗星（Comet）和星际星云（Interstellar nebulae）等其他星体上也存在着类似的物质。整个宇宙似乎是在小生物分子构成的海洋中畅游。■

区熔提纯

威廉·加德纳·普凡（William Gardner Pfann，1917—1982）

图中为用于制造计算机芯片所需的超高纯硅及相关材料，材料的纯度和杂质种类及含量都是有严格限定的。

纯化（约公元前 1200 年），铍（1828 年），聚合水（1966 年）

1952 年

人们在加速冰的融化时为什么会加入各种盐——因为杂质能够降低物质的熔点，盐水的冰点要远低于纯水的冰点。基于同样的原理，人们可以通过仔细测定物质的熔点分析出物质的纯度。比如：过去开展有机合成研究时，那时候现代化的分析测试仪器都未出现，就是用"混合熔点法"来判定合成出的产物是否为目标产物——人们将实验得到的实际产物与少量目标产物的标准样品进行混合，分别测定混合前后的熔点，如果前后的熔点保持不变，那得到的产物确实就是目标产物。

制备高纯金属或是其他超纯物质的基本原理就是"杂质降低熔点"这一性质，将一个棒状的样品缓慢地通过一个狭窄的加热区，换言之，就是将物料的熔区限制在一个局部的狭小范围内，当该熔区从一端缓慢地移动至另一端时，样品中的杂质将随着熔区的移动不断汇聚、富集到熔区当中，熔区经过的部分由此得到了纯化，最终样品中的杂质就会富集到样品的一端。1952 年，美国化学家和材料学家威廉·加德纳·普凡在贝尔实验室（Bell Labs）工作，他对这项工艺进行了进一步改进，将其命名为"区熔提纯技术"，并用于提纯诸如锗（Germanium）或者更高熔点的硅等半导体材料，效果非常理想，材料纯度甚至提高了 1 000 倍。

如今，区熔提纯技术仍然是制备高附加值超纯材料的绝佳方法，广泛应用于高纯金属及超纯半导体材料的制备中。尽管区熔提纯技术看似能提纯很多材料，但实际上只有固、液相性质有明显差异的材料才有可能适用。即便对于这些材料，在区熔提纯过程中，材料中的杂质也须随熔区移动，且两者的速率大体相当才行。上述条件同时满足时，区熔提纯可谓是现今最有效的提纯技术之一。■

铊中毒

图中右侧的女士是被指控使用铊毒杀女婿的维罗妮卡·蒙蒂（Veronica Monty），那时她刚刚到达悉尼的法庭。她当时被宣判无罪，可后来她又服毒自杀了——用的就是铊。

水银（公元前 210 年），毒理学（1538 年），普鲁士蓝（约 1706 年），氨基酸（1806 年），巴黎绿（1814 年），火焰光谱学（1857 年），四乙基铅（1921 年），铅污染（1965 年）

1952 年

1952 年，澳大利亚发生了一系列谋杀案，犯罪动机是常见的家庭纠纷、配偶不忠等问题。但那些案件有一个奇怪的共同点：它们都使用了一种原本鲜为人知的化学谋杀武器——铊。当时铊盐通常被用作老鼠毒药，它们对人类同样有毒。铊和钾（一种生命必需元素）的离子大小相当，运输钾进出细胞的蛋白质通道同样也会运输铊进入细胞。但铊与钾的作用机制却大不相同，它有点类似于铅和汞这样的有毒重金属——铊可以与硫形成稳定的化学键。这导致它会与体内许多含硫的分子（如半胱氨酸，一种对许多酶的功能十分重要的氨基酸）产生不可逆的反应。

持续给予一定剂量的铊可引发包括脱发和神经损伤在内的各种症状。除非事先有所怀疑，否则这些症状很难被明确诊断为铊中毒。正因如此，硫酸铊曾经被称为“用来争夺遗产权的神秘粉末”（Inheritance powder）。如果给药及时，大剂量的复合普鲁士蓝就是铊中毒的有效解毒剂，它可以与人体内的铊结合，通过消化系统将其排出体外。

铊在一些古老隐秘的故事中也曾出现过。即便现在，虽然它不再被用作鼠药，但它仍不时地被用于犯罪行为。它是臭名昭著的萨达姆·侯赛因（Saddam Hussein）政权最喜欢的一种谋杀武器，1971 年在英国有七十人被一名男子用铊毒害。在最近一个案件中，一位新泽西州的化学家用铊谋杀了她的丈夫，于 2013 年被定罪。她不太走运，因为她处于一个检测铊中毒不再困难的时代。人们用原子发射光谱法——现代版本的焰色反应——就可以轻易地检测出铊中毒的程度。由于任何正常生物体内都不会含有铊元素，所以铊一经检出，立即就会引起怀疑，一旦铊的存在被证实，就恍如看到了一把杀人的尖刀，在背后泛着令人惊悸的寒光。■

DNA 的结构

弗朗西斯·哈里·康普顿·克里克（Francis Harry Compton Crick，1916—2004）
莫里斯·休·弗雷德里克·威尔金斯（Maurice Hugh Frederick Wilkins，1916—2004）
罗莎琳德·富兰克林（Rosalind Franklin，1920—1958）
詹姆斯·杜威·沃森（James Dewey Watson，1928— ）

图为 DNA 螺旋结构的分子模型。各式各样、极为高效的蛋白质分子与 DNA 结合，它们帮助 DNA 实现复制、纠错和修复。

光化学（1834 年），氢键（1920 年），叶酸拮抗剂（1947 年），电泳（1955 年），DNA 的复制（1958 年），聚合酶链式反应（1983 年）

1953 年

即便是对生物化学知之甚少的人也很有可能听说过分子生物学家詹姆斯·杜威·沃森和弗朗西斯·哈里·康普顿·克里克的大名——因为几乎人人都知道 DNA。虽然 1953 年发现 DNA 双螺旋结构的故事已经深入人心，但这里面还是有些争议：英国物理学家莫里斯·休·弗雷德里克·威尔金斯和英国化学家、X-射线晶体学家罗莎琳德·富兰克林在发现过程中也有实质性贡献，却没有受到应有的重视。不过，无论从哪个角度看，DNA 结构的发现无疑是 20 世纪人类取得重大突破的关键性科学技术之一，它为后续一系列科学问题的解决奠定了坚实的理论基础，包括遗传的机制、个体生理生化的基础特征、不同物种之间差异性决定机制（是什么造就了我们人类？）、地球上所有生命形式深层次的相似性以及生物进化时间表等。

同时，DNA 双螺旋结构的发现还带来了其他重要的科学进步，包括分子生物学的创立，分子生物学的奠基者们已经开始从生物学家向类似于化学家的角色转变。DNA（脱氧核糖核酸）是一种真正的化学分子，它通过氢键紧密相连，在强烈光照下会发生光化学反应，这就是过度暴晒有可能诱发皮肤癌的原因。在这新兴的化学与生物学交叉领域，人们基于 DNA 独特的可反应性（也包括长期进化而来的能够高效、精确处理 DNA 的各种独特的酶）研发出了全新的反应和技术，其中之一就是 PCR 反应（聚合酶链式反应），可用在基因测试、器官移植的组织分型和癌症治疗等领域。

DNA 分子结构可不只是看上去迷人这么简单，位于双螺旋内侧的碱基对、DNA 复制的解螺旋机制、DNA 在细胞中的存储方式——所有这些都使 DNA 成为人类所遇到的最为非凡和典雅的化学物质之一。■

人造金刚石

查尔斯·阿尔根·帕森斯（Charles Algernon Parsons，1854—1931）
霍华德·特雷西·霍尔（Howard Tracy Hall，1919—2008）

图为一颗人造金刚石，与珠宝店老板相比，材料科学家对它更感兴趣。

晶体（约公元前 500000 年），表面化学（1917 年），构象分析（1950 年），富勒烯（1985 年），碳纳米管（1991 年），石墨烯（2004 年）

“金刚石到底有什么了不起？”“它们的化学成分只是碳，而碳又是这个星球上最常见的元素之一。”“虽然金刚石是碳元素最具装饰性的同素异形体，但其他矿石（如天然碳化硅）也多少有些光彩照人的效果。”面对上述质疑，我们必须明确金刚石的确有许多不可替代的独特性能——比如无与伦比的硬度、导热能力和抗压能力，使它在电子、纳米科技等领域大有用武之地，非常值得人们花费精力去研究如何人工制造金刚石。

如果要在用词的准确性上较真，那么“实验室生长的金刚石”比“人造金刚石”更符合实际，尽管与古火山口上开采的天然金刚石相比，人造金刚石具有完全相同的晶格结构，但“人造”一词听起来似乎重点在于描述某种廉价的替代品。人工合成金刚石的途径之一就是模拟天然金刚石形成高压和高温环境（HPHT），但这条路径真正实现起来可谓难上加难。从 19 世纪末开始，人们就相继提出各种合成方法，甚至包括各种极端和危险的合成条件，但实验结果都不算成功。1928 年，英国工程师查尔斯·阿尔根·帕森斯爵士在经过几十年的研究后甚至表示上述路线合成金刚石几无可能。直到 1953 年，人造金刚石才确凿无疑地由瑞典一家大型电气制造企业 ASEA 公司在 HPHT 条件下合成出来，与此同时，由物理化学家霍华德·特雷西·霍尔领导的美国通用电气研发团队也在 HPHT 的条件下成功制备了人造金刚石。最初人造金刚石是呈细粉或砂砾状，纯度也不高，但至少已经达到了工业磨料的级别。又经过了将近 20 年，到 20 世纪 70 年代初，这种方法才发展到可以量产宝石级别金刚石的水平。

另一种生产人造金刚石的途径是化学气相沉积法（Chemical vapor deposition，CVD）——用极热的碳蒸气缓慢沉积的方法制备人造金刚石，这种方法由美国科学家威廉·G. 艾弗勒于 1952 年研发成功，可生产尺寸较大的宝石级别金刚石。但如果 CVD 法能在物体表面可控地“长”出一层金刚石薄膜，并用于工业或表面装饰，那可将是一个获利颇丰的应用领域。人们对于这一设想开展了大量的研究工作，相关研究一直延续到今天。■

电泳

阿恩·威廉·考林·提塞留斯（Arne Wilhelm Kaurin Tiselius，1902—1971）
奥利弗·史密斯（Oliver Smithies，1925— ）

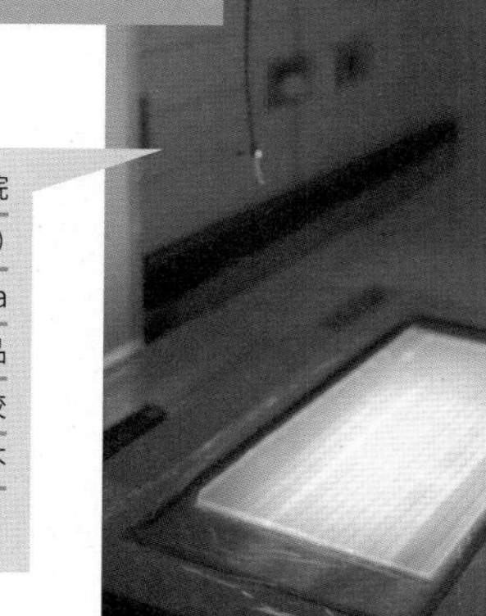

如图，2007年，来自国际水稻研究院（International Rice Research Institute）的研究员艾德娜·阿达莱斯女士（Edna Ardales）正在紫外灯下分析一个DNA样品的凝胶电泳结果。如今，这样的“测序凝胶电泳法”已被更快捷的检测技术取代，但不同检测手段背后的科学原理都是一样。

氨基酸（1806年），色谱分析（1901年），分子病（1949年），DNA的结构（1953年）

1955年

19世纪初，电化学领域的进展直接催生了电泳技术，在20世纪中期，电泳技术已经广泛应用在生物化学和分子生物学研究的各个领域。那么何为电泳？由于生物分子中一般含有带电基团（如酸性或碱性氨基酸、DNA和RNA上的磷酸基团等），在电场作用下，这些带电分子向着其电性相反的电极定向移动，被称为电泳效应。1937年，瑞典生物化学家阿恩·威廉·考林·提塞留斯开创性地将电泳效应应用于分析化学领域，他发现不同的蛋白质在同一电场下的缓冲溶液中能够发生电泳，移动距离随着蛋白分子的大小和带电性质的不同而不同。然而，利用电泳效应实现化合物的分离可不是随口说说那么简单，特别是化学结构近似的物质分离起来更是难上加难。因而，要达到更好的分析效果，化学家们还需要进一步建立标准物质的电泳条带并减慢电泳的发生过程，这就催生了后续使用浓溶液甚至凝胶材料作为电泳介质的诸多尝试。

1955年，英裔美籍遗传学家奥利弗·史密斯发表了他的研究结果：淀粉凝胶可以作为非常好的电泳介质。这一发现立即使电泳技术变得非常普及，随着技术的日臻完善，淀粉凝胶又很快被聚丙烯酰胺凝胶等其他材料所取代。如今的研究人员只需将预先制备好的凝胶以及制胶板一起装入电泳仪中，加入样品，施加电压，混合样品中的各组分会沿着凝胶发生迁移并最终分离成若干条带（这一特点与色谱法类似），分离一旦完成，还需使用染料或其他试剂对其进行染色才能完全显现出具体的带型。对于蛋白质电泳，一般采用考马斯亮蓝（Coomassie stain）进行染色，脱色后的条带呈蛋白质标志性的蓝色。

由于DNA和RNA分子都是带负电荷的，对它们进行分离鉴定最有力的手段就是电泳——分子量的大小决定了它们电泳时迁移量的不同，可以根据迁移量的大小（或称片段长度）对它们进行区分。研究人员在利用电泳测试一些未知样品时，通常会同时平行地测一些已知分子量大小的标准样品作为检测标尺（Ladder）。通过结果比对，对未知样品的分子量作出判断。现代分子生物学研究对象涉及各种蛋白质和核酸，要用到各式各样的电泳凝胶，实验室中如果没有了它们，真是难以想象，全世界分子生物学的研究肯定会陷入停顿！■

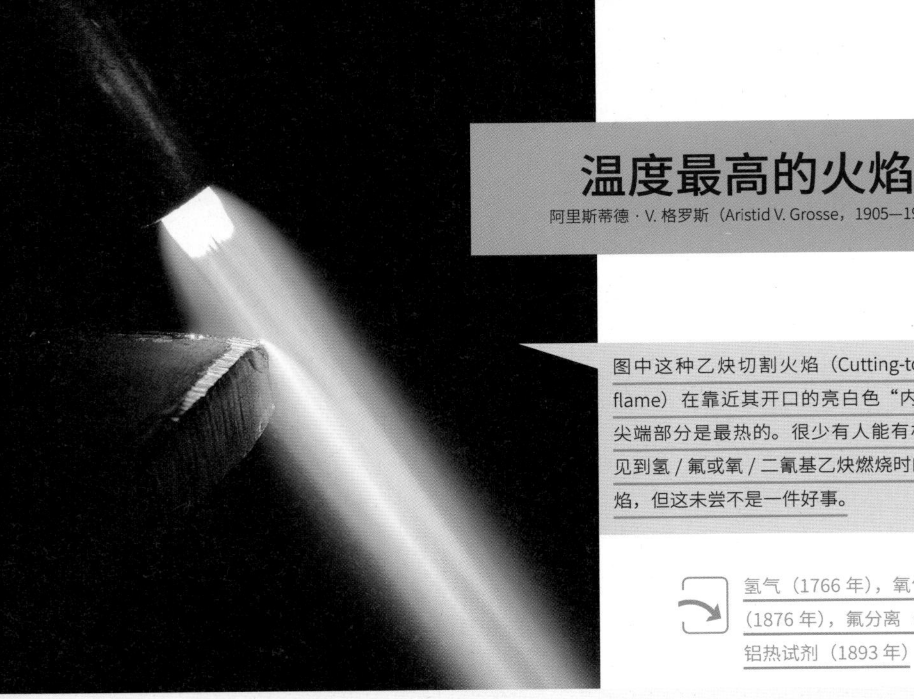

温度最高的火焰

阿里斯蒂德·V. 格罗斯（Aristid V. Grosse，1905—1985）

图中这种乙炔切割火焰（Cutting-torch flame）在靠近其开口的亮白色“内锥”尖端部分是最热的。很少有人能有机会见到氢 / 氟或氧 / 二氰基乙炔燃烧时的火焰，但这未尝不是一件好事。

氢气（1766 年），氧气（1774 年），吉布斯自由能（1876 年），氟分离（1886 年），乙炔（1892 年），铝热试剂（1893 年）

1956 年

所有的火焰都不尽相同。它们温度的高低由多种因素决定，具体包括：燃烧反应涉及的原有化学键断裂和新化学键的形成，参与燃烧的氧化剂数量（通常就是氧气），燃烧物与氧化剂的混合是否均匀。大家所熟悉的丙烷 / 氧气火焰温度可以达到 3600 华氏度（2000 摄氏度），而乙炔（Acetylene）火焰则近 6000 华氏度（3300 摄氏度）。由于烃类气体在燃烧过程中被氧化成水蒸气将吸收大量的热，同时，当火焰温度高于 3600 华氏度（2000 摄氏度）时，水本身也会发生分解吸收一部分热量，所以上述烃类火焰的温度其实是有上限的。如果想得到更高温度的火焰该怎么办呢？需要使用不含氢元素的其他物质和氧气反应，当然用其他的强氧化剂来代替氧气参与反应也能奏效。

人类已知两种温度最高的火焰完美地满足了上述条件：如果你不慎将氢气（Hydrogen）和氟气（Fluorine）混合，将引发强烈的化学反应，产生高温、腐蚀性、剧毒的氟化氢气体，所以要十分警惕，反应同时还能产生高于 7200 华氏度（4000 摄氏度）的火焰，但要想测量它的准确温度绝对是个挑战，因为大多数温度探头都无法耐受这么高的温度。然而，已知温度最高的燃烧火焰当属奇特的二氰基乙炔（又称低氮化碳），1956 年 A.D. 科什鲍姆和拉脱维亚裔美籍化学家阿里斯蒂德·V. 格罗斯在研究航天用高温火焰时就这一发现发表了相关论文。二氰基乙炔不是很稳定——在一定条件下有爆炸的危险。鉴于它结构中没有氢元素，所以燃烧只产生一氧化碳和氮气，两者都非常稳定。二氰基乙炔与纯氧气燃烧的火焰能够达到 9008 华氏度（4987 摄氏度），而太阳表面温度也不过 9900 华氏度。但是，有没有可能还有其他东西会反应得更剧烈，比如二氰基乙炔与氟反应会怎样？——至今未见报道。如果你身边真有人想做这个实验，建议你赶紧躲远点！■

荧光素

威廉·大卫·麦克尔罗伊（William David McElroy，1917—1999）
伯纳德·路易斯·斯特雷勒（Bernard Louis Strehler，1925—2001）
埃米尔·H. 怀特（Emil H. White，1926—1999）

图为德国纽伦堡市近郊的一处森林。通过长时间曝光拍摄，可以观察到丛林中萤火虫发出的瑰丽黄绿光。

天然产物（约 60 年），荧光（1852 年），绿色荧光蛋白（1962 年）

1957 年

如果你是一名化学家（其实任何领域的科学家都一样），你最常会问的问题就是“为什么会这样？”比如，为什么萤火虫会发光，而且还一闪一闪的，这是怎么控制的？为什么不同种类的萤火虫发光颜色会不同？真正起发光作用的是什么化学物质？这些物质如在萤火虫体外还能否发光？

美国生物化学家威廉·大卫·麦克尔罗伊和当时在读研究生的伯纳德·路易斯·斯特雷勒在 20 世纪 40—50 年代解决了这些问题，这可绝非易事。要知道在当时，由于技术所限，要想分析天然产物，样品的量至少要达到毫克级，而一只萤火虫能够提取出的量可远不及此。为此，就职于约翰·霍普金斯大学（Johns Hopkins University）的麦克尔罗伊教授就发布广告公开收购萤火虫，每只萤火虫价值 1 便士。不过这钱花得值——要论捕捉萤火虫，巴蒂摩尔市的孩子们可比那些研究生和博士后们厉害得多，而且他们也更有时间去做这件事。最后，麦克尔罗伊教授一共收集到 15 000 多只萤火虫。

事实上，要从萤火虫干燥的腹部里提取出想要的化学成分可是件棘手的事，好在最后终于分离出了 9 毫克被称为“荧光素”的化合物，关于荧光素的性质于 1957 年公开发表。1961 年，美国化学家埃米尔·H. 怀特发现，荧光素是一种含有氮元素和硫元素的小分子芳香环化合物。它在紫外光照射下会发出荧光（Fluorescence），但这种荧光颜色当然与萤火虫所发出的黄绿色不一样，因为萤火虫的腹部可不会存在紫外光。而一旦该荧光素被氧化，它便可发出特定颜色的光。这也正是化学发光的实例：处于高能级的化学物质跃迁回低能级，同时对外发光释放能量。而萤火虫体内正是存在一种导致这个氧化反应产生的荧光素酶。

进一步的研究表明，所有的萤火虫体内的荧光素都是一样的，只不过每种萤火虫体内的荧光素酶不一样，不同的酶能够催生不同的颜色，甚至还有的萤火虫能发出橙光。荧光素还能与不同氧化剂作用产生我们想要的颜色的光——基于这个原理，人们用它来制成聚会和欢庆节日用的荧光棒。此外，荧光素还被用作生化检验中使蛋白质发光的“标记”。■

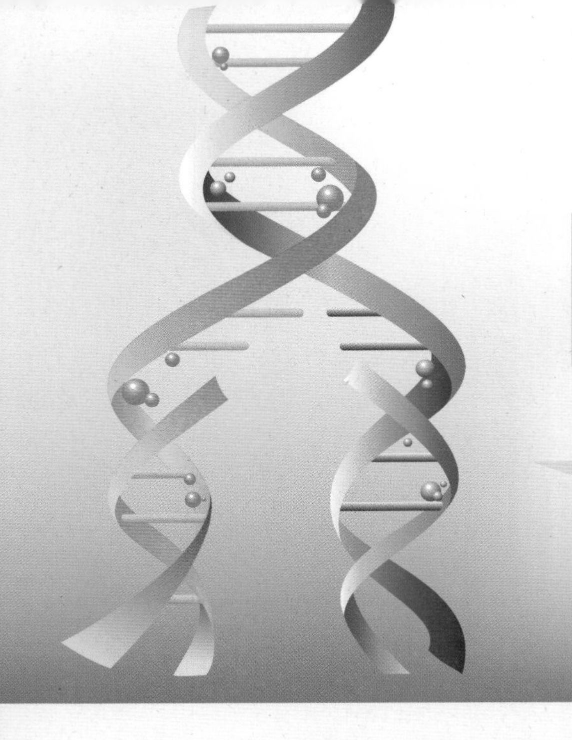

DNA 的复制

马修 · 梅塞尔森（Matthew Meselson，1930— ）
富兰克林 · 斯塔尔（Franklin Stahl，1929— ）

如图所示，正是梅塞尔森和斯塔尔的实验，我们现在才得以了解 DNA 复制的机理。

同位素（1913 年），桑格法测序（1951 年），DNA 的结构（1953 年），聚合酶链式反应（1983 年）

1958 年

DNA 结构的发现带来了一系列重要的问题：DNA 分子是如何传递基因信息的？细胞在完成分裂后，新细胞内的两条 DNA 链与原有的完全相同，这是怎么做到的？可以说，对这一过程的揭示极大地推动了整个基因研究的发展。针对这一问题，主要有如下几种假说：詹姆斯 · 沃森和弗朗西斯 · 克里克认为双螺旋在某些条件下会解旋并分离，每条分开的链又可作为模板，遵循碱基互补配对原则，生成新的互补链。这就是“半保留复制”假说，即每一对新生的 DNA 中都包含一条“母链”、一条“子链”。而“全保留复制”假说则提出，新生双螺旋 DNA 中不含“母链”，从一开始就是酶读取了原始 DNA 的序列，并仿照旧链合成出了新链。还有一种为“弥散型复制”假说，该假说提出 DNA 双链经常会被切成片段，而这些片段又作为新合成双链片段的模板，新、老双链片段像拼图游戏一样拼接在一起，从而完成了 DNA 链的复制过程。

为了将这些假设去伪存真，美国基因学家与分子生物学家马修 · 梅塞尔森和富兰克林 · 斯塔尔设计了有史以来最完美的实验之一——同位素标记法。他们将细菌放在仅含有重氮元素（N-15）的培养基中进行了传代培养，如此便使细菌 DNA 中的 N-14 元素完全变成 N-15 同位素，通过将其混入凝胶后离心，可以把含 N-15“超重的”细菌收集起来，再将它们转移到仅含普通氮元素（N-14）的培养基上进行培养。在细菌细胞进行了一次分裂（Division）后进行离心并提取 DNA，发现其 DNA 只有一条带，分布介于普通细菌与超重细菌之间。这一结果就排除了“全保留复制”，因为这种复制方式只会产生“全超重”或普通的 DNA，不可能得到“半超重”的 DNA。接着他们让这些细菌又分裂了一次，结果出现了两条带，一条是普通的细菌，另一条和之前一样——是“半超重”的。这一结果完全符合“半保留复制”假说的结果，当然这也排除了“弥散型复制”假说（因为如果它成立，那么应该还会出现一条介于普通和“半超重”层带之间的新离心带）。仅由一次实验就判断出三种假说的真伪，堪称绝妙。■

沙利度胺

弗朗西丝 · 奥尔德姆 · 凯尔西（Frances Oldham Kelsey，1914—2015）

20 世纪 60 年代早期，FDA 药物检察员弗朗西丝 · 凯尔西阻止了沙利度胺的上市，此事引起了美国全国的广泛关注。

毒理学（1538 年），手性的故事（1848 年），镭补（1918 年），磺胺酏剂（1937 年），空袭巴里港（1943 年），顺铂（1965 年），雷帕霉素（1972 年），紫杉醇（1989 年）

1960 年

20 世纪 50 年代，沙利度胺最早在德国被研发出来，当时德国及其他国家都将它用于缓解孕妇孕吐的处方药。1960 年，美国制药公司理查德森－梅瑞尔也向美国食品药品监督管理局（FDA）递交了此药在美国的上市申请，而 FDA 则要求其提交更多涉及该药品安全性与毒性的数据，恰在此时，有报告称服用沙利度胺会引起疼痛与肌无力。在 FDA 中，有一位曾经参与处理磺胺酏剂事件的药理学家——弗朗西丝 · 奥尔德姆 · 凯尔西，她非常关注沙利度胺的安全性，促使 FDA 以“需要进一步研究”为理由驳回该药的上市申请。这之后的第二年就出现了与服用该药相关的新生儿缺陷首发病例，随着服用这一药物产生的副作用愈发明确（据称全球有超过 10 000 名新生儿受到了影响，只有半数存活了下来），世界各国都开始制订更为严格的药品准入标准，凯尔西本人也因此获得了美国总统奖。

认真反思起来，导致这场灾难的主要原因是人们对药物如何经胎盘（Placenta）吸收的机制知之甚少，当时对这一问题所谓的一些基本“常识”后来被证明都不靠谱。动物实验也未能对该药潜在的隐患及时发出预警，这主要是因为该药致使各物种产生缺陷作用存在明显差异，比如，沙利度胺并未导致大鼠或小鼠产生出生缺陷，而对兔的影响又全然不同。同时，由于沙利度胺具有手性（即左旋与右旋结构），可被分为两种对映异构体，这两种分子互为镜像，而这两种结构在人体内又能快速地相互转化，因此无法判断到底哪一种危害更大。

现如今，进一步研究表明，沙利度胺除了会阻碍生物组织中血管的形成外，也能产生一些积极的疗效。它可作为治疗麻风病并发症的特效药，并于 1998 年通过了 FDA 的审查（不过对该药的管控仍十分严格）。2006 年，该药还被批准纳入了多发性骨髓瘤的治疗方案中。■

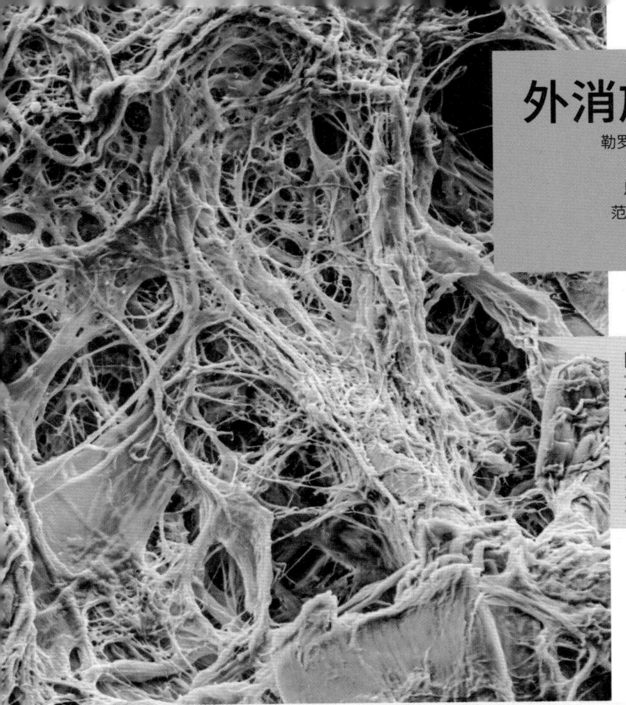

外消旋体拆分和手性色谱

勒罗伊·H. 克列姆（LeRoy H. Klemm，1919—2003）
威廉·博克（William Pirkle，生卒年月不详）
恩斯特·克莱斯伯（Ernst Klesper，1927— ）
范迪姆·达凡克夫（Vadim Davankov，1937— ）
冈本佳男（Yoshio Okamoto，1941— ）

图为显微镜观察下的纤维素纤维。这种材料源自植物，主要成分为长链的碳水化合物，广泛存在于木材、纸张以及棉花中。现在使用的手性色谱柱内的固定相就是涂覆了这种材料的改性物。

二氧化碳（1754 年），超临界流体（1822 年），手性的故事（1848 年），碳四面体结构（1874 年），不对称诱导（1894 年），色谱分析（1901 年），高效液相色谱法（1967 年），反相色谱法（1972 年），短缺的莽草酸（2005 年），工程酶（2010 年）

合成纯手性化合物一般有以下几种方法：第一种方法是使用本身就带有单一手性的原料，例如碳水化合物或氨基酸，并利用适当的反应路径将手性构筑到目标产物中。第二，利用前文中讲到的，用一个手性中心去控制另一个手性中心的产生。如果原料本身不含有手性碳，反应过程中借助手性试剂，也能使产物中带有手性，手性试剂涉及范围非常广泛，既可以是相当简单的小分子，又可以是工程酶。如果上述两条路径还是无法得到单一手性化合物，那就只能用最后一招——外消旋体拆分法，也称分辨法，即通过物理的方法将左、右旋同分异构体的混合物（以下简称“对映异构体”）进行手性拆分，可想而知，这种方法会损失多达半数的产物，也是最后不得已才选择的办法。

“外消旋体拆分法”中最传统的方法是“化学拆分法”——将对映异构体先与纯手性的酸或者碱反应，生成两种盐，这两种盐是非对映异构体，性质不同，可以通过重结晶等手段进行分离。如今，“色谱拆分法”已经成为“外消旋体拆分法”的首选——如果给色谱柱填充手性的固相材料，那么需要分离的对映异构体在通过色谱柱后自然而然被很好地分开。人们最开始尝试使用研细的糖或淀粉作为填充物。1960 年，美国化学家勒罗伊·H. 克列姆又在常规固相填料二氧化硅的表面进行改性——修饰上手性化合物，一开始收效并不明显，直到将其应用到反相色谱中才初见成效。美国化学家威廉·博克被认为是手性高效液相色谱的奠基人，1979 年，他利用氨基酸对固定相硅胶进行改性，随后，日本的冈本佳男又使用了改性的碳水化合物对硅胶进行修饰。俄罗斯的范迪姆·达凡克夫又将氨基酸 / 金属复合物引入了手性高效液相色谱。最后，被压缩成超临界流体的二氧化碳——首先被德国化学家恩斯特·克莱斯伯引入手性高效液相色谱当中，成为固定相中十分常用的溶剂。

不仅是大多数生物化学分子，很多药物、天然产物当中也存在手性。因此对手性同分异构体的拆分技术至关重要，在所有相关技术中，色谱拆分法表现得尤为出色。■

193

核磁共振

约翰·东布罗夫斯基·罗伯茨（John Dombrowski Roberts，1918— ）
马丁·艾瓦雷特·帕卡德（Martin Everett Packard，1921— ）
雷克斯·爱德华·理查兹（Rex Edward Richards，1922— ）
詹姆斯·T. 阿诺德（James T. Arnold，1923— ）
詹姆斯·N. 舒里（James N. Shoolery，1925— ）

图中一位化学工作者正将核磁样品放入现代的核磁共振谱仪中。图中每个薄壁玻璃管中盛放着的都是样品，玻璃管外面套着一个塑料"转子"。在压缩空气的作用下，这些样品管会落入磁场中心，同时快速旋转，生成尖锐的信号峰。

天然产物（约 60 年），氦（1868 年），液氮（1883 年），非经典碳正离子之争（1949 年），α-螺旋和 β-折叠（1951 年），蛋白质晶体学（1965 年），富勒烯（1985 年）

1961 年

核磁共振技术（Nuclear magnetic resonance，NMR）是化学分析中最强大的"武器"之一。如今，采用现代的核磁共振谱仪花 10 分钟所了解的某未知化合物的结构信息，要比过去化学家花一年时间获得的信息还要多。核磁的工作原理相当复杂，简而言之，以核磁共振氢谱为例，通过核磁谱图能够分辨出某化合物结构中不同位置、不同基团相连的氢原子，而有机化合物中几乎每个位置都连有氢原子，所以核磁共振对判定化合物结构极为实用。在核磁共振氢谱图中，氢原子信号峰往往分裂成多重峰，裂分峰的数目由邻近的氢原子数目决定，裂分峰之间的距离与原子间的夹角相关。通过核磁共振氢谱图，我们还能判断出两组氢原子在空间上是否彼此相邻，而不去管它具体归属于哪个基团。事实上，核磁共振现象不仅限于氢原子核，氟原子、碳-13 原子（它是碳原子的一种较不稳定的同位素）以及其他许多原子都可以很好地被检测。通过更复杂的核磁实验，我们可以同时获悉化合物所有碳氢键的信息，这有助于在极短时间内解析出有机物分子的结构。

20 世纪三四十年代，核磁共振现象研究还属于当时物理学的前沿领域，当时谁也说不清这项技术在化学研究中是否有应用前景，以至于许多物理学家都认为它与化学不会产生交集，但来自美国的生物化学家莱纳斯·鲍林则建议"别听他们的"，这条建议最初是给英国化学家雷克斯·爱德华·理查兹爵士的，后经理查兹爵士不懈的努力，到了 20 世纪 50 年代，他使用体积庞大、要求苛刻的电磁铁，终于制造出了第一台性能可靠的核磁共振仪，他本人也成了核磁共振技术的开创者。美国物理学家马丁·艾瓦雷特·帕卡德首次记录了有机分子的核磁谱；1956 年詹姆斯·T. 阿诺德用当时世界上最先进的磁体制成了核磁共振谱仪以便进一步开展研究。1961 年美国化学家詹姆斯·N. 舒里推出的瓦里安 A60 型核磁仪，标志着核磁共振仪的首次商业应用。当美国化学家约翰·东布罗夫斯基·罗伯茨向同行们详细演示了核磁共振技术在化合物结构与纯度分析中的巨大用途以后，这项技术在化学领域的应用便势如破竹，一发不可收拾了。■

绿色荧光蛋白

下村修（Osamu Shimomura，1928— ）
马丁 · 沙尔菲（Martin Chalfie，1947— ）
道格拉斯 · 普拉瑟（Douglas Prasher，1951— ）
钱永健（Roger Yonchien Tsien，1952—2016）

图为维多利亚多管发光水母（*Aequorea victoria*），这种水母是诸多含有荧光蛋白水母中的一种。从这种简单的生物中，产生了一项诺贝尔奖和生物领域大量的研究成果。

氨基酸（1806 年），荧光（1852 年），X-射线晶体学（1912 年），荧光素（1957 年）

1962 年

1962 年，日本化学家和海洋生物学家下村修发表论文报道一种从水母中分离出的非同寻常的蛋白质，它能发出神秘的蓝绿色光。继而他又报道了其他类似的蛋白质，并详细阐述了它们产生荧光的作用机制。如果在普通人眼里，这类工作隐晦费解，充其量与岩石上的岩画差不多，没有什么实用价值。但是，恰恰正是下村修的这项发现直接催生了一项诺贝尔奖，也是基于他的工作，医学和生物学领域才有了一系列重大突破，由此衍生出来的技术如今在全世界的实验室中被广泛使用。

绿色荧光蛋白（Green Fluorescent Protein，GFP）可以被拼接到各种 DNA 序列上，在各类活细胞中充当生物探针使用。如果你想知道一个新基因是否能在培养的细胞中被表达，使用 GFP 标记，立即就会告诉你答案：因为一旦被表达，你的细胞就开始发光了！事实上，在 1992 年美国分子生物学家道格拉斯 · 普拉瑟的工作正式发表之前，还没人有使用 GFP 标记的意识。但是，由于普拉瑟当时的实验结果看起来没有太大的说服力，又碰上项目经费已经用尽，无以为继，他只能将 GFP 基因样本转送给其他实验室以继续开展研究，在收到这些基因样本的人里面就包括美国生物化学家马丁 · 沙尔菲，沙尔菲经过研究发现：无须任何从水母中提取的物质，只需将这种野生型蛋白的一种“近亲”折叠成具有功能性的形状，将其植入细菌 DNA 中就能发出荧光。通过 X-射线晶体学，这种“近亲”结构很快就被解析了出来，它是由 β-折叠集合成的桶状蛋白质。这一发现随之启发了科学家们，他们开始尝试改造这类蛋白质，使其发光更亮更持久。科研人员开始在各种蛋白质中尝试实践这种想法，在众多研究队伍中，美籍华裔生化学家钱永健及其团队拓宽了蛋白质荧光的范围，使得几种蛋白质探针可以同时使用，每种还能发出不同颜色的光！

2008 年下村修、钱永健和沙尔菲荣获诺贝尔化学奖，而普拉瑟却因缺乏经费支持只得放弃科研工作，一度还以开班车维持生计。但后来，钱永健将他请到自己位于圣地亚哥的加利福尼亚大学实验室工作。■

195

惰性气体化合物

莱纳斯·卡尔·鲍林（Linus Carl Pauling，1901—1994）
尼尔·巴特莱特（Neil Bartlett，1932—2008）

图为纯四氟化氙晶体。这种化合物是稳定的，但会与水和潮湿的空气反应，所以它需要在干燥的惰性气体中保存。

氟分离（1886 年），氖（1898 年），化学键的本质（1939 年）

1962 年

惰性气体元素的最外层电子轨道已经被电子充满了，所以无须与任何物质反应，它们本身就很稳定。长久以来，没有人发现过由它们生成的化合物，而且人们也一度认为没人能发现这类化合物——因为它们根本就不存在。但是，也有人提出怀疑，其中最有名的当数美国生物化学家鲍林。早在 1933 年，他就认为惰性气体氙气的原子序数足够大，它的最外部电子被束缚得也没那么紧密，只要给予恰当的条件，它可能就会发生化学反应。他当时认为氟最有可能与之反应——因为氟的电负性最强，几乎能和一切原子成键。

在大多数化学家看来，鲍林的设想仍不足为信，所以没人愿意在这个方向做进一步的尝试。直到 20 世纪 60 年代初，英属哥伦比亚大学的英国化学家尼尔·巴特莱特在研究一种新颖有趣的且具有反应活性的化合物——六氟化铂时，得到了一种奇怪的红色盐。令他吃惊的是，分析结果表明这种新化合物中含有带正电荷的氧元素！这说明 PtF_6 这种红色气体的氧化性比氧气的还强，这一发现非同寻常。巴特莱特进一步推测：PtF_6 的氧化性足以强到可以氧化氙气，从而生成世界上第一个惰性气体化合物。于是，他搭起了实验装置，让上述两种气体进行混合，发现它们立即反应生成橙色固体沉淀。后来巴特莱特回忆说，他被兴奋冲昏了头脑，在实验楼里到处跑，试图找到人分享他的重大发现，结果他发现当时已经很晚了，其他人要么回家要么去吃晚餐了！

后来，即便巴特莱特的同事听闻了他的实验，也并非所有人都相信这一结果。但很快，巴特莱特将他的结果正式发表，世界上其他实验室也都能重复这一实验。这件事告诉我们，如果早有人愿意相信惰性气体化合物存在的可能性，这整个系列的氙气及和氪气的氟化物和氯化物可能早就被发现了。■

乙酸异戊酯及酯类化合物

蜜蜂对乙酸异戊酯极其敏感，因为乙酸异戊酯的气味对它们来说，意味着它们的同伴刚刚对这个敌人发起了攻击。

肥皂（约公元前 2800 年），纯化（约公元前 1200 年），官能团（1832 年），皇家馥奇香水（1881 年），重氮甲烷（1894 年），美拉德反应（1912 年），迪恩—史塔克分水器（1920 年），细胞呼吸（1937 年）

酯类化合物家族虽然成员很庞杂，但其成员都由某种羧酸与某种醇缩合得到。相对来说，乙酸异戊酯是这个家族里结构非常简单的一员，它是由五碳化合物异戊醇与乙酸（醋的主要成分）反应生成的，该反应还同时副产水。如果你正在做这个缩合反应，你一定希望手边有个迪恩—史塔克分水器，正如前文所述，它能将生成的水分离出来，帮助反应彻底完成。

乙酸酯类化合物在生物学中极为重要，特别是乙酰辅酶 A，它是三磷酸腺苷（ATP）合成过程中至关重要的中间体，也是新陈代谢及数以千计的生化过程中必不可少的组分。同时，酯类化合物还是生产某些聚合物及塑料的原料——这就是“聚酯”（Polyester）一词的真正由来，得到的聚合物材料又被用于制药、工业溶剂，甚至空间技术等诸多领域。酯类化合物无处不在，每当人们偶遇这个家族中那些分子量很小且易挥发的成员时，马上就能意识到它们的存在。化学家都清楚多数化合物的气味实在难闻，可这一次，当人们碰上了酯类化合物，总算有了一场愉悦的邂逅。因为酯类化合物常带着果香或是花香，事实上植物体内产生酯的原因正是作为引诱剂（Attractant）使用的。酯常常被用于制作香料或是调味剂，比如：丁酸乙酯（Ethyl butyrate）带有菠萝香味，乙酸辛酯（Octyl acetate）带有橘子香味，丙酸乙酯（Ethyl propionate）闻起来像是朗姆酒一样，乙酸异戊酯闻起来就像是你曾品尝过的香蕉一般香甜，各种酯的香味加起来足有数千种。

1962 年，加拿大研究者罗尔夫 · 伯赫与邓肯 · 希勒发现乙酸异戊酯是蜜蜂信息素的主要成分。信息素是生物体之间传递信息的化合物，它对昆虫间的交流极其重要。蚂蚁、蛾类、甲虫及蝴蝶都是靠着信息素寻找伴侣、标记踪迹和传递警报的。早在 1814 年，人们就知道带着刚刚被蜜蜂蜇伤的气味更容易吸引其他蜜蜂的攻击，而乙酸异戊酯就是该信号的主要成分之一。如果某一天你将乙酸异戊酯洒在身上，刻意行走在蜂巢附近，你要面临的麻烦可不仅仅是自己闻上去像一只巨大又熟透的香蕉那么简单了。■

齐格勒—纳塔催化剂

卡尔·瓦尔德马尔·齐格勒（Karl Waldemar Ziegler，1898—1973）
朱利奥·纳塔（Giulio Natta，1903—1979）

图中是由齐格勒—纳塔催化剂制备得到的聚乙烯树脂加工制成的塑料包装材料。

聚合物与聚合（1839 年），胶木（1905 年），酸与碱（1923 年），聚乙烯（1933 年），尼龙（1935 年），特氟龙（1938 年），氰基丙烯酸酯（1942 年），凯夫拉（1964 年），戈尔特斯面料（1969 年），烯烃交互置换反应（2005 年）

如果你不是一名专业的化学工作者，你可能从来没听说过齐格勒—纳塔催化剂，事实上这种催化剂已悄然成为当今世界生存与发展的内在基础之一：它们在工业制造领域中被大量使用，用来制备人类每天赖以生存的那些日用产品。

德国化学家卡尔·瓦尔德马尔·齐格勒和他的团队在研究如何用含铝的路易斯酸催化剂制备聚乙烯的过程中，一次偶然机会得到了产率极高的丁烯气体（乙烯二聚反应得到 1-丁烯），齐格勒的团队立即着手研究是什么促成了该反应，经过大量探索，他们最终将目光聚焦在某种含量超低的镍类杂质上——正是这种杂质与铝的化合物构成了一种神奇的催化剂。后经筛查其他金属化合物的催化效果，很快人们就研究出了常压催化乙烯聚合制备聚乙烯的方法，而在这之前人们一直认为“高压”是制备聚乙烯的必要条件。

意大利化学公司蒙特卡蒂尼从齐格勒及其团队那里得到了专利授权，而同在意大利的化学家朱利奥·纳塔也开始着手类似的研究工作。所不同的是纳塔使用的聚合单体是丙烯而不是乙烯，聚合得到的聚丙烯与聚乙烯相比，每个结构单元都多了一个甲基，若得到的聚合物中所有甲基沿分子链在空间上规则排列时，这样的聚丙烯大分子就能够结晶。当时人们主观臆断在此类反应得到的聚丙烯中，甲基多半是无规则排列的，但事实上以齐格勒—纳塔催化剂为代表的金属有机催化剂的确是个新鲜玩意儿，其大大超出了当时人们的想象，因为它能得到立体结构规整度很高的聚丙烯。

如今，经过全世界科研人员的不懈努力和优化，性能优良、种类繁多的各种齐格勒—纳塔催化剂已经被发展出来了，它们常常被用于制造各类塑料和橡胶材料，继而制造轮胎、高尔夫球等制品，还被应用在一些高端制造领域（比如生产手术器械和声呐系统的部件）。1963 年，齐格勒和纳塔也由此荣获诺贝尔化学奖，他们的伟大发现为人类社会进步做出的贡献真是无法估量。未来人们想要制备更多、性能更好的高分子材料，还是需要从进一步优化分子结构和改良催化剂性能入手，新型分子结构与优良的催化剂性能是高分子新材料研发需要突破的关键点。■

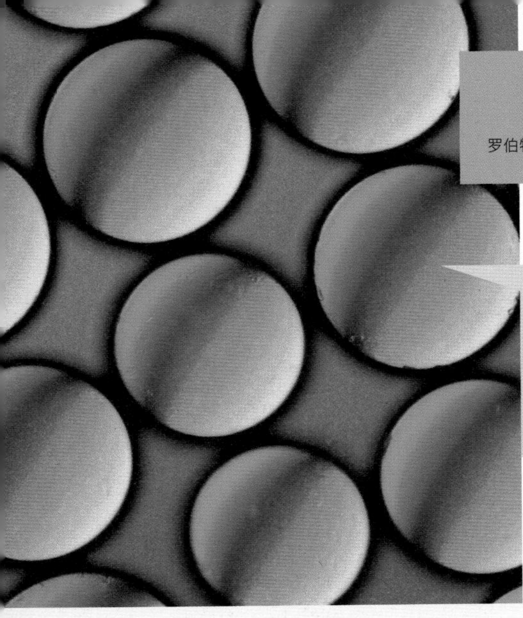

梅里菲尔德合成法

罗伯特·布鲁斯·梅里菲尔德（Robert Bruce Merrifield，1921—2006）

图中是梅里菲尔德式多肽合成器中使用的塑料珠的显微照片，该照片的放大倍数为 200 倍。在合成过程中，成百上千的氨基酸被连接在一起，不断增长的多肽始终就附着在这些塑料珠表面。

氨基酸（1806 年），聚合物与聚合（1839 年）

1963 年

我们体内的细胞时时刻刻在不断地合成出成千上万的新蛋白质，这项工作要是换作人工合成的话，简直不可想象。用有机化学家们的话来说，人工合成蛋白质的过程既冗长又乏味，像串珠子一样将氨基酸一个接一个地串在一起，每一步既费时又费力。如果不管不顾地将氨基酸一股脑地混在一起，任由其反应，那得到的可能是一团乱七八糟的混合物，提纯、分离困难重重，如果真打算尝试，还需要先用凿子将它们从烧瓶中一点点地凿出来。因此，为了能合成预设结构的蛋白质，化学家们在投料时也只能分批投料，并且每次只投一种氨基酸。

那么，上述烦琐的合成过程能否简化？美国生物化学家罗伯特·布鲁斯·梅里菲尔德发明了一种巧妙的解决方案——固相多肽合成法。首先，他利用合适的保护基团，将合成蛋白质链所需的第一种氨基酸中的氨基保护起来，然后利用氨基酸中的羧基端，将保护的氨基酸附着在固相载体上（比如塑料珠的表面），接着将氨基端的保护基团移除使其活化，并与下一种氨基酸的羧基端发生脱水反应形成肽键，以同样的“保护氨基端、暴露羧基端”的策略，成功地在固相载体表面长出了二肽（Dipeptide）。如此循环往复，每一步投入新的氨基酸之前都需要将上一步未反应的试剂及副产物洗掉，直到所有的氨基酸投料完毕。在完成蛋白质合成的最后一步时，首先要确认已生成的肽链仍然固定在载体上，再将整个长肽链从固相载体上“释放”下来，该步所需的条件与之前的大不相同，这样合成出的蛋白质就能“重获自由”了。

上述过程中，要经过若干步“氨基保护—去保护”的过程，只要每一步的效率很高，就能快速、大量地合成肽链。为了证明这一方法可靠且高效，梅里菲尔德和他的同事着力合成出越来越长的肽链，六年后，他们完成了一个完整酶——核糖核酸酶 A（Ribonuclease A）的全合成，“合成”的核糖核苷酸 A 与“天然”的别无二致。这也同时说明：酶本质上就是化合物，当然可以通过化学方法来合成。

固相多肽合成法于 1963 年公布于世后引起轰动。该合成过程后来实现了自动化，可以根据预设的蛋白质序列结构，每一步自动地从预置储存器中抽取原料。由此，“量身定制”的蛋白质合成技术蓬勃发展、一发不可收拾。■

偶极环加成反应

罗尔夫·胡伊斯根（Rolf Huisgen，1920— ）

臭氧（1840 年），自由基（1900 年），狄尔斯—阿尔德反应（1928 年），过渡态理论（1935 年），反应机理（1937 年），动力学同位素效应（1947 年），伍德沃德—霍夫曼规则（1965 年），点击三唑（2001 年）

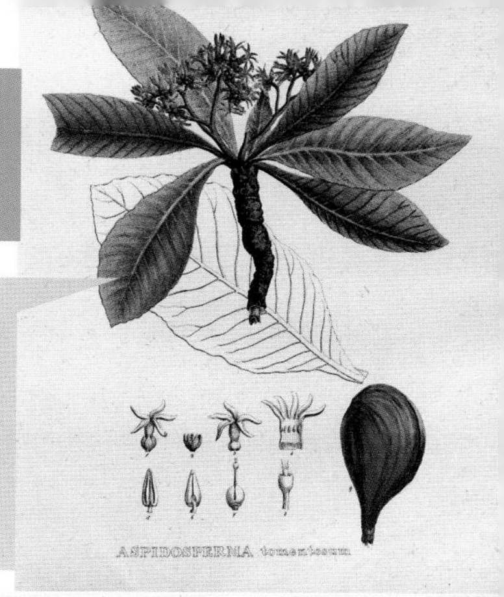

图为在南美洲发现的一种白坚木属（*Aspidosperma*）树，它含有一系列非常复杂的生物碱（Alkaloids）。由于这类化合物中含有几个稠环结构，所以在实验室里合成这些生物碱时，经常要用到偶极环加成反应——这是最为关键的步骤。

所谓“环加成反应”（Cycloaddition）是指两个共轭体系结合成环状分子的一种双分子反应。前文提到的“狄尔斯—阿尔德反应”（Diels-Alder reaction，下文简称狄—阿反应）就属于环加成反应的一个经典例子。除了狄—阿这种能够生成六元碳环的反应以外，几个世纪以来，科学家们还发现了很多其他的环加成反应，比如能够生成五元碳环的环加成反应：反应物之一同样还是烯烃（含有碳碳双键的不饱和烃），另一反应物则可能是各式各样的三碳化合物中的一种。德国化学家罗尔夫·胡伊斯根系统地研究了这一类反应，发表了一系列研究论文，并于 1963 年将诸多进展总结成综述发表。

上述三碳化合物在结构上有个共同点：都可被认为是一个偶极子（Dipole），即一端带负电、一端带正电的化合物。这些偶极子中的一部分相对稳定，但也有很多并不稳定——形成于瞬态之间、反应速度飞快。胡伊斯根的研究结果表明：这种环加成反应的反应机理与狄—阿反应相同，都属于“协同反应”（Concerted mechanism），即旧键的断裂与新键的形成相互协调地在同一步骤里完成。当时，也有人提出了反对意见——认为该反应机理是逐步反应，反应过程中存在若干中间步骤或自由基（Free radical），但胡伊斯根的结论最终平息了这一学术争议，还明确了预测 1，3-偶极环加成产物结构的方法。

我们可以推演当时胡伊斯根的思辨过程：第一，如果假设反应中存在强极性的中间体，那么溶剂的极性变化就会对这个反应产生很大影响，因为溶剂的极性将直接影响中间体过渡态的稳定性，但实际上环加成反应受溶剂极性的影响很小，这是环加成反应“协同反应机理”佐证之一。第二，按照“协同反应机理”，鉴于两个新键是同时生成的，所以烯烃没有时间进行旋转和调整，那么烯烃取代基的相对位置不应发生变化，事实确实如此，1，3-偶极环加成为立构专一的顺式加成反应。第三，假设反应过程中涉及了自由基，那么生成的自由基就能与反应物快速反应，就会与成环反应构成竞争，扰乱原反应的路径，无法得到预定的产物，显然这与事实不相符。上述三条都是环加成反应“协同反应机理”的有力证明。

利用偶极环加成反应可以生成各种各样的五元杂环化合物（Heterocycle），广泛运用于药物合成、农业化学品等诸多领域，其中最为著名的应用可当属由巴里·夏普莱斯创立的点击化学（Click chemistry）——代表性反应就是叠氮（Azide）与烯烃的环加成反应。■

凯夫拉

史蒂芬妮·露易丝·克沃勒克（Stephanie Louise Kwolek，1923—2014）

200

图为一名手持 M-4 步枪正在进行射击训练的美国步兵。他的头盔中就含有多层凯夫拉材料。如今，凯夫拉已被广泛应用于全世界的军需用品及警用器械中。

聚合物与聚合（1839 年），液晶（1888 年），胶木（1907 年），偶极矩（1912 年），聚乙烯（1933 年），尼龙（1935 年），特氟龙（1938 年），氰基丙烯酸酯（1942 年），齐格勒—纳塔催化剂（1963 年），戈尔特斯面料（1969 年）

1964 年

凯夫拉（Kevlar），一种芳纶纤维材料产品的品牌名，要说起这种产品，可算得上是鼎鼎有名，因为它的应用领域非常广泛，除了大家熟知的防弹背心，它还可以纺成超高强度的纤维，在同等质量下，它的拉伸强度可达钢的数倍。这种非同寻常的性质来源于它与众不同的分子结构，当然，它的发现历程也同样异乎寻常。

1964 年，美国化学家史蒂芬妮·露易丝·克沃勒克在为杜邦公司工作，当时她正参与一个轮胎用超轻超强纤维的研发项目。经过一段时间的实验，她发现她所研究的化合物带有液晶（Liquid-crystal）性质——在溶液中能够形成有序的束状结构。在当时，这种现象在高分子化学中还从未被研究过。由于构成凯夫拉的单体是高度线性的芳香环化合物，所以当时研究人员希望凯夫拉纺成纤维后仍能保持有序的束状结构，借此保留住高强特性。

在实验探索的初期，科研人员碰到了一系列亟待解决的难题。首当其冲的是：必须找到一种强极性溶剂，为聚合反应提供合适的场所，如果该溶剂极性不够强，聚合物一旦生成，会因其具有的液晶性质从体系中析出、形成沉淀。最初，人们选用 HMPA（六甲基磷酰三胺）作为溶剂，这是一种高沸点的浓稠液体，也是当时所有工业溶剂中能找到的偶极矩最大、极性最强的溶剂。即便选用 HMPA，有时纺丝时仍嫌不够浓稠，效果也差强人意，更别提其他溶剂了。在这种情况下，克沃勒克仍然鼓励课题组继续开展各种尝试，最后的结果让人喜出望外，不仅成功纺出了丝，而且纤维的强度非常高，能够耐受住各种极端的拉伸条件。

杜邦公司的管理层看到这个结果，立刻意识到这种材料一定大有可为，并马上将其投入了工业化生产。在生产过程中经常会使用 HMPA，但其高毒性也逐渐引起了重视，被人们当作致癌物对待。与此同时，荷兰的一家化工公司阿克苏（Akzo）也紧接着推出了同类的芳纶产品——“特威隆”（Twaron），生产过程中使用 NMP（*N*-甲基吡咯烷酮）作为溶剂，它的毒性比 HMPA 小多了。于是，当杜邦公司用 NMP 替换 HMPA 生产凯夫拉时，阿克苏公司便发起了专利诉讼。这场旷世持久的国际专利官司一直打了 11 年，直到 20 世纪 80 年代末，才最终以两家公司达成交叉许可协议而告终。如今，一提到凯夫拉，大家首先想到的一定是防弹衣，事实上它的应用领域非常广泛，几乎囊括了从自行车轮胎到智能手机制造等各个行业。■

蛋白质晶体学

约翰·德斯蒙德·柏纳尔（John Desmond Bernal，1901—1971）
桃乐茜·克罗夫特·霍奇金（Dorothy Crowfoot Hodgkin，1910—1994）
大卫·奇尔顿·菲利普斯（David Chilton Phillips，1924—1999）

图为偏振光显微镜下的溶菌酶晶体。这种结晶完整的块状晶体是X-射线晶体学研究的理想材料，但少有蛋白质能像溶菌酶一样，形成这样“完美”的晶体。

氨基酸（1806年），X-射线晶体学（1912年），碳酸酐酶（1932年），核磁共振（1961年），酶的立体化学（1975年）

“溶菌酶（Lysozyme）”的一词来源于希腊语中的lysis，是“松散、松解”的意思。在英国生物物理学家大卫·奇尔顿·菲利普斯试图使用X-射线技术解析溶菌酶的结构之前，人们对溶菌酶已经相当熟悉了。早在1923年，以发现青霉素闻名于世的亚历山大·弗莱明就对溶菌酶进行了命名，当时人们已经知道它的存在使蛋清与泪水具有了抗菌的特性。作为人体的固有免疫系统的一部分，它发挥着重要的抗菌作用：主要通过水解细菌细胞壁中的肽聚糖来实现。同时，溶菌酶也存在于我们的唾液里，能使淀粉类物质快速降解——这就是爆米花一碰到你的舌头就立马消失的原因。

1965年

与普通分子相比，蛋白质分子尺寸庞大、结构复杂，能应用X-射线技术表征蛋白质结构是X-射线晶体学研究的巨大进步。早在1934年，英国X-射线晶体学家约翰·德斯蒙德·柏纳尔与桃乐茜·克罗夫特·霍奇金就提出了用X-射线衍射研究蛋白质结构的可行性，1958年，菲利普斯利用X-射线衍射技术解析出首例蛋白质——肌红蛋白（Myoglobin）的结构。解析肌红蛋白成功之后，他将下一个研究目标转向了酶，因为如果能尽早将酶的三维结构解析出来，就将帮助人们深入理解酶使化学反应大幅加速的真正原因。

选择溶菌酶作为模型蛋白有很多优势——它极易获得且容易结晶。即便在今天，人们对溶菌酶结晶过程中的许多问题仍然没有完全弄清楚，但当时菲利普斯基于可用的计算资源，花费了大量心血，开创性地解析了溶菌酶晶体的结构，奠定了蛋白质晶体学研究的基础。尽管他在溶菌酶活性部位的结构与竞争性抑制剂的关系描述上模棱两可，但瑕不掩瑜，蛋白质晶体学研究对生物化学与药物合成发展起到了巨大的推动作用，因为大多数药物研发都是瞄准特殊蛋白质的活性位点开展的。当然蛋白质晶体学技术也存在一定局限性，众所周知，晶体结构是动态蛋白质分子的静态“掠影”，一张衍射图谱不能全面反映蛋白质在真实世界里自由移动或转换时的结构信息。但车到山前必有路，幸好还有核磁共振技术（NMR）为我们解析溶液中蛋白质的结构提供了补充手段。■

顺铂

米歇尔·派伦（Michele Peyrone，1813—1883）
阿尔弗雷德·维尔纳（Alfred Werner，1866—1919）
巴奈特·罗森伯格（Barnett Rosenberg，1924—2009）

图中是纯顺铂的晶体。在被人类发现的所有药物中，它属于怎么看都不像药物的物质。

毒理学（1538 年），配位化合物（1893 年），空袭巴里港（1943 年），叶酸拮抗剂（1947 年），DNA 的复制（1958 年），沙利度胺（1960 年），雷帕毒素（1972 年），紫杉醇（1989 年）

1965 年

要是单看顺铂（Cisplatin）的化学结构，怎么看都不觉得它还能作为药物使用，发现顺铂药用价值的历程也同样充满了各种“不可能”。当时，美国化学家巴奈特·罗森伯格发现：在细胞分裂过程中，染色体的运动就像磁场中的金属屑一般受到了某种牵引作用。为了弄清楚细胞分裂过程是否存在电磁效应，他和他的合作者们开始在两端装有电极的空腔中培养细菌，从而进行观察与研究。

实验结果着实令人吃惊：通常排列得非常致密的大肠杆菌，这次以一种奇怪的纤维状形式排布——这种现象之前从未见到，更令人惊讶的是细菌只是一味地持续长大、始终无法分裂。在经过大量的实验后发现：产生这种效果与电场无关，真正起作用的是电极！这些电极由铂制成，一般情况下铂是化学惰性的，但是如果铂的化合物扩散到溶液中，就会对细胞分裂产生巨大影响。随后研究者们又尝试使用其他类似的金属化合物培养细菌，结果大同小异。在这些化合物中，活性最高的当属顺式二氯二氨合铂（简称顺铂），即铂的一边有两个氨分子，另一边有两个氯原子（在化学领域中，这种结构称为“顺式结构”）。如果我们将其中一个氨分子与一个氯原子交换位置，就能形成反式结构的二氯二氨合铂（氨分子、氯原子分别两两相对），但它不会表现出任何活性。

事实上，这类重金属络合物早在 1840 年就为人类所熟知，当时意大利化学家米歇尔·派伦首次合成了“派伦的氯化物”，实际上就是顺铂，1893 年，基于顺、反铂结构，瑞士化学家阿尔弗雷德·维尔纳成功提出了金属配位理论，平息了人们关于“派伦的氯化物”具体结构的争议。顺铂这种物质看上去就应该老老实实地待在无机化学实验室，从没人想过还能把它当作药物来用。可后续的深入研究表明：顺铂居然还能将其扁平、方形分子嵌入 DNA 的双螺旋结构中，破坏它的复制过程！顺铂与 DNA 的作用机制启发了人们——立刻将它用到化疗中，以阻止快速生长的癌细胞的分裂，如今，顺铂及相关的化合物仍然是抗癌治疗的一线药物。■

铅污染

克莱尔·卡梅伦·帕特森（Clair Cameron Patterson，1922—1995）

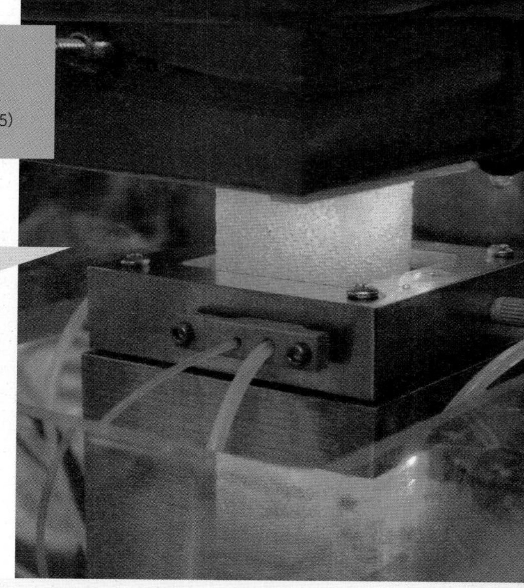

图中正在对一块取自格陵兰岛的冰芯进行微量元素分析。实验结果表明：20 世纪含铅汽油的使用造成了严重的铅污染。有意思的是，结果同时证明：罗马帝国统治时期铅污染的程度同样不容小觑。

毒理学（1538 年），同位素（1913 年），四乙基铅（1921 年），多诺拉的死亡之雾（1948 年），铊中毒（1952 年）

克莱尔·卡梅伦·帕特森是一名美国地质学家，长期以来，他致力于研究长寿命放射性同位素测年技术，即利用同位素的半衰期来测定物质年份，这项技术源自碳-14 年代测定法，但这次是以地质时间作为量度。放射性铀元素经过若干次衰变，最后变成铅的同位素，它的半衰期非常长，达到了亿年量级，所以通过测定物质中不同铅同位素的组成与比例就能测定出物质存在的时间。1956 年，帕特森利用这一技术首次测定了地球的年龄——约 45 亿年，直到现在，这一结论仍然得到科学家们的基本认同。

帕特森在进行定年测定的过程中，需要对众多样本中的铅含量进行精确的分析，这一过程费时费力，但也使帕特森注意到释放到环境中的铅已经多到令人咋舌的程度——无论是大气、水体还是食物链中累积的铅含量都很高。通过研究取自格陵兰岛的冰芯结果表明：汽油中添加的四乙基铅是造成上述铅污染的“罪魁祸首”，但其他的一些工业制造品及工艺也同样是造成铅污染的元凶。帕特森给出的铅污染数据远远超出了人们的想象，很长时间以来，不仅是铅产业的从业者，甚至还包括一些分析化学家都表示对这一数据不信服。1965 年，帕特森将他的研究成果集结成书——《人类环境中的铅和铅污染》（*Contaminated and Natural Lead Environments of Man*）正式出版发行，这本书在科学界引发了激烈的争论，尤其是那些受雇于铅产业并为之代言的科学家，对这本书公开提出了质疑。

质疑归质疑，最终，帕特森还是凭借其扎实可靠的实验数据赢得了这场争论。1973 年，美国环境保护署正式发布了关于淘汰含铅汽油的计划，但事实上，直到 1986 年，除了一些航空燃油中仍添加含铅助剂以外，美国的汽车尾气中已经检测不到铅了。时至今日，有些国家仍未完全淘汰含铅汽油。除此之外，水管、油漆、食品存储容器的釉料及其他制造业也开展了类似的铅淘汰工作。从那时起，美国居民血液的平均铅含量就开始直线下降，时至今日仍然维持下降的趋势。即使还没有明确人体血铅含量的安全指标，但血铅含量的大幅下降对于全人类来说肯定是一件大好事。为此，我们必须感谢克莱尔·卡梅伦·帕特森，称他是一位拯救了全人类的伟大科学家一点都不为过。■

甲烷水合物

汉弗莱·戴维（Humphry Davy，1778—1829）
尤里·F. 马克贡（Yuri F. Makogon，1930— ）

图中为一块正在燃烧的甲烷水合物，这种物质在北极和大洋底部都非常常见。

理想气体定律（1834 年），同位素（1913 年），同位素分布（2006 年）

若能目睹甲烷水合物的真容，你一定会感叹大自然的神奇。甲烷（CH_4）在所有烃类物质中化学结构最为简单，常温常压下呈气态，常温下它极难溶于水——1 千克水中仅能溶解大约 20 毫克甲烷，即 50000 份质量的水才能溶解 1 份甲烷。但将甲烷与水置于低温高压的环境中时，水会发生凝结，若干水分子能组成一个一个“水笼”，每个笼子里“关”1 个甲烷分子，即形成所谓的“笼型包合物”（Clathrate）——这个词来源于拉丁语“Clathratus”，即“用格子来安置”。甲烷水合物看起来像是灰暗色的冰，其中甲烷的质量占到了 13%——这么高的含量足以使其燃烧，燃烧过程中产生蓝色及橙色火焰，然而，随之滴落的小冰渣也会增加“可燃冰”燃烧的难度。

1810 年，英国化学家汉弗莱·戴维最先发现了这种奇特的物质。20 世纪 40 年代，也是因为它造成了天然气管道的堵塞，无论是当时还是现在，这都是困扰工程师的一个大问题。在 1965 年之前，没人会相信地球上存在天然的可燃冰，直到 1965 年乌克兰工程师尤里·F. 马克贡报告在西伯利亚的天然气田的永久冻土层中发现了可燃冰的踪迹。自此之后，人们又在海底发现了大量的可燃冰，它们往往位于大陆架上相对较浅的海域底部。可燃冰在海底的储量非常可观，是陆地冻土层中已探明储量的数倍。对于那些对新能源孜孜以求的国家来说，可燃冰极具吸引力——这一点毋庸置疑，由此，日本成为了首个试开采可燃冰的国家。

研究人员对可燃冰所储藏的沉积物中的碳同位素进行了仔细分析，结果表明：大多数样本中的甲烷是由细菌分解有机质后又历经若干年才产生的。然而，也有一些样本揭示了不同的成因：这些样本中甲烷气体是从地球更深处渗出，与任何生物成因都毫无关系。■

伍德沃德—霍夫曼规则

罗伯特·伯恩斯·伍德沃德（Robert Burns Woodward，1917—1979）
福井健一（Kenichi Fukui，1918—1998）
罗尔德·霍夫曼（Roald Hoffman，1937— ）

图为 2006 年被美国化学家协会授予金质奖章的罗尔德·霍夫曼。他的搭档罗伯特·伯恩斯·伍德沃德的照片请参见“维生素 B_{12} 的合成”一节。

光化学（1834 年），狄尔斯—阿尔德反应（1928 年），偶极环加成反应（1963 年），维生素 B_{12} 的合成（1973 年）

立体化学（Stereochemistry）从三维空间揭示分子的结构和性能，它涉及分子中的原子及化学基团的空间排列方式。随着化学家们对立体化学的了解越来越深入，有一点也越来越明确：有些反应的确存在规律性，反应会按照一些既有的、明确的反应机制进行。一般来说，开环（Ring-breaking）与成环反应（Ring-forming）的机理虽可简单归纳为化学键的重排，但反应机制却决定了产物的立体结构。比如，前文提到的反应中不涉及任何自由基或新离子的“狄尔斯—阿尔德反应”（Diels-Alder reaction）就是个经典例子。再举个比较极端的例子，对于某些能在加热或光照条件下发生的反应，加热和光照却能得到立体构型完全不同的产物。

显然，这些反应里一定暗含着某种主导性规则，问题是这种主导性规则到底是什么？ 1965 年，美国化学家罗伯特·伯恩斯·伍德沃德和罗尔德·霍夫曼将分子轨道（Molecular orbital）理论引入化学反应领域，揭示了反应发生的决定性规则。他们提出了几条经验规则：在共轭多烯成环反应中，如果 π 电子数是 4 的整数倍，则反应以一种方式进行；如果 π 电子数是 4 的倍数加 2，则反应则以相反的方式进行，反应过程中会伴随成键电子（由两个电子构成）的整体转移，这种模式也会让你联想起判断单环共轭体系是否具有芳香性的“$4n+2$”规则。伍德沃德和霍夫曼提出的经验规则同样可以预测产物的结构：能够解释为何加热可以加速狄尔斯—阿尔德反应发生，并形成六元环结构，而光照则更倾向于形成四元环结构。这一大类反应所涵盖的具体反应很多，但伍德沃德—霍夫曼规则统统适用，可以解释的实验结果也有一大串。利用这一规则，对那些尚无人尝试的反应，一样可以预测出产物的结构。

霍夫曼与日本化学家福井健一因其对量子化学的贡献分享了 1981 年的诺贝尔化学奖（福井健一因其提出理论架构与霍夫曼分子轨道理论相似但本质又完全不同的“前线轨道理论”而获奖）。如果伍德沃德当时还健在的话，他也一定会分享这个奖的，这将会是伍德沃德获得的第 2 个诺贝尔化学奖。分子轨道理论在有机化学领域影响深远、意义重大，重新唤起了化学家们的关注，尽管他们曾一度认为这类理论是故作高深、实际用处却不大。■

聚合水

塞吉奥·佩德拉·达·席尔瓦·波尔图（Sérgio Pereira da Silva Porto，1926—1979）

聚合水的故事起源于科斯特罗马市，图中这座宏伟的“复活教堂”就坐落在这个城市。

氢键（1920 年），区熔提纯（1952 年），重结晶和同质多晶（1998 年）

1966 年

下面讲述的是一个关于“聚合水”的故事，这个故事的情节虽然有点匪夷所思，但这件事情本身仍然在警示着我们——即便是科学家有时也会被事物的表象所蒙蔽，越是爆炸性的、吸引眼球的新发现和新观点越要潜心求证，绝不能人云亦云、盲目跟风。20 世纪 60 年代，苏联的科学家们发现密封在毛细石英管中的水表现出一些奇异的现象，与普通水相比，它的凝固点要低得多，而沸点却又高得多，不仅如此，它还非常黏稠。刚开始时的西方学术界并没怎么关注这项发明，但后来十年间，这项工作在许多国家的学术会议上被多次提及，由此引起了物理化学家们的广泛兴趣。

接下来发生的事情就非常有戏剧性了。有一些研究者声称能够重复上述实验结果，但也有不少人宣称无法重复。有些人坚称此项发现揭示了水的一种新的存在形式，但又遭到了其他人的坚决反对。再后来，大众媒体也开始密切关注这项研究，甚至不遗余力地编织各种故事，发表各种猜测，有些报道甚至称“聚合水”带有某种能引发世界末日的属性——如果聚合水与普通水（比如江河湖海）接触，是否会改变普通水的性质？是不是能使整个地球的水发生“聚合”，从而使得全世界的水都变得无法饮用？而对当时的每一位化学家而言，第一任务就是想弄清楚毛细管中封着的是否就是纯水。因为纯水中如果溶有杂质，这些杂质就会使纯水出现上述诸多“怪相”，可是，早期那些发表研究聚合水论文的作者们都信誓旦旦地声称自己进行了严密的排查，并早已排除了杂质对水的影响。

但是，现实却并非如此，那些号称“聚合水”的标准样品看上去就非常不纯，美国生物物理学家丹尼斯·L. 卢梭（Denis L. Rousseau）和巴西物理学家塞吉奥·佩德拉·达·席尔瓦·波尔图甚至描述那些样本与人的泪水无异，当然“聚合水”的拥趸们又反击卢梭和波尔图，说他们拿到的根本不是货真价实的“聚合水”。事实上，根本没有人能真正提供“聚合水”的标准样品，无论他们使用的技术多么精巧，都无法获得它。在这种情况下，舆论的风向开始改变了，又开始强烈质疑聚合水存在的真实性。在这以后的若干年里，还是有人笃信聚合水真的存在，不肯放弃。反观“聚合水”故事的整个历程，尽管整个研究、求证过程前前后后耗费了研究者们大量的时间与精力，但难能可贵的是，科学界最终正本清源，纠正了错误，没有一错再错下去。■

高效液相色谱法

约瑟夫·杰克·柯克兰（Joseph Jack Kirkland，1925— ）
约瑟夫·胡贝尔（Josef Huber，1925—2000）
乔鲍·霍瓦特（Csaba Horváth，1930—2004）
约翰·卡尔文·吉丁斯（John Calvin Giddings，1930—1996）

图中展示的是现代高效液相色谱仪的泵头，它们常由钛与其他金属的合金制成，能够耐受高压及溶剂的腐蚀。

钛（1791 年），色谱分析（1901 年），气相色谱分析（1952 年），外消旋体拆分和手性色谱（1960 年），反相色谱法（1971 年），电喷雾液相色谱 / 质谱联用仪（1984 年），乙腈（2009 年）

1967 年

HPLC 是高效液相色谱法（High-performance liquid chromatography）的简称，这一名称十分贴切，因为 HPLC 可能是柱色谱法发展的最高阶段了，它的历史可以追溯到 1901 年米哈伊尔·茨维特用石灰粉末填充的色谱柱。在 20 世纪 60 年代初期，美国化学家约翰·卡尔文·吉丁斯、德国化学家约瑟夫·胡贝尔和匈牙利裔美籍化学工程师乔鲍·霍瓦特奠定了色谱柱的理论基础，他们使用更小粒径的填料和可控的淋洗速率进行了很多实践。在 20 世纪 60 年代中晚期，美国化学家约瑟夫·杰克·柯克兰发明了一系列新的固体填料，这些粒度更细的填料具有更大的比表面积和更强的分散效果，但随之而来的问题是流动相的流速急剧下降。如果没有物质能被洗脱出来，那么色谱柱有何存在的意义呢？于是研究人员外加了机械泵，利用强大的泵注入压力，强迫流动相快速流过色谱柱，这也对填料自身的强度提出了更高要求。

从 1967 年霍瓦特创建 HPLC 的雏形开始，工程师们参照上述改进意见，将液相色谱升级改造到了极致，从而得到今天的高效液相色谱。色谱柱身采用厚壁金属制成，里面是超细的固体填料，无论在粒型、粒径还是孔隙度都十分均一。含有待测样品的流动相在极高的压力下流经色谱柱，这就要求泵头的材质必须能够承受高压，如使用昂贵的金属钛。大多数的分离过程是在反相模式（Reverse-phase）下完成，即固定相是疏水性的，而流动相是溶剂和水的混合物，一开始，HPLC 仅仅用于实验室里的常规成分分析，但随着更大的色谱柱及功率更高的泵的出现，制备型的 HPLC 也随之问世——可以用它直接提纯样品。

高效液相色谱法在化学和生物学中十分常见，色谱柱及应用领域也花样繁多、不胜枚举。有机化学合成、药物研发及测试、食品科学及环境科学都是高频使用 HPLC 的“大户”。如果在这些 HPLC 还没有配备高压色谱柱的话，这些领域的研究者一定会有人站出来想方设法地给它配上。■

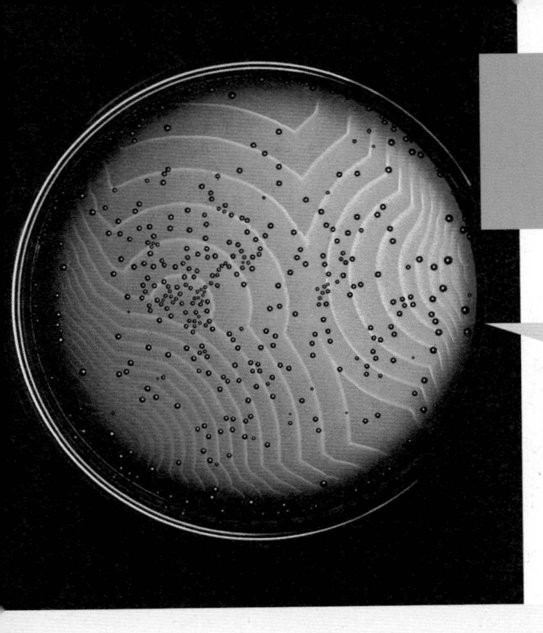

BZ 反应

鲍里斯 · 贝洛索夫（Boris Belousov，1893—1970）
艾伦 · 马西森 · 图灵（Alan Mathison Turing，1912—1954）
阿纳托尔 · 恰鲍廷斯基（Anatol Zhabotinsky，1938—2008）

图中是一个在结晶皿中发生的经典 BZ 反应。表面上明亮的黄色条带在溶液中缓慢地移动，而真正的驱动力来自体系内部的一系列复杂的化学反应。

氧化态（1860 年），吉布斯自由能（1876 年），勒 · 夏特列原理（1885 年）

绝大多数化学反应都随时间而简单变化，这理解起来比较容易，即随着反应进行，反应物逐渐被消耗，产物也越来越多，当改变某些实验条件时，尤其是温度，反应速度也会随之加快或是减慢。但是，有一类特殊的反应——BZ 反应（贝洛索夫—恰鲍廷斯基反应，Belousov-Zhabotinsky 反应）却并非如此——它是振荡反应（Oscillating reaction）的经典代表，与那些常规反应相比，反应一开始就会远离平衡态，然后再回调一点，以这种方式反复振荡、调整，直至最后反应停止。比如：你用一只带搅拌的烧瓶进行 BZ 反应，你会观察到瓶内溶液的颜色成周期性地发生变化。假如你在一个不配搅拌的结晶皿里进行 BZ 反应，你会观察到因溶液浓度不均匀而呈现的“波纹”或者呈旋转螺旋状的条带，这些都会使你不禁想起地质剖面图、细菌菌落或是动物的种种保护色。

早在 20 世纪 50 年代，苏联化学家鲍里斯 · 贝洛索夫就发现了化学振荡现象，但是苦于实验结果难以令人相信、反应机理难以说清，想将这一发现正式发表困难重重。1961 年，另一位苏联化学家艾伦 · 马西森 · 图灵再次重复了这一反应（当时他还是一位在读的研究生），并于 1968 年在一次学术会议上对这一结果进行了简要介绍。在这之前，也只有一些苏联的化学家对此类反应略知一二，其他研究者对这类反应几乎一无所知。如今，我们已经了解了上面提到的这个反应发生“振荡”的本质——溴元素在多种价态及存在形式的相互转化。事实上，反应体系中涉及多步反应，哪种反应物浓度高，哪步反应就成为主导。由于反应本身不违背热力学基本原理，所以一定有其他的反应物被不断消耗，只不过相比常规反应而言，这种消耗是非线性的，好比是沿盘山公路下山的汽车，路径有点“崎岖”。这一反应体系中可是涉及至少 18 步反应、21 种不同的化学物质，要想把整个反应路径描述得一清二楚绝非易事。

事实上，生命体内也存在着类似的振荡反应，这也不是什么巧合。1952 年，英国杰出的数学家及计算机科学家艾伦 · 图灵（Alan Turing）[第二次世界大战中，他在破解德国恩尼格玛（Enigma）密码过程中发挥了重要作用] 通过建立一种反应扩算模型，在理论上预见了生物体中存在类似 BZ 振荡反应的可能性。如果他能亲眼见到生命体内实际发生的振荡反应，那他一定会相当开心。■

默奇森陨石

Murchison meteorite
4600 million years old
Murchison, Australia

This is a fragment of a meteorite that landed in Murchison, Australia, in 1969. The Murchison meteorite and others like it, called carbonaceous chondrites, have been dated radiometrically and are thought to be remnants of the birth of the solar system.

图为美国华盛顿特区的史密森尼博物馆（Smithsonian in Washington，DC.）所展出的默奇森陨石碎片，在全世界范围内，要论起被研究的频率，这个其貌不扬的灰黑色石块很可能是首屈一指的。

氨基酸（1806 年），手性的故事（1848 年），米勒—尤列实验（1952 年），索林（1979 年），电喷雾液相色谱 / 质谱联用仪（1984 年）

1969 年

我们对地球上生命体内的有机化合物已经非常熟悉——对氨基酸、DNA 中的碱基、碳水化合物等名词早已耳熟能详。但是，太空中的有机化学又是什么样的呢？ 1969 年，在澳大利亚默奇森（Murchison）上空，一块体型巨大的陨石碎成了很多小片，它们给我们带来了答案——外太空中也同样充满了各式各样的有机分子。

当时，默奇森陨石的碎片遍布方圆五平方英里，乍看起来，这些碎片像是硬化了的沥青，但其实质上是碳质球粒类陨石的典型代表。它们是太阳系形成过程中遗留下来的最古老的物质之一。刚刚落地之时，一部分碎片甚至还带着油腥味或硫黄味，正是这些挥发性物质有力地证明了这些陨石亿万年间从未经历过加热过程，因为任何来自外界的热量都会将这些可挥发性物质蒸干或者使它发生一些化学反应。

那么，这些陨石中含有的氨基酸有什么作用呢？它们代表着生命吗？答案令人沮丧——几乎可以肯定这些氨基酸与生命体没有关系，因为所发现的手性分子总是两种旋光对映体（Enantiomer）的混合物，既含有左旋结构，又含有右旋结构。而我们所熟知的生物体中的分子手性都是相同的。当然也不用失望，因为从碳质球粒陨石中所发现的物质很有可能就是生命本源的样子，它们让我们回想起米勒—尤列实验中生成的那些物质。多种元素及简单有机分子漂浮在太空中，与其他物质混合后在加热的条件下便生成了生命体所需的各种分子。

然而，这些“伪装”成沥青的珍宝中蕴藏着更多的信息。在最近研究默奇森陨石的过程中，人们使用了最先进的液相色谱 / 质谱联用技术（LC/MC），检测结果表明陨石还存在着上万种不同的有机分子，尽管它们的含量都是痕量级的，但也预示着人类对外太空化学的探索才刚刚开始。我们探索得越多，我们了解的也会更多。■

戈尔特斯面料

罗伯特 · W. 戈尔（Robert W. Gore，1937— ）

图中，一块戈尔特斯织物上滚动着几粒小水珠。氟化的表面不但使戈尔特斯面料能够防水，还赋予了它很多其他实用的功能。

聚合物与聚合（1839 年），橡胶（1839 年），胶木（1907 年），聚乙烯（1933 年），尼龙（1935 年），特氟龙（1938 年），氰基丙烯酸酯（1942 年），齐格勒—纳塔催化剂（1963 年），凯夫拉（1964 年）

高分子化学的诸多发现往往会给人带来一种无法预测的感觉。这个领域很多重量级的发现都带有一定的偶然性，或是人们故意将几种物质“拼”在一起，看看是否会有什么发现。前面讲过的橡胶、胶木以及氰基丙烯酸酯的发现就是这么来的。后来，人们对聚合物化学性质的了解逐步深入，为高分子化学研究提供了更加坚实的基础，但在研究的道路上仍然时不时会有一些“坑”，让研究人员感到始料未及。

当然，“坑”也不见得总是坏事，有些“坑”甚至还充满了机遇与财富——就好比美国化学家罗伯特 · W. 戈尔延续着家族对聚合物的研究传统时踏入的那个。他的父亲在成立戈尔公司（W. L. Gore & Associates）之前供职于美国杜邦公司，罗伯特当时已经发明了如何在电缆上涂覆聚四氟乙烯层（Polytetrafluoroethylene，PTFE）的技术，正是这项技术催生了戈尔特斯产品的诞生。1969 年，罗伯特正在研制聚四氟乙烯杆，他小心翼翼地对它进行加热并尝试拉伸，发现拉伸的倍率总是不够。他后来自述道：在他经历了一次又一次失败的打击后，他变得焦躁和恼怒，对下一个加热好的坯子一通猛拽，结果令他目瞪口呆——这次的拉伸倍率达到了八倍之多，而棒的直径却几乎没有发生变化。这种材料就是我们今天所说的“膨体聚四氟乙烯”（Expanded PTFE），当时还没有人做出过这种材料。在这种材料中，空气占到了其体积的 70%，剩下的就是由超细纤维组成的多孔网状结构。

后续的研究发现它的用处非常大，比如纺织品领域（我们熟知的戈尔特斯面料）、电线电缆的绝缘材料、器官移植及缝合时使用的医疗器械，等等。但是，随着各类应用开发层出不穷，行业内的一家竞争对手发起诉讼，试图使戈尔公司的专利成为无效的。他们的理由是：戈尔公司的专利缺乏新颖性，新西兰发明家约翰 · W. 库伯（John W. Cropper）早在 3 年前就制备出了类似材料，只不过这家企业一直将此技术秘密使用，没有申请专利。鉴于戈尔公司在专利申请书中已完全公开了自己的技术，并且也没有证据证明戈尔在发明之时已经获悉了库伯的技术，最后法院做出了对戈尔公司有利的判决。这个案例也启示了其他的化学化工专家们：发明人可以选择以技术秘密的方式或是申请专利的方式保护自己的知识产权，但即便是再周密的技术秘密，也无法阻止他人自主发明出同样的技术来。■

211

二氧化碳吸收

罗伯特·埃德温·斯迈利（Robert Edwin Smylie，1929— ）
杰里·伍德菲尔（Jerry Woodfill，1945— ）
吉恩·克朗茨（Gene Krantz，1933— ）
小詹姆斯·亚瑟·洛弗尔（James Arthur Lovell Jr.，1928— ）
约翰·莱昂纳多·斯威格特（John Leonard Swigert Jr.，1931—1982）
小弗雷德·华莱士·海斯（Fred Wallace Haise Jr.，1933— ）

照片中阿波罗 13 号的宇航员杰克·斯威格特手持连接管件连接上了指令仓中的二氧化碳吸收装置，从而拯救了所有航天员的生命。这张照片由当时的航天员之一弗雷德·海斯拍摄。

二氧化碳（1754 年），索尔维制碱法（1864 年），温室效应（1896 年）

1970 年

我们所熟悉的大多数化学反应都是将反应物溶于液体溶剂中进行的。但并非所有的反应皆是如此，气体与气体之间的反应就无须借助溶剂而自如地发生，同时气体与液体反应起来也比较方便，气体可以快速地溶入溶剂或从溶剂中逸出，想象一下滋滋作响的苏打水，很容易就能想明白。令人略感意外的是——人们发现气体同样能与固体很好地反应，为了得到最佳的反应效率，通常会将固体制成超细的粒子以提供足够大的可接触面积。事实上，接触面积的大小在各类化学反应中都起到了举足轻重的作用，如在很多反应中，如果将其中的反应物由粗粒状换成超细粉末状，反应活性一下就会提高很多，甚至还可能发生爆炸。

人们对于大气中二氧化碳含量的关切促使科研人员开始探索一种气固反应——“收集”空气中的二氧化碳并“封存”于另外一种物质中。人们常常选择碱金属或者碱土金属与二氧化碳反应，生成碳酸盐固体。针对这一解决方案，尽管现在还没有出现大规模应用的案例，但已有一些小规模的试验证明该方案可行。尤其在一些严格封闭的载人环境下，这种能够吸收二氧化碳的物质就变得至关重要，比如潜水艇或航空器当中。

1970 年，阿波罗 13 号在执行任务期间服务舱的氧气罐发生了爆炸，这使得航天器上的 3 名宇航员吉姆·洛弗尔（Jim Lovell）、杰克·斯威格特（Jack Swigert）和弗雷德·海斯（Fred Haise）一度陷入了绝境——危险之一就是舱内的二氧化碳浓度在不断攀升。三位宇航员只得使用航天器的登月舱作为太空中的救生艇返回地球，但他们也同样面临着舱内二氧化碳吸收能力不足的问题，根本无法支撑他们的长期飞行。地面上，由船员系统部门主任罗伯特·埃德温·斯迈利所带领的工程师团队想出了一个绝妙的补救方案——指导宇航员们使用导管胶带、硬纸板和塑料袋来连接和使用指令舱中配备的氢氧化锂罐，利用气固反应吸收了二氧化碳，从而拯救了 3 名宇航员的宝贵生命。■

计算化学

迈克尔·詹姆斯·斯提尔德·杜瓦（Michael James Steuart Dewar，1918—1997）
约翰·安东尼·波普（John Anthony Pople，1925—2004）

这张照片摄于1960年前后的位于纽约布法罗的康奈尔大学航空实验室（Cornell Aeronautical Laboratory，Buffalo，New York），科学家弗兰克·罗森布拉特（Frank Rosenblatt）在这里搭建了代号为马克1号（Mark I）的感知机（Perceptron），这是史上最早构建人工神经网络的尝试，极大地推动了计算方法的进步，图中的这位男士正在调整光传感器与关联单元之间的随机布线网络。

吉布斯自由能（1876年），氢键（1920年），σ键和π键（1931年），化学键的本质（1939年），工程酶（2010年）

1970年

自从计算机问世之后，化学家们就一直尝试用计算机模型来解决化学问题。如果能对化学反应进行预测就能节省大量做实验的时间与金钱，并且还有助于化学家们理解那些烈性的、非常不稳定且难以分离的物质。但是，真实的反应体系异常复杂，涉及的物质也远比氢原子复杂，要想借助量子力学方法完美又精准地描述它们几乎不可能，所以化学家们在处理实际问题时，只能事先进行取舍，一开始就想清楚能接受多大程度的近似处理，把控好由此产生的误差。

1970年第1代计算化学软件包——“高斯70”（Gaussian 70）正式问世。如果用现在的眼光来看，“高斯70”相当原始——但是它还是让当时的化学家们用上了计算技术，从此无须再从零开始一点点编程了。如今，有很多现成的计算化学软件包，有些是免费的并且开放源代码，也有一些相当昂贵。可喜的是，基于40多年的升级与功能补充，高斯计算化学软件包仍然可以使用。1998年，英国理论化学家约翰·安东尼·波普爵士因其创立“高斯70”时做出的重大贡献荣获了诺贝尔奖。20世纪70—80年代，英裔美籍理论化学家迈克尔·詹姆斯·斯提尔德·杜瓦也基于量子力学近似方法独创了许多计算方法。

其实从另外的角度考虑，让所有化学家们都拥有创立自己计算模型的能力也不现实，况且只有那些真正训练有素的计算化学家们才能理解每一个模型固有的前提假设与应用局限。对于一项具体问题，即便对于计算化学“老手们”来说，选择哪个模型更为适用也绝非信手拈来之事。

自从20世纪70年代起，计算化学领域有了惊人的进步，如计算机软硬件都已变得更加迅速且功能强大，但化学家们想要解决的问题也越来越多。比如说：如何模拟氢键、分子间作用力、溶剂化效应、热力学等影响反应进程的诸多要素，化学家们想真正弄清楚它们、找到相应的解决办法——不光是亲手做实验，还要借助计算机模拟的方法。■

草甘膦

约翰 · E. 弗朗茨（John E. Franz，1921— ）

图中正在喷洒草甘膦来除草。实际上，这种化学物质不仅能杀死杂草，对所有接触到的植物都有杀伤力，因为它们有着相同的氨基酸合成生化路径。

毒理学（1538 年），氨基酸（1806 年）

说到“草甘膦（Glyphosate）”，可能非专业人士都不熟悉，可只要一提到它的商品名“农达”（Roundup），大家就都知道了——它是世界上使用最为广泛的一类除草剂产品。早在 20 世纪 50 年代，草甘膦就被合成出来了，但它真正用于除草却始于 20 世纪 70 年代有机化学家约翰 · E. 弗朗茨的再次发现，这被化学家们称为农化产品的极好例子。草甘膦是一类小分子化合物，同时它还是一种酶的强抑制剂，这种酶的名字大概只有化学家才会喜欢，全称为“5-烯醇丙酮莽草酸-3-磷酸合酶”（5-enolpyruvylshikimate-3-phosphate synthase），简称 EPSP。在活细胞中三种氨基酸的关键合成步骤中，这种酶起到了至关重要的催化作用，一旦切断了这条合成通路，细胞便无法生长。这种效应在植物生长中尤其明显，特别对于那些四处疯长的杂草，草甘膦有着立竿见影的效果。近年来，科研工作者们对一些农作物进行了基因修饰，使它们可以耐受草甘膦，免除了农夫们在使用草甘膦时的后顾之忧，可以确保“只除草、不伤苗”。

那么问题来了，为什么草甘膦不会使接触到的所有生命体都中毒呢？因为被草甘膦切断通路的三种氨基酸只存在于植物和微生物中，动物体内没有，人类也只有通过饮食来摄取这几种氨基酸。既然我们人类与其他的动物体内都完全没有这种酶，理论上，这种除草剂就是一种特异性毒剂——只对植物起效。可是，谁也不敢为它的绝对安全性打包票，也确实有一些问题需要引起重视。首当其冲的就是草甘膦的选择性。一般来说，如果一种抑制剂对一种酶抑制效果优异时，对其他相近的酶，它可能也会产生抑制。但幸运的是，对于草甘膦所抑制的酶，高等生物体中并不存在其相关酶，但是，细菌体中却存在，因此草甘膦仍然会抑制细菌中的一些相关酶，科学家们已投入了大量精力去研究这种抑制作用可能产生的后果。还有另外一条隐患：有一些研究表明除草剂商品中含有的表面活性剂与洗涤剂成分的安全性问题要比草甘膦本身大得多，这也是人们应持续关注的。

同时，无论哪种酶抑制剂，它们所针对的酶都有可能发生突变，从而对酶抑制剂产生抗性。这一幕已经无数次上演：病毒、细菌、虫类、植物乃至癌细胞，它们总是能找出对抗人类“绞杀”的新途径。■

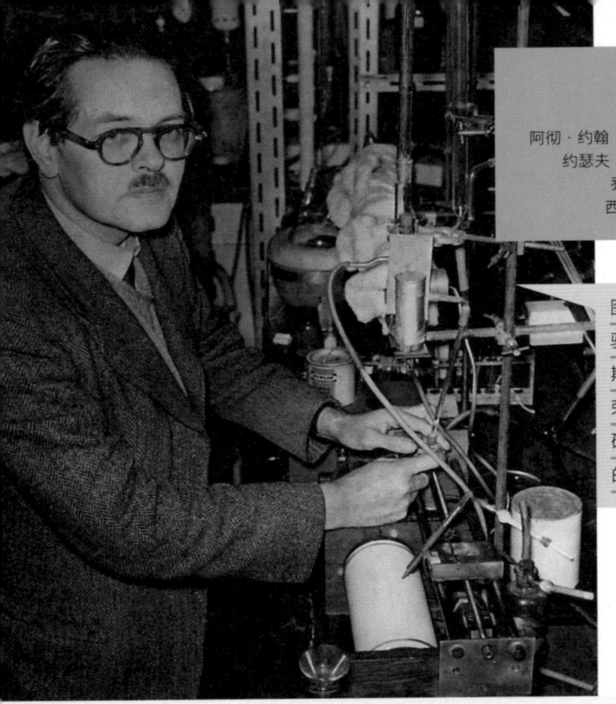

反相色谱法

阿彻·约翰·波特·马丁（Archer John Porter Martin，1910—2002）
约瑟夫·杰克·柯克兰（Joseph Jack Kirkland，1925— ）
乔鲍.霍瓦特（Csaba Horváth，1930—2004）
西德尼·佩斯特卡（Sidney Pestka，1936— ）

图为 1952 年阿彻·约翰·波特·马丁在实验台上做实验，同年，他因与理查德·劳伦斯·米林顿·辛格一起创立的分配色谱法而荣获诺贝尔奖。与提出一种全新的理论不同，研发一种新型的色谱分析技术需要的是不断的技术改进与实验。

分液漏斗（1854 年），色谱分析（1901 年），外消旋体拆分和手性色谱（1960 年），高效液相色谱法（1967 年），电喷雾液相色谱 / 质谱联用仪（1984 年），乙腈（2009 年）

从米哈伊尔·茨维特用石灰石粉末填充色谱柱开展首次实验以来，色谱法就被广泛应用于化学、生物学研究的各个方面，从低端的一次性色谱柱到先进的高端集成优化系统，花费巨大但也取得了巨大的成果。20 世纪 70 年代之前，几乎所有色谱操作方法都是一样的：操作者首先制备好一个极性固定相，然后将样品溶解在相对非极性溶剂中，最后使其通过固定相洗脱出来。由于样品中极性较强的组分与柱填料的相互作用更强，洗脱需要更长的时间，而极性不太强的组分会快速流经色谱柱，首先被洗脱出来。为了调节流动相的洗脱强度，操作者在操作过程中需要不断调高淋洗液的极性。

到了 1950 年，英国化学家 G. A. 霍华德和阿彻·约翰·波特·马丁公开了一项技术：在两种流动相中，待分离化合物都是溶解在极性溶剂中——这与常规方法正好相反。到了 20 世纪 70 年代，科学家们尝试通过改变固定相的极性来实践这一设想，他们在常规二氧化硅柱填料外面包覆一层非极性层，使用极性溶剂（甚至是水）作为流动相。这样一来，样品中极性的组分先被洗脱出来，而极性较弱的组分后被洗脱出来。

这种反相色谱优点很多。如，利用不同的流动相几乎能将所有的组分洗脱下来，而对于传统的硅胶柱色谱而言，大多数强极性的物质会积累在柱头部分，造成柱效下降或是柱压升高。同时，反相色谱的分离能力好到惊人，尤其在 1971 年后，美国化学家约瑟夫·杰克·柯克兰在固定相制备工艺上进行了创新，引入了“键合相”的概念：将非极性固定相以共价键的方式结合在硅胶载体上，取代了原来简单包覆的负载模式。后来，反相色谱又与高效液相色谱技术（由匈牙利裔美籍化学家乔鲍·霍瓦特和美国生物化学家西德尼·佩斯特卡创立并用于蛋白质纯化）结合到一起，发展成为现今全世界广泛使用的、堪称标配的、强有力的分析设备。■

雷帕霉素

苏伦·赛加尔（Suren Sehgal，1932—2003）

复活岛（拉帕努伊岛）不仅是这些神秘巨石的家，还是世界上最有趣的天然产物分子的发源地之一。

天然产物（约 60 年），空袭巴里港（1943 年），叶酸拮抗剂（1947 年），沙利度胺（1960 年），顺铂（1965 年）

天然产物与生俱来的复杂性、多样性及广泛的生化活性使它们总能成为有机化学领域关注的焦点。1972 年，人们发现了天然产物中最引人瞩目的一种——雷帕霉素，说它引人瞩目不仅因为它的发现地更是因为它为人类健康做出的贡献。

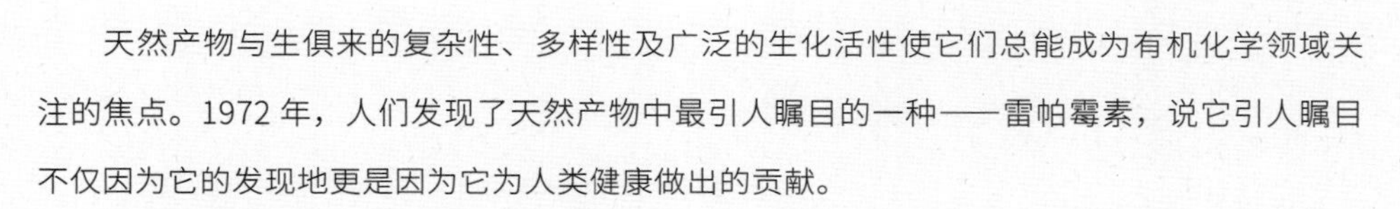

雷帕霉素（Rapamycin）的名字来源于拉帕努伊岛（Rapa Nui）——这是复活岛在当地的叫法。1972 年，印度裔加拿大籍药剂师苏伦·赛加尔从一份土壤样本中发现了这个化合物，这份样本是 1964 年从位于太平洋东南部的智利小岛——复活岛上采集回来的。之所以研究雷帕霉素，不仅是因为其结构复杂，更因为它对真菌具有抗性。后来的研究证明：雷帕霉素还是一种免疫抑制剂，能够用于治疗自身免疫性疾病和治疗器官移植的排斥反应，效果十分明显。后续的深入研究表明：雷帕霉素还具有良好的抗癌作用，雷帕霉素同系物现在已被用于化疗中。为了深入了解雷帕霉素的作用机制，科学家们对该生化过程开展了许多开创性研究，对于弄清楚雷帕霉素这种新化合物给人类带来的诸多好处大有裨益。最终，人们发现了哺乳动物的雷帕霉素靶蛋白（mTOR），发现雷帕霉素能与 mTOR 和另一个蛋白（FKBP）同时结合，形成一种三向复合物，扰乱了 mTOR 原有的生化功能。

类似的功能还有很多，自从 mTOR 发现以来，研究人员对它进行了大量的生物药物学实验，实验结果表明：它参与了多条重要的信号通路，包括调控细胞生长、细胞增殖、细胞运动以及细胞存活等方方面面。举例而言，为了生动展示雷帕霉素对 mTOR 产生的影响，2009 年科研工作者将雷帕霉素加到了患癌小鼠的食物当中，结果发现小鼠的寿命得到了延长。更深入的研究表明：雷帕霉素的效应并不只是单纯地减缓衰老，还直接消减了小鼠体内的癌细胞数目。这些发现直接为雷帕霉素开辟了新的用途，科学家们已经开始尝试将其用在阿尔茨海默症、肌肉萎缩、红斑狼疮、艾滋病及肾脏疾病的治疗上。■

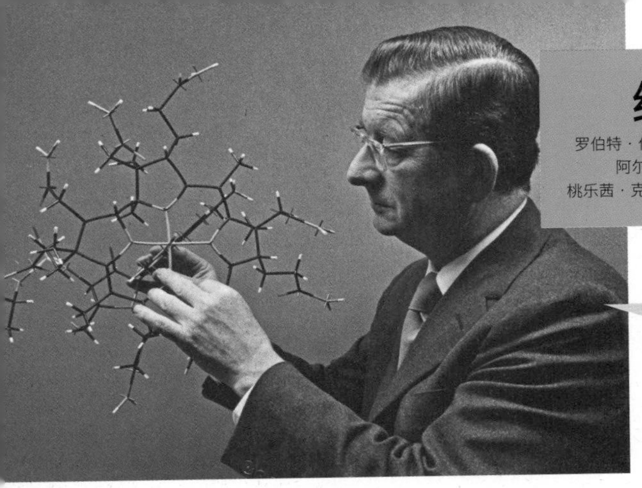

维生素 B_{12} 的合成

罗伯特·伯恩斯·伍德沃德（Robert Burns Woodward，1917—1979）
阿尔伯特·埃申莫泽尔（Albert Eschenmoser，1925— ）
桃乐茜·克罗夫特·霍奇金（Dorothy Crowfoot Hodgkin，1910—1994）

图为 1973 年罗伯特·伯恩斯·伍德沃德手拿着一个维生素 B_{12} 分子中最复杂部分的模型。模型中心的浅色原子就是我们下面要讲述的钴原子。

臭氧（1840 年），手性的故事（1848 年），不对称诱导（1894 年），重氮甲烷（1894），格氏反应（1900 年），X-射线晶体学（1912 年），狄尔斯—阿尔德反应（1928 年），伯奇还原反应（1944 年），伍德沃德—霍夫曼规则（1965 年）

1973 年

各种维生素的化学结构五花八门，甚至没有相似之处，当然它们在生物化学中发挥的作用也迥然不同。它们唯一的共同点就是都对人类健康至关重要，而人体内的细胞没有能力合成这些维生素。

维生素 B_{12} 不仅可以作为治疗氰化物中毒与恶性贫血的药物，而且它也是日常所需众多维生素中的一种。在所有维生素中，唯独它的分子结构中包含金属离子，因此可以称得上是独树一帜：在它的分子结构中，钴原子位于一个环状复合体（咕啉环）的中间，与血红蛋白中铁原子的位置大体类似。另外，环状复合体中还含有 9 个手性中心，这就对人工合成维生素 B_{12} 提出了巨大的挑战。从这个环状复合体伸出去的部分是这个分子的“尾链”，通过酰胺基连接到环状复合体上。英国生物化学家桃乐茜·克罗夫特·霍奇金在完成盘尼西林和蛋白质晶体结构测定后，于 1956 年终于利用 X-射线衍射法测定了维生素 B_{12} 的晶体结构，并由此享誉世界。

在这之后，美国化学家罗伯特·伯恩斯·伍德沃德和瑞士化学家阿尔伯特·埃申莫泽尔通力合作，经过十年的努力，终于完成了有机合成史上难度最高的一次全合成。B_{12} 的核心结构由 4 个连在一起的含氮环围绕着中心钴原子组成，并且 4 个含氮环都带有手性，其中 A 环、B 环是通过手性拆分分离出的旋光性异构体，然而 C 环和 D 环由手性原料合成得到。A、D 环偶联后，又通过一系列的复杂反应与 B、C 环偶联，这时再引入钴原子，在钴配合物的推动下，各个部位的尾端彼此靠近，最终完成整个成环过程。

如今我们熟知的几乎所有主要的反应类型，都能在伍德沃德和埃申莫泽尔这漫长的合成步骤中（总计 72 种）找到踪迹，包括伯奇还原反应、格氏反应、重氮甲烷、臭氧分解和狄尔斯—阿尔德反应等，其中狄尔斯—阿尔德反应还为伍德沃德—霍夫曼规则的提出铺平了道路。所以，将 1973 年公开发表的《维生素 B_{12} 合成》称为化学领域的里程碑当之无愧。■

217

氯氟烃与臭氧层

弗兰克·舍伍德·罗兰（Frank Sherwood Rowland，1927—2012）
马里奥·何塞·莫利纳（Mario José Molina，1943— ）

图为2014年9月由卫星拍摄的靠近南极点的臭氧空洞。近些年来，这个空洞正在变小，这显然是由于氯氟烃的限制使用。

光化学（1834年），臭氧（1840年），自由基（1900年），氯氟烃（1930年）

1974年

如今，几乎所有人都听说过臭氧层空洞一事，肯定还有人记得：由于可能破坏臭氧层，氟碳化合物气体（俗称“氟利昂”）的多种应用均被禁止。事实上，当1974年美国化学家弗兰克·舍伍德·罗兰和墨西哥化学家马里奥·何塞·莫利纳正式发表他们关于氯氟烃对臭氧层作用的研究报告时，几乎每一个人都感到十分震惊。

臭氧是氧气的一种同素异形体，分子由3个氧原子组成，化学性质活跃。当上层大气被太阳发出的强烈紫外线照射时就会形成臭氧，但它同样也会因此分解。正是有赖于这种生成与分解的动态平衡，高空中的臭氧含量一度十分稳定。臭氧层会吸收紫外线，如果没有它的遮挡，这种紫外线将直接照射到地面上的生物有机体（包括人类）上，将给生物有机体造成严重的危害。

自由基能使臭氧发生分解，正常情况下上层大气层中氯自由基含量微乎其微，但是由于氯氟烃类物质在紫外线下也会分解，所以氟利昂等物质能使大气中自由基浓度迅速提升，更为严重的是，自由基在分解臭氧后还能通过若干循环再次获得重生，继续对臭氧层产生破坏。由此自由基对臭氧层能产生巨大的破坏作用，这与排放出氯氟烃的量根本不成比例，因为一个氯自由基就可以轻轻松松分解上万个臭氧分子。

氯氟烃的主要问题在于它与其他含氯自由基物质是不一样的，它不易溶于水，低层大气中的降雨过程根本无法将它们从大气中去除。很快，有证据表明平流层里的臭氧正在逐渐耗尽，几个主要的工业化国家最终不得不出台各种法令规范禁用各类氯氟烃化合物。自20世纪90年代起，大气中氯氟烃的含量开始下降，尽管有迹象表明有些国家并没有信守最初的禁用承诺，但臭氧层确实开始逐步恢复、重新发挥功效了。1995年，罗兰和莫利纳因此被授予诺贝尔化学奖。■

酶的立体化学

弗兰克 · H. 韦斯特海默（Frank H. Westheimer，1912—2007）
约翰 · 华卡普 · 康弗斯（John Warcup Cornforth，1917—2013）
赫尔曼 · 伊格尔（Hermann Eggerer，1927—2006）
度伊里奥 · 阿里格尼（Duilio Arigoni，1928— ）

图中的草莓酒正在发酵中，这个过程是利用酵母中的酶将碳氢化合物转化成乙醇和二氧化碳。

氨基酸（1806 年），胆固醇（1815 年），手性的故事（1848 年），碳四面体结构（1874 年），不对称诱导（1894 年），同位素（1913 年），放射性示踪剂（1923 年），氘（1931 年），碳酸酐酶（1932 年），动力学同位素效应（1947 年），蛋白质晶体学（1965 年），同位素分布（2006 年），工程酶（2010 年）

酶有很多独特的性质，其中最与众不同的就是它对手性的极度敏感性。如果用酶去处理同时带有两种手性的反应物，那它一定会倾向于只与其中一种反应。如果与酶反应的分子本身没有手性，那么往往还会得到带有手性的产物——产物的手性还都完全一致。除了结构最简单的甘氨酸之外，组成酶的氨基酸都具有自己的手性中心，这一点赋予了酶在活性位点和结合位点上有足够的选择性。

澳大利亚裔英国籍化学家约翰 · 华卡普 · 康弗斯爵士在酶促反应选择性的研究上贡献极大。作为一名物理有机化学家，利用同位素标记技术研究对他来说简直易如反掌。通过将反应物中氢原子换成氘或是放射性的氚，可以追踪反应进程，观察由“动力学同位素效应”引起的反应速率变化，这对于揭示反应机理大有裨益，也是其他研究手段无法比拟的。康弗斯和他的合作者一起（包括德国生物化学家赫尔曼 · 伊格尔），针对各种酶，用放射性同位素标记了不同的起始反应物，通过追踪被标记的元素可以确定该生物的合成路径，准确性非常高。康弗斯的团队详细研究了胆固醇合成过程中的立体化学，他们将合成类固醇的细胞所使用的起始反应物——甲羟戊酸进行标记，可以追踪其中的 6 个氢原子的反应过程，从而完成对产物整个空间构型的分析。由此，1975 年康弗斯荣获诺贝尔化学奖。

美国化学家弗兰克 · H. 韦斯特海默、瑞士化学家度伊里奥 · 阿里格尼等许多研究人员在工作中都延续和借鉴了康弗斯的方法。总体而言，揭示的酶反应机制越多，得到的收获就越令人心动。有机化学家们仍在孜孜以求，试图按照自己的规格设计工程酶，并开展相关基因工程研究。■

PET 成像

路易斯·索科洛夫（Louis Sokoloff，1921—2015）
阿尔弗雷德·P. 霍福（Alfred P. Wolf，1923—1998）
阿巴斯·阿拉维（Abass Alavi，1938— ）
乔安娜·西格弗雷德·福勒（Joanna Sigfred Fowler，1942— ）

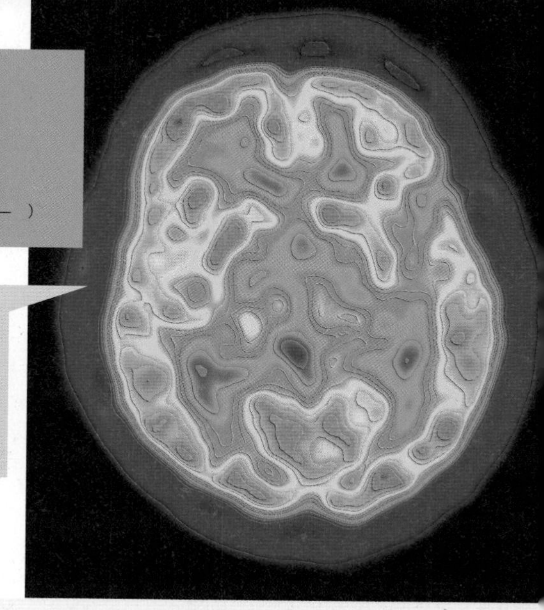

图中是患者脑部 PET 影像，这位患者预先被注入了被氟-18 标记的葡萄糖，其中的红色区域代表该区域示踪剂浓度较高，而蓝色区域代表该区域示踪剂浓度较低，可以看出大脑的不同区域的活动强度是不同的。

氟分离（1886 年），同位素（1913 年）

1976 年

正电子发射断层扫描（Positron emission tomography，PET）是一种核医学领域的临床检查影像技术。所谓“正电子”是电子的反粒子，除带正电荷外，其他性质与电子相同。正电子是不稳定粒子，遇到电子就会与之发生湮灭，释放出的带有标志性的能量，可以被检测器捕获，如果样本中释放出的正离子足够多，还能绘制出三维图像。如果被测物是人的话，需要将能够释放正离子的放射性药物或者生命代谢中所必需的物质（预先标记上放射性核素）注入人体，通过该物质在代谢中的聚集并发生湮没辐射，来反映生命代谢活动的情况，从而达到诊断的目的。

然而，在有机化学中标记这些化合物好比是在下快棋，因为 PET 扫描中常用的两种同位素，碳-11 半衰期十分短暂，只有 20 分钟，氟-18 半衰期略长，但也只有 110 分钟，这就意味着这些示踪剂一旦合成，就必须尽快引入活体组织细胞内，与特定靶分子作用，也就是说一旦示踪剂合成完毕，就得赶紧注射给等候的病人。同时，合成示踪剂的同位素试剂也需要现用现配，这就要求医院还需配备一个小型医用回旋加速器（Cyclotron）来辐照前驱体，产生放射性同位素。

由于在化合物中引入氟元素常常会改变化合物本身的性质，因此将含氟的示踪剂转入组织细胞时必须非常慎重，研究人员也在摸索新的反应缩短含氟示踪剂在体内代谢的时间，这样可使得安全性更有保障。20 世纪 70 年代初，美国神经系统科学家路易斯·索科洛夫和马丁·瑞维琪提出含有放射性的葡萄糖是诊断脑部疾病良好的示踪剂，美国化学家阿尔弗雷德·P. 霍福发现氟-18 标记的葡萄糖（氟代脱氧葡萄糖）效果更好。1976 年伊朗裔美籍神经科专家阿巴斯·阿拉维首次将霍福与美国化学家乔安娜·西格弗雷德·福勒合成的这款示踪剂试用到了志愿者身上，从获得的脑部图像中可以获悉示踪剂在体内的分布情况。由于脑部活动所需的能量均来自于葡萄糖，因此，扫描脑部显示发亮的区域就是葡萄糖代谢最旺盛的地方，也是血液流动最密集的地方，也是最有可能出现病变的地方。被放射性氟元素标记的药物分子也能用同样的方法示踪，通过追踪生物分子和候选药物的代谢过程，为我们提供了从分子级别了解生命体的独特视角。■

野崎偶联反应

野崎一（Hitosi Nozaki，1922— ）
岸义人（Yoshito Kishi，1937— ）
桧山为次郎（Tamejiro Hiyama，1946— ）

图中为球状的纯镍——正是这种元素使得野崎偶联反应曾经一度难以为继。

格氏反应（1900 年），岩沙海葵毒素（1994 年），金属催化偶联反应（2010 年）

1977 年

野崎偶联反应的发现之旅为现代有机金属化学的发展提供了两条重要的启示：一是金属催化偶联反应大有用武之地，二是要弄清楚金属催化偶联反应的机理需要克服重重困难。

1977 年，日本化学家桧山为次郎和野崎一首次提出了野崎偶联反应，反应形式与镁基的格氏反应有点类似，只不过此反应涉及的金属元素是铬。与经典的格氏试剂不同，有机铬试剂对醛有着很高的选择性，许多反应底物都适合用来制备有机铬试剂，都能发生这类偶联反应。但是，就在化学家们积极尝试各种野崎偶联反应的变体时，有的化学家发现：即便在相同反应物的情况下，野崎偶联反应有时能够发生，有时又不能发生。

当时大家都对有机铬试剂寄予厚望，认为它是合成一些复杂结构的“利器”，可这一偶联反应重现性这么差，确实令人沮丧。比如，日本化学家岸义人的团队在合成水螅毒素时，就急需野崎偶联反应这种能在温和条件下生成碳碳键的反应。实验过程中他们也同样遇到了重现性问题，尤其是每次反应用的起始物都是他们花费数月时间才制备出来的，所以当反应一遍遍做不出来时，着实令人寝食难安。

最终，岸义人和野崎一的研究团队都找到了问题的症结所在：不同批次的氯化铬会产生截然不同的实验结果。不同批次氯化铬之间的区别在于——是否含有微量的镍。略带讽刺意味的是：最纯净最昂贵的氯化铬做出来的实验结果最差，因为微量的镍杂质必不可少。后来，研究者们又做了刻意外加微量氯化镍的实验，反应每次都能顺利完成。现如今对碳碳键的合成而言，野崎偶联反应仍然是一种十分有效的工具，而且人们对它的反应原理已经知根知底，可以自由操控了。■

221

索林

比什珲·哈尔（Bishun Khare，1933—2013）
卡尔·萨根（Carl Sagan，1934—1996）

Sunlight
Energetic Particles
Molecular Nitrogen and Methane
Dissociation
C_2H_2 C_2H_4
C_2H_6 HCN
Ionisation
$C_2H_5^+$ $HCNH^+$
CH_5^+ $C_4N_5^+$
Benzene (C_6H_6)
Other Complex Organics (100~350 Da)
Negative Organic Ions (20~8000 Da)
Tholins
Titan

图为泰坦星上索林的合成路径图。来自太阳的紫外线引起了上层大气中复杂的化学反应，而产物会慢慢沉积并覆盖行星表面。

光化学（1834 年），色谱分析（1901 年），米勒—尤列实验（1952 年），默奇森陨石（1969 年）

1979 年

如果用望远镜去观察木星和土星，你可以看到它们的大气层中呈现出黄色、橙色、红色、棕色等的一系列色彩。土星最大的卫星——泰坦有着彩色的云彩和黄橙色的表面，在其他一些冰冷卫星的表面，也能观察到五颜六色的沉积物。对于这种现象，有机化学家可能会感到有点儿眼熟，因为虽然他们经手的简单有机物都是无色的，但大多数有机反应却是各种颜色都有。对于有些化学反应，杂质和副反应常常会将反应体系变成淡黄色，反应结束后进行分离纯化——通过色谱柱时，体系的颜色就会褪去，这时你会发现那些棕红色的杂质都黏在柱头上。那些杂质很难再被提纯，它们八成是因为有机反应“跑偏”了——生成了一堆黏乎乎的低聚物。

其实，这一幕在外太阳系乃至外太空中时时都在上演。太空中有着大量的可反应的小分子，比如氮气、水、氨气、氰化物、乙炔等。它们被来自太阳光的强紫外线所辐照，被深层大气环流加热并压缩，又被巨大的闪电所击中——整个过程持续了数亿年之久。换句话说，大量的完全不受控制的化学反应每时每刻都在发生，只要一有机会它们就会产生色彩斑斓的黏性物质。1979 年，美国天文学家卡尔·萨根与印度化学家及物理学家比什珲·哈尔模拟泰坦星的大气组成和条件在实验室中开展实验，制备出了这种黏性物质，并将其命名为索林（Tholin，取自希腊语 tholós，意为“泥泞的”）。如今在天文学中，根据索林覆盖层的发现地点与具体成因，又将索林细分为泰坦索林（Titan tholin）、海卫一索林（Triton tholin）、冰索林（Ice tholin）等好几种，微红色的冥王星（Pluto）也表明在其表面也存在着另一种索林物质。

最近人们发现：刚刚诞生的恒星周围的星周盘上也发现了类似索林的物质，并且这种物质在绝大多数的行星系中都可以找到。单就化学反应而言，大自然已经选取了秋天的颜色作为索林的颜色——黄色就是它首选的色彩。■

铱与“碰撞假说”

路易斯·沃尔特·阿尔瓦雷茨（Luis Walter Alvarez，1911—1988）
弗兰克·阿萨罗（Frank Asaro，1927—2014）
海伦·沃恩·米歇尔（Helen Vaughn Michel，1932— ）
沃尔特·阿尔瓦雷茨（Walter Alvarez，1940— ）

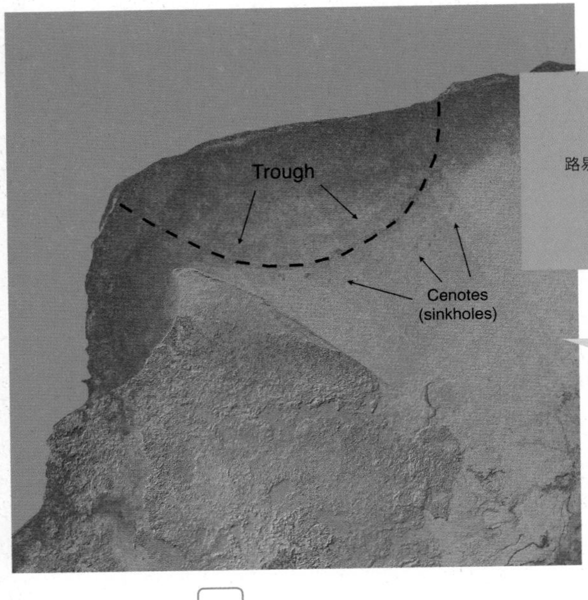

图为尤卡坦半岛的雷达影像，借助它，我们可以确定这次撞击所产生的巨大陨石坑的边界，这个坑的形成年代与尺寸都与造成白垩纪末期物种大灭绝的小行星相吻合，所以说这个坑最有可能就是当时小行星撞击地球的现场之一。

同位素（1913 年）

铱元素具有亲铁性，在地球仍处于熔融状态时，绝大部分铱就已沉入地球内核中，所以地壳中的铱很稀少，是最稀有的贵金属之一。而在很多种小行星中却蕴藏着大量的包括铱在内的贵金属，以至于人们展开了一些大胆的畅想——将这些富含稀有金属的“大石头”运到地球周围足够近的轨道上，以方便人类进行开采。殊不知，这类小行星与地球的距离曾经“近”到让你不敢想象——在地壳白垩纪末期的沉积岩中存在一层黏土层，正是这层黏土记录了一次“近距离接触”，当然，这种“接触”可能是当时所有的生命体都不愿意见到的。

最初人们寄希望于通过测定黏土中的铱含量确定这层黏土所归属的时间跨度，故事就发轫于此。当时专门从事放射性同位素衰变研究的美国化学家弗兰克·阿萨罗和海伦·沃恩·米歇尔很有经验——之前曾对很多史前文物和地质样本的年度和归属进行测定，可这次他们面对的却是全新的事物，得到的结果也令人吃惊：该黏土层中铱含量远超预期，数值甚至高到像是出现了错误。1980年，美国地质学家路易斯·沃尔特·阿尔瓦雷茨与其子——物理学家沃尔特·阿尔瓦雷茨一起提出了一项大胆的假说：这层黏土是一次毁灭性小行星撞击的铁证，正是这次撞击直接制造了地球生命大劫难，造成了包括恐龙在内的“物种大灭绝”，都可以从这层黏土的铱含量中得到佐证。

这个假说一经提出，质疑声浪排山倒海。地质学家们尤其反感用这种一次性的、天灾式的猜测去解释某种自然现象。因为他们担心如果任由这种苗头发展，那以后任何现象都可以随意套用各种“灾难论”进行解释，不再需要提供事实依据作为支撑。但是，近年来，这一假说却获得了越来越多的证据支持：其中之一就是铬同位素含量的变化，其同样也支持了这一结论。另外，根据地层中的铱含量测算出这颗小行星应该和曼哈顿的面积差不多大，而墨西哥南部希克苏鲁伯陨石坑可能就是这次小行星撞击地球的现场，这么大规模的撞击一定会引起整个地球灾难性的气候变化。所以，对于恐龙灭绝，我们不应感到惊讶，我们更应该惊讶的是竟然还有生命体能存活下来。■

非天然产物

利奥·帕克特（Leo Paquette，1934— ）
菲利普·E. 伊顿（Philip E. Eaton，1936— ）

天然产物（约 60 年），奎宁（1631 年），光化学（1834 年），碳四面体结构（1874 年），靛蓝染料的合成（1878 年），狄尔斯—阿尔德反应（1928 年），化学键的本质（1939 年），青霉素（1945 年），二茂铁（1951 年），维生素 B_{12} 的合成（1973 年），富勒烯（1985 年）

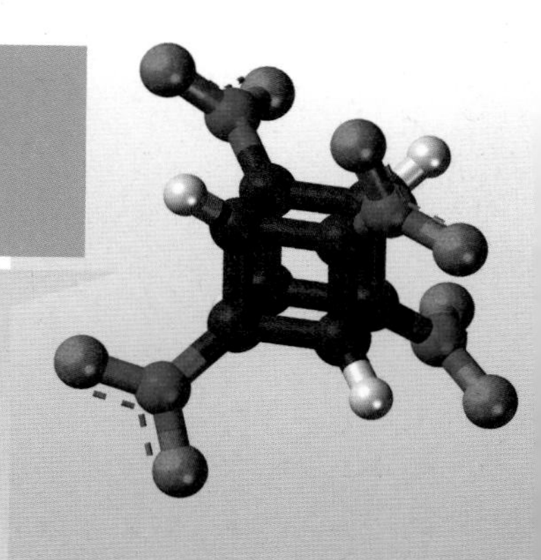

图为四硝基立方烷的球棒模型，这是一种立方烷的衍生物，而立方烷就是模型中间的块状部分。虽然人们从未在自然界中发现立方烷的衍生物，但这类物质的种类多到不计其数。

1982 年

天然产物（Natural product）的人工合成是有机化学研究的重要领域，前面章节讲过的奎宁、靛蓝、青霉素和维生素 B_{12} 都是成功的案例。但是合成非天然产物又是怎么回事呢？听上去的确有点奇怪，但确确实实存在这样一类化合物，它们的结构非常特殊、合成的难度也很大。到目前为止，这些物质还只存在于人们的构思当中或刚刚在实验室里被合成出来，自然界里根本找不到。通过尝试合成这些非天然产物，化学家突破了天然产物在结构与稳定性上的局限，有机合成技术也由此突飞猛进、日新月异。

在最近合成的一系列非天然产物中，最为著名的当属十二面烷（Dodecahedrane）。单从几何学的角度讲，十二面体是一种空间立体结构，由尺寸完全相同的多个多边形组成（具体是 12 个五边形）。1964 年，美国化学家菲利普·E. 伊顿和他的合作者人工合成出了一种尺寸更小的非天然产物——立方烷，它的碳碳键之间的内应力非常大（参看“碳四面体结构”一节），尽管包括伊顿以及传奇化学家罗伯特·伯恩斯·伍德沃德在内的一批有才华的化学家都对制备十二面烷进行了尝试，但没有人能真正地将其制备出来。

将 12 个五元环组装在一个分子里难度之高——无疑是项巨大的挑战，但到了 1982 年，俄亥俄州的美国化学家利奥·帕克特通过约 29 步反应终于将它合成了出来，完成了这一挑战。最终产物中一半的碳原子来自环戊二烯（Cyclopentadiene），对于环戊二烯，大家都不陌生，前面讲过它可用于制备二茂铁（Ferrocene）。还有 4 个碳原子是通过狄尔斯—阿尔德反应加上去的。余下的碳原子则是通过一系列复杂的反应接在“杯状”中间体的边缘处，并使“杯身”逐渐加高，其中有些反应还需要借助光化学技术。

那么其他的非天然产物又是什么状态呢？尽管四面烷（Tetrahedrane）的衍生物已经能够合成，可四面烷自身体积虽小，但合成起来难度却不低，还很容易分解，所以至今尚未合成出来。同样的，八面烷（Octahedrane）或二十面烷（Icosahedrane）还没有合成出来，预计在短时间内也难以突破。因为八面烷没有氢原子，可谓是碳元素的新同素异构体，但它的碳碳键要能像风中的雨伞一样可以弯折，所以合成的难度极大。而二十面烷则需要用到联有 5 个化学键的碳原子，当然只有在一些极特殊的条件下才能碰到这种情况。可对那些有机化学的初学者来说，如果在考试中在碳原子上画出 5 个键来肯定是要被扣分的。■

MPTP

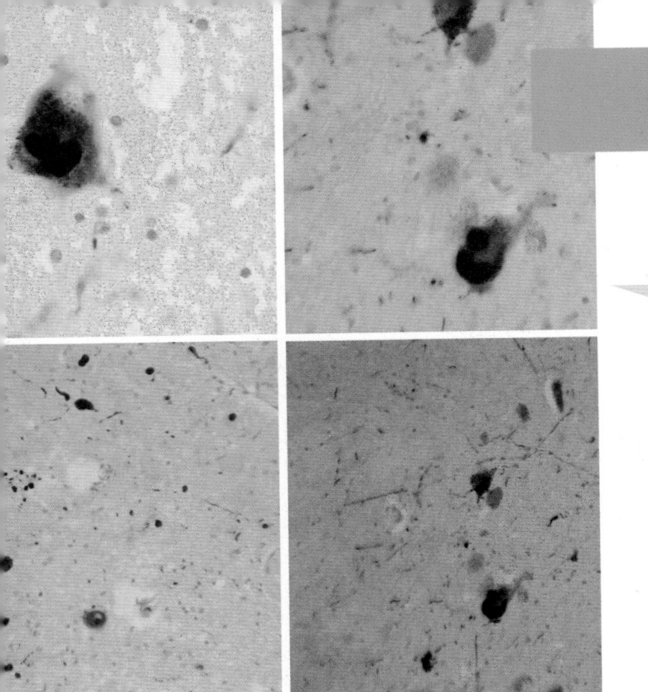

图为帕金森病患者大脑黑质区组织的显微镜照片，在不同放大倍数下红色标识物就是“路易氏体（Lewy body）”——α- 突触核蛋白（Alpha-synuclein）的异常缠结体，它是帕金森病的病理标志。

毒理学（1538 年），现代药物发现（1988 年）

1982 年

大家可能对街头毒品 MPPP（1- 甲基 -4- 苯基 -4- 哌啶丙酸酯）有所耳闻，在 MPPP 合成过程中，如果操作者不小心，就很有可能生成杂质 MPTP（甲基苯基四氢吡啶）。MPTP 是一种可怕的化合物，它的化学结构简单，药物化学家常常将它作为药物中间体使用，可它本身就是一种合成鸦片类物质，功效与海洛因近似，但那些喜欢吸食毒品的瘾君子们才不会对毒品中具体有哪些化学组分上心。1982 年，旧金山附近的急救室收治了几位年轻的吸毒者，他们看起来似乎都患上了永久性的严重运动障碍，而诊断结果也令人大跌眼镜：他们得了严重的帕金森病，而得帕金森病的通常都是老年人，这些年青人患病的程度是如此严重，似乎都已患病多年了，以前从来没人见过年轻人会患上如此严重的帕金森病。

后续犯罪学、医学和化学的综合调查结果表明：这些吸毒者都曾接触和使用过同一批次的自制 MPPP。其实早在 1976 年，就发生过类似的病例——当时一名吸毒者注射过自制的 MPPP 后立刻出现了帕金森病的症状，但当时的大鼠实验已经排除了 MPTP 具有毒性，所以这个问题一直悬而未决。后来美国神经病学家 J. 威廉 · 兰斯顿（J. William Langston）的研发团队发现这种化合物很容易地通过了血脑屏障，可以与一种多巴胺转运蛋白结合，从而杀死大脑黑质区产生多巴胺的神经细胞，这些细胞一旦被破坏，身体进行复杂运动的能力就会被损害，导致了类似帕金森病的症状发作。同时，MPTP 一旦进入细胞就会被代谢成另外一种形式，会偶发性地阻断关键代谢途径，从而对人体产生致命的影响。当时的大鼠实验之所以能够排除 MPTP 的毒性，是因为 MPTP 在大鼠体内并不产生这种代谢毒物，所以大鼠们无此隐忧。

上述悲剧的发生直接将帕金森病研究推进到了新的阶段。由于自然环境中并不存在 MPTP，所以普通人也无须为 MPTP 中毒而担心。但对 MPTP 的研究仍然还要继续，其意义在于：是否存在其他化合物能够利用同样的代谢途径使人类中毒？是否某些人会更容易遭受这种影响？■

聚合酶链式反应

哈尔·葛宾·科拉纳（Har Gobind Khorana，1922—2011）
谢尔·克莱普（Kjell Kleppe，1934—1988）
凯利·班克斯·穆利斯（Kary Banks Mullis，1944— ）

图为黄石国家公园的牵牛花池，含有耐高温酶的细菌就栖息于此类热泉当中。极端的环境孕育出神奇的生命形式——里面就可能含有能耐受极端环境的酶。

氢键（1920 年），DNA 的结构（1953 年），DNA 的复制（1958 年）

1983 年

所谓“聚合酶链式反应”（PCR）是一种能对许多给定的 DNA 片段进行快速扩增的合成方法。像许多伟大的发现一样，它看似非常简单，且它的问世也是人们早已意料之中的事。这一反应需要用到一种人们早已认识的酶——DNA 聚合酶（DNA polymerase），它可以复制 DNA 片段。20 世纪 60 年代末，印度裔美籍化学家哈尔·葛宾·科拉纳和挪威生物化学家谢尔·克莱普曾用它复制过几段 DNA 序列，证明了这一过程完全可以在生命体体外进行。后来美国生物化学家凯利·班克斯·穆利斯发现：只要循环变化反应温度，DNA 聚合酶就能以某种未知的方式使少量 DNA 实现数量上的大幅增加。1983 年穆利斯由此获得了诺贝尔化学奖。

具体而言，这个过程主要由以下步骤构成。首先将 DNA 加热，减弱其氢键作用，使 DNA 双链受热变性解链成两条单链，作为后续反应的“模板”使用。而后将溶液降温，聚合酶就能将单独的核苷酸组装成一条与模板配对的新 DNA 链，当然这一步骤还需要用到“引物”—— 一对预先人工合成的短 DNA 序列，它能一头一尾结合在模板的两端，PCR 反应扩增的就是这一对引物之间的 DNA 片段。引物的设计也不复杂，所以研究者们只需将主要精力集中在 DNA 序列结构的设计上。最后，新生成的 DNA 链又成为下一次 PCR 反应的模板，循环往复，直至新合成 DNA 的数量以指数倍增长。

当穆利斯首次在公司里正式宣讲自己关于 PCR 反应的设想时，当时他的同事们多数反应冷淡，为了尽快证明 PCR 的可行性，公司派了兰德尔·才木（Randall Saiki）和亨利·埃里奇（Henry Erlich）进行协助，事实上也正是他们发挥了举足轻重的作用，对 PCR 技术的发展成熟做出了实质性的贡献。最初在 PCR 的操作过程中，每次冷热循环后，所使用的 DNA 聚合酶就失活了，因此在每一次冷热循环之后，都要补加新鲜的聚合酶，这个做法不但烦琐，并且成本高昂。后来研发人员使用了一种来自沸腾温泉的耐高温酶——能够耐受住高温，此举使得 PCR 技术获得了巨大突破，在带来可观的经济收益的同时也惹来了专利官司。不管怎样，新一代的 PCR 技术已经成为所有涉及 DNA 领域的标配，应用十分广泛，最具代表性的是在人类学、考古学、遗传学、法医学、医学、生物技术、分子生物学等领域。从某种意义上说，聚合酶链式反应与快速 DNA 测序技术已经重塑了整个世界。■

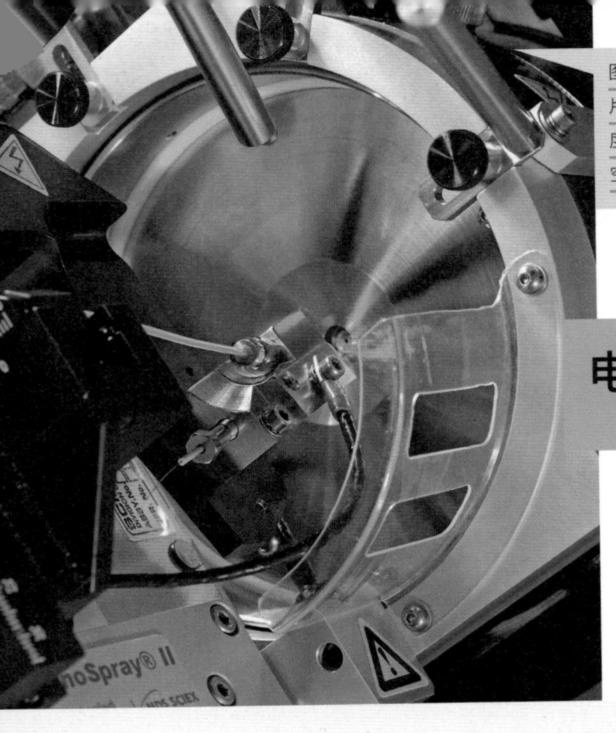

图为质谱仪电喷雾单元的特写照片。玻璃后面的仪器仓内的真空度非常高，甚至比近地轨道的真空度还要高。

226

电喷雾液相色谱 / 质谱联用仪

约翰 · 贝内特 · 芬恩（John Bennett Fenn，1917—2010）

天然产物（约 60 年），色谱分析（1901 年），质谱分析法（1913 年），气相色谱分析（1952 年），高效液相色谱法（1967 年），默奇森陨石（1969 年），反相色谱法（1971 年），基质辅助激光解吸电离技术（1985 年），乙腈（2009 年）

1984 年

液相色谱 / 质谱联用仪（Liquid Chromatography/Mass Spectrometry），简称 LC / MS，是一套强大的多功能分析仪器。它由一个 HPLC（高效液相色谱）联着一个质谱仪组成，这两种功能强大的仪器进行联用本应是顺理成章的事。可直到 1984 年，第一套液质联用仪才正式问世，这比 HPLC 的发明晚了近二十年，之所以“姗姗来迟”是事出有因的。

从原理上说，这两种设备本身就带有一些不相容性。HPLC 需要溶剂来带动混合物通过色谱柱，而质谱仪却恰恰需要真空环境。从高压液体状态切换到真空环境绝非易事，需要解决一系列的工程技术问题。而在所尝试的诸多方法中，只有“电喷雾”（Electrospray）技术真正奏效。这种技术首先从 HPLC 色谱柱中取样，然后将其以雾状喷射到质谱仪的真空室中。随着小雾滴开始挥发，溶剂逐渐逸失，小液滴逐渐变小。在这个过程中，液滴将通过一个具有超高电压的薄壁毛细管，并带上电荷。随着液滴的挥发，带电荷的化合物开始彼此排斥，使这些液滴分裂成更小的液滴，最终产生了在真空环境中飞行的带电粒子和分子碎片。

随着电喷雾技术的不断发展，分子量较大的分子也能在质谱仪中“飞行”，同期“基质辅助激光解吸电离技术（MALDI）”也发展了起来，凡是在 HPLC 里“出峰”的组分通过质谱仪时都能精确测出分子量。在研究小分子的化学家还在扎堆用质谱仪进一步分析 HPLC 得到的实验结果时，那些研究蛋白质和大分子的化学家则突然发现：作为一种强有力的“新武器”——液质联用技术将他们带入了一个全新的、更加深入的研究阶段。LC / MS 的先驱，美国化学家约翰 · 贝内特 · 芬恩（后来与他所在的耶鲁大学就此发明的知识产权产生了纠纷）于 1984 年首次提出这项技术，并于 2002 年当之无愧地分享了当年的诺贝尔奖。自从 LC / MS 发明以来，它已经迅速地从一种新奇品变成了所有化学家依赖的实验室必备品。■

叠氮胸苷与抗逆转录病毒药物

杰罗姆·霍维茨（Jerome Horwitz，1919—2012）
塞缪尔·布鲁德（Samuel Broder，1945— ）
满屋裕明（Hiroaki Mitsuya，1950— ）
罗伯特·亚尔乔安（Robert Yarchoan，1950— ）

图为在偏振光下观察到的叠氮胸苷结晶。由于叠氮类化合物通常不能作为药物使用，研究人员一般也不考虑它们，所以叠氮胸苷仍是目前仅有的几种含叠氮官能团的药物之一。

撒尔佛散（1909 年），磺胺（1932 年），链霉素（1943 年），青霉素（1945 年），DNA 的复制（1958 年），现代药物发现（1988 年），重结晶和同质多晶（1998 年），点击三唑（2001 年）

1984 年

20 世纪 80 年代初，当艾滋病病毒（HIV）/ 艾滋病（AIDS）成为一个日益严重的医学问题时，药物研究人员就已经开始对现有化合物进行筛选，试图找出能够治疗这种疾病的药物。1984 年，美国国家癌症研究所（NCI）的一个团队——包括美国肿瘤学家塞缪尔·布鲁德，日本病毒学家满屋裕明和美国医生及医学研究员罗伯特·亚尔乔安设计了一种试验，以测试各类化合物能否保护 T 细胞（在有机体免疫系统中十分活跃的细胞），使其免于被艾滋病毒杀死，他们首先选取了那些通过了抗病毒检测的化合物来进行测试。这其中，根据其与 NCI 签订的合作研发协议，一家具有抗病毒药物研发经验的伦敦公司——宝来威康公司（Burroughs Wellcome）向 NCI 提供了一种化合物，在后续细胞试验中这种化合物被证明能够起效。这就是之后声名鹊起的叠氮胸苷（Azidothymidine，AZT）。

叠氮胸苷由美国化学家杰罗姆·霍维茨于 1964 年合成，当时这项工作是利用药物化学开发 DNA 和 RNA 核酸类似物计划的一部分。它的作用机理是：当这些类似物被酶误认为是真的核酸时，它们就能阻断细胞的复制。相关的抗病毒、抗菌和化疗等项目的研究结果都表明：这些类似物可以扰乱 DNA 的复制，但在 20 世纪 60 年代叠氮胸苷还是因为活性不高而未被宝来威康公司投放市场。但这家公司一直将其作为储备技术，以备将来能有其他潜在的新用途——这也是制药公司的常规做法，有时候制药公司储备的化合物能够达到数十万甚至数百万种之多。

随后，该公司迅速将叠氮胸苷转入临床试验，结果显示叠氮胸苷可以延长受感染患者的寿命。1987 年，叠氮胸苷获得了美国食品药品监督管理局（FDA）的批准——这可是建立现代临床试验制度以来最快通过审批的药物之一。而这种药物的生产需要非常小心，因为叠氮基团在药物当中并不常见，在一定条件下可产生有毒和易爆的副产物。随着人们对艾滋病病毒的认识更加深入，研究人员也在不断开发着针对各种机制的抗逆转录病毒药物。对于那些可以获得这些药物的患者来说，这些药物可以将原本致命的疾病变得可控。■

准晶体

约翰 · 卡恩（John Cahn，1928— ）
丹 · 谢特曼（Dan Shechtman，1941— ）
保罗 · 斯泰恩哈特（Paul Steinhardt，1952— ）

图为 1985 年丹 · 谢特曼在向同事们展示一个准晶体的模型，这张照片摄于他那篇令人震惊的文章发表之后不久。

晶体（约公元前 500000 年），X-射线晶体学（1912 年）

1984 年

早在 1912 年，X-射线晶体学就已经向世人揭示了晶体的结构：晶胞单元在三维空间上有序排布形成晶体。当时认为对称性是形成晶体的关键，有些对称的结构能够存在于晶体当中，而另一些则不能。然而，1984 年一份令人震惊的报告声称这种认识非常不全面。以色列的材料工程师丹 · 谢特曼展示了一种铝镁合金的电子显微镜照片，上面的电子衍射图案显示出了五次对称性的结构。这种结构曾被认为是根本不可能存在的，就像你能用正三角形、正方形和六边形的地砖来铺地板，就是不能用正五边形的道理一样。产生这种奇怪现象的原子排列方式也着实令人吃惊：这种所谓的“晶体”在空间上有序却从不重复。

后来谢特曼说，当他第一次看到这种电子衍射数据时，他告诉自己，“世界上不可能有这样的东西。”之后他花了两年的时间完成了后续工作才终于鼓起勇气将其投出，即使是这样，他投出的论文（论文合作者为伊兰 · 布莱什——他的以色列同事，也是第一个相信他的人）还是被断然拒稿了。德裔美籍化学家约翰 · 卡恩后来鼓励他将论文重新投给一个受众面更广的期刊，这吸引了很多人注意到这些新的“准晶体”。

不幸的是，很多看到这篇论文的人都持负面意见——至少一开始是这样的。晶体学界对此充满了怀疑，莱纳斯 · 鲍林——如今仍是晶体学领域中的重量级人物——曾不屑地说：“根本不存在准晶体，只有准科学家。”但是，其他研究团体能够复制谢特曼的工作。美国理论物理学家保罗 · 斯泰恩哈特发表了一个与其数据相符的数学解释，特别是在尺寸更大的晶体 X-射线数据佐证了这一结论之后，尽管鲍林始终不承认他是错的，但他的立场已有所松动了。2011 年，谢特曼因为开创了这一全新研究领域而赢得了诺贝尔奖——准晶体材料具有非比寻常的机械和光学性能，这使得它们可用于制备涂层和激光器等。学术争论本就是科学发展的组成部分，但科学同样提供了解决争议的方法——毫无疑问，谢特曼赢得了这次争论。■

博帕尔事件

图中是眼部受伤的博帕尔事件幸存者。事故所引起的大部分眼部问题都是暂时性的，但是还是有很多造成永久性损伤的病例。

毒理学（1538 年），多诺拉的死亡之雾（1948 年）

1984 年

造成超过 50 万人受伤、1.6 万余人死亡、数千人永久性伤残的博帕尔事件（Bhopal Disaster）恐怕是世界史上最为严重的化工事故了。这场悲剧的成因仍未有定论，但是以下这些都是不争的事实：1984 年 12 月 2 日深夜，美国联合碳化物公司（Union Carbide）印度杀虫剂厂的约 30 吨反应性的有毒化学物质异氰酸甲酯（Methyl isocyanate，MIC）发生泄漏，在印度中部城市博帕尔市弥漫，污染了超过 25 平方千米的地方。

如此毁灭性的后果正是源自 MIC 的极度危险性。它在空气中可被检测到（作为一种对眼睛的刺激物）的浓度下限是百万分之二，一旦浓度超过百万分之二十，暴露其中就会引起肺部损伤等一系列严重后果。这种化合物作为制备杀虫剂西维因（Carbaryl）的一种反应中间体，一般是即制即用。但是在这次事故中，大量 MIC 被制备出来还未使用。作为一种反应活性极高的化学物质，MIC 本身就不适宜长期储存，事故发生之前，联碳印度公司就曾被警告储罐存在安全隐患——一旦 MIC 发生泄漏，局面将完全失控。同时储罐装置本身也存在大量的安全问题，包括工人暴露在 MIC、制备 MIC 所用的有毒光气（Phosgene）以及其他有害物质中作业。后来还发现安装在 MIC 储罐上的安全装置要么维护不当，要么根本无法运行。

事故发生那晚，水渗入其中一个储罐并与 MIC 剧烈反应，由于安全设施本就严重不足，在这场突如其来的灾难面前，种种安全举措根本没有发挥出其应有的作用。也有人怀疑这是一起蓄意破坏事故，还有人指责管理者的极度无能和不负责任。然而，当储罐中的物质（包括 MIC 和其下游产物）在深夜泄漏到大气中时，对于生活在工厂周围的那些贫苦无辜的五十多万人来说，任何辩白都注定苍白无力。因此，这一事件给每一位工业生产从业者上了一堂惊心动魄的安全课。■

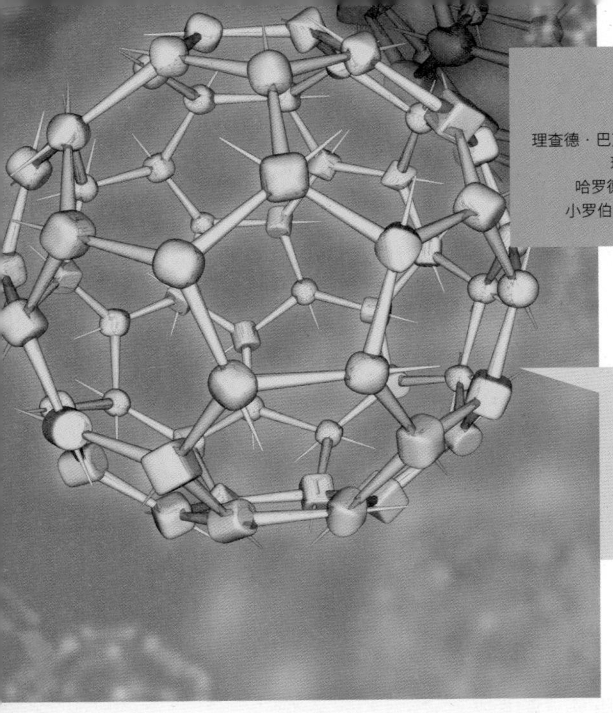

富勒烯

理查德·巴克明斯特·富勒（Richard Buckminster Fuller，1895—1983）
理查德·斯莫利（Richard Smalley，1943—2005）
哈罗德·沃尔特·克罗托（Harold Walter Kroto，1939— ）
小罗伯特·弗洛伊德·科尔（Robert Floyd Curl Jr.，1933— ）

图中为 C_{60} 巴基球分子结构，现在大家都觉得这种结构应该显而易见，当人们知道它的存在以后，利用很多条件都能成功制备出它来，但在它被正式发现之前，可没人认为它是真实存在的。

质谱分析法（1913 年），人造金刚石（1953 年），核磁共振（1961 年），非天然产物（1982 年），碳纳米管（1991 年），石墨烯（2004 年）

1985 年

如果你在 20 世纪 80 年代初告诉化学家们还有一种重要的碳的同素异形体未被发现，他们可能会对此嗤之以鼻。可是即便没人刻意去探寻它，它终归还是被人发现了。

英国化学家哈罗德·沃尔特·克罗托想研究他认为可能存在于星际空间的长碳链，他说服美国化学家理查德·斯莫利尝试用他特制的仪器来探索这一问题。这台仪器可以用激光将样品中的原子轰击成气态，在冷凝过程中这些原子又可以聚集在一块，他们用质谱仪来研究这一过程中形成的团簇。1985 年，克罗托、斯莫利、美国化学家小罗伯特·弗洛伊德·科尔和几个研究生开始将这项技术应用在固体碳上，他们一次又一次地观察到一种特殊物质形成。它的质量正好等于 60 个碳原子的质量。在有些条件下，它几乎是唯一的产物，但是有些条件下，又生成了与它同样神奇的化合物 C_{70} 的混合物。这两种物质，且不论它们是什么结构，都非常稳定，这说明它们没有空余价键残留的可能性。

这么说来，C_{60} 分子中应该存在某种卷曲的结构，但是纯用六元环（例如苯）却无法组成 C_{60} 分子的任何一种合理结构。斯莫利开始用纸模型进行研究，并尝试加入一些五元环结构，很快就发现了一种类似经典足球的 60 个碳原子组成的球形结构，这就可以完美解释这种物质具有的优异稳定性了，后续的研究也证实了这是一种新的碳单质形式。它的结构如此对称以至于在核磁共振（NMR）谱图上只出现一个峰，因为它的碳原子全属于一种类型。C_{60} 的分子结构与测地线穹顶有几分类似，为了纪念测地线穹顶的设计者——美国博物学家理查德·巴克明斯特·富勒，这种物质被正式命名为巴克明斯特富勒烯（Buckminsterfullerene），也就是大部分化学家所简称的巴基球（Buckyball）。由此，这类封闭球形结构都可简称为富勒烯（Fullerenes）。斯莫利也很快发现 C_{70} 分子具有类似鸡蛋的形状，还有很多其他形式的富勒烯现在也相继被发现。从那以后，富勒烯的独特性质就成为人们研究的主题。1996 年，斯莫利、克罗托和科尔也因此分享了诺贝尔奖。■

231

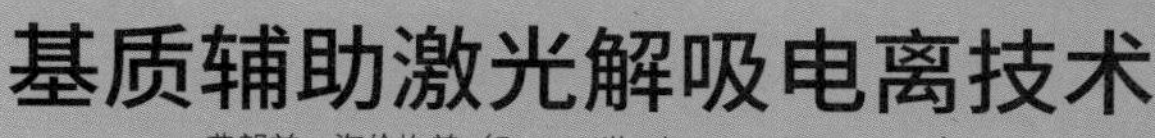

基质辅助激光解吸电离技术

弗朗兹·海伦坎普（Franz Hillenkamp，1936—2014）
迈克尔·卡洛斯（Michael Karas，1952— ）
田中耕一（Koichi Tanaka，1959— ）

图中描述的是最先进的 MALDI 技术，基质的结晶生长在一个神经元细胞表面，一束激光就可以将细胞表面的蛋白质打入质谱仪。

氨基酸（1806 年），质谱分析法（1913 年）

1985 年

MALDI 是“基质辅助激光解吸电离技术”（Matrix-assisted laser desorption and ionization）的缩写，这听起来非常晦涩难懂，但这个过程其实不难理解。1985 年，创造了这一术语的德国化学家弗朗兹·海伦坎普和迈克尔·卡洛斯开展了一项利用脉冲激光将离子轰击到质谱仪的真空腔中的研究。要想将大量能量汇聚到一个很小的样品上，激光绝对是不二之选，所以这个方案确实绝妙。但是鉴于不同的化合物具有不同的最佳吸收波长——这取决于它们具体的化学结构，所以实验中的第一要务就是根据样品的具体结构去调节激光的波长，从而使得所关注的样品能够吸收激光的能量，这可是一件非常费时的麻烦事。

然而，他们发现了氨基酸（Amino acid）中的色氨酸（Tryptophan）在被激发后可以充当一种能量杠杆——可以将多余的能量传递给附近的分子。由此，只要是能和色氨酸混合并形成一固体薄层的离子，即便是那些分子量较小的蛋白质，也可以送入仪器中进行测试。1987 年，这项技术又取得了一个重大突破：日本工程师田中耕一与他率领的研究小组利用非常小的钴（Cobalt）颗粒和黏稠的液态基质（甘油），前所未有地将分子量较大的物质送入质谱仪中进行检测。后来，人们又发现了更好的固态基质分子——用更易得的激光也能有上佳的表现，所以固态基质技术变得更受欢迎。20 世纪 90 年代初期，这种仪器开始投放市场，那些以前从未对质谱有过太多关注的生化学家、分子生物学家和其他科学家突然发现他们拥有了一种功能强大的“武器”——可以分析从前极难表征的生物分子与样品。

对于大分子来说，MALDI 技术与飞行时间检测（Time-of-flight-detecting）质谱联用极为有用，因为它能够测定离子出现在真空室另一端所用的时间（更重的离子所用时间自然更长）。作为一个新短语——“MALDI-TOF”（发音为 *mal-dee-toff*），世界各地的化学家们对它都非常熟悉。■

现代药物发现

乔治·赫伯特·希钦斯（George Herbert Hitchings，1905—1998）
格特鲁德·贝拉·艾里奥（Gertrude Belle Elion，1918—1999）
詹姆斯·怀特·布莱克（James Whyte Black，1924—2010）

图为乔治·希钦斯和格特鲁德·艾里奥，这张照片拍摄于1988年。

撒尔佛散（1909年），磺胺（1932年），链霉素（1943年），青霉素（1945年），叶酸拮抗剂（1947年），可的松（1950年），口服避孕药（1951年），MPTP（1982年），叠氮胸苷与抗逆转录病毒药物（1984年），紫杉醇（1989年）

1988年

1988年，“因他们发现了药物治疗的重要原则”——药物化学史上三个伟大的科学家被授予诺贝尔生理学或医学奖。他们是美国的格特鲁德·贝拉·艾里奥、乔治·赫伯特·希钦斯和苏格兰的詹姆斯·怀特·布莱克爵士。艾里奥和希钦斯获奖是因为他们在合成嘌呤衍生物方面的贡献，嘌呤衍生物存在于DNA及其他重要的生物分子结构中，嘌呤在生物体中扮演的重要作用使它成为药物研发的绝佳起点。他们研发出了许多针对疟疾、器官移植、细菌感染的新药，并为更多的研究项目打下了坚实基础。艾里奥和希钦斯开拓性的研究工作也使得AZT（叠氮胸苷）和抗逆转录病毒药物（对治疗艾滋病至关重要）取得了进一步的发展。苏格兰的詹姆斯·怀特·布莱克爵士因在两种世界上畅销药物的研发过程中发挥的重要作用而享誉世界，这两种药分别是治疗心脏病的普萘洛尔和治疗溃疡的西咪替丁。

相关从业者们将药物化学的任务定义为寻找具有目标活性的化合物，即使它们一开始效果较弱，但后续改变它们的结构可以使它们更为有效、选择性更高且更好地为患者所耐受。药物化学家必须头脑灵活，面对实验结果能迅速找出对策，利用所有可用的技术手段来制备新的待测分子。就像有的研究人员说的那样：“反应产率只有两种，要么够高和要么不足”。

艾里奥、希钦斯和布莱克工作在药物研发的“传统年代”。那时，药物学家们还处在学习如何优化分子结构以满足特定需求的阶段。因为针对纯克隆蛋白质的测试技术还没有研发出来，所以许多化合物被直接用在活细胞或患病啮齿动物模型中进行测试，但这种表型研究是十分有价值的：例如，我们无须了解反应机制到底是什么，只要聚焦在实验中取得的实际效果就好了。这种“目标驱动”的研发模式延续了多年，这期间药物的分子设计都瞄准已知的生物目标。现如今，20世纪为临床医学做出过突出贡献的科学家们都曾使用过这项技术的后续技术——新一代的表型筛选技术，这项技术如今仍然方兴未艾。■

233

PEPCON 爆炸事件

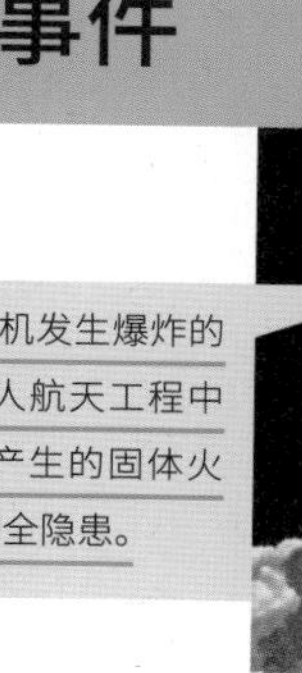

图为 1986 年挑战者号航天飞机发生爆炸的照片，这一事件使得美国载人航天工程中止并追查事故原因，但由此产生的固体火箭燃料囤积也造成了巨大的安全隐患。

火药（约 850 年），硝化甘油（1847 年），
氧化态（1860 年）

1988 年

1986 年，挑战者号航天飞机在发射过程中失事。在调查这场惨剧的原因期间，美国宇航局（NASA）暂停了所有的航天飞机计划。由此产生了一个鲜为人知的后果——固体火箭推进剂大量积压。作为固体燃料推进剂的组分之一，数百万磅的高氯酸铵被堆放在位于内华达沙漠的太平洋工程和生产公司（PEPCON）。

将高氯酸盐的生产装置单独安置在远离人群与闹市的偏远地带是对所有人都最有利的做法。因为高氯酸盐中的氯原子处于它的最高氧化态，与其相接触的物质可能随时发生氧化反应。高氯酸盐十分危险，极易引发火灾和爆炸，绝不容许草率处置。高氯酸盐本身携带大量氧原子，一旦着火，不需要多少空气就可以持续燃烧，其实也正是这一特性使得高氯酸盐成为固体火箭燃料的关键组分，它也是制造烟花的常用原料，这同样是个高风险行业。

1988 年 5 月 4 日，PEPCON 厂区内的一次焊接作业引发了火灾。一开始，对爆炸风险早已十分清楚的工人们疯狂地想扑灭它，但是火势还是蔓延到了储满高氯酸盐桶的库房中，人们只得四散逃命。闻讯赶来的当地消防员将消防车停在一英里之外，但当高氯酸铵发生爆炸时，车上的玻璃全都被炸飞了，邻近的建筑物和车辆全部损毁，附近稍微远一点的建筑物也遭到了严重破坏。巨大的爆炸甚至形成了可见的冲击波，穿过沙漠，并被远地的地震仪探查到，测得震级约为里氏 3.5 级。PEPCON 爆炸事件造成两人死亡，几百人受伤，甚至远在十英里以外还有人被玻璃碎片和冲击波所伤。人们本以为一切尽在掌握之中，可此次事件给人类上了一课：化学品一旦发生危险，释放出来的巨大破坏力非常可怕。■

紫杉醇

门罗·艾略特·沃尔（Monroe Eliot Wall，1916—2002）
曼苏克·C. 维尼（Mansukh C. Wani，1925— ）
皮埃尔·庞蒂尔（Pierre Potier，1934—2006）
罗伯特·A. 霍尔顿（Robert A. Holton，1944— ）

图为紫杉树皮，幸运的是人们无须再用紫杉树皮来生产紫杉醇。对于有机化学来说，基于天然产物的药品合成均是严峻的挑战。

天然产物（约 60 年），毒理学（1538 年），空袭巴里港（1943 年），叶酸拮抗物（1947 年），沙利度胺（1960 年），顺铂（1965 年），现代药物发现（1988 年）

在 20 世纪 60 年代早期，美国国家癌症研究院（NCI）启动了一个项目，通过大规模地测试各种植物的提取物来寻找新的化疗制剂。1964 年，人们发现太平洋紫杉的一种提取物对癌细胞有毒性，随后“三角研究所”（Research Triangle Institute，RTI）的一个团队开始致力于分离该活性物质。1966 年美国化学家门罗·艾略特·沃尔和印度化学家曼苏克·C. 维尼将这种天然产物命名为紫杉醇（Taxol），并公布了他们的发现。1971 年，研究者们解析出了紫杉醇复杂的化学结构。

通过进一步研究人们从紫杉树上剥离下来的数千磅树皮，1979 年，紫杉醇抗癌机制被明确揭示：紫杉醇能与癌细胞有丝分裂形成的微管（Microtubule）结合，使癌细胞死亡。这种前所未见的机制使得紫杉醇的研究更为受人瞩目。后续的动物活体实验同样证明紫杉醇具有抗癌活性，而且还通过了相关的毒性测试。1984 年，NCI 开始了紫杉醇的临床应用试验。可是，如果真要将紫杉醇作为药品上市，恐怕要将地球上所有的紫杉树全部耗尽！

1989 年，NCI 通过与百时美施贵宝制药公司（Bristol-Myers Squibb，BMS）合作使该化合物通过了临床试验，而后 BMS 公司注册了 Taxol 的商标，当时还小有争议，并将其通用名改为“太平洋紫杉醇”（Paclitaxel）。该药于 1992 年获得美国 FDA 批准用于卵巢癌的临床治疗。BMS 和几家学术团队也开始积极解决紫杉醇的供应问题。法国化学家皮埃尔·庞蒂尔从紫杉树的一种近亲品种的针叶中提取到一种化合物，可以作为合成紫杉醇的中间体，这相比于剥紫杉树皮来说，可是一种可持续资源，他的发现为解决原料受限问题迈出了关键一步。1994 年一直关注这一问题的美国化学家罗伯特·A. 霍尔顿利用上述中间体成功合成出了紫杉醇。1995 年之后，人们已不再需要砍伐紫杉树来制造紫杉醇这种药物了。

后来人们才发现：原来紫杉醇不是紫杉树自身体内固有的，而是由寄生在其细胞中的一种真菌制造的。因此，现在的紫杉醇完全是通过在发酵罐里培养这两种有机体制得的，而不需要化学合成。■

235

碳纳米管

饭岛澄男（Sumio Iijima，1939—　）
唐纳德 · S. 白求恩（Donald S. Bethune，1948—　）

图为碳纳米管可能存在的几种结构。看到这些结构，园丁们一定会想到鸡笼，那也是一个不错的模型。

人造金刚石（1953 年），富勒烯（1985 年），石墨烯（2004 年）

1991 年

1991 年 11 月，日本物理学家饭岛澄男发表了一篇关于如何利用碳原子制备小空心管的文章。这些空心管其实就是先将我们现在所说的石墨烯多层卷起来，再将每卷的两端拼接起来形成的圆柱体，即多壁碳纳米管（Multiwalled nanotube，或 MWNT）。他从电子显微镜中观察到的图像是如此令人信服，随着论文全世界铺天盖地地发表，这个研究领域也日益火爆。碳纳米管可以用作纳米探针、微型电极、纳米线以及催化剂，还可以替代微处理器中的硅材料。

科学文献表明人们其实早就发现了碳纳米管，只是当时没有意识到它的重要意义。早在 1952 年，苏联研究者们就展示过这种结构的电子显微镜照片，到了 20 世纪 70—80 年代，日本、美国和俄罗斯更多关于多壁碳纳米管的报道涌现出来。而后，人们预见单层纳米管将具有非常独特的物理性能，这一判断对加速这一领域的研究起到了至关重要的推动作用，这之后不久，饭岛博士和美国物理学家唐纳德 · S. 白求恩就分别报道了这种单壁纳米管的制备技术。与富勒烯一样，纳米管看似就隐藏在众目睽睽之下——正如那些必须借助电子显微镜才能观察到的东西其实本就鲜活地存在着，碳纳米管也是如此。例如，在利用碳棒产生电弧而形成的喷射物中就可以找到碳纳米管的身影，只不过它们的生成条件相对比较特殊而已。

目前，这些特殊碳结构的可控制备已经发展成一块很大的研究领域，那些仅出现在预判中的特殊物理性能都被后续研究结论所证实。研究者们也可以制备出大量各种各样的纳米管——它们具有不同的直径和扭曲程度，可以满足不同领域的需求。目前，它们被用于电池、汽车、轮船、运动用品及水过滤器中。尽管一些潜在的应用点现在听起来还有点科幻，但它未来的应用价值不可估量，比如石蜡填充的纳米管线可以做人造皮肤，或者亲油性碳纳米管吸油海绵可以用于处理泄漏的原油——能吸收超过自重 100 倍的油等。■

岩沙海葵毒素

保罗 · J. 朔伊尔（Paul J. Scheuer，1915—2003）
理查德 · E. 穆尔（Richard E. Moore，1933—2007）
岸义人（Yoshito kishi，1937— ）
上村大辅（Daisuke Uemura，1945— ）

图为纽扣珊瑚群，一些拥有高端家庭水族馆的人意外发现它们可能含有可致命的海葵毒素。

天然产物（约 60 年），毒理学（1538 年），手性的故事（1848 年），野崎偶联反应（1977 年）

1994 年

一些天然产物的分子复杂到令人咋舌，其中一个典型的例子是岩沙海葵毒素。1971 年，美国化学家保罗 · J. 朔伊尔和理查德 · E. 穆尔领导的夏威夷大学（University of Hawaii）研究小组成功地将它们分离出来。古代夏威夷居民中流传着一个关于一种特殊的有毒海藻（其实是一种软体珊瑚）的故事，他们认为这种海藻是被上帝诅咒的。后来解析出岩沙海葵毒素结构的日本化学家上村大辅及他的团队，还有之后合成了海葵毒素的化学家们或许都愿意相信这一传说，因为他们的发现之旅十分不易。

首先，这种化合物具有剧毒。注射十亿分之一克的海葵毒素就足以杀死一只小鼠，人们接触它之后会引起恶心、不适甚至死亡。而人类能接触到它最常见的途径就是食用了热带海洋中被岩沙海葵毒素污染的鱼类，但也有少数拥有高端家庭水族馆的人接触了含有海葵毒素的微生物（或仅仅是含有海葵毒素的水）中毒致死。

其次，岩沙海葵毒素的分子结构极其复杂。它有 71 个手性中心，这就意味着它具有 2^{71} 个可能的异构体。这个数字已经大到无法想象，可以打个比方：假设地球上所有海滩的每一粒沙子都是另外一个“地球”，而每一个这样的小“地球”上都拥有同样多的沙滩和同样多的沙子，现在你数完了全部沙子的数目，然后你又数了十亿遍以上。最终你会得到一个数字，这个数字与岩沙海葵毒素可能存在的结构数相比依然可以忽略不计。那么只合成这么多结构中的一种，难度就已经很大了。

虽然岩沙海葵毒素的全合成被誉为有机合成的“珠穆朗玛峰”，但如今已经被完成了。在哈佛大学工作的日本化学家岸义人的研究组在 1994 年发表了他们的成果，即用 6 种不同的化学原料经过 140 多步独立的合成反应最终得到了海葵毒素。这项工作艰巨但又特别出彩，它证明了只要给予足够的时间、精力和资金支持，现代有机化学家几乎能够合成任何物质。■

237

配合物骨架材料

藤田诚（Makoto Fujita，1957—　）
奥马尔·亚吉（Omar Yaghi，1965—　）

图为金属有机骨架材料 MIL-53 的结构。骨架结构由每边都带有羧基的苯环构成（黑色小球代表碳原子，红色小球代表氧原子）。这些配体排布在金属原子（蓝色多面体内部）周围，而黄色的球则代表所形成孔的内部空间。

晶体（约公元前 500000 年），二氧化碳（1754 年），配位化合物（1893 年），X–射线晶体学（1912 年），储氢技术（2025 年）

1997 年

金属配合物（Coordination compound）化学的出现为实验室提供了难以计数的催化剂，为工业界提供了各式各样的染料，甚至还为医疗领域提供了铂类抗癌药和磁共振成像（MRI）的钆类造影剂。1997 年，约旦裔美籍化学家奥马尔·亚吉发表了一篇研究新型金属配合物的文章。作者首先合成了一种结构对称的刚性有机分子，其末端具有易与金属进行配位的官能团。当这些基团在溶液中与合适的金属离子完成配位时，这些有机分子可以在重复的三维晶格中围绕着金属原子进行有序排列，最终形成晶态固体。配体官能团有很多种，可以被构筑成各式各样的有机分子骨架。正如 19 世纪末期瑞典化学家阿尔弗雷德·维尔纳所描述的那样：很多金属都可以在其周围形成各种样式的几何结构。这听起来像是一种构筑五花八门结构的手段，着实有点令人困惑，但事实上也确实如此。目前，每个月都有这种新材料的学术报道发表，有时它们被称为“金属–有机骨架材料”（Metal-organic framework）或“配位聚合物”（Coordination polymer）。

之所以名称不尽相同，是因为它们形成的晶体结构都很奇特，所对应的性质也非比寻常。如果一大块空间全由刚性有机分子组成，那么形成的固体就会具有相当大的孔道，事实上甚至晶体内部也有可能是空的！而这些有序的空腔还可以被其他分子填充，所以人们寄希望于这种材料能够储存氢气、螯合（Sequester）二氧化碳、作为新电池材料的基质等。2013 年，日本化学家藤田诚研究团队发表文章称：一些小分子可以进入这些骨架材料中，并且可以形成一种高度有序的排布方式，甚至可以借助 X–射线晶体学对它们进行研究。这或许为那些可能永远都不可能结晶的物质形成晶体结构打通了一条捷径。■

重结晶和同质多晶

尤金·孙（Eugene Sun，1960— ）

图为乙酸钠开始从溶液中结晶出来的样子。溶液的浓度、温度、溶剂种类都会对结晶产生影响，即便是简单的化合物，例如乙酸钠，在不同条件下也可以形成几种不同的晶型。

晶体（约公元前 500000 年），氢键（1920 年），聚合水（1966 年），叠氮胸苷与抗逆转录病毒药物（1984 年）

1998 年

结晶是化学中常用于提纯化合物的一种基本技术手段。如果一种溶剂在加热时可以溶解某种物质，而冷却之后溶解度又降低，这就为重结晶提供了可能。如果这一过程应用得当，杂质会被留在溶液中而纯净的结晶可以被过滤出来。在色谱技术（Chromatography）广泛应用之前，固体重结晶和液体蒸馏是纯化物质的主要手段。

但是，事情也并非如此简单。同一种物质在不同条件下可能会产生不同的结晶形式。这些不同的晶型（被称为同质多晶现象）在实验室中算是一道人人感兴趣的“奇观”，但是它们性质各异，在实际应用中，搞不好还会使人们的生命和数亿美元投资陷于风险之中——比如一种名为“利托那韦”（Ritonavir）的抗逆转录病毒的药物。1996 年，这种药物被美国食品药品监督管理局（FDA）批准用于艾滋病（HIV/AIDS）的临床治疗。1998 年，人们发现它还存在另外一种新晶型——Ⅱ型，这种晶型远比原来的Ⅰ型晶型存在更强的氢键，因此能量也更低，晶体结构也更加稳定，溶解度也非常低，这也使得Ⅱ型药效几乎丧失殆尽。这种药物的开发商——雅培制药（Abbott Laboratories）因为无法控制这种药品的晶型，不得不将该药品做退市处理。美国临床医学专家尤金·孙代表雅培制药在一系列记者招待会上做了这样的描述：工厂里无法通过溶解性测试的“利托那韦”胶囊越来越多。

事实上，Ⅰ型利托那韦的悬浮液技术是现成的，但是它气味难闻、实在无法下咽。经过一番紧张的技术攻关，该公司的化学家和配方科学家发现，唯一可行的办法是将它的浓溶液制成凝胶剂型，并在低温下贮存。之后，由印度裔美国化学家桑贾·卡姆贝卡（Sanjay Chemburkar）带领这个研发团队又找到了另一种Ⅰ型的制备方法，需要在严格的控制条件下将任何痕量的Ⅱ型严格分离出去，因为Ⅱ型的存在可能导致晶型再次转变为Ⅰ型。在全世界的制药公司里，雅培绝不是唯一一个受过同质多晶问题困扰的企业，但他们的经历可能是最为惊心动魄的。■

点击三唑

卡尔·巴里·夏普莱斯（Karl Barry Sharpless，1941— ）
卡罗琳·露丝·贝尔托齐（Carolyn Ruth Bertozzi，1966— ）
瓦莱里·福金（Valery Fokin，1971— ）

图为内部结构被荧光染料标记的肿瘤细胞。点击化学提供了一种具有高度选择性实验的方法，这种选择性甚至可以精确到某一类分子。

荧光（1852 年），偶极环加成反应（1963 年），叠氮胸苷与抗逆转录病毒药物（1984 年）

2001 年

美国化学家卡尔·巴里·夏普莱斯曾因在不对称合成反应方面的杰出贡献荣获诺贝尔奖——利用一个手性中心帮助构建另一个手性中心。2001 年，他又提出了一个概念——“点击反应”，这个概念从未被人表述得如此简洁，即两种反应配偶体各自具有不与其他物质发生交叉反应的官能团，而它们相遇时无须其他试剂或催化剂即立即成键。他同时指出，目前还没有哪个反应能够完全满足上述所有要素，但是乙炔衍生物（Acetylene derivative）和叠氮（Azide）类化合物之间的胡伊斯根环加成反应（Huisgen cycloaddition）已经和所谓的“点击反应”很近似了，这两种物质反应生成三唑类化合物（Triazole，一种含有 3 个氮原子的五元环）。

这个反应通过加热就可以发生，但是很少有人去尝试，因为叠氮化合物（尤其是小分子量的）是出了名的易爆炸物。夏普莱斯和俄罗斯化学家瓦莱里·福金发现用极少量的铜催化（一个近似“点击反应”）就能使这个反应在室温下进行，这引起了很多化学家的关注。有机合成化学家和药物化学家们可能是最早开始合成这类其他人相对不熟悉的三唑类化合物的，但点击化学却为材料学家、纳米科技研究者以及许多化学生物学领域的研究者们的研究工作插上了翅膀。比如：这个反应可以用来给生物分子加上荧光标签。美国化学家卡罗琳·露丝·贝尔托齐和其他研究者发现这个反应在活细胞内甚至可以不加铜催化剂。夏普莱斯和合作者们也发现，如果选择恰当的叠氮和炔基反应物，生成的三唑类化合物甚至可以将自己组装在酶的活性位点内部。

如今，这个生成三唑的反应已经被应用于 DNA 化学、无机络合物、有机半导体以及科学家们需要将两个分子连接在一起的每一个领域。除了这个代表性反应外，其他类型的点击反应也陆续被发现，但是夏普莱斯无疑是首位向人类揭示这种分子级别的“超级胶水”是如此有效的科学家，他引领了这一领域的发展方向。■

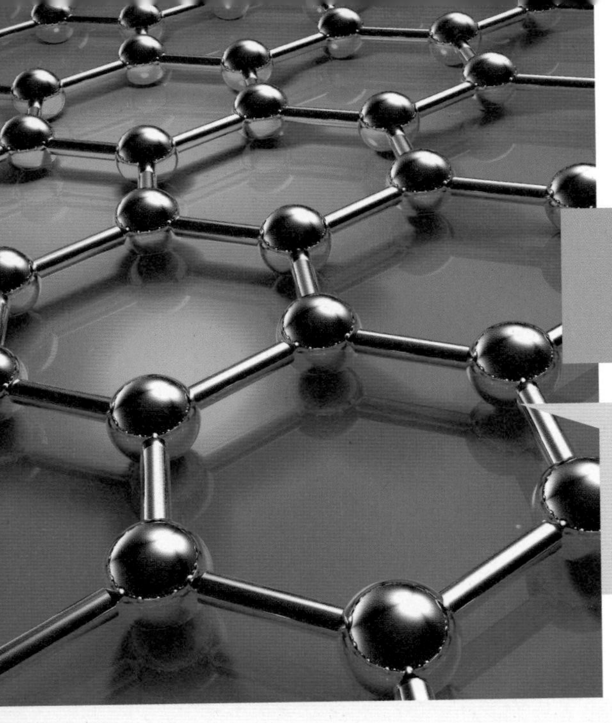

石墨烯

安德烈·康斯坦丁·海姆（Andre Konstantin Geim，1958— ）
康斯坦丁·诺维肖洛夫（Konstantin Novoselov，1974— ）

图为石墨烯的分子模型，石墨烯的强度—质量比是钢的两百多倍。这种材料是如此之薄（仅有单原子厚度的片层），以至于石墨烯具有和常规块状固体迥然相异的性质。

磷（1669 年），苯和芳香性（1865 年），人造金刚石（1953 年），富勒烯（1985 年），碳纳米管（1991 年）

2004 年

人们或许会觉得像碳这样的元素已经被研究得相当透彻了，已经再也没有什么秘密可以去发掘了，碳元素的同素异形体尤其更是如此，但事实却恰恰相反。随着纳米科技的不断进步，作为两种新的碳元素存在形式——富勒烯（Fullerene）和碳纳米管（Carbon nanotube）相继被人类发现，人们也在开始期待着什么时候石墨烯（Graphene）能真正问世。所谓“石墨烯”是指只有一个碳原子厚度的单层石墨——就像连接在一起的苯环向各个方向延展形成的一个二维平面。

石墨烯虽然曾一度广为人知但却未被真正分离出来，这种情况在化学史上着实罕见。石墨烯之所以广为人知是因为人们对越来越薄的石墨片层的研究以及对碳纳米管的研究工作，事实上所谓碳纳米管就是由石墨烯卷成的圆柱体。但是，就是没人能真正制得任何单原子厚度的层状材料，因为即便是人们得到了这种材料，它也会自发地卷曲成纳米管。

直到 2004 年，荷兰裔英国物理学家安德烈·康斯坦丁·海姆和俄罗斯裔英国物理学家康斯坦丁·诺维肖洛夫，通过一个简单到令人大跌眼镜的技术可重复地、令人无法质疑地制备出了石墨烯——他们利用胶带将石墨烯片层从石墨上生生剥下来。这项技术有几种不同的方案，但都是先在胶带上蹭点石墨，然后将胶带黏在一起再拉开，如此反复就够了。那么该如何检测是否已经剥离到单原子层的石墨烯了呢？——拉开胶带发现它透明了就行了。

由于石墨烯具有独特的强度、透明性和导电能力，所以石墨烯的光学、电学以及力学性能都引发了研究者们极大的兴趣，当下，研究者们对石墨烯的研究热情和研究进度都堪称疯狂。同时，如何将石墨烯沉积在其他基底上也成为一个很热的研究领域，因为这样做所制备出的具有人为缺陷和掺杂的石墨烯片可能作为一种非比寻常的半导体或太阳能电池材料。同样的技术也被应用于其他层状材料，比如黑磷就可合成出二维的磷烯，硅和锗的单原子层状材料也有报道，后续可能也会有其他元素的单原子层材料被发现。■

短缺的莽草酸

约翰·C. 奥夫（John C. Rohloff）

图为中国八角茴香，用于生产五香粉或是烹制红烧牛肉，同时它也是合成莽草酸的原料，但是它的供应并不总是很充足。

天然产物（约 60 年），手性的故事（1848 年），不对称诱导（1894 年），外消旋体拆分和手性色谱（1960 年），紫杉醇（1989 年）

2005 年

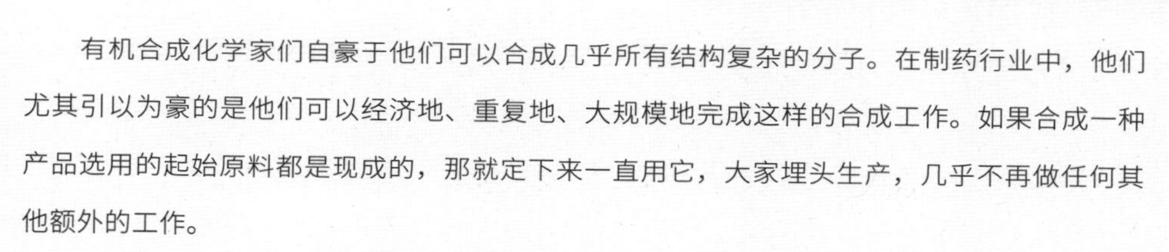

有机合成化学家们自豪于他们可以合成几乎所有结构复杂的分子。在制药行业中，他们尤其引以为豪的是他们可以经济地、重复地、大规模地完成这样的合成工作。如果合成一种产品选用的起始原料都是现成的，那就定下来一直用它，大家埋头生产，几乎不再做任何其他额外的工作。

但这一原则似乎不能适用于紫杉醇和著名的抗流感药物“奥司他韦”（商品名“达菲”）的合成。“奥司他韦”是神经氨酸酶的抑制剂，它能阻止病毒在宿主细胞中的释放。在它的分子结构中，一个六元环上存在三个相邻的手性碳原子。因此在合成过程中如何确保正确的手性结构十分麻烦——要么使用手性试剂从已知的手性分子开始合成，要么反应结束后将左旋型和右旋型的对映异构体分离开，但这样做会使产品损失一半。

有一种天然产物——莽草酸，它分子中手性碳的排布方式使它成为合成奥司他韦的绝佳原料。1998 年，吉列德科学公司（Gilead Sciences）的美国化学家约翰·C. 奥夫的团队将莽草酸用于奥司他韦的大规模合成当中，后来经霍夫曼—罗氏制药公司的两个研究团队进行了进一步改进。人们发现很多植物中都含有极少量的莽草酸，而常见的调料——八角茴香是其中的首选。2005 年，对禽流感疫情（Avian flu pandemic）的恐慌令“达菲”的销量猛增，由此引起了对八角茴香的需求量大涨。由此，霍夫曼—罗氏制药公司陷入了困境，似乎世界上大部分可用的八角茴香都被买走作为合成原料了。

后来，许多知名的化学家都提出了莽草酸的其他来源或者可以绕过莽草酸合成“达菲”的新方法。如果在下一个需求高峰来临之时，且那时达菲仍能对不断进化的病毒起效，希望不用买空全世界每一个香料铺的存货，我们就可以合成足够的达菲。■

烯烃交互置换反应

伊芙·肖恩（Yves Chauvin，1930—2015）
罗伯特·霍华德·格鲁布斯（Robert Howard Grubbs，1942— ）
理查德·罗伊斯·施罗克（Richard Royce Schrock，1945— ）

图为第一代格鲁布斯催化剂的晶体结构。中间的蓝色原子是钌原子，两侧钳有两个绿色的氯原子，同时还有两个带有庞大取代基的橙色磷原子与钌原子进行配位。

同位素（1913 年），齐格勒—纳塔催化剂（1963 年）

2005 年

烯烃交互置换反应，也被称为烯烃复分解反应，是一类涉及两种化合物的反应，这两种化合物各自分解为两半，然后互相交换形成两种新的物质。在烯烃交互置换反应中，有两个碳碳双键发生重组和重排，在这个过程中它可以开环、形成新环，还可以将碳链连接到一起。最简单的一个例子是两个丙烯分子（Propylene，含有 3 个碳原子的烯烃）的复分解反应，它会生成等物质的量的二碳烯烃和四碳烯烃，而整体碳原子和双键的数目仍保持不变，只不过组合方式发生了变化。这个反应提供了一种独特的生成碳碳键的途径，对有机合成化学家来说，这类反应永远具有吸引力。

说起来，烯烃交互置换反应最早可以追溯到齐格勒—纳塔催化反应，由德国的卡尔·瓦尔德马尔·齐格勒和意大利的朱利奥·纳塔分别发现的烯烃反应都属此类金属有机化合物催化反应的一部分。后来壳牌公司、菲利普斯、固特异和杜邦的研究团队也纷纷发现了一些涉及烯烃的新反应，烯烃交互置换反应也由此慢慢展露出全貌。20 世纪 70 年代初，法国化学家伊芙·肖恩提出，这些反应都涉及一种金属原子的四元环过渡态，而美国化学家罗伯特·霍华德·格鲁布斯则提出了一种金属五元环过渡态，但他自己的同位素标记实验结果却表明肖恩的结论可能是正确的。美国化学家理查德·罗伊斯·施罗克开发了一系列含有钨和钼金属的可以催化烯烃交互置换反应的有机催化剂，而格鲁布斯又发现了更易于操作的钌金属复合物，这使得烯烃交互置换反应在有机学界广为流行。如今，它甚至被应用在生物分子学领域来制备带有不同活性的交联变种。

烯烃交互置换反应已经从实验室中的“珍奇”走向了工业生产线，数百万吨的乙烯在那里被转化成更长的碳链化合物去生产塑料或洗涤剂的原料。同时，烯烃交互置换反应也已成为有机全合成中最常用的手段之一。基于此，肖恩、格鲁布斯和施罗克分享了 2005 年的诺贝尔化学奖。■

流动化学

史蒂文·维克多·莱（Steven Victor Ley，1945— ）

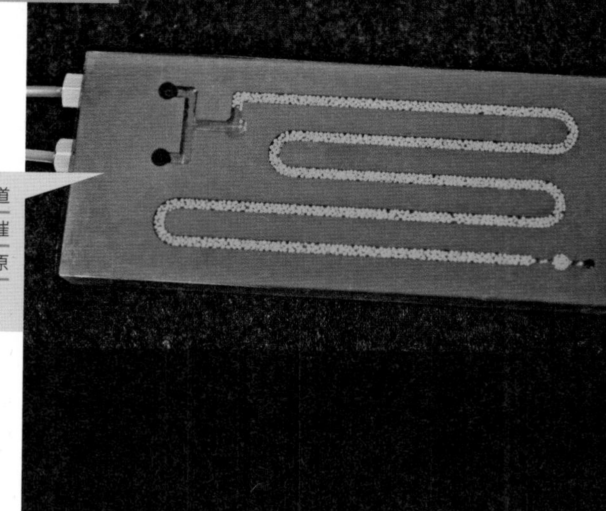

图为一个小型的流动化学装置。流道（用透明膜覆盖）中填充了表面覆有酶催化剂的小珠，通过调节流量，可以使原料在离开反应器时恰好完全转化为产物。

光化学（1834 年），硝化甘油（1847 年），热裂化（1891 年），重氮甲烷（1894 年），加氢反应（1897 年），哈伯—博施法（1909 年）

2006 年

许多化学家习惯以“间歇模式”来操作某些反应：在一个反应器中开始一个反应，直到反应完成，然后将物料取出纯化或者用于下一步反应中。如果想制备更大量的产物，通常需要使用更大的反应器，或者重复反应，或者同时采用这两种办法。

事实上，还有另外一种操作方式，这种方式在工厂里已经应用了很久，而最近，它在实验室小试过程中也同样受到青睐——这就是连续流动反应器。在反应过程中，如果条件控制得当，只需用泵将反应原料输送到反应系统，在物料一次性流经整个反应系统之时，这个反应就基本趋于完成了。这一过程的工程放大仅需在一端配备一个较大的容器来储存反应物，而在另一端配备一个较大的容器来接纳产物就可以了。

流动化学反应相当具有吸引力，但是多年以来，流动化学主要还是应用在大型生产装置和某些特殊的生产工艺中，如硝酸甘油的生产。事实上，那些多用途、易于操作的小型流动化学反应装置的意义更为重大。在这些装置中，“反应区”可以仅仅是一根足够长的螺旋金属管，以保证反应物充分混合，并在反应的同时还能根据需要视情况进行加热。反应区还可以是适用于光化学反应的辐照区或者是一个填充了催化剂的反应柱。不同反应物（液体或者气体）可以在不同的点注入反应，还可以在反应区的末端放置合适的固体吸附剂，当反应体系流出系统时自动完成产物的精制。

2006 年，英国化学家史蒂文·维克多·莱的研究小组首次用一系列流动反应器完成了天然产物合成的全过程。由于整个系统都处于流动状态，任何时候反应区内任一点的反应物含量都很低，所以化学家可将这项技术用于反应物活性很高或是中间体有毒的反应，例如涉及重氮甲烷的反应。流动化学反应的种种优势对人们的吸引力巨大：甚至可以刻意提高反应温度以加速反应进程，产物也更加纯净，过程又更为安全，并且反应中的种种变量可以迅速调节。传统的反应器现在有竞争对手了！■

同位素分布

图为2009年弗洛伊德·兰迪斯在加利福尼亚的一场计时赛上竞速。由于现代分析化学水平的不断提高，一大批专业自行车运动员都被检出服用禁药，使得他们的职业生涯因此蒙上污点。

胆固醇（1815年），质谱分析法（1913年），同位素（1913年），细胞呼吸（1937年），甾体化学（1942年），动力学同位素效应（1947年），光合作用（1947年），甲烷水合物（1965年），酶的立体化学（1975年）

当反应物中的某种原子被其同位素取代时，化学反应速率就可能会发生变化，这种现象被称为“动力学同位素效应”，这种效应有时会在意想不到的情况下发生，对有些人来说，这种现象着实令人心烦。例如，碳-12和其同位素碳-13之间虽然差异不大，但是因为细胞中的含碳化合物在不断地代谢更新，所以生物分子中两种碳原子的比率（即同位素分布）在不同生物体样本中就会出现明显的差异：由于植物是在其他植物的遗骸上生长，动物又吃掉它们，因此较轻的碳-12在地球上已经富集了10亿年，而且植物生长的地域不同、代谢的频次也不一样，富集的程度也会大相径庭。事实上，质谱技术甚至可以判断给定的分子是从热带植物的还是从温带地区的生物化学过程中产生的。

分析化学在这一方面所能发挥的巨大作用使之成为了2006年的头条新闻。当年，赢得环法自行车赛冠军的美国自行车运动员弗洛伊德·兰迪斯（Floyd Landis）被指控服用睾酮类禁药以提高成绩。兰迪斯辩称自己体内睾酮水平本就偏高，他本人从未服用过禁药。但质谱分析结果却告诉了我们完全不一样的故事。

一个睾酮分子含有19个碳原子。超过1%的碳原子是碳-13。所以，在不存在动力学同位素效应的前提下，统计数据将说明样品中多少睾酮分子将含有2个碳-13（约万分之一），多少分子将含有3个碳-13（约百万分之一），等等。但是，天然来源的类固醇分子中含有碳-12的数目比我们想象的要多，而具体的富集模式与含量的高低都由所经历的生物化学途径决定。

最终检验结果表明：兰迪斯体内的睾酮并非源自他体内的自身合成，反而符合某种温带植物的富集模式。由于人工合成睾酮都是基于温带植物类固醇生产的，比如山药和大豆，所以它与人类自身产生的睾酮具有完全不一样的同位素分布。2010年，兰迪斯也最终承认曾服用过睾酮和另外一种兴奋剂，但他仍然坚持2006年的尿检结果是实验数据误差所导致的。■

245

乙腈

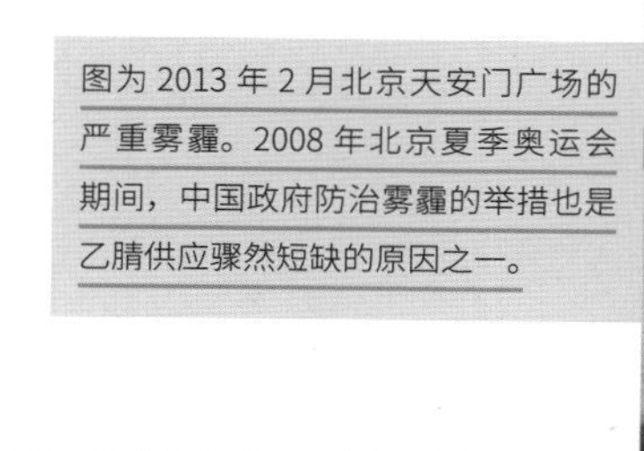

图为 2013 年 2 月北京天安门广场的严重雾霾。2008 年北京夏季奥运会期间，中国政府防治雾霾的举措也是乙腈供应骤然短缺的原因之一。

聚合物与聚合（1839 年），色谱分析（1901 年），旋转蒸发仪（1950 年），高效液相色谱法（1966 年），反相色谱法（1971 年），电喷雾液相色谱 / 质谱联用仪（1984 年）

2009 年

2009 年，全球的制药公司、学术研究机构以及法医学实验室所属的分析化学实验室都度过了一段艰难的岁月，当然只有与之相关的人才会真正关注这件事情的进展，其他人对这件事肯定一无所知。这件事涉及一种化合物——乙腈，乙腈是由甲基与碳氮三键相连而成的二碳化合物，它是反相色谱法中最常用的溶剂之一，可以与水以任何比例互溶，溶解许多极性较小的有机分子，并且它反应性低，相对无毒且易于蒸发，所以乙腈应用的领域之广就非常好理解。但是如果乙腈的供应出现问题，或者根本就买不到乙腈，那就别谈什么乙腈的优点了，在 2008 年年底到 2009 年，全球市场上的乙腈供应出现了空前短缺。乙腈价格开始走高，之后突然猛涨，供应商们纷纷告知他们的客户订单将无法按期供货。纵然甲醇可以在某些场合替代乙腈使用，但也不能完全代替。

造成这个局面有以下几个因素。北京奥运会期间，为了改善空气质量，中国许多生产乙腈的工厂被暂时关停，此举直接造成全世界的乙腈供应大幅缩水。同时，墨西哥湾的一家美国工厂的乙腈生产也因飓风艾克（Ike）受到影响。但最主要的原因还是全球经济低迷。世界上大多数的乙腈都是另外一种化工原料——丙烯腈生产过程中的副产物，而丙烯腈则是工业上生产多种聚合物的原料。随着市场上对汽车零部件及其他大宗产品的需求下降，导致丙烯腈需求量也大幅下降，许多丙烯腈生产厂被迫减产或者干脆关停，随着丙烯腈交易量的逐渐萎缩，乙腈的供应也随之逐渐枯竭。

当然，也存在其他几种工艺能以工业规模生产乙腈，但是从丙烯腈装置上副产乙腈的方式具有明显的经济效益，所以从未有人真正打算将那些工艺付诸实施。在乙腈短缺期间，也有几家公司试图实施那些工艺，但是随着丙烯腈市场的复苏，乙腈价格也应声而落，这些想法又被重新束之高阁。当然，除非再发生一次金融危机而再次使得高效液相色谱停止运行。■

工程酶

雅各布 · M. 珍妮（Jacob M. Janey，1976— ）

图为嘌呤核苷磷酸化酶的三维“带状结构”。该酶已被工程化，用于生产抗病毒和抗肿瘤制剂。

氨基酸（1806 年），手性的故事（1848 年），不对称诱导（1894 年），酿酶发酵（1897 年），加氢反应（1897 年），碳酸酐酶（1932 年），光合作用（1947 年），计算化学（1970 年），酶的立体化学（1975 年）

2010 年

许多有机化学家对酶的态度简直可以用羡慕嫉妒恨来描述，因为酶既可以加快反应的速率，减少杂质的生成，反应条件又比较温和。将酶善加改进利用是人们长久以来的目标，直到 2010 年，人们终于取得了一些实质性进展。

默克制药公司一直在寻找合成糖尿病药物西格列汀关键中间体的新合成路线。西格列汀含有一个手性胺，需要借助不对称合成法——利用一个手性中心帮助构建另一个手性中心才能制得，但是这个合成方法难以大规模生产，产物也易被痕量的加氢催化剂中所含的金属元素所污染。为了寻找新的合成工艺，该公司从一家酶工程公司——克迪科思（Codexis）公司招募了一批科学家。最开始的设想是利用一类可以产生手性胺的转氨酶（Transaminase）进行反应，但是转氨酶的筛选实验结果表明：对于默克公司的反应底物，已知的转氨酶效果都不好，原因是起始物分子尺寸实在太大以至于天然转氨酶“袋状”的结合域（以下简称“结合口袋”）无法识别它。于是研发团队——包括克迪科思公司的克里斯托弗 · K. 萨维尔（Christopher K. Savile）和默克公司的雅各布 · M. 珍妮——开始对结构最相称的酶进行改性：利用它们结构的计算模型通过随机地或者有意地改变其结合口袋的大小和形状来进行反复尝试。

事实证明随机改变是必要的，因为结合口袋任何微小的变化都会对体积较大的蛋白质的结构及其活性产生影响，而这些影响远远超出人类的预测。在实验中，结合口袋的每次改变，研发团队都会快速检查新变体对反应的活性和选择性的影响，并将实验结果反馈回设计过程。最终，这个团队制备和筛选了超过 36 000 种变体，处理过无数种未能奏效的候选模型。与最初模型相比，最终的工程酶更改了 27 个氨基酸，并且具有高度的选择性，能够以工业规模生产默克公司所需的中间体。

如今，酶工程的若干新方法正在蓬勃发展，但是从整体而言，酶工程仍处于其幼儿期，价格昂贵且费时费力。尽管如此，酶工程里识别快速、性价比高、更加可靠的方法将从根本上改变整个化学世界。■

247

金属催化偶联反应

铃木章（Akira Suzuki，1930— ）
理查德·弗雷德·赫克（Richard Fred Heck，1931— ）
根岸英一（Ei-ichi Negishi，1935— ）

图为纯晶态钯金属的扫描电镜照片，这可是世界上最有价值的金属催化剂之一。

格氏反应（1900 年），野崎偶联反应（1977 年）

2010 年

2010 年，三位化学家因其在“金属催化偶联反应”领域做出的杰出贡献被授予诺贝尔化学奖，事实上几十年来他们的名望一直在不断攀升。早在 20 世纪 60 年代后期，美国化学家理查德·弗雷德·赫克就发现了烯烃和钯化合物反应可以生成碳碳键，这可是合成新有机化合物中的一个关键步骤。由于钯的价格非常昂贵，赫克又找出了仅用极少量的钯就能催化这一反应发生的方法，这为该反应的推广起到了至关重要的作用。他的研究小组后续的研究结果表明：其他类型的化合物也能形成钯中间体，他还提出了这类反应的机理，后经证实也都是正确的。

事实上，早已有文献报道过许多金属催化偶联反应，涉及的金属包括铜、镍、钴、铁、镁等。20 世纪 70—80 年代，日本化学家根岸英一和其合作者们发现，当使用钯催化剂时，有机锌试剂可以在非常温和的条件下形成新的碳碳键。到了 1979 年，日本化学家铃木章报道称与芳基或烯基相连的硼酸也能发生同样的偶联反应，一下就钯催化反应扩展到了原来活性不高的反应物中，这些反应物甚至在以前鲜有人触及。直到 20 世纪 80 年代，金属催化偶联反应的可靠性成为了业内共识，这些反应物才逐渐步入人们的眼帘。

如今，钯催化偶联反应的研究热潮一浪高过一浪。化学品名录里该反应涉及的各种新型硼酸化合物、反应配体和底物如雨后春笋般地冒了出来。人们还尝试了各种各样的钯催化剂以适应不同结构的反应物。“铃木反应”和其他钯催化反应业已成为有机化学“工具包”中不可或缺的反应，可以使芳环与其他结构轻轻松松偶联在一起——这要放在以前会被认为是痴人说梦。因此，由钯催化剂制备的新型化合物大量涌现，有些结构非常类似，这些新化合物开始充斥于各制药公司的储备结构名单，以至于制药公司也有点担心——这为数众多的新结构到底有哪些真正能作为药物使用？事实上，当人们开始担心你发明的化学反应太容易操作或者太过流行时，这个反应的大时代就真正来临了。■

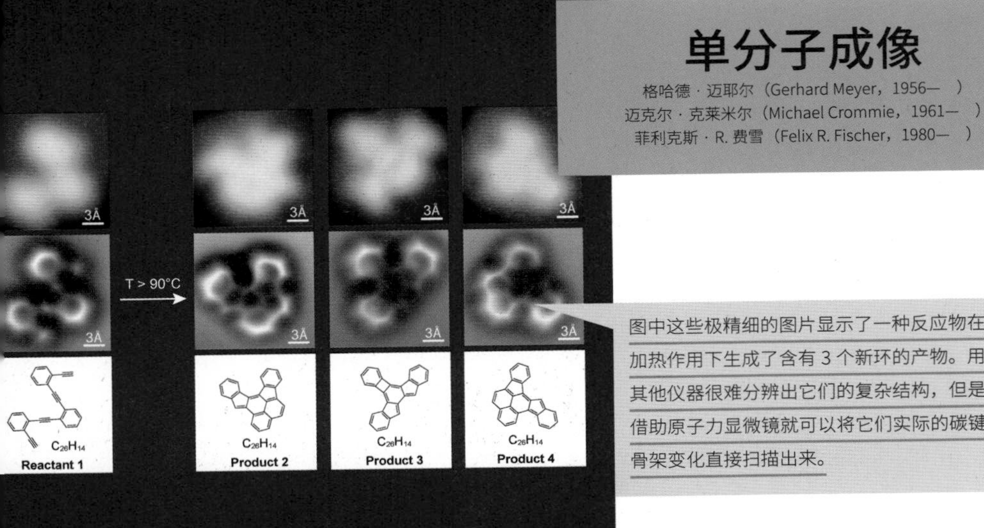

单分子成像

格哈德·迈耶尔（Gerhard Meyer，1956— ）
迈克尔·克莱米尔（Michael Crommie，1961— ）
菲利克斯·R. 费雪（Felix R. Fischer，1980— ）

图中这些极精细的图片显示了一种反应物在加热作用下生成了含有3个新环的产物。用其他仪器很难分辨出它们的复杂结构，但是借助原子力显微镜就可以将它们实际的碳键骨架变化直接扫描出来。

乙炔（1892年），表面化学（1917年），σ键与π键（1931年），化学键的本质（1939年）

2013年

20世纪80年代，一种匠心独具的仪器横空出世——这就是原子力显微镜（Atomic force microscope，AFM）。从本质上来说，这台仪器就是用一根超细小的针来无限逼近某个抛光的表面。这根针的针尖仅有单原子大小，而针尖与待测表面是如此接近以至于它可以与表面上的原子发生相互作用——就像用非常小的指尖从待测表面掠过一样。研究者们通过针尖的设计方式以及所读取的信息，可以识别出原子级别的斥力、引力及其他的量子力学效应。为了展示这台仪器的效力，发明者曾在光滑的表面上用针尖拖拽单个原子，并用它们拼出了他们雇主的名字——IBM，整个过程如同用台球在台球桌上摆出来一样。

用AFM及衍生的相关仪器做起表面化学的研究来会非常得心应手。当年表面化学的先驱如美国化学家欧文·朗缪尔（Irving Langmuir）和美国物理学家凯瑟琳·布洛杰特（Katherine Blodgett）如果在世的话，一定非常想要一台。历经多次改进，如今AFM技术已经非常完善，一些通常难以检测的物质都可以成像，这其中就包括有机分子。要检测这些有机分子，探针的尖端选用的是一个一氧化碳分子——这是由德国物理学家利奥·格罗斯（Leo Gross）和格哈德·迈耶尔在IBM发明的技术。当使一氧化碳分子中的氧原子朝向待测分子时，氧原子的电子会被目标原子的电子所推离，根据推力的大小，探针尖端会对待测分子的电子云密度作出反馈。

2013年，在伯克利工作的美国化学家菲利克斯·R. 费雪和迈克尔·克莱米尔及其合作者们用AFM捕获了首张反应过程中分子变化的图片，展示了一个含有多个碳碳三键的分子发生内部环化反应的全过程。这些图像的分辨率高得惊人，当有机化学家们发现他们终日在白板上涂写的结构真真正正地出现在眼前时，他们都表现得极为着迷甚至还有点手足无措。测定化合物结构的新方法就要来临了，借助这一突破，那些质谱（MS）和核磁共振（NMR）无法解析的复杂分子结构很快就将以真面目示人了。■

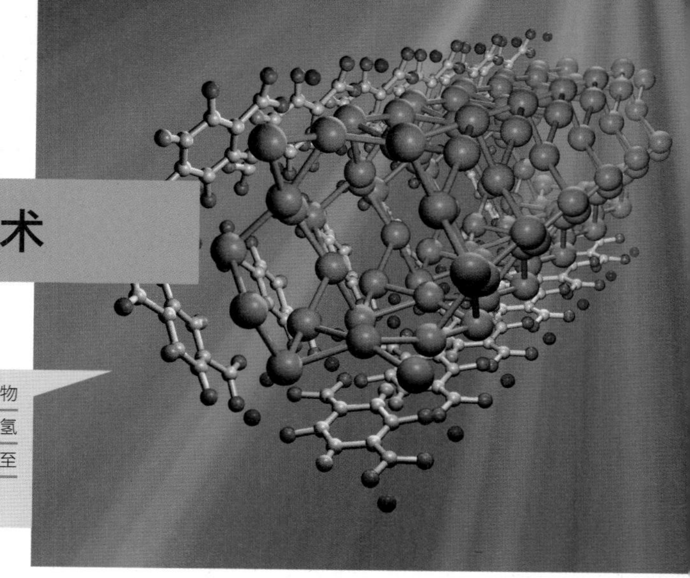

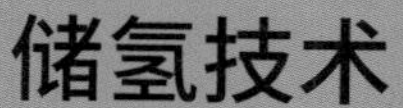

储氢技术

图为由碳原子和锌原子组成的配合物骨架材料，绿色部分代表氢原子，氢气在该配合物骨架材料中的密度甚至比固体氢还要高。

氢气（1766 年），电化学还原（1807 年），加氢反应（1897 年），配合物骨架材料（1997），人工光合作用（2030）

2025 年

自 20 世纪 70 年代开始，对于即将到来的“氢经济”时代的大讨论一直络绎不绝，但在诸多关键技术问题解决之前，要实现这种时代跨越似乎是痴人说梦，更别提畅享其中了。众所周知，氢气燃烧除了生成水蒸气外别无其他产物，与绝大多数现有能源产生的排放相比，其清洁程度可想而知，所以如果只能选择一种能源的话，相信绝大多数人都会选择氢气作为燃料。但是，地球上并没有“氢气田”，因此，与其说氢气是一种能源，还不如说氢气是能量转化之物。如：可以利用电化学还原反应生产氢能，这个反应好似是氢气燃烧的逆反应——电解水产生氢气，这个过程需要用电，产生的氢气还存在后期储运及使用问题，这些都是不小的挑战。

氢分子非常小，以至于它们会很容易侵入许多金属的固相结构中，作为诸多产氢催化剂催化过程中的关键点，这一特性也增加了所产氢气作为燃料直接使用的难度。同时氢气质量轻且密度很小，这也意味着在实际使用过程中必须对其进行高度压缩处理，无疑又将增加利用氢能的成本。鉴于氢气本身也易燃易爆，任何氢气存储和运输系统必须具备较高的安全性和可靠性。

目前，储氢技术还处于研究阶段，众多研发团队都在试图开发各种新型储氢材料以形成一套可行的利用方案。单就储氢材料而言，配合物骨架材料（Coordination-framework）未来可能是个不错的选择，各种金属的氢化物也是时下研究的热点。无论哪种储氢方案，要做到切实可行，必须满足以下条件：可逆吸收和释放氢气的能力，可以根据需要释放出氢气；具备循环吸收—释放氢气的能力，能够满足长周期运行的要求；储氢容量要高；储氢材料本身的安全性也要高。虽然这是一个艰巨的任务，但是化学、物理学和材料科学的相关研究已取得了长足的进步，因此“氢经济”时代来临是指日可待的。■

人工光合作用

藤岛昭（Akira Fujushima，1942— ）
丹尼尔·乔治·诺切拉（Daniel George Nocera，1957— ）
安德鲁·B. 博卡利（Andrew B. Bocarsly，1954— ）

如图，空气中大量的二氧化碳是经由植物来固定的。还没有人知道这一过程是否可以借助人工手段来实现，但这确实是全世界的研究团队所追寻的目标。

二氧化碳（1754 年），钛（1791 年），电化学还原（1807 年），氯碱工艺（1892 年），温室效应（1896 年），光合作用（1947 年），储氢技术（2025 年）

2030 年

因为光合作用对地球生命的至关重要性，所以无数的科研工作者都对这一过程展开了详细的研究，他们致力于测定光合作用的转化效率、揭示进化作用是否赋予光合作用最佳的效能以及人类如何对其进行改进。要知道这可不仅是学术问题，光合作用不仅能生产我们呼吸所需要的氧气，它还起到了调节空气中二氧化碳含量的作用，如果能将这两种作用中的任意一种借助人工手段实现，都足以改变整个世界。众所周知，植物将二氧化碳转化为糖的固碳反应（Carbon dioxide fixation reaction）生成了人类赖以生存的食物来源，同时，它还能作为一种可再生燃料来源或化学工业的原料来源，这一过程将空气中的二氧化碳转化为有机化合物，本质上是燃烧反应的逆反应。2008 年，美国化学家安德鲁·B. 博卡利人工“模拟”这个反应——将二氧化碳成功地转化成甲醇，同时他的“液态光”（Liquid Light）技术还旨在将空气中的二氧化碳再一次转化成工业烃类化合物。考虑到耕地减少、粮食供应和气候变化等现实因素，这足以成为一项改变世界的技术。

至于模拟光合作用的另一作用——生产我们呼吸所需要的氧气，科学家们也进行了详尽的研究：通过裂解水生成氢气和氧气。当然，这一过程可以借助电解水技术实现，但是如果缺乏电力供应又该怎么办呢？1967 年，日本化学家藤岛昭发现二氧化钛能作为光电化学电池裂解水产生氢气和氧气，由此催生了大量的相关研究，一系列半导体材料被用于光解水反应中。1983 年美国工程师威廉·艾尔斯（William Ayers）用一片硅晶片电池证实了其光解水反应的可行性。2011 年美国化学家丹尼尔·乔治·诺切拉和他的同事又发现了一种更为高效的材料。未来，高效的裂解水技术和储氢技术都将成为决定零污染的氢燃料技术成败的关键。

当然，如果现在就某些技术方向是否有发展前途下结论还为时尚早，但是预测这两大过程都需要用到含金属的催化剂还是有几分把握的。这其中最大的挑战是这种金属的筛选——不能太稀有、催化寿命要长、活性要高，还要适用于大规模工业生产。虽然任务无比艰巨，但未来获益也必定无穷。■

注释与延伸阅读

除了书籍和杂志的文章外，下面补充了一些网站和信息来源（当然这些网站可能会消失或者域名有改变）。维基百科（Wikipedia）上化学类的文章常常是非常有用的，并且已经得到了专业化学家们的广泛关注，我本人关注维基百科上的信息也已经很长时间了。其他一些应用广泛的化学类网站还包括 U.C.Davis 的“化学维基网”（U.C.Davis’ s ChemWiki，网址为 chemwiki.ucdavis.edu）、“化学遗产基金会官网”（the Chemical Heritage Foundation，网址为 www.chemheritage.org）、“有机化学门户网”（the Organic Chemistry Portal，网址为 www.organic-chemistry.org），西奥多·格雷的元素周期表网站（PeriodicTable.com）和美国化学学会的官网（网址为 www.acs.org），此外元素周期表视频网站（网址为 www.periodicvideos.com）也非常有价值。

一般阅读

Aldersey-Williams, H. Periodic Tales. New York: Ecco, 2011.

Coffey, P. Cathedrals of Science. New York:Oxford Univ. Press, 2008.

Gray, T. The Elements. New York: Black Dog and Leventhal, 2009.

Greenberg, A. Chemistry Decade by Decade.New York: Facts on File, 2007.

——A Chemical History Tour. New York:Wiley, 2000.

Kean, S. The Disappearing Spoon. New York: Little, Brown, 2010.

Le Couteur, P., and J. Burreson.Napoleon’ s Buttons. New York: Jeremy P. Tarcher/Penguin, 2003.

Levere, T. H. Transforming Matter. Baltimore: Johns Hopkins Univ. Press, 2001.

约公元前 500000 年：晶体

Naica Caves official website, www.naica.mx.com/english/.

Shea, N. “Cavern of Crystal Giants.” National Geographic, November 2008,ngm.nationalgeographic.com/2008/11/crystal-giants/shea-text.

约公元前 3300 年：青铜

Ekserdjian, D., ed. Bronze. London: Royal Academy of Arts, 2012.

Radivojevíc et al. “Tainted Ores and the Rise of Tin Bronzes in Eurasia.” Antiquity 87(2013): 1030.

Sherby, O. D., and J. Wadsworth. “Ancient Blacksmiths, the Iron Age, Damascus Steels, and Modern Metallurgy.” U.S. Department of Energy, September11, 2011, https://e-reports-ext.llnl.gov/pdf/238547.pdf.

约公元前 2800 年：肥皂

Hedge, R. W. www.butser.org.uk/iafsoap_hcc.html.

Verbeek, H. “Historical Review” in Surfactants in Consumer Products, 1–4.Berlin: Springer-Verlag, 1987.

约公元前 1300 年：铁的冶炼

Hosford, W. G. Iron and Steel. New York: Cambridge Univ. Press, 2012.

Sherby, O. D., and J. Wadsworth. “Ancient Blacksmiths, the Iron Age, Damascus Steels, and Modern Metallurgy.” U.S. Department of Energy, September11, 2011, https://e-reports-ext.llnl.gov/pdf/238547.pdf.

约公元前 1200 年：纯化

Rayner-Canham, M., and R. Rayner-Canham. Women in Chemistry: From Alchemy to Acceptance. Wash.,

D.C.:American Chemical Society, 1998.

约公元前 550 年：黄金精炼

Heilbrunn Timeline of Ancient History, "Sardis," www.metmuseum.org/toah/hd/srds/hd_srds.htm.

Tassel, J., "The Search for Sardis." Harvard Magazine, March–April 1998,harvardmagazine.com/1998/03/sardis.html.

约公元前 450 年：四种元素

See 48b in Plato's Timaeus at the Perseus Digital Library, Tufts Univ., www.perseus.tufts.edu/hopper/text?doc=Plat.+Tim.+48b&redirect=true.

Stanford Encyclopedia of Philosophy, "Empedocles," plato. stanford.edu/entries/empedocles/.

约公元前 400 年：原子论

Stanford Encyclopedia of Philosophy, "Democritus," plato.stanford.edu/archives/fall2008/entries/democritus/.

公元前 210 年：水银

Elmsley, J. The Elements of Murder. Oxford: Oxford Univ. Press, 2005.

Moskowitz, C. "The Secret Tomb of China's First Emperor." livescience, August 17,2012, www.livescience.com/22454-ancient-chinese-tomb-terracotta-warriors.html.

Portal, J., Terra Cotta Warriors, Wash., D.C.: National Geographic, 2008.

约 60 年：天然产物

Firn, R. Nature's Chemicals. Oxford: Oxford Univ. Press, 2010.

Nicolaou, K. C., and T. Montagnon,Molecules That Changed the World.Weinheim, DE: Wiley-VCH, 2008.

约 126 年：罗马混凝土

Brandon, C. J., et. al. Building for Eternity.Oxford: Oxbow Books, 2014.

Pruitt, S. "The Secret of Ancient Roman Concrete." History in the Headlines (blog),June 21, 2013, www.history.com/news/thesecrets-of-ancient-roman-concrete.

约 200 年：瓷器

Finlay, R. The Pilgrim Art. Berkeley: Univ. of California Press, 2010.

约 672 年：希腊火

The classic work is J. R. Partington's A History of Greek Fire and Gunpowder(Cambridge: W. Heffer, 1960), which is available in various editions.

约 800 年：贤者之石

Principe, L. M. The Secrets of Alchemy.Chicago: Univ. of Chicago Press, 2013.

约 800 年：维京钢

Hosford, W. G. Iron and Steel. New York: Cambridge Univ. Press, 2012.

PBS Nova, "Secrets of the Viking Sword," www.pbs.org/wgbh/nova/ancient/secretsviking-sword.html

Sherby, O. D., and J. Wadsworth. "Ancient Blacksmiths, the Iron Age, Damascus Steels,and Modern Metallurgy." U.S. Department of Energy, September 11, 2011, https://ereports-ext.llnl.gov/pdf/238547.pdf.

约 850 年：火药

Kelly, J. Gunpowder: Alchemy, Bombards, and Pyrotechnics. New York: Basic Books, 2004.

Partington, J. R. A History of Greek Fire and Gunpowder. Cambridge: W. Heffer, 1960.

约 900 年：炼金术

Greenberg, A. From Alchemy to Chemistry in Picture and Story. Hoboken, NJ: Wiley-Interscience, 2007.

Principe, L. M. The Secrets of Alchemy.Chicago: Univ. of Chicago Press, 2013.

约 1280 年：王水

See Princeton Univ.'s online lab-safety manual, https://ehs.princeton.edu/laboratory-research/chemical-safety/chemical-specific-protocols/aqua-regia. Don't mess with the stuff!

约 1280 年：分馏

Books on distillation tend to be industrial chemical engineering handbooks or guides for homebrewed spirits. For a general overview, your best bet is, in fact, Wikipedia:en.wikipedia.org/wiki/Distillation.

1538 年：毒理学

A definitive textbook on the subject is Casarett and Doull's Toxicology (8th ed.) by Curtis Klaassen (New York: McGraw-Hill,2013). A shorter and less technical work is The

Dose Makes the Poison by Patricia Frank and M. Alice Ottoboni (Hoboken, NJ:Wiley, 2011).

1540 年：乙醚

The history of diethyl ether can be found mostly in various anesthesiology textbooks.Also see Wikipedia: en.wikipedia.org/wiki/Diethyl_ether.

1556 年：论矿冶

Project Gutenberg has the entire text (with the woodcut illustrations) online for free at www.gutenberg.org/files/38015/38015-h/38015-h.htm. Interestingly, this English translation is by former U.S. president Herbert Hoover.

1605 年：学术的进展

Project Gutenberg, www.gutenberg.org/ebooks/ 5500. Forseveraldifferenttranslations of the Novum Organum, see en.wikisource.org/wiki/Novum_Organum. More on Francis Bacon himself can be found at the Internet Encyclopedia of Philosophy, www.iep.utm.edu/bacon/.

1607 年：约克郡的明矾

Balston, J. The Whatmans and Wove Paper.WestFarleigh: 1998, www.wovepaper.co.uk/alumessay2.html.

National Trust. “Yorkshire Coast,” www.nationaltrust.org.uk/yorkshire-coast/history/view-page/item634280/.

1631 年：奎宁

Firn, R. Nature’ s Chemicals. Oxford: Oxford Univ. Press, 2010.

Nicolaou, K. C., and T. Montagnon.Molecules That Changed the World.Weinheim, DE: Wiley-VCH, 2008.

Rocco, F. Quinine. New York: Harper Perennial, 2004.

1661 年：怀疑派化学家

Boyle, R. The Sceptical Chymist. Project Gutenberg, www.gutenberg.org/ebooks/22914.

Hunter, M. Boyle. New Haven: Yale Univ.Press, 2009.

1667 年：燃素

National Historic Chemical Landmarks program of the American Chemical Society. “Joseph Priestley and the Discovery of Oxygen,” 2004, www.acs.org/content/acs/en/education/whatischemistry/landmarks/josephpriestleyoxygen.html.

Donovan, A. Antoine Lavoisier. Cambridge,MA: Cambridge University Press, 1996.

Johnson, S. The Invention of Air. New York:Riverhead Books, 2008.

1669 年：磷

Emsley, J. The 13th Element. New York:Wiley, 2000.

1700 年：硫化氢

As noted on Wikipedia, Isaac Asimov called Scheele “Hard-luck Scheele” because he probably made several discoveries that he is not given full credit for.

Smith, R. P. “A Short History of Hydrogen Sulfide” American Scientist, 98(January–February 2010): 6. http://www.americanscientist.org/issues/num2/a-short-history-of-hydrogen-sulfide/4.

约 1706 年：普鲁士蓝

Kraft, A. “On the Discovery and History of Prussian Blue.” Bulletin for the History of Chemistry, 33 (2008): 61. www.scs.illinois.edu/~mainzv/HIST/bulletin_open_access/v33-2/v33-2%20p61-67.pdf.

Senthilingam, M. “Prussian Blue.” Chemistry in Its Element (podcast),Chemistry World Magazine, January 30,2013, www.rsc.org/chemistryworld/2013/04/prussian-blue-podcast.

1746 年：硫酸

Kiefer, D. “Sulfuric Acid: Pumping up the Volume.” Today’ s Chemist at Work, pubs.acs.org/subscribe/archive/tcaw/10/i09/html/09chemch.html.

1752 年：氢氰酸

If you need convincing not to encounter this compound, then the Centers for Disease Control and Prevention (CDC) should be able to give you some: www.cdc.gov/niosh/ershdb/Emergency ResponseCard_29750038.html.

1754 年：二氧化碳

West, J. B. “Joseph Black, Carbon Dioxide, Latent Heat, and the Beginnings of the Discovery of the Respiratory Gases.”

American Journal of Physiology-Lung Cellular and Molecular Physiology 306 (March 2014), L1057. ajplung.physiology.org/content/early/2014/03/25/ajplung.00020.2014.

1758 年：卡氏发烟液体

Seyferth, D. “Cadet’ s Fuming Arsenical Liquid and the Cacodyl Compounds of Bunsen.” Organometallics 20 (2001): 1488.pubs.acs.org/doi/pdf/10.1021/om0101947.

1766 年：氢气

There are plenty of videos on YouTube of people entertaining themselves with hydrogen fires—de gustibus non est disputandum.

Rigden, J. S. Hydrogen. Cambridge, MA:Harvard Univ. Press, 2002.

1774 年：氧气

Johnson, S. The Invention of Air. New York: Riverhead Books, 2008.

National Historic Chemical Landmarks program of the American Chemical Society. “Joseph Priestley and the Discovery of Oxygen,” 2004, www.acs.org/content/acs/en/education/whatischemistry/landmarks/josephpriestleyoxygen.html.

1789 年：质量守恒定律

Donovan, A. Antoine Lavoisier. Cambridge,MA: Cambridge University Press, 1996.

1791 年：钛

Housley, K. L. Black Sand. Hartford, CT:Metal Management Aerospace, 2007.

Titanium Industries, Inc. “History of Titanium,” titanium.com/technical-data/history-of-titanium/.

1792 年：伊特必

A detailed monograph is Episodes from the History of the Rare Earth Elements by C. H.Evans (Boston: Kluwer Academic Pub.,1996). Also see RareMetalsMatter.com and “Separation of Rare Earth Elementsby Charles James” at the American Chemical Society, www.acs.org/content/acs/en/education/whatischemistry/landmarks/earthelements.html.

1804 年：吗啡

Booth, M. Opium. New York: St. Martin’ s Press, 1998.

1806 年：氨基酸

Tanford, C., and J. Reynolds. Nature’ s Robots.Oxford: Oxford Univ. Press, 2001.

1807 年：电化学还原

Davy’ s own presentation of these results, from the Philosophical Transactions of the Royal Society, can be found here: www.chemteam.info/Chem-History/Davy-Na&K-1808.html.Knight, D. Humphry Davy. Cambridge:Cambridge Univ. Press, 1992.

1808 年：道尔顿原子学说

Summaries of Dalton’ s theories can be found on Wikipedia, at General Chemistry Online (antoine.frostburg.edu/chem/senese/101/atoms/dalton.shtml), and at the Chemical Heritage Foundation (www.chemheritage.org/discover/online-resources/chemistry-in-history/themes/the-path-to-the-periodic-table/dalton.aspx).

1811 年：阿伏伽德罗假说

Morselli, M., Amedeo Avogadro. Dordrecht,NL: Springer 1984.

1813 年：化学式

Melhado, E. M., and T. Frängsmyr, eds.Enlightenment Science in the Romantic Era.Cambridge: Cambridge Univ. Press, 2002.

1814 年：巴黎绿

Meharg, A. Venomous Earth. New York: Macmillan, 2005.

University of Aberdeen. “Arsenic and the World’ s Worst Mass Poisoning,” January 12,2005, www.abdn.ac.uk/mediareleases/release.php?id=104.

1815 年：胆固醇

Wikipedia is a good place to start online for the chemical story of cholesterol.

National Historic Chemical Landmark sprogram, American Chemical Society. “Russell Marker and the Mexican Steroid Hormone Industry,” 1999, www.acs.org/content/acs/en/education/whatischemistry/landmarks/progesteronesynthesis.html.

UC Davis ChemWiki. “Steroids,” chemwiki.ucdavis.edu/Biological_Chemistry/Lipids/Steroids.

1819 年：咖啡因

Weinberg, B. A., and B. K. Bealer. The World of Caffeine. New York: Routledge, 2001.

1822 年：超临界流体

See the Wikipedia and UC Davis ChemWikientries on the subject for an introduction.An excellent video demonstration of the phenomenon is at www.youtube.com/watch?v=GEr3NxsPTOA.

1828 年：维勒的尿素合成

Wöhler' s letter to Berzelius is found here: classes. yale. edu /01-02/chem125a /125/history99 /4Radicals Types / UreaLetter1828.html.

1832 年：官能团

Brock, W. B. Justus von Liebig. Cambridge: Cambridge Univ. Press, 1997.

Chemical Heritage Foundation. "Justus von Liebig and Friedrich Wöhler," www.chemheritage.org/discover/online-resources/chemistry-in-history/themes/molecularsynthesis-structure-and-bonding/liebig-and-wohler.aspx.

1834 年：理想气体定律

Book-length studies are, of necessity, technical.

Wikipedia and UC Davis ChemWiki are better for an accessible overview.

1834 年：光化学

A summary of photochemistry' s history can be found at turroserver.chem.columbia.edu/PDF_db/History/intro.pdf.

Natarajan et al. "The Photoarrangement of -Santonin Is a Single-Crystal-to-Single-Crystal Reaction," Journal of the American Chemical Society 129, 32 (2007): 9846.http://pubs.acs.org/doi/abs/10.1021/ja073189o?journalCode=jacsat.

Roth, H. D. "The Beginnings of Organic Photochemistry." Angewandte Chemie International Edition (English) 28, 9(1989): 1193.

1839 年：聚合物与聚合

Walton, D., and P. Lorimer. Polymers.Oxford: Oxford Univ. Press, 2000.

1839 年：银版照相法

Daguerreian Society. "About the Daguerreian Society," daguerre.org/index.php.

Wooters, D., and T. Mulligan, eds. A History of Photography: The George Eastman House Collection. London: Taschen, 2005.

1839 年：橡胶

Goodyear Tire & Rubber Company. "The Charles Goodyear Story," www.goodyear.com/corporate/history/history_story.html.

Korman, R. The Goodyear Story. San Francisco: Encounter Books, 2002.

1840 年：臭氧

A teaching resource about atmospheric ozone is found here: www.ucar.edu/learn/1_5_1.htm.Ignore the huge pile of "ozone therapy" books that are available.

1842 年：磷肥

McDaniel, C. N. Paradise for Sale. Berkeley:Univ. of California Press, 2000.

1847 年：硝化甘油

An extraordinary series of anecdotes about nitroglycerine' s use in the oil fields is here: www. logwell.com/tales/menu/index.html. If it makes you want to experience it yourself, there' s clearly no hope for you.

1848 年：手性的故事

This is a deep, extremely important topic in chemistry, physics, and mathematics. There are many types of chirality that I have no space to mention. (Consider, for example,a curling screw-shaped molecule that can exist in right-hand and left-hand thread ...) Surprisingly, someone has taken up the challenge of writing an introductory book on the topic: Mirror-Image Asymmetry: An Introduction to the Origin and Consequences of Chirality by James P. Riehl (Hoboken, NJ:Wiley 2010).

1852 年：荧光

Technical works are beyond counting,as befits a phenomenon that touches on so many areas. On the inorganic side,see the Fluorescent Mineral Society(uvminerals.org/fms/minerals) or users.ece.gatech.edu/~hamblen/uvminerals/.On the biochemical side, fluorescent tags and proteins are used intensively in cell biology and microscopy. See micro.magnet.fsu.edu/primer/techniques/fluorescence/fluorescenceintro.html foratechnical overview.

1854 年：分液漏斗

There are a variety of YouTube videos showing a sep funnel in action.

1856 年：苯胺紫

Chemical Heritage Foundation. “William Henry Perkin,” www.chemheritage.org/discover/online-resources/chemistry-in-history/themes/molecular-synthesis-structure-and-bonding/perkin.aspx.

Garfield, S. Mauve. New York: W. W.Norton, 2001.

1856 年：银镜反应

A recipe for demonstrating this reaction can be found at the Royal Society of Chemistry: www.rsc.org/Education/EiC/issues/2007Jan/ExhibitionChemistry.asp.Just don’t leave the solution around once you’re finished!

1859 年：火焰光谱学

Chemical Heritage Foundation. “Robert Bunsen and Gustav Kirchhoff,” www.chemheritage.org/discover/onlineresources/chemistry-in-history/themes/the-path-to-the-periodic-table/bunsen-and-kirchhoff.aspx.

1860 年：康尼查罗与卡尔斯鲁厄会议

Nye, M. J., ed. The Cambridge History of Science (Vol. 5). Cambridge: Cambridge Univ. Press, 2002.

1860 年：氧化态

UC Davis ChemWiki illustrates the rules that have to be followed to make things consistent: chemwiki.ucdavis.edu/Analytical_Chemistry/Electrochemistry/Redox_Chemistry/Oxidation_State.

1861 年：鄂伦麦尔瓶

Sella, A. “Classic Kit: Erlenmeyer Flask.” Chemistry World, July 2008, www.rsc.org/chemistryworld/issues/2008/july/erlenmeyerflask.asp.

1861 年：结构式

Wikipedia’s introduction illustrates the basic kinds of chemical drawings, with some of the rules for producing them:en.wikipedia.org/wiki/Structural_formula.

1864 年：索尔维制碱法

Here’s a teaching resource on the technology, with plenty of details:www.hsc.csu.edu.au/chemistry/options/industrial/2765/Ch956.htm. No new Solvay plants appear to have been built in years,but there are still dozens operating around the world.

1865 年：苯和芳香性

Rocke, A. J. Image and Reality. Chicago:Univ. of Chicago Press, 2010.

1868 年：氦

Probably the most detailed account of this discovery is at the American Chemical Society’s website: www.acs.org/content/acs/en/education/whatischemistry/landmarks/heliumnaturalgas.html.

1874 年：碳四面体结构

Chemical Heritage Foundation. “Jacobus Henricusvan’t Hoff,” www.chemheritage.org/discover/online-resources/chemistryin-history/themes/molecular-synthesis-structure-and-bonding/vant-hoff.aspx.

Nobelprize.org. “Jacobus H. van’t Hoff-Biographical,” www.nobelprize.org/nobel_prizes/chemistry/laureates/1901/hoff-bio.html.

1876 年：吉布斯自由能

A nontechnical treatment of this (and thermo-dynamics in general) is a tall order,because sooner or later, it’s going to be Math or Nothing.

American Physical Society. “J. Willard Gibbs,” www.aps.org/programs/outreach/history/historicsites/gibbs.cfm.

Set Laboratories, Inc. “Thermal Cracking,” www.set-laboratories.com/therm/tabid/107/Default.aspx.

Wikipedia, “Josiah Willard Gibbs,” en.wikipedia.org/wiki/Josiah_Willard_Gibbs.

1877 年：麦克斯韦—玻尔兹曼分布

Lindley, D. Boltzmann’s Atom. New York:The Free Press, 2001.

1877 年：弗里德尔—克拉夫茨反应

No nontechnical book exists. I suggest Wikipedia (en.wikipedia.org/wiki/Friedel-Crafts_reaction) for a nice overview, but any organic-chemistry textbook will have a section on this reaction as well.

1878 年：靛蓝染料的合成

Glowacki et al. “Indigo and Tyrian Purple – From Ancient Natural Dyes to Modern Organic Semiconductors.” Israel Journal of Chemistry 52, (2012):1. https://www.jku.at/

JKU_Site/JKU/ipc/content/e166717/e166907/e174991/e175004/2012-08.pdf.

1879 年：索氏抽提器

Sella, A. "Classic Kit: Soxhletextractor." Chemistry World, September 2007,www.rsc.org/chemistryworld/Issues/2007/September/ClassicKitSoxhletExtractor.asp.

1881 年：皇家馥奇香水

Turin, L. The Secret of Scent. New York:Ecco, 2006.

1883 年：克劳斯工艺

The best overview I' ve seen for people who are not chemical engineers is at Wikipedia:en.wikipedia.org/wiki/Claus_process.

1883 年：液氮

A search through YouTube will yield examples of almost every strange liquid nitrogen demonstration that anyone can think up (as well as recipes for liquid nitrogen ice cream and other culinary creations).

1884 年：费雪与糖

Kunz, H. "Emil Fischer—Unequalled Classicist, Master of Organic Chemistry Research, and Inspired Trailblazer of Biological Chemistry." Angewandte International Edition (English) 41, 23(November 2002): 4439.

1885 年：勒·夏特列原理

Clark, Jim. "Le Chatelier' s Principle," UC Davis ChemWiki, http://chemwiki.ucdavis.edu/Physical_Chemistry/Equilibria/A._Chemical_Equilibria/2._Le_Chatelier' s_Principle.

1886 年：氟分离

When doing any fluorine-related searches,beware of the masses of crank literature on water fluoridation.Wikipedia, "History of Fluorine," en.wikipedia.org/wiki/History_of_fluorine.

1886 年：铝

National Historic Chemical Landmarks program of the American Chemical Society. "Production of Aluminum: The Hall-Héroult Process," 1997, www.acs.org/content/acs/en/education/whatischemistry/landmarks/aluminumprocess.html.

1887 年：氰化提金法

International Cyanide Management Code. "Use in Mining," www.cyanidecode.org/cyanide-facts/use-mining.

1888 年：液晶

Collings, P. J. Liquid Crystals. Princeton, NJ: Princeton Univ. Press, 2002.

Gross, Benjamin. "How RCA Lost the LCD." IEEE Spectrum, November 1,2012, http://spectrum.ieee.org/consumer-electronics/audiovideo/how-rca-lost-the-lcd.

1891 年：热裂化

Leffler, W. L. Petroleum Refining in Nontechnical Language (4th ed.). Tulsa,OK: PennWell, 2008.

Set Laboratories, Inc. "Thermal Cracking," www.setlaboratories.com/therm/tabid/107/Default.aspx.

1892 年：氯碱工艺

The entire chapter on the history of the chlor-alkali process from the Handbook of Chlor-Alkali Technology (New York:Springer, 2005) can be downloaded at rd.springer.com/chapter/10.1007%2F0-306-48624-5_2#page-1.

1892 年：乙炔

National Historic Chemical Landmarks program of the American Chemical Society. "Commercial Process for Producing Calcium Carbide and Acetylene, 1998, www.acs.org/content/acs/en/education/whatischemistry/landmarks/calciumcarbideacetylene.html.

1893 年：铝热试剂

Wikipedia is a very good source on this topic. (The rest of the web is full of conspiracy-theory bizarreness about secret uses of thermite.) YouTube has a variety of pyrotechnic videos from home experimenters—watching them is a lot safer than trying it yourself.

1893 年：硼硅酸玻璃

Watch Theodore Gray point out that not all heat-resistant glass these days is borosilicate,which can have some unfortunate consequences: www.popsci.com/science/article/2011-03/gray-matter-cant-take-heat.SCHOTT Company. "SCHOTT Milestones," www.us.schott.com/english/company/corporate_history/milestones.html.

1893 年：配位化合物

Kaufmann, G. "A Stereochemical Achievement of the First Order." Bulletin for the History of Chemistry 20

(1997):50. www.scs.illinois.edu/~mainzv/HIST/bulletin_open_access/num20/num20%20p50-59.pdf.

1894 年：摩尔

June 2 (6/02) is celebrated as Mole Day every year, which you may find endearingly nerdy or alarmingly nerdy, depending on your disposition.

1894 年：重氮甲烷

Here' s a technical fact sheet from Sigma-Aldrich, one of the world' s larges tlaboratory chemical suppliers, detailing the preparation of diazomethane and precautions that need to be taken: www.sigmaaldrich.com/content/dam/sigmaaldrich/docs/Aldrich/Bulletin/al_techbull_al180.pdf.

Mastronardi et al., "Continuous Flow Generation and Reactions of Anhydrous Diazomethane Using a Teflon AF-2400 Tube-in-Tube Reactor." Organic Letters15, 21 (2013): 5590. pubs.acs.org/doi/abs/10.1021/ol4027914.

1895 年：液态空气

Johns, W. E. "Notes on Liquefying Air," www.gizmology.net/liquid_air.htm.

1896 年：温室效应

The issue is, of course, soaked through with politics. Carbon dioxide, beyond doubt,is a greenhouse gas, and humans have,beyond doubt, added a great deal of it to the atmosphere. At that point, the arguing starts.

1897 年：阿司匹林

Jeffreys, D. Aspirin. New York: Bloomsbury,2004.

1897 年：酿酶发酵

Cornish-Bowden, A., ed. New Beer in an Old Bottle. Valencia, ES: Univ. of Valencia, 1998.

1898 年：氖（Neon）

Fisher, D. E. Much Ado about (Practically) Nothing. New York: Oxford Univ. Press, 2010.

1900 年：格氏反应

Kagan, H. B. "Victor Grignard and Paul Sabatier." Angewandte International Edition (English) 51, 30 (2012): 7376.onlinelibrary.wiley.com/doi/10.1002/anie.201201849/abstract.

Nobelprize.org. "Victor Grignard-Biographical," www.nobelprize.org/nobel_prizes/chemistry/laureates/1912/grignard-bio.html.

1900 年：自由基

American Chemical Society, www.acs.org/content/acs/en/education/whatischemistry/landmarks/freeradicals.html.

1900 年：有机硅

Dow Corning, www.dowcorning.com/content/discover/discoverchem/?wt.svl=FS_readmore_home_CORN.

European Silicones Centre, www.siliconesscience.eu/.

1901 年：色谱分析

Wixom, R. L., and C. W. Gehrke, eds.Chromatography: A Science of Discovery.

Hoboken, NJ: Wiley, 2010.

Wikipedia, "Chromatography," en.wikipedia.org/wiki/Chromatography.

1902 年：钋和镭

Curie, E. Madame Curie: A Biography. New York: Da Capo Press, 2001.

Goldsmith, B. Obsessive Genius. New York:W. W. Norton, 2005.

1905 年：红外光谱

Rupawalla et. al. "Infrared Spectroscopy," UC Davis ChemWiki, chemwiki.ucdavis.edu/Physical_Chemistry/Spectroscopy/Vibrational_Spectroscopy/Infrared_Spectroscopy.

Wikipedia. "Infrared Spectroscopy," en.wikipedia.org/wiki/Infrared_spectroscopy.

1907 年：胶木

Meikle, J. American Plastic. New Brunswick,NJ: Rutgers Univ. Press, 1995.

National Historic Chemical Landmarks program of the American Chemical Society. "Moses Gomberg and the Discovery of Organic Free Radicals," 2000,www.acs.org/content/acs/en/education/whatischemistry/landmarks/bakelite.html.

Sumitomo Bakelite Co. "Amsterdam Bakelite Collection," www.amsterdambakelitecollection.com.

1907 年：蜘蛛丝

Brunetta, L., and C. L. Craig. Spider Silk.New Haven,

CT: Yale Univ. Press, 2010.

1909 年：pH 值和指示剂

A large table of indicator color changes can be found here: w3.shorecrest.org/~Erich_Schneider/tweb/Chemweb/datatables/indicators.jpg.

1909 年：哈伯—博施法

Hager, T. The Alchemy of Air. New York:Broadway Books, 2008.

1909 年：撒尔佛散

Modern work with salvarsan and its chemistry (Waikato University) is found here:researchcommons.waikato.ac.nz/bitstream/handle/10289/188/content.pdf?sequence=1.

Hayden, D. Pox. New York: Basic Books,2003.

1912 年：X- 射线晶体学

Jenkin, J. William and Lawrence Bragg,Father and Son. New York: Oxford Univ.

Press, 2008.

Kazantsev, R., and M. Towles. "X-Ray Crystallography," UC Davis ChemWiki,chemwiki.ucdavis.edu/Analytical_Chemistry/Instrumental_Analysis/Diffraction/X-ray_Crystallography.

University of Leeds. "William Thomas Astbury," arts.leeds.ac.uk/museum-of-hstm/research/william-thomas-astbury/.

1912 年：美拉德反应

McGee, H. The Curious Cook. San Francisco: North Point Books, 1990.

1912 年：不锈钢

Cobb, H. M. The History of Stainless Steel.Materials Park, OH: ASM Int., 2010.

1912 年：硼烷和真空线技术

Wiberg, E. "Alfred Stock and the Renaissance of Inorganic Chemistry." Pure and Applied Chemistry 49 (1977): 691.pac.iupac.org/publications/pac/pdf/1977/pdf/4906x0691.pdf.

1912 年：偶极矩

Ball, P. "Letters Defend Nobel Laureate Against Nazi Charges." Nature,December9, 2010, www.nature.com/news/2010/101209/full/news.2010.656.html.

1913 年：质谱分析法

Griffiths, J. "A Brief History of Mass Spectrometry." Analytical Chemistry 80(2000): 5676. pubs.acs.org/doi/pdf/10.1021/ac8013065.

1913 年：同位素

The printed literature on this topic is scattered between histories of physics, geology, chemistry, and medicine (which tells you what an important topic it is).

1915 年：化学战争

If you can find a copy, the eminent scientist J.B.S. Haldane wrote a vigorous defense of the entire idea of chemical warfare, titled Callinicus, in 1925.

Harris, R., and J. Paxman. A Higher Form of Killing. New York: Hill and Wang, 1982.

1917 年：表面化学

Coffey, P. Cathedrals of Science. New York: Oxford Univ. Press, 2008.

1918 年：镭补

The Oak Ridge Assoc. Universities site has a terrifying online museum of radioactive quack cures (www.orau.org/ptp/collection/quackcures/quackcures.htm). An article with evidence that Eben Byers' s remains were hot enough to expose film when the EPA reworked his grave site, is "The Great Radium Scandal" by Roger Macklis (August1993 issue of Scientific American).

1920 年：迪恩—史塔克分水器

Sella, A. "Classic Kit: Dean-Stark Apparatus." Chemistry World, June 2010,www.rsc.org/chemistryworld/Issues/2010/June/DeanStark Apparatus.asp.

1920 年：氢键

Wikipedia, "Hydrogen Bond," en.wikipedia.org/wiki/Hydrogen_bond.

1921 年：四乙基铅

Midgley, T. From the Periodic Table to Production. Corona, CA: Stargazer Publishing, 2001.

Warren, C. Brush with Death. Baltimore,MD: Johns Hopkins Univ. Press, 2000.

1928 年：狄尔斯—阿尔德反应

Wikipedia and the Organic Chemistry Portal (www.

organic-chemistry.org/namedreactions/diels-alder-reaction.shtm) are good places to start, but you' ll rapidly find yourself looking at a lot of organic-chemistry reactions. The original Diels-Alder paper is here: dx.doi.org/10.1002%2Fjlac.19284600106

1928 年：列培反应

ColorantsHistory.org. "Walter Reppe:Pioneer in Acetylene Chemistry," updated June 21, 2009, www.colorantshistory.org/ReppeChemistry.html.

Travis, A. "Unintended Technology Transfer: Acetylene Chemistry in the United States." Bulletin for the History of Chemistry 32, 1(2007): 27. www.scs.illinois. edu/~mainzv/HIST/bulletin_open_access/v32-1/v32-1%20p27-34.pdf.

1930 年：氯氟烃

Meiers, P. "Fluorocarbons-Charles Kettering, and 'Dental Caries,' " www.fluoride-history.de/p-freon.htm.

Midgley, T., From the Periodic Table to Production. Corona, CA: Stargazer Publishing, 2001.

1931 年：氘

Dahl, P. F. Heavy Water and the Wartime Race for Nuclear Energy. Bristol, UK:Institute of Physics, 1999.

Mathez, A., ed. Earth. New York: New Press, 2000. www.amnh.org/education/resources/rfl/web/essaybooks/earth/p_urey.html.

1932 年：碳酸酐酶

Kornberg, A. For the Love of Enzymes.Cambridge, MA: Harvard Univ. Press,1989.

1932 年：维生素 C

There is a lot of crank literature on this subject, thanks to Pauling and others.Brown, S. R. Scurvy. New York: Thomas Dunne Books, 2003.

Le Couteur, P., and J. Burreson. Napoleon' s Buttons. New York: Jeremy P. Tarcher/Penguin, 2003.

National Historic Chemical Landmarks program of the American Chemical Society, "Albert Szent-Györgyi' s Discovery of Vitamin C," 2002, www.acs.org/content/acs/en/education/whatischemistry/landmarks/szentgyorgyi.html.

1932 年：磺胺

Hager, T. The Demon Under the Microscope.New York: Harmony Books, 2006.

1933 年：聚乙烯

Walton, D., and P. Lorimer. Polymers.Oxford: Oxford Univ. Press, 2000.

1934 年：超氧化物

This is a tough subject to research on a nonspecialist level, because any mention of oxygen or ROS sets off a massive flux of crank medical books and websites. And this is still a very active area of research, so opinions are changing constantly.

1934 年：通风橱

The best introduction to this topic is on Wikipedia (en.wikipedia.org/wiki/Fume_hood).

1935 年：尼龙

National Historic Chemical Landmarks program of the American Chemical Society. "Wallace Carothers and the Development of Nylon," 2005, www.acs.org/content/acs/en/education/whatischemistry/landmarks/carotherspolymers.html.

Walton, D., and P. Lorimer. Polymers.Oxford: Oxford Univ. Press, 2000.

1936 年：神经毒气

Tucker, J. B. War of Nerves. New York: Pantheon Books, 2006.

1937 年：磺胺酏剂

Martin, B. J. Elixir. Lancaster, PA: Barkerry Press, 2014.

1938 年：催化裂化

Leffler, W. L. Petroleum Refining in Nontechnical Language (4th ed.). Tulsa,OK: PennWell, 2008.

National Historic Chemical Landmarks program of the American Chemical Society. "Houdry Process for Catalytic Cracking," 1996, www.acs.org/content/acs/en/education/whatischemistry/landmarks/houdry.html.

Set Laboratories, Inc. "Thermal Cracking," www.set-laboratories.com/therm/tabid/107/Default.aspx.

1939 年：自然界中最“迟来”的元素

A number of videos on the web claim to illustrate the testing of a "Francium bomb," but there is no such thing.

1939 年：化学键的本质

Oregon State Univ. “Linus Pauling:The Nature of the Chemical Bond: A Documentary History,” scarc.library.oregonstate.edu/coll/pauling/bond/.

Pauling, L. The Nature of the Chemical Bond. Ithaca, NY: Cornell Univ. Press,1960.

1939 年：“滴滴涕”的发现

National Historic Chemical Landmarks program of the American Chemical Society. “Legacy of Rachel Carson’s Silent Spring,” 2012, www.acs.org/content/acs/en/education/whatischemistry/landmarks/rachel-carson-silent-spring.html.

1942 年：甾体化学

Wikipedia and UC Davis ChemWiki (chemwiki.ucdavis.edu/Biological_Chemistry/Lipids/Steroids) have quick introductions to steroid chemistry. An excellent book about Russell Marker and the early days of the fieldis waiting to be written.

National Historic Chemical Landmarks program of the American Chemical Society. “Russell Marker and the Mexican Steroid Hormone Industry,” 1999, www.acs.org/content/acs/en/education/whatischemistry/landmarks/progesteronesynthesis.html.

1942 年：氰基丙烯酸酯

Walton, D., and P. Lorimer. Polymers.Oxford: Oxford Univ. Press, 2000.

1943 年：LSD

Hofmann, A. LSD My Problem Child. Santa Cruz, CA: MAPS, 2009.

1943 年：链霉素

Chemical Heritage Foundation. “Selman Abraham Waksman,” www.chemheritage.org/discover/online-resources/chemistry-in-history/themes/pharmaceuticals/preventing-and-treating-infectious-diseases/waksman.aspx.

National Historic Chemical Landmarks program of the American Chemical Society. “Selman Waksman and Antibiotics,” 2005, www.acs.org/content/acs/en/education/whatischemistry/landmarks/selmanwaksman.html.

1943 年：空袭巴里港

Mukherjee, S. The Emperor of All Maladies.New York: Scribner, 2010.

1945 年：青霉素

The penicillin story has been told many times, but (as mentioned in this entry), not always correctly. More background can be found at the Nobel Prize Foundation’s website (www.nobelprize.org/nobel_prizes/chemistry/laureates/1964/perspectives.html).

1945 年：手套箱

Mentions of the early Manhattan Project glove boxes can be found in an interview with Cyril Smithhere: www.manhattanprojectvoices.org/oral-histories/cyril-s-smiths-interview.

1947 年：叶酸拮抗剂

Mukherjee, S. The Emperor of All Maladies.New York: Scribner, 2010.

Visentin, M., et al. “The Antifolates.” Visentin M, Zhao R, Goldman ID. The Antifolates.Hematology/Oncology Clinics of North America 26, 3 (2012): 629. www.ncbi.nlm.nih.gov/pmc/articles/PMC3777421/.

1947 年：动力学同位素效应

UC Davis ChemWiki. “Kinetic Isotope Effects,” chemwiki.ucdavis.edu/Physical_Chemistry/Quantum_Mechanics/Kinetic_Isotope_Effect.

1947 年：光合作用

Baillie-Gerritsen, V. “The Plant Kingdom’s Sloth.” Protein Spotlight 38 (September 2003). web.expasy.org/spotlight/back_issues/038/.

1948 年：多诺拉的死亡之雾

Murray, A. “Smog Deaths in 1948 Led to Clean Air Laws” All Things Considered, NPR, April 22, 2009,www.npr.org/templates/story/story.php?storyId=103359330.

Pennsylvania Historical & Museum Commission. “The Donora Smog Disaster October 30–31, 1948,” www.portal.state.pa.us/portal/server.pt/community/documents_from_1946_-_present/20426/donora_smog_disaster?qid=63050470&rank=1.

Peterman, E. “A Cloud with a Silver Lining:The Killer Smog in Donora, 1948,” Pennsylvania Center for the Book, Spring 2009, pabook.libraries.psu.edu/palitmap/DonoraSmog.html.

1949 年：催化重整

Gembicki, S. “Vladimir Haensel 1914–2002.” National Academy of Sciences Biographical Memoirs 88 (2006). www.nasonline.org/publications/biographicalmemoirs/memoir-pdfs/haensel-vladimir.pdf.

Leffler, W. L. Petroleum Refining in Nontechnical Language (4th ed.). Tulsa,OK: PennWell, 2008.

Set Laboratories, Inc. “Thermal Cracking,” www.set-laboratories.com/therm/tabid/107/Default.aspx.

1949 年：非经典碳正离子之争

Peplow, M. “The Nonclassical Cation:A Classic Case of Conflict.” Chemistry World, July 10, 2013. www.rsc.org/chemistryworld/2013/07/norbornylnonclassical-cation-brown-winstein-olah.

1950 年：构象分析

Hermann Sachse tried several times to show that the rings could not be planar, but expressed himself in such an impenetrable fashion (to his fellow chemists) that he made littleheadway. See https://webspace.yale.edu/chem125_oyc/125/history99/6Stereochemistry/Baeyer/Sachse.html.

1950 年：可的松

National Historic Chemical Landmarks program of the American Chemical Society. “Russell Marker and the Mexican Steroid Hormone Industry,” 1999, www.acs.org/content/acs/en/education/whatischemistry/landmarks/progesteronesynthesis.html.

Ophardt, C. “Steroids,” UC Davis ChemWiki, chemwiki.ucdavis.edu/Biological_Chemistry/Lipids/Steroids.

1951 年：桑格法测序

Streton, A. “The First Sequence: Fred Sanger and Insulin.” Genetics Society of America 162, 2 (October 1, 2002): 527.www.genetics.org/content/162/2/527.full.

1951 年：口服避孕药

National Historic Chemical Landmarks program of the American Chemical Society, “Russell Marker and the Mexican Steroid Hormone Industry,” 1999, www.acs.org/content/acs/en/education/whatischemistry/landmarks/progesteronesynthesis.html.

Ophardt, C. “Steroids,” UC Davis ChemWiki, chemwiki.ucdavis.edu/Biological_Chemistry/Lipids/Steroids.

1951 年：α — 螺旋和 β — 折叠

University of Leeds. “William Thomas Astbury,” arts.leeds.ac.uk/museum-of-hstm/research/william-thomas-astbury/.

1951 年：二茂铁

An episode of the podcast Chemistry in Its Element from the Royal Society of Chemistry is devoted to this: www.rsc.org/chemistryworld/2013/05/ferrocene-podcast.

1951 年：超铀元素

Chemical Heritage Foundation. “Glenn Theodore Seaborg,” www.chemheritage.org/discover/online-resources/chemistry-in-history/themes/atomic-and-nuclear-structure/seaborg.aspx.

1952 年：米勒—尤列实验

The original Miller-Urey experiment’ s idea of a primitive atmosphere was probably wrong,but complex biochemicals can be formed under many other conditions. This takes us right into origin-of-life books, which are many and various (and often contain political or religious/antireligious agendas of their own).

1952 年：区熔提纯

Many of the accounts of the development of zone refining are found in the history of computer hardware, due to its use in purifying silicon.

McKetta, J. J. Encyclopedia of Chemical Processing and Design (vol. 68). New York: Dekker, 1999.

1952 年：铊中毒

Frank, P., and M. A. Ottoboni. The Dose Makes the Poison. Hoboken, NJ: Wiley,2011.

Klaassen, C. D. Casarett and Doull’s Toxicology (8th ed.). New York: McGraw-Hill, 2013.

1953 年：DNA 的结构

Crick, F. What Mad Pursuit. New York: Basic Books, 1988.

Watson, J. D. The Double Helix. New York: Atheneum, 1968.

1955 年：电泳

Rutty, C. J. “Sifting Proteins.” Conntact (December 1995): 10.www.healthheritageresearch.com/CONNTACT9512-Smithies-StarchGel.pdf.

Vesterberg, O. "History of Electrophoretic Methods." Journal of Chromatography 480(1989): 3.

Westermeier, R. Electrophoresis in Practice.Weinheim, DE: Wiley-VCH, 2005.

1956 年：温度最高的火焰

The original account of the combustion of dicyanoacetylene (Journal of the American Chemical Society 78 [1956]: 2020) can be read at pubs.acs.org/doi/abs/10.1021/ja01590a075.

1957 年：荧光素

Pieribone, V., D. F. Gruber. Aglow in the Dark. Cambridge, MA: Belknap Press, 2005.

1960 年：沙利度胺

This story is another that has been told manytimes, and not always accurately.

Chemical Heritage Foundation. "Frances Oldham Kelsey," www.chemheritage.org/discover/online-resources/chemistry-in-history/themes/public-and-environmental-health/food-and-drug-safety/kelsey.aspx.

1960 年：外消旋体拆分和手性色谱

Chromatography Online. "The Evolution of Chiral Chromatography, www.chromatographyonline.com/lcgc/Column%3A+History+of+Chromatography/The-Evolution-of-Chiral-Chromatography/ArticleStandard/Article/detail/750627.

1961 年：核磁共振

The history of NMR, especially the development of imaging for medical use, is tangled.When the Nobel Prize was awarded for MRI,one disgruntled inventor took out full-page ads in major newspapers to protest being left out! A good account of the early days is at www.ray-freeman.org/nmr-history.html.

1962 年：绿色荧光蛋白

NobelPrize.org press release, October 8,2008, www.nobelprize.org/nobel_prizes/chemistry/laureates/2008/press.html.

Pieribone, V., and D. F. Gruber. Aglow in the Dark. Cambridge, MA: Belknap Press,2005.

Zimmer, M. Glowing Genes. Amherst, NY: Prometheus Books, 2005.

1962 年：惰性气体化合物

National Historic Chemical Landmarks program of the American Chemical Society. "Neil Bartlett and the Reactive Noble Gases," 2006, www.acs.org/content/acs/en/education/whatischemistry/landmarks/bartlettnoblegases.html.

1962 年：乙酸异戊酯及酯类化合物

For an entertaining look at the use of ester compounds in perfumery, see The Secret of Scent by Luca Turin (New York: Harper Perennial, 2007), which also includes a case for a new theory of how the protein receptors in the nose detect aromas.

1963 年：齐格勒—纳塔催化剂

A fifty-year retrospective look at the Ziegler-Natta after the Nobel can be found at onlinedigeditions.com/display_article.php?id=1340848.

Walton, D., and P. Lorimer. Polymers.Oxford: Oxford Univ. Press, 2000.

1963 年：梅里菲尔德合成法

Mitchell, A. R. "Bruce Merrifield and Solid-Phase Peptide Synthesis." Peptide Science 90, 3 (2008): 175.

1963 年：偶极环加成反应

Organic Chemistry Portal. "Huisgen Cycloaddition: 1,3-Dipolar Cycloaddition," www.organic-chemistry.org/namedreactions/huisgen-1,3-dipolar-cycloaddition.shtm.

1964 年：凯夫拉

Walton, D., and P. Lorimer. Polymers.Oxford: Oxford Univ. Press, 2000.

1965 年：铅污染

Midgley, T. From the Periodic Table to Production. Corona, CA: Stargazer Publishing, 2001.

Warren, C. Brush with Death. Baltimore,MD: Johns Hopkins Univ. Press, 2000.

1966 年：聚合水

Franks, F. Polywater. Cambridge, MA: MIT Press, 1981.

1967 年：高效液相色谱法

Henry, R. "The Early Days of HPLC at DuPont," Chromatography Online, February 2, 2009, www.chromatographyonline.com/lcgc/Column%3A+History+of+Chromatography/The-Early-Days-of-HPLC-at-DuPont.

1969 年：戈尔特斯面料

Chemical Heritage Foundation. "Robert W. Gore," www.chemheritage.org/discover/online-resources/chemistry-in-history/themes/petrochemistry-and-synthetic-polymers/synthetic-polymers/gore.aspx.

Walton, D., and P. Lorimer. Polymers.Oxford: Oxford Univ. Press, 2000.

1970 年：二氧化碳吸收

There are many accounts of the Apollo13 mission, the canonical one being Lost Moon (later renamed Apollo 13) by James Lovell and Jeffrey Kluger (Boston: Houghton Mifflin, 1993).

1970 年：计算化学

The literature on this subject is overwhelmingly technical, even for me.Introductory texts say things like "the reader will need some understanding of introductory quantum mechanics, linear algebra, and vector, differential and integral calculus." A good overview is this one by David Young: www.ccl.net/cca/documents/dyoung/topics-orig/compchem.html.

1970 年：草甘膦

Many of the discussions of glyphosate are ax-grinding (and not by just one side of the debate, either). The EPA' s fact sheet is at www.epa.gov/safewater/pdfs/factsheets/soc/tech/glyphosa.pdf, and Monsanto' s own collection of history and background material is at www.monsanto.com/products/pages/roundup-safety-background-materials.aspx. There is,of course, a great deal of work in the primary literature. On the web and in the popular literature, the signal-to-noise ratio on this subject is very poor.

1971 年：反相色谱法

Majors et. al. "New Horizons in Reversed-Phase Chromatography," Chromatography Online, June 1,2010, www.chromatographyonline.com/lcgc/Column%3A+Column+Watch/New-Horizons-in-Reversed-Phase-Chromatography/ArticleStandard/Article/detail/676044.

Wikipedia. "Chromatography," en.wikipedia.org/wiki/Chromatography.

Wixom, R. L., and C. W. Gehrke, eds.Chromatography. Hoboken, NJ: Wiley, 2010.

1972 年：雷帕霉素

Jenkin, J. William and Lawrence Bragg,Father and Son. New York: Oxford Univ.Press, 2008.

Sehgal, S. N. "Sirolimus: Its Discovery,Biological Properties, and Mechanism of Action." Transplantation Proceedings 35, 3,supplement (2003): S7. dx.doi.org/10.1016/S0041-1345(03)00211-2.

1973 年：维生素 B_{12} 的合成

Woodward himself can be heard lecturing on the subject at www.chem.umn.edu/groups/hoye/links/.

Chemical Heritage Foundation. "Robert Burns Woodward," www.chemheritage.org/discover/online-resources/chemistry-in-history/themes/molecular-synthesis-structure-and-bonding/woodward.aspx.

Garg, N. "Vitamin B12: An Epic Adventure in Total Synthesis," The Stoltz Group,California Institute of Technology, January 29, 2002, stoltz.caltech.edu/litmtg/2002/garg-lit-1_29_02.pdf.

1974 年：氯氟烃与臭氧层

EPA. "Environmental Indicators: Ozone Depletion," August 19, 2010, www.epa.gov/Ozone/science/indicat/.

1979 年：索林

Sagan, C., and B. N. Khare. "Tholins." Nature 277, (1979): 102. www.nature.com/nature/journal/v277/n5692/abs/277102a0.html.

Waite et al. "The Process of Tholin Formation in Titan's Upper Atmosphere." Science 316, 5826 (May 2007): 870. www.sciencemag.org/content/316/5826/870.

1980 年：铱与"碰撞假说"

Chemical Heritage Foundation. "Helen Vaughn Michel," www.chemheritage.org/discover/online-resources/chemistry-in-history/themes/atomic-and-nuclear-structure/michel.aspx.

Lewis, J. S. Rain of Iron and Ice. Reading,MA: Addison-Wesley, 1997.

1982 年：非天然产物

Paquette' s synthesis is annotated at www.synarchive.com/syn/15, and Paquette himselftalked about the field in Proceedings of the National Academy of Sciences, available at www.ncbi.nlm.nih.gov/pmc/articles/PMC346698/.

1982 年：MPTP

Langston, J. W., and J. Palfreman. The Case of the Frozen Addicts. Amsterdam: IOS Press, 2014.

Wolf, L. K. "The Pesticide Connection." Chemical and Engineering News 91, 47,(November 25, 2013): 11. cen.acs.org/articles/91/i47/Pesticide-Connection.html.

1983 年：聚合酶链式反应

Mullis, K. B. Dancing Naked in the Mind Field. New York: Pantheon Books, 1998.

Rabinow, P. Making PCR. Chicago: Univ. of Chicago Press, 1996.

1984 年：准晶体

The book to read if you' re already a materialsscientist or crystallographer is Quasicrystals:A Primer by Christian Janot (New York:Oxford Univ. Press, 2012). If you' re not, seewww.nobelprize.org/nobel_prizes/chemistry/laureates/2011/press.html. An interview withDan Shechtman about the difficulties of getting his proposals accepted is here: www.theguardian.com/science/2013/jan/06/dan-shechtman-nobel-prize-chemistry-interview.

1984 年：博帕尔事件

A review of the health impact of the disaster was published in Environmental Health and is available at www.ncbi.nlm.nih.gov/pmc/articles/PMC1142333/. The legal aspects are summarized here: www.princeton.edu/~achaney/tmve/wiki100k/docs/Bhopal_disaster.html.

1985 年：富勒烯

Aldersey-Williams, H. The Most Beautiful Molecule. New York: Wiley, 1995.

National Historic Chemical Landmarks program of the American Chemical Society. "Discovery of Fullerenes," 2010,www.acs.org/content/acs/en/education/whatischemistry/landmarks/fullerenes.html.

1985 年：基质辅助激光解吸电离技术

Syed, B. "MALDI-TOF," UC Davis ChemWiki, chemwiki.ucdavis.edu/Analytical_Chemistry/Instrumental_Analysis/Mass_Spectrometry/MALDI-TOF.

1988 年：现代药物发现

Ravina, E., and H. Kubinyi. The Evolution of Drug Discovery. Weinheim, DE: Wiley-VCH, 2011.

1988 年：PEPCON 爆炸事件

A case study of the incident, prepared for NASA, can be found at nsc.nasa.gov/SFCS/SystemFailureCaseStudyFile/Download/290.There are also many copies of the film takenof the explosion on YouTube.

1989 年：紫杉醇

Goodman, J., and V. Walsh. The Story of Taxol. Cambridge: Cambridge Univ.Press, 2001.

1991 年：碳纳米管

Iijima, S. "Synthesis of Carbon Nanotubes." Nature 354 (1991): 56. www.nature.com/physics/looking-back/iijima/index.html.

Monthioux, M., and V. L. Kuznetsov.Carbon 44 (2006): 1621. nanotube.msu.edu/HSS/2006/1/2006-1.pdf.

1994 年：岩沙海葵毒素

An alarming first-person account of palytoxin poisoning can be found at www.advancedaquarist.com/blog/personal-experiences-with-palytoxin-poisoning-almost-killed-myself-wife-and-dogs. Yoshito Kishidiscussed the synthesis in Pure and Applied Chemistry (media.iupac.org/publications/pac/1989/pdf/6103x0313.pdf) and in many journal articles.

1997 年：配合物骨架材料

This editorial at the Royal Society of Chemistry' s Chemistry World blog is useful:prospect.rsc.org/blogs/cw/2013/04/24/ametal-organic-framework-for-progress/.

Also see "Taking the Crystals out of X-Ray Crystallography" by Ewen Callaway at Nature' s news site: www.nature.com/news/taking-the-crystals-out-of-x-ray-crystallography-1.12699.

1998 年：重结晶和同质多晶

For an account written at the time, see www.natap.org/1998/norvirupdate.html.

Bauer et al., "Ritonavir: An Extraordinary Example of Conformational Polymorphism." Pharmaceutical Research18, 6 (June 2001): 859. rd.springer.com/article/10.1023%2FA%3A1011052932607.

Chemburkar et al., "Dealing with the Impact of Ritonavir Polymorphs on the Late Stages of Bulk Drug Process Development." Organic Process Research & Development 4 (June 21, 2000): 413. pubs.acs.org/doi/abs/10.1021/op000023y.

2005 年：短缺的莽草酸

Werner et al. "Several Generations of Chemoenzymatic Synthesis of Oseltamivir (Tamiflu)." Journal of Organic Chemistry 76, 24 (2011): 10,050.

2009 年：乙腈

National Historic Chemical Landmarks program of the American Chemical Society. "Sohio Acrylonitrile Process," 2007, www.acs.org/content/acs/en/education/whatischemistry/landmarks/acrylonitrile.html.

2010 年：工程酶

Bornscheuer et al. "Engineering the Third Wave of Biocatalysis." Nature 485 (May10, 2012): 185. www.nature.com/nature/journal/v485/n7397/full/nature11117.html.

2010 年：金属催化偶联反应

NobelPrize.org. "The Nobel Prize in Chemistry 2010," 2014, www.nobelprize.org/nobel_prizes/chemistry/laureates/2010/.

2013 年：单分子成像

IBM Zürich reported its pentacene images here: www.zurich.ibm.com/st/atomic_manipulation/pentacene.html.

译后记

这是一个现代科学高速发展，能源革命、电动革命、绿色革命方兴未艾的时代，这也是一个繁忙、浮躁又追求实用主义的时代，即便是科研工作者发表论文，追溯近几年的文献就够了吧？搞物理研究的不会再去列举牛顿的工作，化学工作者似乎也不必清楚拉瓦锡当年干了什么。可能你会问：什么样的人肯花时间去读这本书，读这本书有什么用？

和你一样，一年前，当重庆大学出版社的编辑找到我，邀请我翻译这本《化学之书》时，我也踌躇再三：一是生命有限，值得投入时间精力的事情无限，要想活得精彩，就必须学会取舍；二是能力有限，书中涉及的化学门类众多，原著用词也很精辟，我一个仅仅学习了高分子化学与物理的晚辈后生，怕是不能轻松驾驭。思虑良久，我还是决定迎难而上，原因有以下两点：

对传承者有意义。历史不是只有“宫斗戏”，科学活动从来都是时代背景和历史语境的产物，读化学史不只是简单了解谁在哪一年干了什么，而是要理解化学进展的前提，理解前人的局限性，从而突破自己的思维定式。比如在 20 世纪 30 年代，米基利因发明四乙基铅、氟利昂而荣誉加身，但在他去世仅数十年后，人们就发现他的发明严重污染了大气。本书从化学的角度为我们了解历史打开了一扇窗，为当下的我们审视自己、克服偏见提供了全新的视角。“当下的科研成果能否接受得住历史的检验？”“什么才是我们值得传承的科学精神和科学家精神？”“如何看待学术大家？”读历史会告诉我们答案，帮助我们思考我们从哪里来，又要去往何方。

对后来者有意义。恩师曾反复教导：要将一门知识学透学精，需抓住两只“牛耳朵”，一是看它的“前世今生”；二看它的具体分支。从时间维度横向去了解一门学科，能知道它的发展脉络，知其然知其所以然；通过纵向比较该学科的各分支，可以找到其共有的规律、联系和异同，通过比较，权衡优劣，辨明利弊，总结经验。一纵一横，该学科体系了然于胸，终有一日会达到“一览众山小”“大道至简，殊途同归”的境界。学生虽不成器，但对这一教诲笃信不疑，终生不敢忘。化学一科，包罗万象，本书循化学发展的时序写作，故事有趣，对想了解化学的人来说有帮助，对正在学习化学的人来说有价值。

《士兵突击》中的许三多说："有意义的事就是好好活，好好活就是做有意义的事。"于是我决定把这个硬骨头啃下来。

翻译过程中也会有些沮丧，比如中国人对化学的贡献在书中鲜有提及，仅有的几笔是在古代冶金、制瓷、火药等领域，这多少有些令人遗憾。我所就职的中国石化北京化工研究院的历史可追溯到由著名爱国实业家范旭东先生、著名科学家侯德榜博士于 1922 年 8 月在天津塘沽成立的黄海化学工业研究社，耳濡目染，我常常有在行文中添上几笔的冲动（比如"侯氏制碱法""牛胰岛素"等）。祖国一代代化学化工行业的开拓者、奠基者们曾孜孜不倦、竭尽心力献身于此，虽多数人是无名英雄，但都是伟人。晚辈不才，坐享其成，承恩良多，请允许我以此书向他们致敬。

感谢读书时恩师们的谆谆教导，感谢工作中领导同事的无私帮助，在此也一并谢过翻译过程中答疑解惑、不胜其烦的诸位良师益友。化学门类庞杂，翻译过程中虽已尽力求证，奈何水平着实有限，错误难免，恳请读者批评指正。最后感谢重庆大学出版社和家人的支持，让我在长达一年多的下班时间里完成了翻译工作，并将它以今天的形式呈现给大家。

什么样的人肯花时间去读这本书，读这本书有什么用？……这些都需要读者自己去衡量和思考，你我都是历史的亲历者，谁也不是旁观者，不是吗？

杜凯

2018 年 8 月于北京

The original U.S. edition was published in 2016 by Sterling, an imprint of Sterling Publishing Co., Inc., as The Chemistry Book: From Gunpowder to Graphene, 250 Milestones in the History of Chemistry by Derek B. Lowe

This Chinese edition has been published by arrangement with Sterling Publishing Co., Inc., 1166 Avenue of the Americas, New York, NY, USA, 10036.
版贸核渝字（2018）第 010 号

图书在版编目（CIP）数据

化学之书 /（美）德里克 · B. 罗威
(Derek B. Lowe) 著 ; 杜凯译 . -- 重庆 : 重庆大学出
版社 , 2019.3（2024.6 重印）
（里程碑书系）
书名原文 : The Chemistry Book
ISBN 978-7-5689-1057-6
Ⅰ . ①化… Ⅱ . ①德… ②杜… Ⅲ . ①化学 - 普及读
物 Ⅳ . ① 06-49
中国版本图书馆 CIP 数据核字 (2018) 第 072377 号

化学之书
HUAXUE ZHI SHU
[美] 德里克 · B. 罗威　著
杜　凯　译

策划编辑：王思楠
责任编辑：陈　力　涂　昀
责任校对：张红梅
责任印制：张　策
装帧设计：鲁明静
内文制作：常　亭

重庆大学出版社出版发行
出版人：陈晓阳
社址：（401331）重庆市沙坪坝区大学城西路 21 号
网址：http://www.cqup.com.cn
印刷：重庆升光电力印务有限公司

开本：787mm × 1092mm　1/16　印张：18　字数：422 千
2019 年 3 月第 1 版　　2024 年 6 月第 8 次印刷
ISBN 978-7-5689-1057-6　定价：88.00 元

化学之书 The Chemistry Book

化学之书 The Chemistry Book
化学之书 The Chemistry Book
化学之书 The Chemistry Book
化学之书 The Chemistry Book
化学之书 The Chem
Book
化学之书 The Chemistry Book
化
书 The Chemistry Book
化学之书 The Chemistry Book 化学之书 The Chemistry Book
化学之
The Chemistry Book
化学之书 The Chemistry Book
化学之书 The Chemistry Book
化学之书 The Chemistry Book